方大千 陈 侃 等编著

家装电工
便携手册

JIAZHUANG DIANGONG
BIANXIE SHOUCE

U0273206

化学工业出版社
·北京·

图书在版编目（CIP）数据

家装电工便携手册/方大千等编著. —北京：化学工
业出版社，2017.3
ISBN 978-7-122-29013-7

Ⅰ.①家… Ⅱ.①方… Ⅲ.①住宅-室内装修-电工-
手册 Ⅳ.①TU85-62

中国版本图书馆 CIP 数据核字（2017）第 024118 号

责任编辑：高墨荣　　　　　　　　　文字编辑：徐卿华
责任校对：王　静　　　　　　　　　装帧设计：刘丽华

出版发行：化学工业出版社（北京市东城区青年湖南街 13 号　邮政编码 100011）
印　　刷：北京云浩印刷有限责任公司
装　　订：三河市瞰发装订厂
850mm×1168mm　1/32　印张 14¾　字数 404 千字
2017 年 6 月北京第 1 版第 1 次印刷

购书咨询：010-64518888（传真：010-64519686）　　售后服务：010-64518899
网　　址：http://www.cip.com.cn
凡购买本书，如有缺损质量问题，本社销售中心负责调换。

为了方便广大家装电工专业人员查找工程实践中所遇到的常用计算公式和技术数据，以及家装常用电工器材，以确保装修电气安装质量，节省时间，提高工作效率，特编写本书。

本书第1篇包括：民用建筑电气负荷计算；室内布线要求；导线、电缆的截面积选择；低压电器、仪表及空调器的选择；电气照明要求及计算；接地与接零计算及要求；防雷计算及要求；电气安装材料预算；安全用电及其他。第2篇包括：导线、电缆；电瓷、铝片卡、钢索及线槽布线安装材料；配管及其安装配件；导线连接件和电缆附件；绝缘材料和绝缘制品；电气装置件；低压电器；照明光源及灯具；配电箱、电能表箱和接线箱；常用金属材料和非金属材料；测试仪表和电动工具等。

在编写过程中，得到了新世纪建设集团有限公司和金华市恒通房地产开发公司的大力支持和热情帮助，并提供了许多宝贵资料，在此表示衷心的感谢。

本书由方大千、陈侃等编著，参加和协助编写工作的还有刘梅、占建华、郑鹏、方亚平、方亚敏、朱征涛、张正昌、方欣、朱丽宁、张荣亮、许纪秋、方成、方立、那宝奎、费珊珊、卢静、孙文燕、张慧霖等。全书由诸葛建纲、方大中审校。

由于水平所限，书中难免有不足之处，敬请读者批评指正。

编著者

第1篇　公式与数据 ①

第2篇　装修常用电工器材　233

公式与数据

1.1 民用建筑电气负荷计算 <<<

1.1.1 住宅负荷电流计算

1.1.1.1 用电设备负荷电流计算

① 荧光灯、家用电器的耗电量、额定电流及功率因数。荧光灯的耗电量、额定电流及功率因数见表 1-1；常用家用电器的耗电量、额定电流及功率因数见表 1-2。

表 1-1 各种荧光灯的耗电量、额定电流及功率因数

灯管型号	灯管耗电量/W	镇流器耗电量/W	总耗电量/W	额定电流/A	功率因数（cosφ）	寿命不小于/h
YZ_6RR	6	4	10	0.14	0.33	2000
YZ_8RR	8	4	12	0.15	0.36	2000
$YZ_{15}RR$	15	7.5	22.5	0.33	0.31	5000
$YZ_{20}RR$	20	8	28	0.35	0.36	5000
$YZ_{30}RR$	30	8	38	0.36	0.48	5000
$YZ_{40}RR$	40	8	48	0.41	0.53	5000

表 1-2　常用家用电器的耗电量、额定电流及功率因数

家用电器名称	功率/W	额定电流/A	功率因数($\cos\varphi$)
彩色电视机(74cm)	100	0.51～0.65	0.7～0.9
电冰箱、电冰柜	140～200	2.12～3.03	0.3～0.4
洗衣机	120～350	0.91～2.65	0.5～0.6
电熨斗	500～1000	2.27～4.54	1
电热毯	20～100	0.09～0.45	1
电吹风机	350～550	1.59～2.5	1
电热杯	300	1.36	1
电暖器	1500	6.8	1
微波炉	700～950	3.18～4.32	1
电烤箱	600～1200	2.73～5.45	1
电饭煲	300～500	1.36～2.27	1
电炒锅	1000～1500	4.55～6.82	1
吊扇(1200mm)	75	0.38	0.9
电热水器	2500～3000	11.36～13.64	1
音响设备	150～200	0.85～1.14	0.7～0.9
吸尘器	400～800	2.1～3.9	0.94
抽油烟机	120～200	0.6～1.0	0.9
排气扇	40	0.2	0.9
空调器	1000～3000	6.5～15	0.7～0.9
浴霸	1185	5.39	1

② 用电负荷电流的计算。在住宅各分支线路上接有电灯及各种家用电器。农村场院及个体作坊，还接有电动机等动力设备。通过分支线路负荷计算，可为设计分支线路（导线截面积及断路器、开关、熔断器等保护设备）提供依据。线路负荷的类型不同，其负荷电流的计算方法也不同。线路负荷一般可分为纯电阻负荷和感性负荷两类。

a. 纯电阻负荷。如白炽灯、LED 灯、电加热器等。其电流可按下式计算：

$$I = \frac{P}{U}$$

式中　I——通过负荷的电流，A；

　　　P——负荷的功率，W；

　　　U——电源电压，V。

【**例 1-1**】　一台 1000W 的电热油汀，求工作时通过它的电流是多少?

解　通过油汀的电流为

$$I = \frac{P}{U} = \frac{1000}{220} = 4.55 \text{（A）}$$

b. 感性负荷。如荧光灯、电视机、洗衣机等。其负荷电流可按下式计算：

$$I = \frac{P}{U\cos\varphi}$$

式中　I——通过负荷的电流，A；

U——电源电压，V；

P——负荷的功率，W；

$\cos\varphi$——功率因数。

需要说明的是，公式中的 P 是指整个用电器具的负荷功率，而不是其中某一部分的负荷功率。如荧光灯的负荷功率，等于灯管的额定功率与镇流器消耗功率之和；再如洗衣机的负荷，等于整个洗衣机的输入功率，而不仅指洗衣机电动机的输出功率。由于洗衣机中还有其他耗能器件，使洗衣机实际消耗功率（即输入功率）常常要比电动机的额定功率高出一倍以上。例如额定输出功率为 90～120W 的洗衣机，实际消耗功率可达 200～250W。

【**例 1-2**】　一只 30W 荧光灯，未装电容器时，求荧光灯正常工作时通过它的电流是多少? 若装有电容器，则电流又为多少? 设装设电容器后的功率因数为 0.85。

解　未装电容器时，查表 1-1，荧光灯的功率因数 $\cos\varphi = 0.48$；其镇流器消耗的功率为 8W，故负荷的功率为

$$P = 30 + 8 = 38 \text{（W）}$$

因此荧光灯正常工作时通过它的电流为

$$I = \frac{P}{U\cos\varphi} = \frac{38}{220 \times 0.48} = 0.36 \text{（A）}$$

装有电容器后，$\cos\varphi = 0.85$，则荧光灯正常工作时通过它的电流为

$$I = \frac{38}{220 \times 0.85} = 0.2 \text{ (A)}$$

对于电动机，在计算负荷电流时还要考虑其机械效率 η。因此，单相电动机负荷电流的计算公式为

$$I = \frac{P}{U\eta\cos\varphi}$$

式中　U——电源电压，220V；

　　　I——负荷电流，A；

　　　P——电动机额定功率，W；

　　　η——机械效率；

　$\cos\varphi$——功率因数。

三相电动机负荷电流的计算公式为

$$I = \frac{P}{\sqrt{3}U\eta\cos\varphi}$$

式中　U——电源线电压，380V；

　　　I——负荷电流，A；

　　　P——电动机额定功率，W；

　　　η——机械效率；

　$\cos\varphi$——功率因数。

电动机在额定电压、额定负荷下运行的功率因数和效率，可在电动机手册或产品说明书中查到。

需要说明的是，电动机的功率因数和效率是随负荷变化而变化的。在额定电压下，三相异步电动机功率因数和效率随负荷变化的大致关系见表 1-3。

表 1-3　三相异步电动机的功率因数和效率与负荷的关系

负荷	空载	25%	50%	75%	100%
功率因数	0.20	0.50	0.77	0.85	0.89
效率 η	0	0.78	0.85	0.88	0.875

【例 1-3】　一台 750W 的单相异步电动机，满载运行，试求工作电流是多少？空载时的电流又是多少？

解 查表 1-3，其功率因数 $\cos\varphi=0.89$，效率 $\eta=0.875$，故该电动机满载运行时的电流为

$$I=\frac{P}{U\eta\cos\varphi}=\frac{750}{220\times0.875\times0.89}=4.38\text{（A）}$$

电动机空载时是没有效率的，但通过电动机的电流还是不小的，因此不能按上式计算。通常小型电动机的空载电流约为额定电流的 $40\%\sim60\%$，极数越多（转速越慢），空载电流越大。该电动机若按 50% 估算，空载电流为

$$I_0=I_e\times50\%=4.38\times50\%=2.19\text{（A）}$$

1.1.1.2　住宅总负荷电流计算

通过用电负荷计算，可为住宅电气线路设计提供依据。

住宅用电总负荷电流不等于所有用电设备的电流之和，而应该考虑这些用电设备的同期使用率（或称同期系数）。总负荷电流一般可按下式计算：

总负荷电流＝用电量最大的 $1\sim2$ 台（或 $2\sim3$ 台）家用电器的额定电流＋同期系数×其余用电设备的额定电流之和。

其中，用电量最大的家用电器，家用电器少的家庭取 $1\sim2$ 台，家用电器多的家庭取 $2\sim3$ 台。

工程设计中，住宅用电负荷实用计算公式如下：

$$P_{js}=K_cP_\Sigma$$

$$I_{js}=\frac{P_{js}}{220\cos\varphi}$$

式中　P_{js}——住宅用电计算负荷，W；

　　　I_{js}——住宅用电计算电流，A；

　　　P_Σ——所有家用电器额定功率总和，W；

　　$\cos\varphi$——平均功率因数，可取 $0.8\sim0.9$；

　　　K_c——同期系数，可取 $0.4\sim0.6$。家用电器越多、住宅面积越大、人口越少，此值越小；反之，此值越大。

1.1.2　住宅用电计算负荷

住宅用电负荷受气候条件、经济状况等多种因素的影响。我国

地域辽阔，从南到北跨越了热带、温带、寒带三个气候带，东西部地区经济发展不平衡，人民生活水平差距很大，对电气设备的需求差别也很大，因此，很难用一个模式和一个标准涵盖用电负荷的大小。下面，从住宅档次、类型等方面给出住宅用电负荷的参考值。

1.1.2.1　按住宅档次计算负荷

根据我国目前的居住条件，一般把住宅分为 4 个档次：一档为别墅式二层住宅；二档为高级公寓；三档为 $80\sim120\text{m}^2$ 住宅；四档为 $50\sim80\text{m}^2$ 住宅。住宅档次在一定程度上代表了消费档次和家庭实际收入的差别，从而也决定了用电设备配置方面的差别。表1-4 列出了在一般条件下不同住宅档次用电设备的计算负荷。

表 1-4　各档住宅用电的计算负荷

住宅类别	一档住宅	二档住宅	三档住宅	四档住宅
计算负荷/kW	7.9	5.9	4.9	2.2

注：表中按同期系数 $K_c=0.5$ 计算出。

由表1-4 可见，对于一档住宅，计算负荷为 7.9kW（取平均功率因数 $\cos\varphi=0.85$、同期系数 $K_c=0.5$，其用电负荷为 15.7kW），计算电流约为 42A。对于二档住宅，计算负荷为 5.9kW（取 $\cos\varphi=0.85$、$K_c=0.5$，其用电负荷为 11.8kW），计算电流约为 32A。对于三档住宅，计算负荷为 4.9kW（取 $\cos\varphi=0.85$、$K_c=0.5$，其用电负荷为 9.8kW），计算电流约为 26A；对于四档住宅，计算负荷为 2.2kW（取 $\cos\varphi=0.85$、$K_c=0.5$，其用电负荷为 4.4kW），计算电流约为 12A。

1.1.2.2　按不同住宅类型计算负荷

一般住宅的面积从 $80\sim200\text{m}^2$ 不等，有两室一厅至五室两厅及复式楼等多种类型。将各类住宅大致归为 A、B、C、D 四类，分别估计出各类住宅用电器具的容量（功率），并据此计算出各类住宅用电负荷，如表1-5 所列。

取同期系数 $K=0.5$，住宅电路的平均功率因数 $\cos\varphi=0.85$，则可分别计算出 A、B、C、D 四类住宅的计算负荷和计算电流，进而可确定主开关、电能表和进户线的规格，如表1-6 所列。

表 1-5 不同住宅用电器具容量的估算值

类别	住宅类别	各种电器估计容量/kW					住宅负荷/kW
		照明	空调器	电炊具	电热器	其余家电	
A	复式楼	1	4.5	4.5	3	3	16
B	高级住宅	0.6	4	4	2	2.8	13.4
C	120m² 以上住宅	0.5	3.5	3.5	1.5	2.5	11.5
D	80～120m² 住宅	0.2	1	1.7	0.8	2.2	5.9

表 1-6 不同住宅配电箱主开关、电能表和进户线选用

住宅类别	计算负荷 /kW	计算电流 /A	主开关额定电流/A	电能表容量 /A	进户线规格
A	8	42.78	90	20(80)	BV-3×25mm²
B	6.7	35.82	70	15(60)	BV-3×16mm²
C	5.75	30.74	50	15(60)	BV-3×16mm²
D	2.95	15.78	32	10(40)	BV-3×10mm²

注：当实际用电容量大于 8kW 时，应考虑三相五线制配电。

1.1.3 民用建筑用电负荷的计算

1.1.3.1 民用建筑用电负荷的分级

民用建筑用电负荷分级见表 1-7。

表 1-7 民用建筑用电负荷分级

序号	建筑物名称	用电负荷名称	负荷等级			备 注
			二级	一级	特别重要负荷	
1	高层普通住宅、高层宿舍	客梯、生活泵、主要通道照明	√			
2	省、部级办公楼，全空调涉外办公楼，超高层办公楼（综合楼），使馆和大使官邸	主要办公室、会议室、总值班室、档案室及主要通道的照明、客梯		√	(√)	(√)如设有应急电源设备，可根据需要处理
		机要室、电报房、电子计算机系统的电源			√	

序号	建筑物名称	用电负荷名称	负荷等级			备 注
			二级	一级	特别重要负荷	
3	国宾馆、大会堂、国际会议中心	地方厅、总值班室及主要通道照明、厨房		√		
		主会场、接见厅、宴会厅、电梯、电声、录像、电子计算机系统的电源			√	
4	四、五星级饭店	地下污水泵电源			√	
		经营管理及设备管理用电子计算机系统电源；宴会厅电声、新闻摄影、录像电源		√		
		宴会厅、餐厅、娱乐厅、高级客房、康乐设施、厨房及主要通道的照明。水泵、厨房的部分电力及部分客梯。一般客房照明及其余客梯				

1.1.3.2 民用建筑用电负荷的常用计算方法

对统一设计的一般民用住宅，设计单位通常采用以下一些方法来计算设备容量等。

通常的计算方法包括以下几种。

(1) 单位建筑面积法

即按下面的标准进行单位面积耗电量估算。

① 具有电热水器的住宅：

$$P = p_1 S = 20S$$

② 具有电炊器具的住宅：

$$P = p_2 S = 30S$$

③ 既有电炊器具，又有空调器的住宅：

$$P = p_3 S = 90S$$

式中　　P——计算负荷，kW；

p_1、p_2、p_3——单位面积负荷量，即用电指标，kW/m^2 或 $kV \cdot A/m^2$；

S——总建筑面积，m^2。

各类民用建筑用电负荷推荐指标见表1-8。

表 1-8　民用建筑用电负荷推荐指标

分　　　类		指标/$(V \cdot A/m^2)$	
		范围	平均
住宅	一般住宅或小家庭公寓	5.91～10.7	7.53
	中等家庭公寓	10.76～16.14	13.45
	高级家庭公寓	21.52～26.5	25.8
	豪华家庭公寓	43.04～64.5	48.4
	有集中空调的家庭公寓		27.6
商业	(1)商店	48.4～277	161.4
	无空调器		43
	有空调器		194
	(2)餐厅、咖啡馆		247
	(3)百货商场	14.5～215	161.4
	(4)办公室	80.7～107.6	96.8
	(5)旅馆	48.4～124	71
	(6)中式餐厅	168～269	204
	自选市场	129～140	134.5
	(7)保龄球场	75.4～86	82.08
	(8)电影院	1.61～1.72	1.72

（2）单位指标法

按每户、每床、每人等为单位指标计算用电负荷的公式如下：

$$P = p_i n$$

式中　P——计算负荷，kW；

p_i——单位指标值，$kW/户$、$kW/床$、$kW/人$；

n——单位指标，如每户、每床、每人等。

旅馆饭店的用电负荷密度及单位指标值见表1-9。

若以户为单位，计算方法如下。

① 各户用电水准较接近的住宅：

$$P = p_i n$$

表 1-9　旅馆饭店的用电负荷密度及单位指标值

用电设备组名称	$K_s/(W/m^2)$		$p_i/(W/床)$	
	平均	推荐范围	平均	推荐范围
全馆总负荷	72	65～79	2242	2000～2400
全馆总照明	15	13～17	928	850～1000
全馆总电力	56	50～62	2366	2100～2600
冷冻机房	17	15～19	969	870～1100
锅炉房	5	4.5～5.9	156	140～170
水泵房	1.2	1.2	43	40～50
风　机	0.3	0.3	8	7～9
电　梯	1.4	1.4	28	25～30
厨　房	0.9	0.9	55	30～60
洗衣机房	1.3	1.3	48	45～50
窗式空调器	10	10	357	320～400

② 各户用电水准很不相同的住宅：

$$P = p_1 n_1 + p_2 n_2 + p_3 n_3$$

式中　　p_i——每户用电设备容量（kW），一般水平的住宅，取 $p_1 = 1kW$，用电作主要炊事能源的住宅，取 $p_2 = 3kW$，有电热淋浴器和空调器的住宅，取 $p_3 = 6kW$；

　　　　n——用户数；

n_1、n_2、n_3——对应于用电设备容量为 p_1、p_2 和 p_3 的用户数。

另外，还有一种计算方法是设计标准法。即根据住宅照明标准和住宅电源插座标准来估算。每个电源插座通常按 50W 计算。

确定了每户的设备容量 P_a 后，即可进行计算负荷 P_{js} 的计算。

用户分支线路的计算负荷：

$$P_{js} = P_a$$

用户主干线的计算负荷：

$$P_{js} = K_x P_a$$

由三相电源供电，且负荷不均匀的民用住宅：

$$P_{js} = 3K_x P_{a \cdot max}$$

式中　K_x——设备需要系数，一般民用住宅，取 0.6 左右，对以
电作炊事能源的住宅，取 0.8～0.9；

　$P_{a \cdot max}$——三相负荷中功率最大一相的设备容量，kW。

1.1.4　民用建筑的电信指标

民用建筑的电信指标见表 1-10。

表 1-10　民用建筑的电信指标

类　别	指　标　要　求
住宅小区	①每套住宅按 1～2 部电话设计,有特殊要求按实际情况确定 ②居住区的物业管理部门应预留办公外线电话 ③居住区的配套建筑(如商店等)均按建设单位要求设置电话 ④平均每 250 户预设公用电话一部 ⑤居住区每 $10m^2$ 建筑面积应预留电话交接间处,其使用面积不少于 $12m^2$
写字楼	①高级写字楼、写字间每 $10m^2$ 的实用面积设电话出线口 1 个 ②标准写字楼、写字间每 $15m^2$ 的实用面积设电话出线口 1 个
旅馆、宾馆、饭店	①每单间客房为 1～2 部电话;套间客房(2～3 室)为 2～3 部电话 ②宾馆配套的超级市场、写字间、设备机房等需用量可按客房需用量的 30% 估算
电话机房	①初装机容量可按预计近期装机容量再增加 30% 的余量估算 ②终期装机容量是指 5～10 年建筑规划的估算容量 ③新建的电话机房面积宜满足终期装机容量需要,用电量亦应按终期装机容量提供

注：随着手机的普及，住宅安装电话的越来越少。但要装设防盗报警（与报警中心联网）的住宅则需通过电话线连接。

1.1.5　住宅供电电路设计实例

住宅供电电路设计，需确保供电的安全、可靠，便于安装、检修，以及用户使用方便，并为今后用电留足余量。

1.1.5.1　两室一厅住宅供电电路

供电电路如图 1-1 所示。住宅用电负荷为 4～5kW。采用 TN-C-S 系统。由于供电电路导线截面积选择得较大，这为今后用电负

荷的增大留足了余量。

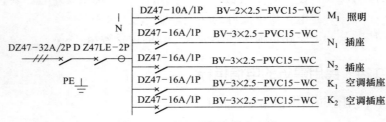

图 1-1　两室一厅住宅供电电路

该供电电路电源总开关采用双极 32A 断路器（DZ47-32A/2P型），装有漏电保护器（DZ47LE-2P 型），同时在各支路上设有单极断路器（照明支路为 10A 的 DZ47-10A/1P 型，插座和空调支路均为 16A 的 DZ47-16A/1P 型），因此该供电电路有较高的可靠性和安全性。

1.1.5.2　三室两厅住宅供电电路

供电电路如图 1-2 所示。住宅用电负荷为 6～7kW。采用 TN-C-S 系统。

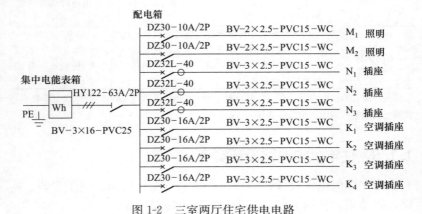

图 1-2　三室两厅住宅供电电路

该供电电路共有 9 个支路。其中有 2 路用于照明。这样设计的好处是，一旦有一路发生故障时，另一路能提供照明用电，从而保证供电和便于故障处理。总电源开关为一只 HY122-63A/2P 型、模数化双极 63A 隔离开关，总电源处不设漏电保护器，照明支路上均设有 DZ30-10A/2P 型、双极 10A 断路器，各插座支路均装设漏电保护器（带短路保护的）。这样做基于以下两点考虑。

① 可以防止支路漏电引起总电源处漏电保护器跳闸，而导致整座住宅断电。

② 住宅面积越大，供电支路越多，各支路漏电电流之和也就越大，容易超过 30mA。如果将漏电保护器装设于总电源电路上，要将其安全动作电流调整到 30mA 有时是不可能的。虽然调大漏电保护器的动作电流可以避免其"误动作"，但这样做不安全。如果将漏电保护器装设于支路上，则就不存在此问题了。

由于空调器采用壁挂式，所以空调支路不设漏电保护器。如果客厅要采用柜式空调器，则该支路应装设漏电保护器。

总电源线采用 $3 \times 16\text{mm}^2$ 塑料铜芯线，而各支路均采用 2.5mm^2 塑料铜芯线。这样做为今后家庭用电负荷的增加留足余量。

1.1.5.3 四室两厅住宅供电电路

供电电路如图 1-3 所示。住宅用电负荷为 7～8kW。采用 TN-C-S 系统。

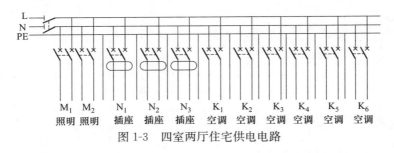

图 1-3　四室两厅住宅供电电路

该供电电路共有 11 个支路，其中有 2 路用于照明。插座有 3 路，可分送至客厅、卧室、厨房，这样做不致使插座线路超负荷，有利于安全用电。由于空调器全部采用壁挂式，因此 6 路空调支路均不设漏电保护器。

总电源开关采用 HY122-63A/2P 型、双极 63A 隔离开关，各支路的断路器可采用 DZ30 型、C45 型等。断路器的额定电流选择：照明支路为 6A 或 10A；空调支路视容量不同可选 15A、20A、25A；插座支路为 10A、15A、20A。各插座支路均装设漏电保护器，以确保用电安全。

1.2 室内布线要求

1.2.1 敷设方式的选择

在选择线路的敷设方式时，应考虑敷设环境条件，否则，不但会使线路使用寿命受到影响、供电安全得不到保证，还会造成火灾及爆炸等严重事故。按环境条件选择线路的敷设方式见表 1-11。

表 1-11　按环境条件选择线路敷设方式

导线类型	敷设方式	常用导线型号	干燥 生活	干燥 生产	潮湿	特别潮湿	高温	多尘	化学腐蚀	火灾危险区 21	火灾危险区 22	火灾危险区 23	爆炸危险区 1	爆炸危险区 2	爆炸危险区 10	爆炸危险区 11	户外	高层建筑	一般民用	进户线
塑料护套线	直敷配线	BLVV、BVV	✓	✓	×	×	×	×	×	×	×	×	×	×	×	×	×	+	✓	×
绝缘线	瓷夹(塑料卡)	BLV、BV、BLX、BX	✓	✓	×	×	×	×	×	×	×	×	×	×	×	×	×		+	×
	鼓形绝缘子		+	✓	✓	✓	✓	✓	×	+①	+①	+	×	×	×	×	+			×
	蝶针形绝缘子		×	✓	✓	✓	✓	+	+	+①	+①	+	×	×	×	×	✓⑤			✓
	钢管明敷			+	+	+	✓	+	+②	✓	✓	✓	✓	✓	✓	✓	+	✓	✓	
	钢管埋地					✓			✓				✓	✓	✓	✓	+②	✓		✓
	电线管明敷		+	✓	+	✓	+	✓	+									✓	✓	+
	硬塑料管明敷		+	✓	✓	✓	×	✓	✓									✓	✓	
	硬塑料管埋地		+	+				✓	✓								+			+
	波纹管敷设		✓		+	+	+											✓	✓	×
	线槽配线		✓	✓	×	×	×	×	×	×	×	×	×	×	×	×	×	✓	✓	×

| 导线类型 | 敷设方式 | 常用导线型号 | 环境性质 | | | | | | | | | | | | | | | | | |
| | | | 干燥 | | 潮湿 | 特别潮湿 | 高温 | 多尘 | 化学腐蚀 | 火灾危险区 | | | 爆炸危险区 | | | | 户外 | 高层建筑 | 一般民用 | 进户线 |
			生活	生产						21	22	23	1	2	10	11				
裸导体	绝缘子明敷	LJ、TJ、LMY、TMY	×	✓	+		✓	+		+⑥	+⑥	+⑥	×	×	×	×	✓⑤			×
母线槽	支架明敷	各型号		✓	+		+	+	×	+	+	+	+	+	+	+	+			+
电缆	地沟内敷设	VLV、VV、ZLQ、ZQ、XLV、XV		✓	+		✓	+		+	+	+④	+④				+	✓	✓	✓
电缆	支架明敷	VLV、VV、YJLV、YJV	✓	✓	✓	✓	+	✓	+	+	+	+③	+③	+						+
电缆	直埋地	VLV₂₂、VV₂₂、YJLV₂₂、YJV₂₂、ZLQ₂₂、ZQ₂₂																✓		✓
电缆	桥架敷设	各型号	✓	+	+		+	✓	+	+	+	+	+③	+③	+③	+	+	✓		+
架空电缆	支架明敷																	✓		✓

① 应远离可燃物，且不应敷设在木质吊顶、墙壁上及可燃液体管道栈桥上。

② 应采用镀锌钢管并做好防腐处理。

③ 应采用铠装电缆。

④ 地沟内应埋沙并采取排水措施。

⑤ 室外架空敷设用裸导体，沿墙敷设用绝缘线。

⑥ 可用硬裸母线，但应连接可靠，尽量采用焊接；在有火灾危险环境 21 和 23 区内，母线宜装防护罩，孔径不大于 12mm，在有火灾危险环境 22 区内母线应有防尘罩。

注：表中"√"推荐使用；"＋"可以采用，无记号建议不用。"×"不允许使用。

1.2.2 导线之间、导线与建构筑物或地面等之间的最小距离

1.2.2.1 导线之间的最小距离

(1) 架空线路导线之间的最小距离

架空线路导线之间的距离，应根据运行经验确定。如无可靠运行资料，线间距离应不小于表 1-12 所列数值。

表 1-12 架空线路导线间的最小距离

最小距离/m 　　　档距/m 电　压	40 及以下	50	60	70	80	90	100
高压(10kV)	0.60	0.65	0.70	0.75	0.85	0.90	1.00
低压(0.38kV)	0.30	0.40	0.45	—	—	—	—

注：1. 表中所列数值适用于导线的各种排列方式。

2. 靠近电杆的两导线间的水平距离，对于低压线路应不小于 0.50m。

(2) 同杆架设线路导线之间的最小距离

① 同杆架设的双回线路或高低压同杆架设的线路，横担间的垂直距离，应不小于表 1-13 所列数值。

表 1-13 同杆架设的线路横担之间的最小垂直距离

最小垂直距离/m 　　　杆　型 导线排列方式	直线杆	分支或转角杆
中压与中压(10kV 与 10kV)	0.80	0.45/0.60①
中压与低压(10kV 与 0.38kV)	1.20	1.00
低压与低压(0.38kV 与 0.38kV)	0.60	0.30

① 如为单回线，则分支线横担距主干线横担为 0.60m；如为双回线，则分支线横担上排主干线横担取 0.45m，距下排主干线横担取 0.60m。

② 同杆架设的中低压绝缘线路横担间的垂直距离和导线支承点间的水平距离，应不小于表 1-14 所列数值。

（3）绝缘线与绝缘线之间交叉跨越最小距离（见表1-15）

表 1-14　同杆架设的中低压绝缘线路横担之间的
最小垂直距离和导线支承点间的最小水平距离

类　别	垂直距离/m	水平距离/m
中压与中压	0.5	0.5
中压与低压	1.0	—
低压与低压	0.3	0.3

表 1-15　绝缘线与绝缘线之间交叉跨越最小距离　单位：m

线路电压	中　压	低　压
中压	1.0	1.0
低压	1.0	0.5

（4）绝缘配电线路与弱电线路的交叉角（见表1-16）

表 1-16　绝缘配电线路与弱电线路的交叉角

弱电线路等级	交　叉　角
一级	≥45°
二级	≥30°
三级	不限制

（5）室内、室外绝缘导线之间的最小距离（见表1-17）

表 1-17　室内、室外绝缘导线之间的最小距离

固定点间距/m	导线最小间距/mm	
	室内布线	室外布线
1.5 及以下	50	100
1.5～3	75	100
3～6	100	150
6～10	150	200

1.2.2.2 导线至地面的最小距离

（1）导线至地面或水面的最小距离（见表1-18）

表1-18 导线至地面或水面的最小距离　　单位：m

线路经过地区	线路电压	
	中压	低压
居民区	6.5	6.0
非居民区	5.5	5.0
不能通航也不能浮运的河、湖（至冬季水面）	5.0	5.0
不能通航也不能浮运的河、湖（至50年一遇洪水位）	3.0	3.0

（2）室内低压裸导线至地面、设备及建筑物的最小距离（见表1-19）

表1-19 室内低压裸导线至地面、设备及建筑物的最小距离

项　目	距离/m
距离地面	3.5
有网状遮栏保护时距地面	2.5
距汽车通道的地面	6
距起重机铺板	2.2
距需要经常维护的管道	1
距需要经常维护的生产设备	1.5
固定点间距2m以内时距建筑物	0.05
固定点间距2～4m时距建筑物	0.1
固定点间距4～6m时距建筑物	0.15
固定点间距6m以上时距建筑物	0.2

（3）室内、室外绝缘导线至地面的最小距离（见表1-20）

表1-20 室内、室外绝缘导线至地面的最小距离

布线方式		最小距离/m	
		室内	室外
绝缘导线	水平敷设	2.5	2.7
	垂直敷设	1.8	2.7
裸导线	无遮栏	3.5	
	采用网孔遮栏	2.5	

1.2.2.3　导线与建构筑物等的最小距离

（1）导线与街道行道树之间的最小距离（见表1-21）

表1-21　导线与街道行道树之间的最小距离

最大弧垂情况下的 垂直距离/m		最大风偏情况下的 水平距离/m	
中　压	低　压	中　压	低　压
0.8	0.2	1.0	0.5

（2）低压绝缘导线至建筑物的最小距离（见表1-22）

表1-22　低压绝缘导线至建筑物的最小间距

布　线　方　式	最小间距/mm
水平敷设时的垂直间距	
在阳台、平台上和跨越建筑物顶	2500
在窗户上	300
在窗户下	800
垂直敷设时至阳台、窗户的水平间距	400
导线至墙壁和构架的间距（挑檐下除外）	35

（3）室内、室外低压线路的绝缘导线最小间距（见表1-23）

表1-23　室内、室外低压线路的绝缘导线最小间距

支持点间距 L/m	导线最小间距/mm	
	室内布线	室外布线
$L \leqslant 1.5$	35	100
$1.5 < L \leqslant 3$	50	100
$3 < L \leqslant 6$	70	100
$6 < L \leqslant 10$	100	100

（4）低压裸导线的线间及裸导线至建筑物表面的最小净距（见表1-24）

表1-24　低压裸导线的线间及裸导线至建筑物表面的最小净距

固定点间距 L/m	最小净距/mm	固定点间距 L/m	最小净距/mm
$L \leqslant 2$	50	$4 < L \leqslant 6$	150
$2 < L \leqslant 4$	100	$L > 6$	200

（5）室内电气线路与其他管道、设备之间的最小净距（见表1-25）

表 1-25　室内电气线路与其他管道、设备之间的最小净距

单位：m

敷设方式	管线及设备名称	管线	电缆	绝缘导线	裸导(母)线	滑触线	插接式母线	配电设备
平行	煤气管	0.1	0.5	1.0	1.5	1.5	1.5	1.5
	乙炔管	0.1	1.0	1.0	2.0	3.0	3.0	3.0
	氧气管	0.1	0.5	0.5	1.5	1.5	1.5	1.5
	蒸汽管	1.0/0.5	1.0/0.5	1.0/0.5	1.5	1.5	1.0/0.5	0.5
	热水管	0.3/0.2	0.5	0.3/0.2	1.5	1.5	0.3/0.2	0.1
	通风管	—	0.5	0.1	1.5	1.5	0.1	0.1
	上下水管	0.1	0.5	0.1	1.5	1.5	0.1	0.1
	压缩空气管	—	0.5	0.1	1.5	1.5	0.1	0.1
	工艺设备	—	—	—	1.5	1.5	—	—
交叉	煤气管	0.1	0.3	0.3	0.5	0.5	0.5	
	乙炔管	0.1	0.5	0.5	0.5	0.5	0.5	
	氧气管	0.1	0.3	0.3	0.5	0.5	0.3	
	蒸汽管	0.3	0.3	0.3	0.5	0.5	0.3	
	热水管	0.1	0.1	0.1	0.5	0.5	0.1	—
	通风管	—	0.1	0.1	0.5	0.5	0.1	
	上下水管	—	0.1	0.1	0.5	0.5	0.1	
	压缩空气管	—	0.1	0.1	0.5	0.5	0.1	
	工艺设备	—	—	—	1.5	1.5	—	

注：1. 表中的分数，分子数字为线路在管道上面时的最小净距，分母数字为线路在管道下面时的最小净距。

2. 电气管线与蒸汽管不能保持表中距离时，可在蒸汽管与电气管线之间加隔热层。加隔热层后平行净距可减至 0.2m，交叉处只考虑施工维修方便即可。

3. 电气管线与热水管不能保持表中距离时，可在热水管外包隔热层。

4. 裸母线与其他管道交叉不能保持表中距离时，应在交叉处的裸母线外面加装保护网或罩。

1.2.3　接户线和进户线

1.2.3.1　接户线的做法

接户线，是指从低压配电线路的电杆上接到用户室外第一支持

点之间的一段架空线。另外，经电力电缆进户的，也属接户线（包括进户线）。

接户线的做法有几种，分别如图1-4～图1-7所示。

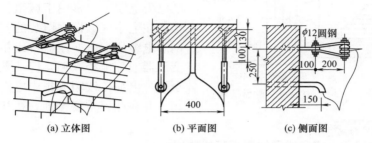

(a) 立体图　　　　(b) 平面图　　　　(c) 侧面图

图 1-4　接户线做法之一

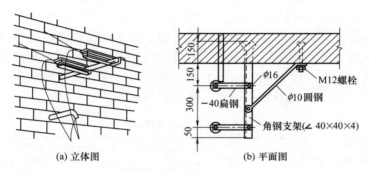

(a) 立体图　　　　　　　　　(b) 平面图

图 1-5　接户线做法之二

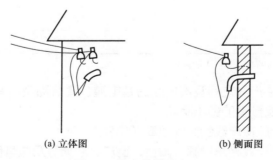

(a) 立体图　　　　　　(b) 侧面图

图 1-6　接户线做法之三

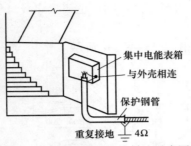

集中电能表箱

与外壳相连

保护钢管

重复接地 —— 4Ω

图1-7 电力电缆进户的做法示意图

图1-6用弯脚绝缘子作支持件在农村住宅较多见，适用于接户杆与住宅较近的场所。图1-7的电力电缆进户多用于城镇住宅楼或住宅小区。带钢铠装的三相四芯电缆从配电变压器台或箱式变压器或配电柜（箱）埋地敷设至用户电缆接线箱或集中电能表箱，并在此处重复接地，接地电阻不大于4Ω。

1.2.3.2 接户线导线截面积的选择

低压接户线应采用绝缘导线，导线截面积应根据负荷计算电流的大小和所需机械强度确定，并要考虑今后用电负荷的发展。当计算电流小于30A且无三相用电设备时，宜采用单相接户线；当计算电流大于30A时，宜采用三相接户线。接户线的最小允许截面积见表1-26。如保护零线与工作零线合用，则铜导线截面积不得小于10mm^2、铝导线截面积不得小于16mm^2。

表1-26 低压接户线的最小截面积

类　别	档距/m	最小截面积/mm^2	
		绝缘铜线	绝缘铝线
自电杆引下	＜10	4(2.5)	6(4)
	10～25	6(4)	10(6)
沿墙敷设	≤6	4(2.5)	6(4)

注：括号内的数值为过去的规定。

1.2.3.3 接户线之间及接户线跨越街道、建筑物及与其他导线交叉敷设的最小距离

(1) 低压接户线的线间距离（见表1-27）

(2) 接户线跨越地面、阳台、窗户、屋顶等及与其他导线交叉敷设时的最小距离（见表1-28）

表1-27 低压接户线的线间距离

架设方式	档距/m	线间距离/mm
自电杆上引下	25 及以下	150
	25 以上	200
沿墙敷设	6 及以下	100
	6 以上	150

表1-28 接户线跨越、交叉时的最小距离

进 户 线	最小距离/m
对地距离	2.5
跨越通车的街道	6
跨越通车困难的街道、人行道	3.5
跨越里、弄、巷	3
跨越阳台、平台	2.5
跨越电车线	0.8
与通信、广播线交叉	0.6
离开屋面	0.6
在窗户上和民用屋脊上	0.3
在窗户、阳台下	0.8
至窗户、阳台的水平距离	0.75
至墙壁、构架的水平距离	0.05

1.2.3.4 进户线敷设要求

进户线导线的最小截面积和进户线保护管的要求见表1-29。

表1-29 进户线及进户线保护管要求

进户线最小截面积 /mm²	铜芯	2.5	进户线 保护管	内径/mm	≥15
	铝芯	4		壁厚/mm	≥2

进户线的保护管可选用瓷管或硬塑料管，也可采用钢管。采用钢管时，进户线必须全部穿于一根钢管内；采用瓷管时，瓷管必须每线一根。

进户管的内径可按下法选择：管内各导线（含绝缘层）的总截面不应大于管子有效截面的40%，管子内径不应小于15mm，进户硬塑料管的壁厚度不应小于2mm，瓷管太短可以接长，太长可以截短。

23

1.2.4 室内布线基本要求

1.2.4.1 瓷瓶、瓷柱、瓷夹板布线

(1) 裸导线在蝶式绝缘子上固定的绑扎要求

① 当裸铝导线在蝶式绝缘子上固定时，导线与绝缘子接触部分应缠绕铝带。若用绑扎法固定，绑扎长度应不小于表 1-30 所列数值。

表 1-30 绑扎长度

导线型号规格/mm²	缠绕长度/mm
LJ-50，LGJ-50	150
LJ-70	200

② 当裸铜线在蝶式绝缘子上固定时，若采用绑扎法，其绑扎长度：导线截面积在 35mm² 及以下者为 150mm，50～95mm² 者为 200mm。

(2) 绑扎线的选择

导线宜用纱包铁芯绑线牢固地绑在瓷瓶或瓷柱上。绑线的选择见表 1-31 和表 1-32，也可用铜绑线或铝绑线。直径选择：当导线截面积小于 10mm² 时，用直径为 1mm 铜绑线或直径为 2mm 铝绑线；当导线截面积为 10～35mm² 时，用直径为 1.4mm 铜绑线或直径为 2mm 铝绑线。受力瓷瓶、瓷柱应采用双绑法；截面积在 10mm² 以上的导线，也应采用双绑法。将绝缘导线绑扎在瓷瓶、瓷柱上时，不应损伤导线的绝缘层。

表 1-31 瓷瓶与导线和绑线的配合

导线截面积 /mm²	瓷瓶型号	瓷瓶间距 /cm	导线间的最小距离 /cm	纱包铁芯绑线	
				直径/mm	线号
4、6	PD1-3 PD-1	250	7	0.71	22
10、16、25、35	PD1-2	300 600	10 15	0.89	20
50、70、95	PD1-1	600	15	1.24	18

表 1-32　瓷柱与导线和绑线的配合

导线截面积 /mm²	瓷柱规格 (直径×高度) /mm	瓷柱间距 /cm	纱包铁芯绑线		备　注
			直径 /mm	线号	
1、1.5、2.5	30×30 30×38 35×35 35×44	150	0.56	24	导线间距不得小于 10cm；四线以上时 为7cm
4、6	38×38 38×50	150	0.71	22	
10、16、25	50×50 50×65	200	0.89	20	

（3）绝缘导线配线时瓷柱（瓷瓶或瓷夹板）间的距离（见表1-33）

表 1-33　绝缘导线配线时瓷柱（瓷瓶或瓷夹板）间的距离

配线位置 及距离类型	距离 /mm　　导线截面积 /mm²	1～2.5	4～10	16～25	35～70	95～120
建筑 物内	导线间的最小距离 ①敷设在瓷柱或瓷夹板上 ②敷设在瓷瓶上	35 70	50 70	50 100	70 150	100 150
	绝缘支持物间的最大距离 ①敷设在瓷柱或瓷夹板上 ②敷设在瓷瓶上	800 2000	1000 2500	1200 3000	1200 6000	1200 6000
沿建筑 物外墙	装在瓷瓶上时导线间的最小 距离 瓷瓶间的最大距离	150 2000	150 2500	150 3000	200 6000	250 6000

（4）布线的允许偏差和检验方法

按规定的检验方法，对不同瓷件敷设的线路各抽查 10 处，应符合表 1-34 的规定。

表 1-34　布线允许偏差和检验方法

项　目		允许偏差/mm	检验方法
瓷(塑料)夹板布线线路中心线	水平线路	5	拉线、尺量
	垂直线路	5	吊线、尺量
瓷柱(珠)、瓷瓶布线线路中心线	水平线路	10	拉线、尺量
	垂直线路	5	吊线、尺量
瓷柱(珠)、瓷瓶布线线间距离	水平线路	10	拉线、尺量
	垂直线路	5	吊线、尺量

1.2.4.2　线槽布线
（1）塑料线槽明敷时固定点的最大间距（见表1-35）

表 1-35　塑料线槽明敷时固定点的最大间距

固定点形式	线槽宽度/mm		
	20~40	60	80~120
	固定点最大间距 L/m		
	0.8	—	—
	—	1.0	—
	—	—	0.8

（2）塑料线槽允许容纳电话线或电话电缆数量（见表1-36）
（3）金属线槽允许容纳电话线或电话电缆数量（见表1-37）
（4）线槽布线允许偏差和检验方法
　　按规定的检验方法，对水平或垂直敷设的直线段共抽查10段，应符合表1-38 的规定。

表 1-36　塑料线槽允许容纳电话线或电话电缆数量

VXC 型塑料线槽	安装方式	电话线、电话电缆型号规格	
		2×0.2RVB 型电话线	2×0.5HYV 型电话电缆
		容纳电话线对数或电缆条数	
20 系列	依墙明装	7 对	1 条 10 对或 2 条各 5 对
40 系列		20 对	1 条 60 对或 2 条各 30 对
60 系列		30 对	1 条 100 对或 2 条各 50 对
80 系列		80 对	2 条 200 对或 3 条各 100 对
100 系列		100 对	1 条 300 对或 3 条各 200 对
120 系列		120 对	2 条 400 对或 3 条各 300 对

表 1-37　金属线槽允许容纳电话线或电话电缆数量

GXG 型金属线槽	安装方式	电话线、电话电缆	
		2×0.2RVB 型电话线	2×0.5HYV 型电话电缆
		容纳电话线对数或电缆条数	
30 系列	A B A B	A:26 对 B:16 对	A:1 条 100 对或 2 条各 50 对 B:1 条 50 对
40 系列	A B A B	A:46 对 B:28 对	A:1 条 200 对或 2 条各 150 对 B:1 条 100 对
45 系列	A B A B	A:43 对 B:26 对	A:1 条 300 对或 2 条各 200 对 B:1 条 200 对
50 系列	C	C:33 对	C:1 条 80 对
65 系列	A B A B	A:184 对 B:112 对	A:2 条各 400 对 B:1 条 400 对
70 系列	C	C:70 对	C:1 条 150 对

注：安装方式：A—槽口向上；B—槽口向下；C—地面内。

表 1-38　线槽布线允许偏差和检验方法

项　目		允许偏差/mm	检验方法
水平或垂直敷设的直线段	平直度	5	拉线、尺量
	垂直度	5	吊线、尺量

1.2.4.3　塑料护套线布线

塑料护套线具有良好的防潮、耐酸和耐腐蚀性，且施工方便，所以在室内布线中经常采用。

塑料护套线由铝片卡（又称铝轧头）或塑料卡钉固定。铝片卡有 0 号、1 号、2 号和 3 号 4 种规格，一般用 1 号或 2 号规格，以长度为 15mm 的洋钉（最好用水泥钉或鞋钉）固定；塑料卡钉有配 $1.5mm^2$ 线、配 $2.5mm^2$ 线等几种型号，塑料卡钉上配有水泥钉。对于水泥建筑、铝片卡可用环氧树脂来粘贴。

（1）铝片卡与护套线的配合

铝片卡与护套线的配合见表 1-39。

表 1-39　铝片卡与护套线的正确配合

导 线 规 格	铝片卡规格			
	0 号	1 号	2 号	3 号
	可夹根数			
BVV-70　2[1]×1.0[2]	1	2	2	3
BVV-70　2×1.5	1	1	2	3
BVV-70　3×1.5	—	1	1	2
BLVV-70　2×2.5	—	1	2	2

① 导线根数。

② 导线截面积（mm^2）。

（2）榫、塑料胀管和木螺钉的选用

① 榫孔尺寸、木螺钉直径与塑料胀管的配合（见表 1-40）

表 1-40　榫孔尺寸、木螺钉直径与塑料胀管的配合

塑料胀管规格		M6	M8	M10	M12
榫孔尺寸	直径/mm	10.5	12.5	14.5	19
	深度/mm	40	50	60	70

续表

木螺钉 直径	公制/mm	3.5、4	4、4.5	4.5、5.5	5.5、6
	英制(号码)	6、7、8	8、9	9、10	12、14

② 木榫、竹榫、塑料胀管等的选用及施工数据（见表 1-41）

表 1-41　榫的选用和施工数据

建筑 结构	安装 内容	安装 方向	榫及胀管 的选用	冲击电钻 钻头或墙铳 规格/mm	榫孔深度 /mm	木螺钉或 水泥钉规 格/mm
预制板	圆木台、人字 木台	朝天	木榫	$\phi 6\sim 8$	25～35	木 螺 钉 $\phi 3.4\sim 4.5$
砖墙	插座、开关用 的圆木台、双联 木台、方板等	水平	塑料胀管	$\phi 10\sim 12$	60～65	木 螺 钉 $\phi 5\sim 6.3$
			木榫	遇砖缝用平口凿		木 螺 钉 $\phi 5\sim 6.3$
混凝 土柱、 梁、墙	护套线布线	水平 朝天	竹榫或木榫	$\phi 6$	20～25	水 泥 钉 或鞋钉长 12～19
混凝土 柱、 梁、墙	插座、灯座、 开关等的圆木 台、双联木台、 人字木台	水平 朝天	8～10mm 塑 料胀管,也可用 木榫	$\phi 8\sim 10$	50～65	木 螺 钉 $\phi 4.5\sim 5$
	铁壳开关、三 相插座用的 方板	水平	塑料胀管或 木榫	$\phi 10\sim 12$	60～65	木 螺 钉 $\phi 5\sim 6.3$
	大型方板	水平	塑料胀管或 木榫	$\phi 10\sim 12$	60～65	木 螺 钉 $\phi 5\sim 6.3$
			金属胀管		超过胀 管 5mm	—

注：1. 水平是指装于墙、柱和梁上，榫体轴线与地面平行；朝天是指装于梁和楼面上，榫体轴线与地面垂直。

2. 采用木榫时，榫孔深度可以减小些。

③ 塑料胀管安装后允许拉力（见表 1-42）。

表1-42　塑料胀管安装后允许拉力（静止状态）单位：N

塑料胀管规格	混凝土	加气混凝土	硅酸盐砌块
M6	470	157	451
M8	608	197	529
M10	637	255	676
M12	1646	490	1078

④ 金属胀管的规格及承装荷载　金属胀管又称金属胀锚螺栓，主要用于在混凝土构件上或在砖墙上安装受力较大的电气设备（如空调器）和其他设备（如防盗门）。

金属胀管有沉头式、裙尾式、箭尾式等多种类型。

与金属胀管配合的钻孔尺寸、螺栓直径及胀管承装荷载，见表1-43。

表1-43　与金属胀管配合的钻孔尺寸、螺栓直径及胀管承装荷载

金属胀	直径/mm	10	12	14	18	20
管规格	长度/mm	35	45	55	65	90
钻孔	直径/mm	10.5	12.5	14.5	19	23
尺寸	深度/mm	40	50	60	70	100
沉头螺栓直径/mm		6	8	10	12	16
允许拉力/kN		2.4	4.4	7.0	10.3	19.4
允许剪力/kN		1.6	3.0	4.7	6.9	13.0

（3）塑料护套线布线固定点的最大间距及护套线支持点的位置（见图1-8）

（4）护套线布线允许偏差或弯曲半径和检验方法

按检查项目和检验方法各抽查10段（处），应符合表1-44的规定。

表1-44　护套线布线允许偏差或弯曲半径和检验方法

项　　目		允许偏差或弯曲半径	检验方法
固定点间距		5mm	尺量
水平或垂直敷设的直线段	平直度	5mm	拉线、尺量
	垂直度	5mm	吊线、尺量
最小弯曲半径		$\geqslant 3b$	尺量

注：平弯时 b 为护套线厚度，侧弯时 b 为护套线宽度。

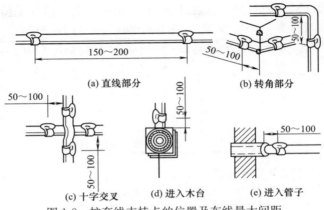

(a) 直线部分   (b) 转角部分

(c) 十字交叉   (d) 进入木台   (e) 进入管子

图 1-8   护套线支持点的位置及布线最大间距

1.2.4.4   PVC 阻燃管布线

PVC 阻燃管，即聚氯乙烯塑料管，具有耐酸、碱腐蚀及暗敷时美观等优点，适用于有腐蚀介质及潮湿的场所。配线有明敷和暗敷两种。明敷时不能用于易燃、易爆的场所。暗敷时需配合基建施工，在砌墙及浇灌混凝土梁的工作中，先将需要预埋的线管、灯座盒、插座盒、开关盒、接线盒及木砖等逐一埋入。

(1) 绝缘导线允许穿 PVC 管根数及相应最小管径（见表1-45）

表 1-45   BV、BLV 型塑料线穿 PVC 管时最小管径

单位：mm

导线截面积/mm²	穿管导线根数										
	2	3	4	5	6	7	8	9	10	11	12
1	16	16	16	16	16	16	16	16	16	16	16
1.5	16	16	16	16	16	16	20	20	20	20	20
2.5	16	16	16	16	16	20	20	20	20	20	25
4	16	16	16	20	20	20	20	25	25	25	25
6	16	16	20	20	20	25	25	25	25	32	32
10	20	20	25	25	32	32	32	40	40	40	40
16	25	25	32	32	32	40	40	40	40	50	50
25	32	32	32	40	40	40	50	50	50	50	50
35	32	32	40	40	50	50	50	50	63	63	63
50	40	40	50	50	50	63	63	—	—	—	—

（2）PVC管管径与其截面积的40%和60%对照表（见表1-46）

表1-46 硬塑料管管径与其截面积的40%和60%对照表

管径 /mm	截面积的40% /mm²	截面积的60% /mm²	管径 /mm	截面积的40% /mm²	截面积的60% /mm²
12	61	91	35	384	577
18	101	152	41	502	753
22	152	228	52	816	1225
28	246	369	67	1410	2115
—	—	—	78	1892	2808

（3）管线明敷时固定点的最大间距（见表1-47）

表1-47 管线明敷时固定点的最大间距　　单位：m

管子类别	管径（公称口径）/mm				
	15～20	25～32	40	50	63～100
钢　　管	1.5	2	2	2.5	3.5
电线管	1	1.5	2	2	—
硬塑料管	1	1.5	1.5	2	2

注：钢管和硬塑料管的管径指内径，电线管的管径指外径。

（4）管线暗敷时与其他管线的最小净距（见表1-48）

表1-48 暗敷管线与其他管线最小净距

最小净距 /mm　　其他管线 相互关系	电力 线路	压缩 空气管	给水管	热力管 （不包封）	热力管 （包封）	煤气管
平行净距	150	150	150	500	300	300
交叉净距	50	20	20	500	300	20

注：采用钢管暗敷时，与电力线路允许交叉接近，钢管应接地。

（5）电线保护管弯曲半径、明配管安装允许偏差和检验方法

按检查内容和检验方法各抽查10处，应符合表1-49的规定。

1.2.4.5　钢管布线

（1）钢管的选择

常用钢管按其类型及管壁厚度可分为厚导线管、薄导线管、EMT管及可挠金属管四种。各种钢管管径的选择分别见表1-50～

表 1-55。

表 1-49 电线保护管弯曲半径、明配管安装允许偏差和检验方法

项 目			弯曲半径或允许偏差	检验方法
管子最小弯曲半径	暗配管		≥6D	尺量及检查安装记录
	明配管	管子只有一个弯	≥4D	
		管子有两个弯及以上	≥6D	
管子弯曲处的弯扁度			≤0.1D	尺量
明配管固定点间的距离	管子直径/mm	15～20	30mm	尺量
		25～30	40mm	
		40～50	50mm	
		65～100	60mm	
明配管水平、垂直敷设任意 2m 段内	平直度		3mm	拉线、尺量
	垂直度		3mm	吊线、尺量

注：D 为管子外径。

表 1-50 厚导线管的选择

线 径		导 线 根 数									
单股线/mm	绞线/mm²	1	2	3	4	5	6	7	8	9	10
		导线管最小管径/mm									
1.6	—	16	16	16	16	22	22	22	28	28	28
2.0	3.5	16	16	16	22	22	22	28	28	28	28
2.6	5.5	16	16	22	22	28	28	28	36	36	36
—	8	16	22	22	28	28	36	36	36	36	42
—	14	16	22	28	28	36	36	36	42	42	54
—	22	16	28	28	36	36	42	54	54	54	54
—	30	16	28	36	36	42	54	54	54	70	70
—	38	22	36	36	42	42	54	54	70	70	70
—	50	22	36	42	54	54	70	70	70	70	82
—	60	22	36	42	54	54	70	70	70	82	82
—	80	28	42	54	54	70	70	82	82	82	92
—	100	28	42	54	70	70	82	82	92	92	104
—	125	36	54	70	70	70	82	92	104	104	
—	150	36	54	70	82	82	92	104			
—	200	36	70	70	82	92	104				

线　　径		导　线　根　数									
单股线/mm	绞线/mm²	1	2	3	4	5	6	7	8	9	10
		导线管最小管径/mm									
—	250	42	70	82	92	104					
—	325	54	82	92	104						
—	400	54	92	92							
—	500	54	104	104							

注：1. 1根导线适用于设备的接地线及直流电路。

2. 根据中国国家标准（CNS）规定，厚导线管的管径以内径表示。

表 1-51　薄导线管、EMT 管的选择

线　　径		导　线　根　数									
单股线/mm	绞线/mm²	1	2	3	4	5	6	7	8	9	10
		导线管最小管径/mm									
1.6	—	15	15	15	25	25	25	25	31	31	31
2.0	3.5	15	19	19	25	25	25	31	31	31	31
2.6	5.5	15	25	25	25	31	31	31	31	39	39
—	8	15	25	25	31	31	39	39	39	51	51
—	14	15	25	31	31	39	39	51	51	51	51
—	22	19	31	31	39	51	51	51	51	63	63
—	30	19	39	39	51	51	51	63	63	63	63
—	38	25	39	39	51	51	63	63	63	63	75
—	50	25	51	51	51	63	63	75	75	75	75
—	60	25	51	51	63	63	75	75	75		
—	80	31	51	51	63	75	75	75			
—	100	31	63	63	75	75					
—	125	39	63	63	75						
—	150	39	63	75	75						
—	200	51	75	75							
—	250	51	75								
—	325	51									
—	400	51									
—	500	63									

注：1. 1根导线适用于设备的接地线及直流电路。

2. 根据中国国家标准（CNS）规定，薄导线管的管径以外径表示。

表 1-52 导线超过 10 根时导线管的选择

线 径		导线根数	厚导线管管径/mm								薄导线管管径/mm				
单股线/mm	绞线/mm²		29	36	42	54	70	82	92	104	31	39	51	63	75
1.6	—		12	21	28	45	76	106	136	177	12	19	35	55	81
2.0	3.5			18	25	39	66	92	118	154	11	16	30	48	71
2.6	5.5			13	17	28	47	66	85	111		11	22	34	51
—	8				13	21	35	49	63	82			16	25	38
—	14					15	26	36	47	61			12	19	18

注：1. 中国国家标准（CNS）规定，厚导线管的管径以内径的偶数表示。

2. 中国国家标准（CNS）规定，薄导线管的管径以外径的奇数表示。

表 1-53 管长 6m 以下允许最多导线根数

线 径		厚导线管管径/mm		薄导线管管径/mm		
单股线/mm	绞线/mm²	16	22	15	19	25
1.6	—	9	15	6	9	15
2.0	3.5	6	11	4	6	11
2.6	5.5	4	7	3	4	7
—	8.0	2	4	1	2	4

注：1. 中国国家标准（CNS）规定，厚导线管的管径以内径的偶数表示。

2. 中国国家标准（CNS）规定，薄导线管的管径以外径的奇数表示。

表 1-54 厚导线管管径与其截面积的 40% 和 60% 对照表

管径/mm	截面积的 40%/mm²	截面积的 60%/mm²	管径/mm	截面积的 40%/mm²	截面积的 60%/mm²
16	84	126	54	919	1373
22	150	225	70	1520	2281
28	251	376	82	2126	3190
36	427	640	92	2756	4135
42	574	862	104	3554	5331

表 1-55 薄导线管管径与其截面积的 40% 和 60% 对照表

管径/mm	截面积的 40%/mm²	截面积的 60%/mm²	管径/mm	截面积的 40%/mm²	截面积的 60%/mm²
15	57	85	39	382	573
19	79	118	51	711	1066
25	154	231	63	1116	1667
31	256	385	75	1636	2455

（2）钢管布线的其他要求及安装允许偏差（见硬塑料管布线的有关内容）

1.2.4.6 电话线的敷设

电话电缆的敷设方式有：混凝土管道敷设，直埋电缆敷设，架空敷设，墙壁电缆吊线敷设，塑料或金属线槽敷设，穿管敷设等。施工方法类同于电力电线（缆）的敷设。

（1）沿墙敷设电话电缆吊线的选择

一般办公楼、工厂车间等建筑物可采用沿墙敷设电话电缆。沿墙敷设电话电缆可分为吊线式和卡钩式两种。吊线式沿墙敷设电话电缆的吊线可按表 1-56 选择。

表 1-56　吊线式沿墙敷设电话电缆吊线选择

电缆类型 导线截面积(mm²)×对数	吊线类型（股数×线径）	吊线吊距/m
0.5×30	1×4.0 铁线	≤6
0.6×30	7/1×1.0 钢绞线	
0.5×50	3×4.0 铁线	≤15
0.6×50		
0.5×100	7/2.0 钢绞线	
0.6×100		

（2）电信管道与其他设施的最小距离

住宅区电信支线管道与其他管线或建筑物的净距应符合表1-57的规定。

表 1-57　电信管道与其他管线或建筑物的间距

其他地下管线及建筑物名称		平行净距/m	交叉净距/m
给水管	直径≤300mm	0.50	0.15
	300mm<直径≤500mm	1.00	
	直径>500mm	1.50	
排水管		1.00	0.15
热力管		1.00	0.25
煤气管	压力≤300kPa	1.00	0.30
	300kPa<压力≤800kPa	2.00	

其他地下管线及建筑物名称		平行净距/m	交叉净距/m
电力电缆	电力<35kV	0.50	0.50
	电压≥35kV	2.00	
发电厂或变电站		200.00	—
高压杆塔		50.00	—
其他通信电缆		0.75	0.25
绿 化	乔木	1.50	
	灌木	1.00	
保护地线	$\rho \leqslant 100\Omega \cdot m$	10.00	—
	$101\Omega \cdot m \leqslant \rho \leqslant 500\Omega \cdot m$	15.00	
地上杆柱		0.5～1.0	
马路边石		1.00	
电车路轨外侧		2.00	
房屋建筑红线（或基础）		1.50	

注：ρ 为土壤电阻率，单位为 $\Omega \cdot m$。

（3）电话线路穿管敷设要求

为防止电话线受外力作用而损伤，常常采用穿管敷设。管材可用塑料管或铜管。

① 电话线路穿管敷设允许最小管径（见表 1-58～表 1-60）

表 1-58 电话电缆穿管允许最小管径

电话电缆型号规格	管材种类	穿管长度	保护管弯曲数	电缆对数									
				10	20	30	50	80	100	150	200	300	400
				最小管径/mm									
HYV HYQ YPVV 2×0.5	SC RC	30m 及以下	直通	20	25	32	40	50	70	80			
			一个弯曲时	25	32		50	70	80	100			
			两个弯曲时			40	50	70	80				
	TC PC		直通	25	32	40	50						
			一个弯曲时	32	40	50							
			两个弯曲时	40	50								

表 1-59　电话支线穿管允许最小管径

管材种类	导线规格型号	1	2	3	4	5	6	7	8	9
		\多 \ 电话支线穿管对数 — 最小管径/mm								
导线穿电线管(TC)或聚氯乙烯管(PC)	RVB-$\frac{2\times0.2}{2\times0.5}$	16	20				25			32
	RVS-$\frac{2\times0.2}{2\times0.5}$	16	20		25		32			40
导线穿焊接钢管(SC)或水煤气钢管(RC)	RVB-$\frac{2\times0.2}{2\times0.5}$	15	15				20			25
	RVS-$\frac{2\times0.2}{2\times0.5}$	15	15		20		25			32

表 1-60　同轴电话电缆穿管允许最小管径　单位：mm

同轴电缆根数		1		2		3		4		5	
管材种类		TC	SC RC	TC	SC RC	TC	SC RC	TC	SC RC	TC	SC RC
同轴电缆型号规格	SYV 75-5-4	16	15	25	20	25	20	32	25	40	32
	75-7-4	25	20	32	25	40	32	50	40	50	50
	75-9-4	25	25	40	32	50	40	50	50	—	50

② 建筑物（住宅）内电话电缆的敷设　建筑物内的电话电缆通常采用暗管敷设，也有采用明管敷设。明管敷设欠美观，通常用于已建楼房。暗管敷设的施工方法类同于电力线路的暗管敷设，需要与土建施工紧密配合。

对于已建房，在住宅电气装修装饰中，若暗管敷设有困难或不便时，而明管敷设又嫌不美观，可将电话电缆敷设在踢脚线（装饰板）内，沿墙脚走线。另外，还可以将电话电缆敷设在电视柜、大立柜等大型家具后面。电话接线盒暗装在墙内，底边距地约为30cm。住宅房间的电话接线盒通常与电源插座（多联）在一起，安装高度约距地70cm。

1.2.4.7　钢索布线

(1) 钢索规格的选择

根据所悬吊照明灯具的质量及固定跨度，钢索规格的选择见表

1-61。截面积不宜小于 $10mm^2$。

表 1-61 钢索规格的选择

钢索外径 /mm	镀锌钢丝绳外径 /mm	最大使用拉力 /N	固定点间距 /m	钢索上吊挂灯具等的质量 /kg
4.6	4.2	4000	≤20	20
5.6	6	6000	≤20	45
6.5	6.6	10000	≤20	60

注：钢索采用 7×6 或 7×7 规格，镀锌钢丝绳采用 1×7 或 1×9 规格。

（2）钢索布线零件间和线间距离（见表 1-62 的规定）

表 1-62 钢索布线零件间和线间距离   单位：mm

配线类别	支持件之间 最大距离	支持件与灯座盒 之间最大距离	线间最小距离
钢管	1500	200	—
硬塑料管	1000	150	—
塑料护套线①	500	100	—
瓷柱配线	1500	100	35

① 采用铝片卡固定。

（3）钢索配线的允许偏差和检验方法

按不同配线类别和检验方法各抽查 10 处，允许偏差应符合表 1-63 的规定。

表 1-63 钢索配线的允许偏差和检验方法

项　　目		允许偏差/mm	检验方法
各种布线支持件间的距离	钢管布线	30	尺量检查
	硬塑料管布线	20	
	塑料护套线布线	5	
	瓷柱布线	30	

1.2.5 电缆布线

1.2.5.1 电缆敷设方式的选择

（1）按环境和敷设方式选择导线和电缆（见表 1-64）

表 1-64　按环境和敷设方式选择导线和电缆

环境特征	敷设方式	常用导线和电缆的型号
正常干燥的环境	①绝缘线瓷珠、瓷夹板或铝卡片明配线	BBLX、BLV、BLVV
	②绝缘线、裸线瓷瓶明配线	BBLX、BLV、LJ、LMY
	③绝缘线穿管明敷或暗敷	BBLX、BLV
	④电缆明敷或放在沟中	ZLL、ZLL11、VLV、YJLV、XLV、ZLQ
潮湿和特别潮湿的环境	①绝缘线瓷瓶明配线（敷设高度＞3.5m）	BBLX、BLV
	②绝缘线穿塑料管、钢管明敷或暗敷	BBLX、BLV
	③电缆明敷	ZLL11、VLV、YJLV、XLV
多尘环境（不包括火灾及爆炸危险尘埃）	①绝缘线瓷珠、瓷瓶明配线	BBLX、BLV、BLVV
	②绝缘线穿钢管明敷或暗敷	BBLX、BLV
	③电缆明敷或放在沟中	XLV、ZLQ
有腐蚀性物质的环境	①塑料线瓷珠、瓷瓶明配线	BLV、BLVV
	②绝缘线穿塑料管明敷或暗敷	BBLX、BLV、BV
	③电缆明敷	VLV、YJLV、ZLL11、XLV
有火灾危险的环境	①绝缘线瓷瓶明配线	BBLX、BLV
	②绝缘线穿钢管明敷或暗敷	BBLX、BLV
	③电缆明敷或放在沟中	ZLL、ZLQ、VLV、YJLV、XLV、XLHF
有爆炸危险的环境	①绝缘线穿钢管明敷或暗敷	BBX、BV
	②电缆明敷	ZL120、ZQ20、VV20
户外配线	①绝缘线、裸线瓷瓶明配线	BLXF、BLV-1、LJ
	②绝缘线钢管明敷（沿外墙）	BLXF、BBLX、BLV
	③电缆埋地	ZLL11、ZLQ2、VLV、VLV2、YJLV、YJV2

（2）电缆护层的选择

常用电缆外护层及铠装的适用场所和敷设方式见表 1-65。

表 1-65　各种电缆外护层及铠装的适用场所和敷设方式

护套或外护层	铠装	代号	敷设方式							环境条件					备注
			室内	电缆沟	隧道	管道	竖井	埋地	水下	易燃	移动	多砾石	一般腐蚀	严重腐蚀	
裸铝护套（铝包）	无	L	√	√	√					√					
裸铝护套（铝包）	无	Q	√	√	√	√				√					

护套或外护层	铠装	代号	敷设方式							环境条件					备注
			室内	电缆沟	隧道	管道	竖井	埋地	水下	易燃	移动	多砾石	一般腐蚀	严重腐蚀	
一般橡套	无		√	√	√	√					√		√		
不延燃橡套	无	F	√	√	√	√					√		√		耐油
聚氯乙烯护套	无	V	√	√	√	√		√			√		√	√	
聚乙烯护套	无	Y	√	√	√	√					√		√	√	
普通外护层（仅用于铅护套）	裸钢带	20	√	√	√					√					
	钢带	2	√	√	○			√							
	裸细钢丝	30					√			√					
	细钢丝	3					○	√	√	○		√			
	裸粗钢丝	50						√	√						
	粗钢丝	5					○	√	√	○					
一级防腐外护层	裸钢带	120	√	√	√					○					
	钢带	12	√	√	○			√							
	裸细钢丝	130					√			○					
	细钢丝	13					○	√	√	○		√			
	裸粗钢丝	150					√		√						
	粗钢丝	15					○	√	√	○		√			
二级防腐外护套	钢带	22						√		√		√	√		
	细钢丝	23					√	√	√			√	√		
	粗钢丝	25					○	√	√	○		√	√		
内铠装塑料外护层（全塑电缆）	钢带	22	√	√	√							√	√		
	细钢丝	32					√	√	√			√	√		
	粗钢丝	42						√	√			√	√		

注：1. "√"表示适用；"○"表示外被层为玻璃纤维时适用，无标记者不推荐采用。

2. 裸金属护套一级防腐外护层由沥青复合物加聚氯乙烯护套组成。

3. 铠装一级防腐外护层由衬垫层、铠装层和外被层组成。衬垫层由两个沥青复合物、聚氯乙烯带和浸渍皱纸带的防水组合层组成。外被层由沥青复合物、浸渍电缆麻（或浸渍玻璃纤维）和防止黏合的涂料组成。

4. 裸铠装一级防腐外护层的衬垫层与铠装一级外护层的衬垫层相同，但没有外被层。

5. 铠装二级防腐外护层的衬垫层与铠装一级外护层的衬垫层相同，钢带及细钢丝铠装的外被层由沥青复合物和聚氯乙烯护套组成。粗钢丝铠装的镀锌钢丝外面挤包一层聚氯乙烯护套或其他同等效能的防腐涂层，以保护钢丝免受外界腐蚀。

6. 如需要用于湿热带地区的防霉特种护层可在型号规格后加代号"TH"。

7. 单芯钢带铠装电缆不适用于交流线路。

8. 裸铠装电缆结构不合理，已逐步被淘汰。

1.2.5.2 电缆敷设的技术要求

电缆最小弯曲半径应符合表 1-66 的规定。

表 1-66 电缆最小弯曲半径

电缆类型			多芯	单芯
控制电缆			$10d$	—
橡胶绝缘电力电缆	无铅包、钢铠护套		$10d$	
	裸铅包护套		$15d$	
	钢铠护套		$20d$	
聚氯乙烯绝缘电力电缆			$10d$	
交联聚乙烯绝缘电力电缆			$15d$	$20d$
油浸纸绝缘电力电缆	铝包		$30d$	
	铅包	有铠装	$15d$	$20d$
		无铠装	$20d$	—
自容式充油(铅包)电缆			—	$20d$

注: d 为电缆外径。

1.2.5.3 电缆之间及电缆与建构筑物或地面等之间的最小距离

(1) 电缆之间以及电缆与道路、管道、建筑物之间平行和交叉时的最小净距（见表 1-67）

表 1-67 电缆之间以及电缆与管道、道路、建筑物之间的最小净距

序号	项 目		最小净距/m		备 注
			平行	交叉	
1	电力电缆间及其与控制电缆间	10kV 及以下	0.10	0.50	①控制电缆间平行敷设的间距不作规定;序号"1"、"3"项,当电缆穿管或用隔板隔开时平行净距可降低为 0.1m
		10kV 以上	0.25	0.50	
2	控制电缆间		—	0.50	②在交叉点前后 1m 范围内,如电缆穿入管中或用隔板隔开,交叉净距可降低为 0.25m
3	不同使用部门的电缆间		0.50	0.50	
4	电缆与热管道(管沟)及热力设备间		2.00	0.50	①虽净距能满足要求,但当检修管路可能伤及电缆时,应在交叉点前后 1m 范围内采取保护措施
5	电缆与油管道(管沟)间		1.00	0.50	②当交叉净距不能满足要求时,应将电缆穿入管中,则净距可减为 0.25m
6	电缆与可燃性气体及易燃性液体管道(管沟)间		1.00	0.50	③对序号"4"项应采取隔热措施,使电缆周围土壤的温升不超过 10℃
7	电缆与其他管道(管沟)间		0.50	0.50	

续表

序号	项 目		最小净距/m		备 注
			平行	交叉	
8	电缆与铁路路轨间		3.00	1.00	
9	电缆与电气化铁路路轨间	交流	3.00	1.00	如不能满足要求,应采取适当防蚀措施
		直流	10.00	1.00	
10	电缆与公路间		1.50	1.00	特殊情况,平行净距可酌减
11	电缆与城市街道路面间		1.00	0.70	
12	电缆与电杆基础(边线)间		1.00	—	
13	电缆与建筑物基础(边线)间		0.60	—	
14	电缆与排水沟间		1.00	0.50	

注:当电缆穿管或者其他管道有防护设施(如管道的保温层等)时,表中净距应从管壁或防护设施的外壁算起。

(2)沿墙敷设的电缆与其他线路和管线的最小间距(见表1-68)

表 1-68 沿墙敷设的电缆与其他线路和管线的最小间距

管线名称	最小间距/m		备 注
	交叉	平行	
与电力线(380V 及以下)	0.05	0.15	间距不足时应加绝缘层
与避雷引下线	0.30	1.0	应尽量避免交越
与热力管道	0.50(0.30)	0.50(0.30)	括号内为有保温层时的数值
与给水管	0.02	0.15	
与煤气管	0.02	0.30	
与保护地线	0.20	0.05	

注:表中电缆与避雷器引下线交叉时的距离为电缆敷设高度小于 6m 时的最小间距。

(3)架空电缆及明线在各种情况下的架设高度(不应低于表1-69 的规定)

表 1-69　架空电缆及明线架设高度

名　　称	与线路方向平行时		与线路方向交叉时	
	架设高度/m	备　注	架设高度/m	备　注
市内街道	4.5	最低导线到地面	5.5	最低缆线到地面
市内里弄（胡同）	4.0	最低导线到地面	5.0	最低缆线到地面
铁路	3.0	最低导线到地面	7.5	最低缆线到轨面
公路	3.0	最低导线到地面	5.5	最低缆线到路面
土路	3.0	最低导线到地面	4.5	最低缆线到路面
房屋建筑物	—	—	0.6	最低缆线到屋脊
			1.5	最低缆线到房屋平顶
河流	—	—	1.0	最高水位时最低缆线到船桅顶
市区树木	—	—	1.5	最低缆线到树枝的垂直距离
郊区树木	—	—	1.5	最低缆线到树枝的垂直距离
其他通信导线	—	—	0.6	一方最低缆线到另一方最高线条

注：当明线与树木的距离达不到要求时，可采用有绝缘外皮的导线。

（4）直埋电缆敷设的要点

① 采用直埋电缆敷设时，应在直埋电缆四周各铺 50～100mm 的砂或细土，并在上面覆盖红砖或混凝土块。

② 直埋电缆穿越主干道时，应采用管子保护，并宜适当预留备用管。

③ 直埋电缆的直线段每隔 200～300m，以及电缆接续点、分支点、盘留点、电缆路由方向改变处及其他管线交叉时，应设置电缆标志。

④ 直埋电缆不得直接埋入室内。直埋电缆需引入建筑物室内分线设备时，应换接裸铅包电缆穿管引入。如引至分线设备之距离在 15m 之内，则可将铠装层脱去后穿管引至分线设备。

⑤ 埋式电缆的埋深，一般为 0.7～0.9m。埋式电缆上方应加覆盖物保护，并设标志。埋式电缆穿越铁路轨道时，应设于保护管内。

1.2.5.4 电缆穿管管径选择

常用电缆穿管管径选择见表 1-70～表 1-72。

表 1-70　XQ、XLQ 型 500V 铅包电力电缆穿管管径选择

线芯截面积 /mm²	单芯		双芯		三芯		四芯		
	电缆外径 /mm	穿管管径 /mm	电缆外径 /mm	穿管管径 /mm	电缆外径 /mm	穿管管径 /mm	线芯截面积 /mm²	电缆外径 /mm	穿管管径 /mm
1.0	5.03	20	8.42	20	8.88	20	3×1.0+1×1.0	9.69	20
1.5	5.27	20	8.9	20	9.4	20	3×1.5+1×1.0	10.14	20
2.5	5.66	20	9.68	20	10.23	20	3×2.5+1×1.5	11.00	20
4	6.14	20	10.64	20	11.27	20	3×4+1×2.5	12.11	20
6	6.63	20	11.62	20	12.32	20	3×6+1×4	13.29	20
10	8.29	20	14.92	25	15.86	25	3×10+1×6	16.06	25
16	9.34	20	17.02	25	18.09	32	3×16+1×10	19.46	32
25	11.03	20	20.38	32	21.77	32	3×25+1×10	22.83	40
35	12.17	20	23	40	24.56	40	3×35+1×10	24.66	40
50	14.15	25	27.16	50	29.26	50	3×50+1×16	29.86	50
70	15.80	25	30.66	50	32.76	50	3×70+1×25	33.86	70
95	17.95	32	34.96	70	37.76	70	3×95+1×35	39.06	70
120	19.57	32	38.55	70	41.36	70	3×120+1×35	42.11	70
150	21.58	32	42.72	70	45.86	80	3×150+1×50	47.11	70
185	23.93	40	47.4	80	50.86	100	3×185+1×50	51.36	100
240	26.99	50	—	—	—	—	—	—	—

表 1-71　XV、XLV 型 500V 聚氯乙烯护套电力电缆穿管管径选择

线芯截面积 /mm²	单芯		双芯		三芯		四芯		
	电缆外径 /mm	穿管管径 /mm	电缆外径 /mm	穿管管径 /mm	电缆外径 /mm	穿管管径 /mm	线芯截面积 /mm²	电缆外径 /mm	穿管管径 /mm
1.0	6.13	20	9.52	20	9.98	20	3×1.0+1×1.0	10.79	20
1.5	6.37	20	10.00	20	10.5	20	3×1.5+1×1.0	11.24	20
2.5	6.76	20	10.78	20	11.33	20	3×2.5+1×1.5	12.10	20
4	7.24	20	11.74	20	12.37	20	3×4+1×2.5	13.21	20

线芯截面积 /mm²	单芯 电缆外径 /mm	单芯 穿管管径 /mm	双芯 电缆外径 /mm	双芯 穿管管径 /mm	三芯 电缆外径 /mm	三芯 穿管管径 /mm	四芯 线芯截面积 /mm²	四芯 电缆外径 /mm	四芯 穿管管径 /mm
6	7.73	20	12.72	20	13.42	20	3×6+1×4	14.39	25
10	9.39	20	16.02	25	16.96	25	3×10+1×6	17.72	32
16	10.44	20	19.12	32	20.19	32	3×16+1×10	21.56	32
25	12.10	20	22.48	32	23.80	40	3×25+1×10	25.73	40
35	13.27	20	25.90	50	27.46	50	3×35+1×10	27.96	50
50	15.25	25	29.86	50	32.76	50	3×50+1×16	33.36	50
70	16.90	25	34.16	70	37.26	70	3×70+1×25	38.36	70
95	20.05	32	39.46	70	41.96	70	3×95+1×35	43.06	80
120	21.67	32	42.70	70	45.36	80	3×120+1×35	46.11	80
150	23.68	40	46.72	80	50.66	100	3×150+1×50	51.91	100
185	26.80	50	52.02	100	55.66	100	3×185+1×50	56.16	100
240	29.69	50	—	—	—	—	—	—	—

表 1-72 VV、VLV 型 500V 聚氯乙烯护套电力电缆穿管管径选择

线芯截面积 /mm²	单芯 电缆外径 /mm	单芯 穿管管径 /mm	双芯 电缆外径 /mm	双芯 穿管管径 /mm	三芯 电缆外径 /mm	三芯 穿管管径 /mm	四芯 线芯截面积 /mm²	四芯 电缆外径 /mm	四芯 穿管管径 /mm
1.0	6.13	20	9.26	20	10.1	20	3×1.0+1×1.0	10.92	20
1.5	6.37	20	9.74	20	10.62	20	3×1.5+1×1.0	11.5	20
2.5	6.76	20	10.52	20	11.46	20	3×2.5+1×1.5	12.24	20
4	7.24	20	11.48	20	12.49	20	3×4.0+1×2.5	13.32	20
6	7.73	20	12.46	20	13.56	25	3×6+1×4	14.3	25
10	8.99	20	15.34	25	16.26	25	3×10+1×6	17.15	32
16	10.04	20	17.44	32	19.52	32	3×16+1×6	20.09	32
25	11.73	20	21.82	32	23.16	40	3×25+1×10	23.94	40
35	12.87	20	25.11	40	26.66	50	3×35+1×10	27.96	50
50	14.85	25	29.06	50	31.86	50	3×50+1×16	32.49	50
70	16.50	25	33.36	50	35.46	70	3×70+1×25	37.40	70
95	19.65	32	38.66	70	41.06	70	3×95+1×35	42.04	70
120	21.27	32	41.90	70	44.56	80	3×120+1×35	45.25	80
150	23.28	40	45.92	80	49.89	80	3×150+1×50	50.99	100
185	26.43	50	51.22	80	54.52	80	3×185+1×50	55.17	100
240	29.29	50	—	—	—	—	—	—	—

1.2.6　智能建筑综合布线及计算机系统布线

1.2.6.1　设计等级配置

　　智能建筑综合布线系统的设计分为最低配置、基本配置和综合配置三个等级。各等级的配置见表1-73。用户可根据实际需要进行选择。

表 1-73　设计等级配置

类型	信息插座（I/O）数量/个	对数/工作区（水平布线对数）	对数/工作区（干线对数）	缆线类型	备　　注
最低配置	1（当要求不确定时可为2个）	4	①对计算机网络宜按24个信息插座配2对对绞线，或每一个集线器（HUB）或集线器群配4对对绞线 ②对电话至少每个信息插座配1对对绞线	水平：三类UTP 垂直：三类UTP （三类为1010型） 要求高时可有用五类线（五类线为1061型）	①能支持所有话音和某些数据 ②传输速率≤10Mbps ③用户可利用配线架跳线控制变动 ④1010型UTP容量系列为25、50、100、200等 ⑤UTP为非屏蔽双绞线
基本配置	≥2	≥8（每个I/O有4对对绞线）	①对计算机网络宜按24个信息插座配2对对绞线，或每一个集线器（HUB）或集线器群配4对对绞线 ②对电话至少每个信息插座配1对对绞线	水平：三类或五类UTP 垂直：三类或五类UTP （五类线为1061型）	①基本配置：I/O数量增多；传输速率提高；为多厂商环境提供经济有效的布线方案 ②用户可用配线架的跳线控制 ③1061型是电缆传输速率为100Mbps，容量只有25一种 ④任一I/O均提供语音与数据

续表

类型	信息插座(I/O)数量/个	对数/工作区(水平布线对数)	对数/工作区(干线对数)	缆线类型	备　注
综合配置	≥2	≥8(每个I/O有4对对绞线)	①对计算机网络宜按48个信息插座配2芯光纤 ②电话或部分计算机网络,选用对绞电缆,按信息插座所需线对的25%配置垂直干线电缆,或按用户要求进行配置,并考虑适当的备用量	水平:五类UTP 垂直: ①五类UTP ②光缆	①I/O提供语音和高速数据传输服务 ②光缆干线可提供FDDI ATM等高速干线应用,提供宽带和视频 ③对某些特殊场所可提供光纤到桌的应用 ④其余同基本配置要求

注:1. 用于电话的配线设备,宜用IDC卡接式模块。

2. 用于计算机网络的配线设备,宜选用RJ45或IDC插接式模块。

1.2.6.2　综合布线与电力电缆的最小距离

为了防止电磁干扰,综合布线与电力电缆及附近可能产生高电平电磁干扰的电动机、变压器等设备和线路之间应保持必要的距离。

综合布线与电力电缆的间距应符合表1-74的规定。

表1-74　综合布线与电力电缆的间距

类　　别	与综合布线接近情况	最小净距/mm
380V电力电缆(容量<2kV·A)	与缆线平行敷设	130
	有一方在接地的金属线槽或钢管中	70
	双方都在接地的金属线槽或钢管中	10
380V电力电缆(容量2~5kV·A)	与缆线平行敷设	300
	有一方在接地的金属线槽或钢管中	150
	双方都在接地的金属线槽或钢管中	80
380V电力电缆(容量>5kV·A)	与缆线平行敷设	600
	有一方在接地的金属线槽或钢管中	300
	双方都在接地的金属线槽或钢管中	150

注:1. 当电力电缆容量小于2kV·A,双方都在接地的线槽中,且平行长度小于等于10m时,最小间距可以是10mm。

2. 电话用户存在振铃电流时,不能与计算机网络在同一根对绞电缆中一起运用。

3. 双方都在接地的金属线槽中,是指在两个不同的金属线槽,也可在同一个金属线槽中用金属板隔开。

1.2.6.3 综合布线与其他管线的最小距离

沿墙敷设的综合布线电缆、光缆及管线与其他管线间的距离应符合表 1-75 的规定。

表 1-75 沿墙敷设的综合布线电缆、光缆及管线与其他管线的间距

其他管线	最小平行距离/mm	最小交叉净距/mm
	电缆、光缆及管线	电缆、光缆及管线
避雷引下线	1000	300
保护地线	50	20
给水管	150	20
压缩空气管	150	20
热力管(不包封)	500	500
热力管(包封)	300	300
煤气管	300	20

注：当沿墙敷设电缆高度超过 6000mm 时，与避雷引下线的交叉净距应按下式计算，即

$$S \geqslant 0.05L$$

式中，S 为交叉净距，mm；L 为交叉处避雷引下线距地面的高度，mm。

1.2.6.4 计算机系统布线要求

计算机系统的布线应符合以下要求。

① 敷设信息传送电缆应采取防干扰措施，并不得与其他类电缆相邻平行敷设或共管（槽）敷设。隔开距离应不小于 0.5m。干线信号电缆不宜明敷。

② 高层建筑中应在竖井内敷设信息干线线路，且不应与电力电缆相邻敷设。

③ 终端设备用接线盒应装设于距离顶棚或地面 0.3m 处，且不应与其他接线盒相邻或共用，并要有明显标志。接线完工后应加封印。

④ 接至计算机用配电盘的电力电缆应采用阻燃铜芯屏蔽电缆，其截面积的裕量应适当放宽，一般可富裕 50%。

⑤ 在非终端机处信息传输电缆不应有接头。

⑥ 在室外装设的信息传输电缆不应处在本地区地形的最高

位置。

⑦ 保密通信宜采用不含有金属加强线型的光缆。

⑧ 不同规格的信息电缆互连时，宜采用电缆匹配器转接，电缆接头应为防水型专用接头。

⑨ 计算机网络系统中的干线与连接设备接口之间的距离，应符合网络设计的规定。

⑩ 同时传送数据、声音、图形、图像等多媒体信号，宜选择适用于宽带网的同轴电缆或光缆。

⑪ 基带通信用电缆的特性阻抗应为 50Ω。

⑫ 宽带通信用电缆的特性阻抗应为 75Ω。

1.2.6.5　传输电缆和光缆的选择

传输图像信号的电缆和光缆应符合以下要求。

① 当传输距离较近时，可采用同轴电缆，以传输视频基带信号。

② 当传输距离较远、监视点分布范围广，或需进入电缆电视网时，宜采用同轴电缆，以传输射频调制信号。

③ 长距离传输或需避免强电磁场干扰的传输，宜采用光缆，以传输光调制信号。

④ 当有防雷要求时，应采用无金属线芯的光缆。

⑤ 光缆的外护层应符合下列要求。

a. 当光缆采用管道、架空敷设时，宜采用铝-聚乙烯粘接护层。

b. 当光缆采用直埋敷设时，宜采用充油膏铝-塑粘接加铠装聚乙烯外护套。

c. 当光缆在室内敷设时，宜采用聚氯乙烯外护套，或其他的塑料阻燃护套。当采用聚乙烯护套时，应采取有效的防火措施。

d. 当光缆在水下敷设时，应采用铝-塑粘接（或铝套、铅套、钢套）加钢丝铠装聚乙烯外护套。

e. 无金属线芯的光缆线路，应采用聚乙烯外护套或纤维增强塑料护层。

⑥ 解码箱、光部件在室外使用时，应具有良好的密闭防水结构。光缆接头应设接头护套，并应采取防水、防潮、防腐蚀措施。

1.2.6.6　光缆穿保护管管径的选择

光缆穿保护管的最小管径见表 1-76 和表 1-77。

表 1-76　4 芯以上光缆穿保护管最小管径

光缆规格	管道走向	保护管最小管径/mm			
		低压流体输送用焊接钢管(SC)	普通碳素钢电线套管(MT)	聚氯乙烯硬质电线管(PC)和聚氯乙烯半硬质电线管(FPC)	套接紧定式钢管(JDG)和套接扣压式薄壁钢管(KBG)
6 芯	直线管道	15	16	15	15
	弯管道	15	19	20	15
8 芯	直线管道	15	16	15	15
	弯管道	15	19	20	20
12 芯	直线管道	15	19	20	15
	弯管道	20	25	25	20
16 芯	直线管道	15	19	20	15
	弯管道	20	25	25	20
18 芯	直线管道	20	25	25	20
	弯管道	20	25	25	25
24 芯	直线管道	25	32	32	32
	弯管道	32	38	40	40

注：1. 表中的数据是以光缆的参考外径计算得出的，光缆参考外径详见产品样本。

2. 4 芯及以下光缆所穿保护管最小管径的截面利用率为 27.5%（截面利用率的范围为 25%～30%）。

3. 4 芯以上主干光缆所穿保护管最小管径时，直线管道的管径利用率为 50%，弯管道为 40%。

表 1-77　4 芯及以下光缆穿保护管最小管径

光缆规格	保护管种类	光缆穿保护管根数													
		1	2	3	4	5	6	7	8	9	10	11	12	13	14
		保护管最小管径/mm													
2 芯	SC	15	15	15	20	20	25	25	25	25	32	32	32	32	32
4 芯		15	15	20	20	25	25	25	32	32	32	32	32	32	40

光缆规格	保护管种类	光缆穿保护管根数													
		1	2	3	4	5	6	7	8	9	10	11	12	13	14
		保护管最小管径/mm													
2芯	MT	16	19	25	25	25	32	32	32	32	38	38	38	38	38
4芯		16	19	25	25	25	32	32	32	38	38	38	38	51	51
2芯	PC FPC	15	20	20	25	32	32	32	40	40	38	40	40	40	40
4芯		15	20	25	25	32	32	40	40	40	38	40	50	50	
2芯	JDG KBG	15	15	20	25	25	32	32	32	32	40	40	40	40	40
4芯		15	15	20	25	25	32	32	32	32	40	40	40	40	40

1.2.7 导线连接

1.2.7.1 导线、电缆连接用焊料

（1）铜铝导线连接时的搪锡焊料

铜铝导线连接时，需在铜导线表面搪上一层锡，再与铝导线连接。由于锡铝之间的电阻系数比铜铝之间的电阻系数要小，产生的电位差也较小，电化学腐蚀有所改善。搪锡焊料成分有两种，见表1-78。搪锡层的厚度为0.03～0.1mm。

表 1-78 搪锡焊料

焊料成分		熔点/℃	性　　能
Sn/%	Zn/%		
90	10	210	流动性好，焊接效率高
80	20	270	防潮性较好

（2）电缆金属间焊接和封铅用焊料

相同金属材料焊接与不同金属材料焊接，需采用不同的焊料。正确选配焊料，才可能使焊接牢固。电缆金属间焊接和封铅的焊料选配见表1-79。

1.2.7.2 导线连接或焊接长度及要求

（1）铝绝缘导线连接长度（见表1-80）

表 1-79 电缆金属间焊接和封铅的焊料选配

所焊的两种金属名称	使用范围	配方(质量比)/%		
		锡	铅	锌
铜 铅 铁	(1)导线连接 (2)接地线焊接	50	50	—
铜 铝	(1)金属密封 (2)导线连接 (3)接地线焊接	55～65	—	35～45
铝 铝	(1)接地线焊接 (2)导线连接	65～85	2～5	13～30
铅 铝	(1)接地线焊接 (2)导线连接	80	10	10
铁 铝	接地线焊接	65	10	25
铅 铅	金属密封	35	65	—

注：规格要求：①锡应符合"重 1051—51"规定，3 号锡；②铅应符合"YB-82-60"规定，5 号铅；③锌应符合"YB-84-60"规定，5 号锌。

表 1-80 铝绝缘导线连接长度

单股铝导线		多股铝导线	
导线截面积 /mm^2	连接长度 /mm	导线截面积 /mm^2	连接长度 /mm
2.5	20	16	60
4	25	25	70
6	30	35	80
10	40	50	90
		70	100
		95	120

(2) 铝导线焊接连接长度及要求

① 单芯和多芯铝导线气焊连接长度分别见表 1-81 和表 1-82。焊接要求：火焰的焰心离焊接点 2～3mm；当加热到熔点（653℃）时加入铝焊粉；焊完后趁热清除焊渣。

表 1-81 单芯铝导线气焊连接长度

导线截面积 /mm²	连接长度 L /mm	导线截面积 /mm²	连接长度 L /mm
2.5	20	6	30
4	25	10	40

表 1-82 多芯铝导线气焊连接长度

导线截面积 /mm²	连接长度 L /mm	导线截面积 /mm²	连接长度 L /mm
16	60	50	90
25	70	70	100
35	80	95	120

② 单芯铝导线电阻焊接所需的电压、电流和持续时间可参照表 1-83。

表 1-83 单芯铝导线电阻焊接所需电压、电流和持续时间

导线截面积/mm²	二次电压/V	二次电流/A	焊接持续时间/s
2.5	6	50～60	8
4	9	100～110	12
6	12	150～160	12
10	12	170～190	13

1.2.7.3 小截面单芯铝线钳压管连接工艺

2.5mm²、4mm²、6mm² 及 10mm² 的单芯铝导线连接管形状如图 1-9 所示。采用手动压接钳见图 1-10。

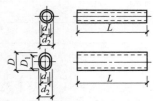

图 1-9 小截面铝导线连接管形状

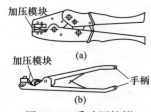

图 1-10 手动压接钳

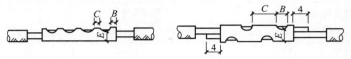

压接工艺尺寸如图 1-11 和表 1-84 所示。

    (a) 圆形压接管   (b) 椭圆形压接管

图 1-11 单芯铝导线压接工艺尺寸

表 1-84 小截面铝连接管尺寸

套管形式	导线截面积 /mm²	铝线外径 /mm	铝套管尺寸/mm					管压接尺寸		压后尺寸 E/mm
			d_1	d_2	D_1	D	L	B	C	
圆形	2.5	1.76	1.8	3.8	—	—	31	2	2	1.4
	4	2.24	2.3	4.7	—	—	31	2	2	2.1
	6	2.73	2.8	5.2	—	—	31	2	1.5	3.3
	10	3.55	3.6	6.2	—	—	31	2	1.5	4.1
椭圆形	2.5	1.76	1.8	3.8	3.6	5.6	31	2	8.8	3.0
	4	2.24	2.3	4.7	4.6	7	31	2	8.4	4.5
	6	2.73	2.8	5.2	5.6	8	31	2	8.4	4.8
	10	3.55	3.6	6.2	7.2	9.8	31	2	8	5.5

1.2.7.4 铝接线端子的压接工艺

接线端子如图 1-12（a）所示，装接后的接线端子如图 1-12（b）所示。铝接线端子（DL 系列）的尺寸及压坑深度见表 1-85。

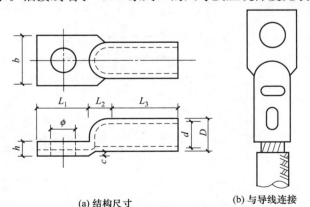

    (a) 结构尺寸   (b) 与导线连接

图 1-12 铝接线端子及压接连接

表 1-85　铝接线端子规格　　单位：mm

适用导线截面积/mm²	端子各部尺寸									压坑深
	d	D	c	L_1	L_2	L_3	b	h	ϕ	
16	5.5	10	1	18	5	32	17	3.6	6.5	5.4
25	6.8	12	1	20	8	32	17	4.0	8.5	5.9
35	7.7	14	1	24	9	32	20	5.0	8.5	7.0
50	9.2	16	1	28	10	37	20	5.0	10.5	7.8
70	11.0	18	1	35	10	40	25	6.5	10.5	8.9
95	13.0	21	2	36	11	45	28	7.0	13.0	9.9
120	14.0	22.5	2	36	11	48	34	7.0	13.0	10.8
150	16.0	24	2	36	11	50	34	7.5	17.0	11.0
180	18.0	26	2	41	12	53	40	7.5	17.0	12.0
240	21.0	31	2	45	12	55	45	8.5	17.0	13.0

1.2.8　配电柜、配电箱和照明器具安装允许偏差

1.2.8.1　配电柜（屏）安装允许偏差

配电柜（屏）安装的允许偏差和检验方法应符合表 1-86 的规定。按柜（屏）安装不同类型各抽查 5 处。

表 1-86　配电柜（屏）安装允许偏差和检验方法

项次	项目			允许偏差/mm	检验方法
1	基础型钢	顶部平直度	每米	1	拉线、尺量
			全长	5	
2		侧面平直度	每米	1	
			全长	5	
3	柜(屏)安装	每米垂直度		1.5	吊线、尺量
4		盘顶平直度	相邻两盘	2	直尺、塞尺
			成排盘顶部	5	拉线、尺量
5		盘面平整度	相邻两盘	1	直尺、塞尺
			成排盘面	5	拉线、尺量
6		盘间接缝		2	塞尺

1.2.8.2 照明器具、配电箱（盘、板）安装允许偏差

照明器具、配电箱（盘、板）安装允许偏差和检验方法应符合表 1-87 规定。配电箱（盘、板）抽查 5 台；器具抽查总数的 10%，但不少于 10 套（件）。

表 1-87 照明器具、配电箱（盘、板）安装允许偏差和检验方法

项次	项 目		允许偏差 /mm	检验方法
1	箱、盘、板垂直度	箱(盘、板)体高 50cm 以下	1.5	吊线、尺量
		箱(盘、板)体高 50cm 及以上	3	
2	照明器具	成排灯具中心线	5	拉线、尺量
3		明开关、插座的底板和暗开关、插座的面板	并列安装高差	0.5	尺量
			同一场所高差	5	
4			面板垂直度	0.5	吊线、尺量

1.3 导线、电缆的截面积选择 ◀◀◀

1.3.1 常用导线及低压电缆的用途

（1）几种常用导线的型号及主要用途（见表 1-88）

表 1-88 几种常用导线的型号及主要用途

结 构	型号	名 称	用 途
单根芯线 塑料绝缘 绞合芯线	BV BLV	聚氯乙烯绝缘铜芯线 聚氯乙烯绝缘铝芯线	用作交流、直流额定电压为 500V 及以下的户内照明和动力线路的敷设，以及户外沿墙支架敷设的导线。BV、BLV 可用于耐油、阻燃、潮湿的场所
塑料绝缘　多根束绞芯线	BVR	聚氯乙烯绝缘铜芯软线	适用于活动不频繁场所的电源连接线

家装电工便携手册

结　构	型号	名　称	用　途
绞合线 平行线	RVS(或RFS) RVB(或RFB)	聚氯乙烯绝缘双根绞合软线(丁腈聚氯乙烯复合绝缘) 聚氯乙烯绝缘双根平行软线(丁腈聚氯乙烯复合绝缘)	用作交流、直流额定电压为250V及以下的移动电器、吊灯的电源连接导线
塑料绝缘 塑料护套　芯线	BVV BLVV	聚氯乙烯绝缘和护套铜芯线(2根或3根) 聚氯乙烯绝缘和护套铝芯线(2根或3根)	用作交流、直流额定电压为500V及以下户内外照明和小容量动力线路的敷设导线。可用于耐油、阻燃、潮湿的场所

（2）常用低压电缆的型号及主要用途（见表1-89）

表1-89　常用低压电缆的型号及主要用途

型号	名　称	主　要　用　途
YHQ	轻型橡套软线	用于交流250V及以下的移动式受电装置,能承受较小的机械外力
YHZ	中型橡套软线	用于建筑及农业方面交流500V及以下的移动式供电装置,能承受相当的机械外力
YHC	重型橡套软线	同上,能承受较大的机械外力

注：型号说明："YH"表示橡套电缆或软线；"Q"表示轻型；"Z"表示中型；"C"表示重型。

1.3.2　导线、电缆的电阻和电抗

1.3.2.1　导线（电缆）的电阻值和电抗值计算

（1）导线（电缆）的电阻值计算

每千米导线（电缆）的交流电阻值 R_0 按下式计算：

$$R_0 = \rho/S$$

式中　R_0——导线（电缆）的交流电阻值，Ω/km；

　　　S——导线标称截面积，mm^2；

ρ——导线材料的电阻率，$\Omega \cdot mm^2/km$。

导线温度发生变化时，其电阻值也要变化，温度与电阻的关系用下式表示：

$$R_t = R_{20}[1 + \alpha_{20}(t-20)]$$

式中　R_t——温度 $t℃$ 时的电阻，Ω/km；

　　　R_{20}——温度为 $20℃$ 时的电阻，Ω/km；

　　　α_{20}——电阻的温度系数，$℃^{-1}$。

常用导电金属线在 $20℃$ 时的电阻率、电导率和电阻温度系数，见表 1-90。

表 1-90　导电金属线电阻率、电导率和电阻温度系数

线材	$\rho_{20}/(\Omega \cdot mm^2/km)$	$\gamma_{20}/[km/(\Omega \cdot mm^2)]$	$\alpha_{20}/℃^{-1}$
硬铝线	29.0	0.034	0.00403
软铝线	28.3	0.035	0.00410
铝合金线	32.8	0.031	0.00422
硬铜线	17.9	0.056	0.00385
软铜线	17.6	0.057	0.00393

（2）导线（电缆）的电抗计算

电缆的电抗值通常由制造厂提供，当缺乏该项技术数据时，可采用下列数据进行估算：1kV 电缆，$x_0 = 0.06\Omega/km$；6～10kV 电缆，$x_0 = 0.08\Omega/km$；35kV 电缆，$x_0 = 0.12\Omega/km$。x_0 为电缆的电抗值。

1.3.2.2　常用导线、电缆的电阻和电抗

常用导线、电缆的电阻值和电抗值见表 1-91～表 1-95。

表 1-91　TJ 型裸铜导线的电阻值和电抗值

导线型号	TJ-10	TJ-16	TJ-25	TJ-35	TJ-50	TJ-70	TJ-95	TJ-120	TJ-150	TJ-185	TJ-240
电阻值/(Ω/km)	1.84	1.20	0.74	0.54	0.39	0.28	0.20	0.158	0.123	0.103	0.078
线间几何均距/m	电抗值/(Ω/km)										
0.4	0.355	0.334	0.318	0.308	0.298	0.287	0.274	—	—	—	—
0.6	0.381	0.360	0.345	0.335	0.324	0.321	0.303	0.295	0.287	0.281	—

导线型号	TJ-10	TJ-16	TJ-25	TJ-35	TJ-50	TJ-70	TJ-95	TJ-120	TJ-150	TJ-185	TJ-240
电阻值/(Ω/km)	1.84	1.20	0.74	0.54	0.39	0.28	0.20	0.158	0.123	0.103	0.078
线间几何均距/m	电抗值/(Ω/km)										
0.8	0.399	0.378	0.363	0.352	0.341	0.330	0.321	0.313	0.305	0.299	—
1.0	0.413	0.392	0.377	0.366	0.356	0.345	0.335	0.327	0.319	0.313	0.305
1.25	0.427	0.406	0.391	0.380	0.370	0.359	0.349	0.341	0.333	0.327	0.319
1.5	0.438	0.417	0.402	0.392	0.381	0.370	0.360	0.353	0.345	0.339	0.330
2.0	0.457	0.435	0.421	0.410	0.399	0.389	0.378	0.371	0.363	0.356	0.349
2.5	—	0.449	0.435	0.424	0.413	0.402	0.392	0.385	0.377	0.371	0.363
3.0	—	0.460	0.446	0.435	0.424	0.414	0.403	0.396	0.388	0.382	0.374
3.5	—	0.470	0.456	0.445	0.434	0.423	0.413	0.406	0.398	0.392	0.384

表 1-92   LJ型裸铝导线的电阻值和电抗值

导线型号	TJ-16	TJ-25	TJ-35	TJ-50	TJ-70	TJ-95	TJ-120	TJ-150	TJ-185	TJ-240
电阻值/(Ω/km)	1.98	1.28	0.92	0.64	0.46	0.34	0.27	0.21	0.17	0.132
线间几何均距/m	电抗值/(Ω/km)									
0.6	0.358	0.344	0.334	0.323	0.312	0.303	0.295	0.287	0.281	0.273
0.8	0.377	0.362	0.352	0.341	0.330	0.321	0.313	0.305	0.299	0.291
1.0	0.390	0.376	0.366	0.355	0.344	0.335	0.327	0.319	0.313	0.305
1.25	0.404	0.390	0.380	0.369	0.358	0.349	0.341	0.333	0.327	0.319
1.5	0.416	0.402	0.392	0.380	0.369	0.360	0.353	0.345	0.339	0.330
2.0	0.434	0.420	0.410	0.398	0.387	0.378	0.371	0.363	0.356	0.348
2.5	0.448	0.434	0.424	0.412	0.401	0.392	0.385	0.377	0.371	0.362
3.0	0.459	0.445	0.435	0.424	0.413	0.403	0.396	0.388	0.382	0.374
3.5	—	—	0.445	0.433	0.423	0.413	0.406	0.398	0.392	0.383

表 1-93　LGJ 型钢芯铝绞线的电阻值和电抗值

导线型号	LGJ-16	LGJ-25	LGJ-35	LGJ-50	LGJ-70	LGJ-95	LGJ-120	LGJ-150	LGJ-185	LGJ-240
电阻值/(Ω/km)	2.04	1.38	0.85	0.65	0.46	0.33	0.27	0.21	0.17	0.132
线间几何均距/m	电抗值/(Ω/km)									
1.0	0.387	0.374	0.359	0.351	—	—	—	—	—	—
1.25	0.401	0.388	0.373	0.365	—	—	—	—	—	—
1.5	0.412	0.400	0.385	0.376	0.365	0.354	0.347	0.340	—	—
2.0	0.430	0.418	0.403	0.394	0.383	0.372	0.365	0.358	—	—
2.5	0.444	0.432	0.417	0.408	0.397	0.386	0.379	0.372	0.365	0.357
3.0	0.456	0.443	0.428	0.420	0.409	0.398	0.391	0.384	0.377	0.369
3.5	0.466	0.453	0.438	0.429	0.418	0.406	0.400	0.394	0.386	0.378

表 1-94　户内明敷及穿管的铝、铜芯绝缘导线的电阻值和电抗值

标称截面积 /mm²	铝/(Ω/km)			铜/(Ω/km)		
	电阻值 R_0 (20℃)	电抗值 x_0		电阻值 R_0 (20℃)	电抗值 x_0	
		明线间距 150mm	穿管		明线间距 150mm	穿管
1.5	—	—	—	12.27	—	0.109
2.5	12.40	0.337	0.102	7.36	0.337	0.102
4	7.75	0.318	0.095	4.60	0.318	0.095
6	5.17	0.309	0.09	3.07	0.309	0.09
10	3.10	0.286	0.073	1.84	0.286	0.073
16	1.94	0.271	0.068	1.15	0.271	0.068
25	1.24	0.257	0.066	0.75	0.257	0.066
35	0.88	0.246	0.064	0.53	0.246	0.064
50	0.62	0.235	0.063	0.37	0.235	0.063
70	0.44	0.224	0.061	0.26	0.224	0.061
95	0.33	0.215	0.06	0.19	0.215	0.06
120	0.26	0.208	0.06	0.15	0.208	0.06
150	0.20	0.201	0.059	0.12	0.201	0.059
185	0.17	0.194	0.059	0.10	0.194	0.059

表 1-95　电缆芯线单位长度电阻值（20℃时）

线芯标称截面积/mm²	铜芯电缆/(Ω/km)	铝芯电缆/(Ω/km)	线芯标称截面积/mm²	铜芯电缆/(Ω/km)	铝芯电缆/(Ω/km)
16	1.15	1.94	95	0.19	0.33
25	0.74	1.24	120	0.15	0.26
35	0.53	0.89	150	0.12	0.21
50	0.37	0.62	180	0.10	0.17
70	0.26	0.44	240	0.08	0.13

1.3.3 按安全载流量选择导线截面

由于导线有电阻，电流通过导线时，便会发热，从而使导线的温度升高。热量通过导线外包的绝缘层，散发到空气中去。当散发的热量正好等于导线所发出的热量时，导线的温度就不再升高。如果这个温度刚好是导线绝缘层的最高允许温度（一般规定为65℃），那么这时的电流就称为该导线的安全载流量，或称导线的长期允许负荷电流。当通过导线的电流超过其安全载流量时，导线的绝缘层就会加速老化，甚至损坏而引起火灾。

1.3.3.1 计算公式

按安全载流量（即按长期允许负荷电流）选择导线截面，应满足下式要求：

$$KI_e \geqslant I_{js}$$

式中　I_e——导线安全载流量（见表 1-96～表 1-105），A；

　　　K——当环境温度、穿管敷设等因素与标准情况不同时的修正系数，见表 1-106；

　　　I_{js}——线路计算电流，A，其中

三相电路　$I_{js} = \dfrac{P_{js}}{\sqrt{3}U_e\cos\varphi} = \dfrac{S_{js}}{\sqrt{3}U_e}$

单相电路　$I_{js} = \dfrac{P_{js}}{U_e\cos\varphi} = \dfrac{S_{js}}{U_e}$；

　　　P_{js}——用有功功率表示的计算负荷，kW；

　　　S_{js}——用视在功率表示的计算负荷，kV·A；

　　　U_e——线路额定电压，kV；

　　　$\cos\varphi$——负荷功率因数。

1.3.3.2 导线的安全载流量

（1）TJ、LJ、LGJ 型导线的安全载流量（见表 1-96 和表1-97）

表 1-96　TJ 型裸铜、LJ 型裸铝绞线的安全载流量（70℃）

单位：A

截面积/mm²	TJ型								LJ型								质量/(kg/km)
	户内				户外				户内				户外				
	25℃	30℃	35℃	40℃	25℃	30℃	35℃	40℃	25℃	30℃	35℃	40℃	25℃	30℃	35℃	40℃	
4	25	24	22	20	50	47	44	41	—	—	—	—	—	—	—	—	—
6	35	33	31	28	70	66	62	57	—	—	—	—	—	—	—	—	—
10	60	56	53	49	95	89	84	77	55	52	48	45	75	70	66	61	—
16	100	94	88	81	130	122	114	105	80	75	70	65	105	99	92	85	44
25	140	132	123	113	180	169	158	146	110	103	97	89	135	127	119	109	68
35	175	165	154	142	220	207	194	178	135	127	119	109	170	160	150	138	95
50	220	207	194	178	270	254	238	219	170	160	150	138	215	202	189	174	136
70	280	263	246	270	340	320	300	276	215	202	189	174	265	249	232	215	191
95	340	320	299	276	315	390	365	336	260	244	229	211	325	305	286	247	257
120	405	380	356	328	485	456	426	393	310	292	273	251	375	352	330	304	322
150	480	451	422	389	570	536	510	461	370	348	326	300	440	414	387	356	407
185	550	517	484	445	645	606	567	522	425	400	374	344	500	470	440	405	503
240	650	610	571	526	770	724	678	624	—	—	—	—	610	574	536	494	656

　　注：70℃为导线允许发热温度。在《工业建筑和民用建筑电力设计导则》中规定，若架空电力线路铝线允许发热温度为 90℃，则导线的载流量比表列数值约提高 20%，可供参考。

表 1-97　LGJ 型钢芯铝绞线的安全载流量　　单位：A

空气温度/℃ 截面积/mm²	30	35	40	45	50	55
16	106	97	88	79	69	56
25	135	124	113	102	88	72
35	163	150	136	123	106	87
50	213	195	177	160	138	113
70	264	242	220	198	172	140
95	322	295	268	242	209	171
120	365	335	305	275	238	194
150	428	393	358	322	279	228
185	490	450	410	369	320	261
240	589	540	491	443	383	313

（2）绝缘导线的安全载流量

　　几种常用绝缘导线的安全载流量见表 1-98～表 1-103；花线和胶质线的规格及安全载流量见表 1-104 和表 1-105。为了防止导线绝缘层过早老化，导线的实际载流量一般不应超过其安全载流量的70%。

表 1-98　橡胶绝缘电线明敷时的安全载流量　　单位：A

截面积/mm²	BLX、BLXF(铝芯)				BX、BXF(铜芯)			
	25℃	30℃	35℃	40℃	25℃	30℃	35℃	40℃
1	—	—	—	—	21	19	18	16
1.5	—	—	—	—	27	25	23	21
2.5	27	25	23	21	35	32	30	27
4	35	32	30	27	45	42	38	35
6	45	42	38	35	58	54	50	45
10	65	60	56	51	85	79	73	67
16	85	79	73	67	110	102	95	87
25	110	102	95	87	145	135	125	114
35	138	129	119	109	180	168	155	142
50	175	163	151	138	230	215	198	181
70	220	206	190	174	285	266	246	225
95	265	247	229	209	345	322	298	272
120	310	289	268	245	400	374	346	316
150	360	336	311	284	470	439	406	371
185	420	392	363	332	540	504	467	427
240	510	476	441	403	660	617	570	522

表 1-99　橡胶绝缘电线穿钢管敷设时的安全载流量　　单位：A

	截面积/mm²	二根单芯						三根单芯						四根单芯					
		环境温度				管径/mm		环境温度				管径/mm		环境温度				管径/mm	
		25℃	30℃	35℃	40℃	G	DG	25℃	30℃	35℃	40℃	G	DG	25℃	30℃	35℃	40℃	G	DG
	2.5	21	19	18	16	15	20	19	17	16	15	15	20	16	14	13	12	20	25
	4	28	26	24	22	20	25	25	23	21	19	20	25	23	21	19	18	20	25
	6	37	34	32	29	20	25	34	31	29	26	20	25	30	28	25	23	20	25
	10	52	48	44	41	25	32	46	43	39	36	25	32	40	37	34	31	25	32
	16	66	61	57	52	25	32	59	55	51	46	32	32	52	48	44	41	32	40
BLX	25	86	80	74	68	32	40	76	71	65	60	32	40	68	63	58	53	40	(50)
BLXF	35	106	99	91	83	32	40	94	87	81	74	32	(50)	83	77	71	65	40	(50)
(铝芯)	50	133	124	115	105	40	(50)	118	110	102	93	50	(50)	105	98	90	83	50	—
	70	165	154	142	130	50	(50)	150	140	129	118	50	(50)	133	124	115	105	70	—
	95	200	187	173	158	70	—	180	168	155	142	70	—	160	149	138	126	70	—
	120	230	215	198	181	70	—	210	196	181	166	70	—	190	177	164	150	70	—
	150	260	243	224	205	70	—	240	224	207	189	70	—	220	205	190	174	80	—
	185	295	275	255	233	80	—	270	252	233	213	80	—	250	233	216	197	80	—

截面积/mm²		二根单芯						三根单芯						四根单芯					
		环境温度				管径/mm		环境温度				管径/mm		环境温度				管径/mm	
		25℃	30℃	35℃	40℃	G	DG	25℃	30℃	35℃	40℃	G	DG	25℃	30℃	35℃	40℃	G	DG
BX BXF (铜芯)	1.0	15	14	12	11	15	20	14	13	12	11	15	20	12	11	10	9	15	20
	1.5	20	18	17	15	15	20	18	16	15	14	15	20	17	15	14	13	20	25
	2.5	28	26	24	22	15	20	25	23	21	19	15	20	23	21	19	18	20	25
	4	37	34	32	29	20	25	33	30	28	26	20	25	30	28	25	23	20	25
	6	49	45	42	38	20	25	43	40	37	34	20	25	39	36	33	30	20	25
	10	68	63	58	53	25	32	60	56	51	47	25	32	53	49	45	41	25	32
	16	86	80	74	68	25	32	77	71	66	60	32	32	69	64	59	54	32	40
	25	113	105	97	89	32	40	100	93	86	79	32	40	90	84	77	71	40	(50)
	35	140	130	121	110	32	40	122	114	105	96	32	(50)	110	102	95	87	40	(50)
	50	175	163	151	138	40	(50)	154	143	133	121	50	(50)	137	128	118	108	50	—
	70	215	201	185	170	50	(50)	193	180	166	152	50	(50)	173	161	149	136	70	—
	95	260	243	224	205	70	—	235	219	203	185	70	—	210	196	181	166	70	—
	120	300	280	259	237	70	—	270	252	233	213	70	—	245	229	211	193	70	—
	150	340	317	294	268	70	—	310	289	268	245	70	—	280	261	242	221	80	—
	185	385	359	333	304	80	—	355	331	307	280	80	—	320	299	276	253	80	—

注：1. 目前 BXF 型铜芯导线只生产≤95mm² 规格的。

2. 表中代号：G 为焊接钢管（又称水煤气钢管），管径指内径；DG 为电线管，管径指外径。下同。

3. 括号中为穿管径 50mm 电线管时的相关数据。因为电线管管壁太薄，弯管时容易破裂，故一般不用。下同。

表 1-100　橡胶绝缘电线穿硬塑料管敷设时的安全载流量　单位：A

截面积/mm²		二根单芯					三根单芯					四根单芯				
		环境温度				管径/mm	环境温度				管径/mm	环境温度				管径/mm
		25℃	30℃	35℃	40℃		25℃	30℃	35℃	40℃		25℃	30℃	35℃	40℃	
BLX BLXF (铝芯)	2.5	19	17	16	15	15	17	15	14	13	15	15	14	12	11	20
	4	25	23	21	19	20	23	21	19	18	20	20	18	17	15	20
	6	33	30	28	26	20	29	27	25	22	20	26	24	22	20	25
	10	44	41	38	34	25	40	37	34	31	25	35	32	30	27	32
	16	58	54	50	46	32	52	48	44	41	32	46	43	39	36	32
	25	77	71	66	60	32	68	63	58	53	32	60	56	51	47	40
	35	95	88	82	75	40	84	78	72	66	40	74	69	64	58	40

续表

截面积 /mm²		二根单芯					三根单芯					四根单芯				
		环境温度				管径 /mm	环境温度				管径 /mm	环境温度				管径 /mm
		25℃	30℃	35℃	40℃		25℃	30℃	35℃	40℃		25℃	30℃	35℃	40℃	
BLX BLXF (铝芯)	50	120	112	103	94	40	108	100	93	85	50	95	88	82	75	50
	70	153	143	132	121	50	135	126	116	106	50	120	112	103	94	50
	95	184	172	159	145	50	165	154	142	130	65	150	140	129	118	65
	120	210	196	181	166	65	190	177	164	150	65	170	158	147	134	80
	150	250	233	216	197	65	227	212	196	179	65	205	191	177	162	80
	185	282	263	243	223	80	255	238	220	201	80	232	216	200	183	100
BX BXF (铜芯)	1.0	13	12	11	10	15	12	11	10	9	15	11	10	9	8	15
	1.5	17	15	14	13	15	16	14	13	12	15	14	13	12	11	20
	2.5	25	23	21	19	15	22	20	19	17	15	20	18	17	15	20
	4	33	30	28	26	20	30	28	25	23	20	26	24	22	20	20
	6	43	40	37	34	20	38	35	32	30	20	34	31	29	26	25
	10	59	55	51	46	25	52	48	44	41	25	46	43	39	36	32
	16	76	71	65	60	32	68	63	58	53	32	60	56	51	47	32
	25	100	93	86	79	32	90	84	77	71	32	80	74	69	63	40
	35	125	116	108	98	40	110	102	95	87	40	98	91	84	77	40
	50	160	149	138	126	40	140	130	121	110	50	123	115	106	97	50
	70	195	182	168	154	50	175	163	151	138	50	155	144	134	122	50
	95	240	224	207	189	50	215	201	185	170	65	195	182	168	154	65
	120	278	259	240	219	65	250	233	216	197	65	227	212	196	179	80
	150	320	299	276	253	65	290	271	250	229	65	265	247	229	209	80
	185	360	336	311	284	80	330	308	285	261	80	300	280	259	237	100

注：管径指内径。

表 1-101 聚氯乙烯绝缘电线明敷时的安全载流量 单位：A

截面积 /mm²	BLV(铝芯)				BV、BVR(铜芯)			
	25℃	30℃	35℃	40℃	25℃	30℃	35℃	40℃
1.0	—	—	—	—	19	17	16	15
1.5	18	16	15	14	24	22	20	18
2.5	25	23	21	19	32	29	27	25
4	32	29	27	25	42	33	36	33
6	42	39	36	33	55	51	47	43
10	59	55	51	46	75	70	64	59
16	80	74	69	63	105	98	90	83

截面积/mm²	BLV(铝芯)				BV、BVR(铜芯)			
	25℃	30℃	35℃	40℃	25℃	30℃	35℃	40℃
25	105	98	90	83	138	129	119	109
35	130	121	112	102	170	158	147	134
50	165	154	142	130	215	201	185	170
70	205	191	177	162	265	247	229	200
95	250	233	216	197	325	303	281	257
120	285	266	246	225	375	350	324	296
150	325	303	281	257	430	402	371	340
185	380	355	328	300	490	458	423	387

表 1-102　聚氯乙烯绝缘电线穿钢管敷设的载流量　单位：A

截面积/mm²		二根单芯 环境温度 25℃	30℃	35℃	40℃	管径/mm G	DG	三根单芯 环境温度 25℃	30℃	35℃	40℃	管径/mm G	DG	四根单芯 环境温度 25℃	30℃	35℃	40℃	管径/mm G	DG
2.5	BLV(铝芯)	20	18	17	15	15	15	18	16	15	14	15	15	15	14	12	11	15	15
4		27	25	23	21	15	15	24	22	20	18	15	15	22	20	19	17	15	20
6		35	32	30	27	15	20	32	29	27	25	15	20	29	26	24	22	20	25
10		49	45	42	38	20	25	44	41	38	34	20	25	38	35	32	30	25	25
16		63	58	54	49	25	25	56	52	48	44	25	32	50	46	43	39	25	32
25		80	74	69	63	25	32	70	65	60	55	32	32	65	60	50	46	32	40
35		100	93	86	79	32	40	90	84	77	71	32	40	80	74	69	63	32	(50)
50		125	116	108	98	32	50	110	102	95	87	40	(50)	100	93	89	79	50	(50)
70		155	144	134	122	50	50	143	133	123	113	50	(50)	127	118	109	100	50	—
95		190	177	164	150	50	(50)	170	158	147	134	50	—	152	142	131	120	70	—
120		220	205	190	174	50	(50)	195	182	168	154	50	—	172	160	148	136	70	—
150		250	233	216	197	70	(50)	225	210	194	177	70	—	200	187	173	158	70	—
185		285	266	246	225	70	—	255	238	220	201	70	—	230	215	198	181	80	—
1.0	BV(铜芯)	14	13	12	11	15	15	13	12	11	10	15	15	11	10	9	8	15	15
1.5		19	17	18	15	15	15	17	16	14	13	15	15	16	14	13	12	15	15
2.5		26	24	22	20	15	15	24	22	20	18	15	15	22	20	19	17	15	15
4		35	32	30	27	15	15	31	28	26	24	15	20	28	26	24	22	15	20
6		47	43	40	37	15	15	41	38	35	32	15	20	37	34	32	29	20	25
10		65	60	56	51	20	25	57	53	49	45	20	25	50	46	43	39	25	25
16		82	76	70	64	25	25	73	68	63	57	25	32	65	60	56	51	25	32
25		107	100	92	84	25	32	95	88	80	75	32	32	85	79	73	67	32	40

截面积/mm²		二根单芯				管径/mm		三根单芯				管径/mm		四根单芯				管径/mm	
		环境温度						环境温度						环境温度					
		25℃	30℃	35℃	40℃	G	DG	25℃	30℃	35℃	40℃	G	DG	25℃	30℃	35℃	40℃	G	DG
BV（铜芯）	35	133	124	115	105	32	40	115	107	99	90	32	40	105	98	90	83	32	(50)
	50	165	154	142	130	32	(50)	146	136	126	115	40	(50)	130	121	112	102	50	(50)
	70	205	191	177	162	50	(50)	183	171	158	144	50	(50)	165	154	142	130	50	—
	85	250	233	216	197	50	(50)	225	210	194	177	50	—	200	187	173	158	70	—
	120	290	270	250	229	50	(50)	260	243	224	205	50	—	230	215	198	181	70	—
	150	330	308	285	261	70	(50)	300	280	259	237	70	—	265	247	229	209	70	—
	185	380	355	328	300	70	—	340	317	294	268	70	—	300	280	259	237	80	—

表 1-103 聚氯乙烯绝缘电线穿硬塑料管敷设时的安全载流量

单位：A

截面积/mm²		二根单芯				管径/mm	三根单芯				管径/mm	四根单芯				管径/mm
		环境温度					环境温度					环境温度				
		25℃	30℃	35℃	40℃	/mm	25℃	30℃	35℃	40℃	/mm	25℃	30℃	35℃	40℃	/mm
BLV（铝芯）	2.5	18	16	15	14	15	16	14	13	12	15	14	13	12	11	20
	4	24	22	20	18	20	22	20	19	17	20	19	17	16	15	20
	6	31	28	26	24	20	27	25	23	21	20	25	23	21	19	25
	10	42	39	36	33	25	38	35	32	30	25	33	30	28	26	32
	16	55	51	47	43	32	49	45	42	38	32	44	41	38	34	32
	25	73	68	63	57	40	65	60	56	51	40	57	53	49	45	40
	35	90	84	77	71	40	80	74	69	63	40	70	65	60	55	50
	50	114	106	98	90	50	102	95	88	80	50	90	84	77	71	63
	70	145	135	125	114	50	130	121	112	102	50	115	107	99	90	63
	95	175	163	151	138	63	158	147	136	124	63	140	130	121	110	75
	120	200	187	173	158	63	180	168	155	142	63	160	149	138	126	75
	150	230	215	198	181	75	207	193	179	163	75	185	172	160	146	75
	185	265	247	229	209	75	235	219	203	185	75	212	198	183	167	90
BV（铜芯）	1.0	12	11	10	9	15	11	10	9	8	15	10	9	8	7	15
	1.5	16	14	13	12	15	15	14	12	11	15	13	12	11	10	15
	2.5	24	22	20	18	15	21	19	18	16	15	19	17	16	15	20
	4	31	28	26	24	20	28	26	24	22	20	25	23	21	18	20
	6	41	38	35	32	20	36	34	31	28	20	32	29	27	25	25
	10	56	52	48	44	25	49	45	42	38	25	44	41	38	34	32

续表

截面积 /mm²		二根单芯					三根单芯					四根单芯				
		环境温度				管径	环境温度				管径	环境温度				管径
		25℃	30℃	35℃	40℃	/mm	25℃	30℃	35℃	40℃	/mm	25℃	30℃	35℃	40℃	/mm
BV（铜芯）	16	72	67	62	56	32	65	60	56	51	32	57	53	49	45	32
	25	95	88	82	75	32	85	79	73	67	40	75	70	64	59	40
	35	120	112	103	94	40	105	98	90	83	40	93	86	80	73	50
	50	150	140	129	118	50	132	123	114	104	50	117	109	101	92	63
	70	185	172	160	146	50	167	156	144	130	50	148	138	128	117	63
	95	230	215	198	181	63	205	191	177	162	63	185	172	160	146	75
	120	270	252	233	213	63	240	224	207	189	63	215	201	185	172	75
	150	305	285	263	241	75	275	257	237	217	75	250	233	216	197	75
	185	355	331	307	280	75	310	289	268	245	75	280	261	242	221	90

注：管径指内径。

表 1-104　橡胶绝缘纱编织软线（花线）的主要规格及载流量

导线截面积 /mm²	导线线芯结构		长期连续负荷允许载流量/A	
	单线根数	直径/mm	二芯	三芯
0.2	12	0.15	5.5	4
0.3	16	0.15	7	5
0.4	23	0.15	8.5	6
0.5	28	0.15	9.5	7
0.75	42	0.15	12.5	9
1.0	32	0.2	15	11
1.5	48	0.2	19	14
2.0	64	0.2	22	17

表 1-105　聚氯乙烯绝缘导线（胶质线）的规格及载流量

导线截面积 /mm²	导线线芯结构		长期连续负荷允许载流量/A
	单线根数	直径/mm	
0.12	7	0.15	4
0.2	12	0.15	5.5
0.3	16	0.15	7
0.4	23	0.15	8.5
0.5	28	0.15	9.5
0.75	42	0.15	12.5

导线截面积 /mm²	导线线芯结构		长期连续负荷允许 载流量/A
	单线根数	直径/mm	
1.0	32	0.2	15
1.5	48	0.2	19
2.0	64	0.2	22
2.5	77	0.2	26

1.3.3.3 导线载流量的温度修正系数

当敷设处的环境温度不是 25℃时，导线载流量需乘以温度修正系数。温度修正系数 K 由下式确定：

$$K=\sqrt{\frac{t_1-t_0}{t_1-25}}$$

式中 t_0——敷设处实际环境温度，℃；

t_1——导线、电缆长期允许工作温度，℃。

导线载流量的温度修正系数，见表 1-106。

表 1-106 导体载流量的温度修正系数 K 值

导体额定温度 /℃	实际环境温度(℃)时的载流量修正系数 K											
	−5	0	+5	+10	+15	+20	+25	+30	+35	+40	+45	+50
80	1.24	1.20	1.17	1.13	1.09	1.04	1.00	0.95	0.90	0.85	0.80	0.74
70	1.29	1.24	1.20	1.15	1.11	1.05	1.00	0.94	0.88	0.81	0.74	0.67
65	1.32	1.27	1.22	1.17	1.12	1.06	1.00	0.94	0.87	0.79	0.71	0.61
60	1.36	1.31	1.25	1.20	1.13	1.07	1.00	0.93	0.85	0.76	0.66	0.54
55	1.41	1.35	1.29	1.23	1.15	1.08	1.00	0.91	0.82	0.71	0.58	0.41
50	1.48	1.41	1.34	1.26	1.18	1.09	1.00	0.89	0.78	0.63	0.45	—

1.3.3.4 铜、铝导线的等值换算

（1）截面积相同的铜、铝导线的载流量关系

导线载流量主要与导线的材质、截面积有关，另外还与敷设方式、环境条件、绝缘材料等因素有关。截面积相同的铜、铝导线，由于电阻率不同和其他因素关系，它们的载流量是不同的。截面积相同的铜、铝导线的载流量近似关系为

$$I_{Cu}=1.3I_{Al}；\quad I_{Al}=0.77I_{Cu}$$

式中　I_{Cu}——铜导线的允许载流量，A；

　　　I_{Al}——铝导线的允许载流量，A。

（2）载流量相同的铜、铝导线的截面积关系

由于铜、铝导线的电阻率不同和其他因素的关系，在同样负荷电流和允许发热温度条件下，它们的截面积也是不同的。在同样负荷电流和允许发热温度下，铜、铝导线截面积的近似关系为

$$S_{Cu}=0.6S_{Al};\ S_{Al}=1.67S_{Cu}$$

式中　S_{Cu}——铜导线截面积，mm^2；

　　　S_{Al}——铝导线截面积，mm^2。

铜、铝导线截面积的关系式还可用导线直径表示：

$$d_{Cu}=0.79d_{Al};\ d_{Al}=1.27d_{Cu}$$

式中　d_{Cu}——铜导线直径；

　　　d_{Al}——铝导线直径。

1.3.4　按允许电压损失选择导线截面

1.3.4.1　电压允许偏差

（1）用电设备受电端的电压允许偏差（见表1-107）

表1-107　用电设备受电端的电压允许偏差

用电设备名称	电压偏差允许值	用电设备名称	电压偏差允许值
一般电动机	±5%	应急照明、道路照明、警卫照明	+5% −10%
电梯电动机	±7%		
一般照明	±5%	无特殊要求的用电设备	±5%
视觉要求较高的室内照明	+5% −2.5%	医用X光诊断机	±10%

（2）各种情况下设备端电压允许偏移值（见表1-108）

表1-108　各种情况下设备端电压允许偏移值

名　称	允许电压偏移/%
（1）电动机 ①连续运转（正常计算值） ②连续运转（个别特别远的电动机）	±5

名　　称	允许电压偏移/%
正常条件下	−8～−10
事故条件下	−8～−12
③短时运转(例如启动相邻大型电动机时)	−20～−30
④启动时	
频繁启动	−10
不频繁启动	−15
(2)LED灯	±20
(3)白炽灯	
①室内主要场所及厂区投光灯照明	−2.5～+5
②住宅照明、事故照明及厂区照明	−6
③36V以下低压移动照明	−10
④短时电压波动(次数不多)	不限
(4)荧光灯	
①室内主要场所	−2.5～+5
②短时电压波动	−10
(5)电阻炉	±5
(6)感应电炉(用变频机组供电时)	同电动机
(7)电弧炉	
①三相电弧炉	±5
②单相电弧炉	±2.5
(8)吊车电动机(启动时校验)	−15
(9)电焊设备(在正常尖峰焊接电流时持续工作)	−8～−10
(10)静电电容器	
①长期运行	+5
②短时运行	+10
(11)正常情况下,在发电厂母线和变电所二次母线(3～10kV)上,由该母线对较远用户供电,用户负荷变动很大	电压调压 0～+5
(12)事故情况下,在发电厂母线和变电所二次母线(3～10kV)上,由该母线对较远用户供电,用户负荷变动很大	电压调整达到+2.5～+7.5
(13)正常情况下,当调压设备切除时,在发电厂母线或变电所二次母线(3～10kV)上由该母线对较近的用户供电	＜+7
(14)在事故情况下,当调压设备切除时,在发电厂母线或变电所二次母线(3～10kV)上由该母线对较近用户供电	−2.5
(15)在计划检修时,当调压设备切除时,在发电厂母线或变电所二次母线(3～10kV)上由该母线对较近用户供电	达到网络额定电压

（3）计算机供电电源的质量要求（见表1-109）

表 1-109 计算机供电电源的质量要求

项目 \ 指标 级别	A 级	B 级	C 级
电压波动/%	±2	±5	+7～+13
频率变动/Hz	±0.2	±0.5	±1
波形失真率/%	3～5	5～8	8～10
允许断电时间/ms	0～4	4～200	200～1500

（4）端电压偏移对常用电气设备特性的影响（见表1-110）

表 1-110 端电压偏移对常用电气设备特性的影响

名 称	与电压 U 的正比函数关系	电压偏移的影响	
		90% 额定电压	110% 额定电压
(1)异步电动机			
启动转矩和最大转矩	U^2	−19%	+21%
转差率	$1/U^2$	+23%	−17%
满载转速	(同步转速-转差率)	−1.5%	+1%
满载效率	—	−2%	+(0.5～1)%
满载功率因数	—	+1%	−3%
满载电流	—	+11%	−7%
启动电流	U	−(10～12)%	+(10～12)%
满载温升	—	+(6～7)%	−(1～2)%
最大过负荷能力	U^2	−19%	+21%
(2)电热设备			
输出热能	U^2	−19%	+21%
(3)白炽灯			
光通量	$\approx U^{3.6}$	−32%	+39%
使用寿命	$\approx 1/U^{14}$	+330%	−70%
(4)荧光灯			
光通量	U	−10%	+10%
使用寿命	—	−35%	−20%
(5)静电电容器			
输出无功功率	U^2	−19%	+21%

注："+"号表示增加值；"−"号表示减少值。

1.3.4.2 低压线路电压损失计算

380/220V 低压网络电压损失计算如下。

对于 380/220V 低压网络，若整条线路的导线截面积、材料、敷设方式都相同，且 $\cos\varphi \approx 1$，则电压损失率可用下式计算：

$$\Delta U \% = \frac{\sum M}{CS}$$

$$\sum M = \sum pL$$

式中　$\sum M$——总负荷矩，kW·m；

　　　　S——导线截面积，mm^2；

　　　　p——计算负荷，kW；

　　　　L——用电负荷至供电母线之间的距离，m；

　　　　C——电压损失系数，根据电压和导线材料而定，可查表 1-111 选取。

表 1-111　电压损失系数 C

线路额定电压/V	供电系统	C 值计算式	C 值	
			铜	铝
380/220	三相四线	$10\gamma U_{el}^2$	70	41.6
380/220	两相三线	$\dfrac{10\gamma U_{el}^2}{2.25}$	31.1	18.5
380	单相交流或直流两线系统	$5\gamma U_{ex}^2$	35	20.8
220			11.7	6.96
110			2.94	1.74
36			0.32	0.19
24			0.14	0.083
12			0.035	0.021

注：1. U_{el} 为额定线电压，U_{ex} 为额定相电压，单位为 kV。

2. 线芯工作温度为 50℃。

3. γ 为电导率，铜线 $\gamma = 48.5 m/(\Omega \cdot mm^2)$，铝线 $\gamma = 28.8 m/(\Omega \cdot mm^2)$。

【例 1-4】　某 380/220V 三相四线照明供电线路，已知线路全长 100m，负荷分布如图 1-13 所示。负荷功率因数 $\cos\varphi \approx 1$，该线路采用截面积为 $50 mm^2$ 的塑料铝芯线，试求在线路的 A、B、C 处的电压损失。

解　由表 1-111 查得电压损失系数

$$C = 41.6$$

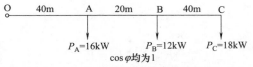

图 1-13　某照明供电线路负荷分布

① A 处的负荷矩为
$$M_A = P_A L_1 = 16 \times 40 = 640 \ （kW \cdot m）$$

A 处的电压损失率为

$\Delta U_A \% = \dfrac{M_A}{CS} = \dfrac{640}{41.6 \times 50} = 0.31$，即电压损失率为 0.31%，电压损失为 $1.18V$。

② B 处的负荷矩为
$$\sum M_B = P_A L_1 + P_B L_2 = 640 + 12 \times 60 = 1360 \ （kW \cdot m）$$

B 处的电压损失率为

$\Delta U_B \% = \dfrac{\sum M_B}{CS} = \dfrac{1360}{41.6 \times 50} = 0.65$，即电压损失率为 0.65%，电压损失为 $2.47V$。

③ C 处的负荷矩为
$$\sum M_C = P_A L_1 + P_B L_2 + P_C L_3 = 1360 + 18 \times 100 = 3160 \ （kW \cdot m）$$

C 处的电压损失率为

$\Delta U_C \% = \dfrac{\sum M_C}{CS} = \dfrac{3160}{41.6 \times 50} = 1.52$，即电压损失率为 1.52%，电压损失为 $5.78V$。

如果供电母线 O 处的线电压为 $380V$，则 A、B、C 处的实际电压分别为
$$U_A = 380 - 1.2 = 378.8 \ （V）$$
$$U_B = 380 - 2.5 = 377.5 \ （V）$$
$$U_C = 380 - 5.8 = 374.2 \ （V）$$

1.3.4.3　用查表法求电压损失率

在工程计算中，常常应用系数法和负荷矩查表计算电压损失。

电压损失率：

$$\Delta U\% = K_i \sum_1^n M_e = K_i \sum_1^n IL$$

或

$$\Delta U\% = K_p \sum_1^n M_q = K_p \sum_1^n PL$$

式中 K_i、K_p——分别为与负荷功率因数对应的每 A·km（电流负荷矩）和每 kW·km（功率负荷矩）的电压损失百分数；

M_e、M_q——分别为电流负荷矩（A·km）、功率负荷矩（kW·km），$M_e = IL$，$M_q = PL$；

I——线路负荷电流，A；

P——负荷有功功率，kW；

L——线路长度，km。

表 1-112 为三相 380V 线路 K_i，当负荷的功率因数与表中所列的功率因数不相符时，K_i 值可用表中相邻数值按插入法求得。

表 1-112　三相 380V 线路 K_i

导线截面积 /mm²	铜芯绝缘导线(明设/穿管)							铝芯绝缘导线(明设/穿管)						
	cosφ							cosφ						
	0.4	0.5	0.6	0.7	0.8	0.9	1.0	0.4	0.5	0.6	0.7	0.8	0.9	1.0
1	3.85	4.84	5.73	6.64	7.56	8.51	9.40	—	—	—	—	—	—	—
	3.76	4.70	5.64	6.58	7.52	8.46								
1.5	2.58	3.23	3.83	4.45	5.06	5.66	6.27	4.33	5.41	6.44	7.46	8.51	9.50	10.54
	2.51	3.14	3.76	4.39	5.01	5.63		4.21	5.21	6.32	7.38	8.43	9.48	
2.5	1.59	1.98	2.36	2.72	3.10	3.47	3.76	2.67	3.30	3.92	4.54	5.17	5.80	6.34
	1.53	1.92	2.30	2.68	3.06	3.44		2.58	3.20	3.84	4.47	5.10	5.76	
4	1.05	1.28	1.51	1.71	1.97	2.17	2.35	1.71	2.11	2.49	2.87	3.25	3.62	3.96
	0.99	1.23	1.46	1.70	1.93	2.14		1.62	2.02	2.41	2.80	3.18	3.57	
6	0.76	0.86	1.03	1.17	1.33	1.44	1.57	1.18	1.42	1.70	1.95	2.20	2.43	2.64
	0.68	0.82	0.98	1.13	1.29	1.41		1.09	1.36	1.62	1.88	2.13	2.38	
10	0.467	0.57	0.658	0.739	0.814	0.896	0.94	0.75	0.91	1.06	1.195	1.35	1.54	1.58
	0.412	0.52	0.596	0.699	0.779	0.871		0.66	0.82	0.96	1.130	1.29	1.50	
16	0.33	0.37	0.42	0.49	0.53	0.58	0.59	0.51	0.60	0.69	0.78	0.86	0.94	0.99
	0.27	0.32	0.38	0.45	0.50	0.53		0.42	0.52	0.63	0.72	0.81	0.90	
25	0.241	0.269	0.295	0.346	0.355	0.372	0.376	0.36	0.42	0.47	0.53	0.58	0.61	0.63
	0.189	0.221	0.252	0.305	0.323	0.355		0.28	0.34	0.40	0.47	0.53	0.58	

续表

导线截面积/mm²	铜芯绝缘导线（明设/穿管）cosφ							铝芯绝缘导线（明设/穿管）cosφ						
	0.4	0.5	0.6	0.7	0.8	0.9	1.0	0.4	0.5	0.6	0.7	0.8	0.9	1.0
35	0.19	0.212	0.232	0.252	0.265	0.280	0.268	0.28	0.32	0.36	0.40	0.43	0.45	0.45
	0.14	0.165	0.189	0.215	0.234	0.255		0.21	0.25	0.30	0.34	0.38	0.42	
50	0.175	0.190	0.199	0.211	0.227	0.232	0.125	0.243	0.274	0.303	0.330	0.354	0.370	0.362
	0.123	0.143	0.161	0.181	0.196	0.211		0.171	0.206	0.245	0.274	0.306	0.337	
70	0.15	0.16	0.16	0.17	0.17	0.16	0.14	0.184	0.202	0.217	0.231	0.243	0.245	0.226
	0.08	0.09	0.10	0.11	0.13	0.13		0.116	0.138	0.158	0.178	0.198	0.215	
95	0.12	0.13	0.14	0.14	0.14	0.13	0.10	0.156	0.169	0.179	0.187	0.193	0.199	0.167
	0.06	0.07	0.08	0.09	0.10	0.10		0.092	0.107	0.125	0.137	0.150	0.161	

注：1. 导线的工作温度为 50℃。

2. 电压为单相 220V 时，表中数据乘以 2；二相三线时，表中数据乘以 1.5。

3. 表中数值未计及气体放电灯奇次谐波电流在零线中引起的电压损失（对结果影响不大）。

4. K_i 为与负荷功率因数对应的每 A·km（电流负荷矩）电压损失百分数。

为了省略计算，将线路的负荷矩与电压损失率制成对照表，知道了负荷矩，便可查得电压损失率。不同电压等级线路负荷矩与电压损失率的对应关系分别见表 1-113～表 1-116。

表 1-113　380V 三相平衡负荷架空线路功率负荷矩（kW·km）
及电流负荷矩（A·km）与电压损失率对照表

截面积/mm²		环境温度35℃时的允许负荷/kV·A	电压损失率/[%/(kW·km)]$D_j=0.8m$, $t=60℃$ cosφ						电压损失率/[%/(A·km)]$D_j=0.8m$, $t=60℃$ cosφ					
			0.5	0.6	0.7	0.8	0.9	1.0	0.5	0.6	0.7	0.8	0.9	1.0
铝	16	61	1.938	1.834	1.751	1.680	1.610	1.482	0.638	0.724	0.807	0.884	0.954	0.975
	25	78	1.395	1.294	1.215	1.146	1.079	0.956	0.459	0.511	0.560	0.604	0.639	0.629
	35	99	1.114	1.016	0.938	0.871	0.806	0.686	0.367	0.401	0.432	0.459	0.477	0.452
	50	124	0.890	0.765	0.720	0.656	0.592	0.476	0.293	0.314	0.332	0.345	0.351	0.314
	70	153	0.742	0.650	0.577	0.515	0.453	0.341	0.247	0.257	0.266	0.271	0.268	0.224
	95	188	0.641	0.552	0.482	0.422	0.362	0.255	0.211	0.218	0.222	0.222	0.215	0.168
	120	217	0.581	0.494	0.426	0.367	0.309	0.204	0.191	0.195	0.196	0.193	0.183	0.134
	150	255	0.529	0.445	0.378	0.321	0.264	0.161	0.174	0.176	0.174	0.169	0.157	0.106
	185	290	0.491	0.409	0.343	0.287	0.232	0.131	0.162	0.161	0.158	0.151	0.137	0.086
	240	371	0.453	0.372	0.309	0.254	0.200	0.102	0.149	0.147	0.142	0.134	0.119	0.067

注：D_j—三相导线间的几何均距；t—导线允许工作温度。

表 1-114　三相 380V 线路电流负荷矩（A·km）与电压损失率对照表

截面积 /mm²		电压损失率/[%/(A·km)]											
		导线明敷(相间距离 150mm)						导线穿管					
		cosφ						cosφ					
		0.5	0.6	0.7	0.8	0.9	1.0	0.5	0.6	0.7	0.8	0.9	1.0
铝芯	2.5	3.284	3.903	4.518	5.129	5.731	6.290	3.195	3.820	4.444	5.067	5.686	6.290
	4	2.082	2.461	2.838	3.210	3.574	3.897	1.995	2.381	2.766	3.150	3.531	3.897
	6	1.434	1.686	1.934	2.178	2.415	2.612	1.350	1.608	1.865	2.120	2.373	2.612
	10	0.906	1.054	1.199	1.340	1.474	1.570	0.828	0.982	1.134	1.286	1.435	1.570
	16	0.606	0.696	0.783	0.866	0.943	0.984	0.532	0.627	0.722	0.815	0.906	0.984
	25	0.419	0.472	0.523	0.571	0.612	0.619	0.348	0.407	0.465	0.522	0.576	0.619
	35	0.327	0.363	0.397	0.428	0.452	0.444	0.259	0.301	0.342	0.381	0.418	0.444
	50	0.252	0.275	0.296	0.313	0.325	0.306	0.189	0.217	0.244	0.270	0.293	0.306
	70	0.207	0.222	0.235	0.245	0.249	0.223	0.146	0.166	0.185	0.203	0.218	0.223
	95	0.173	0.183	0.190	0.194	0.194	0.164	0.117	0.131	0.144	0.156	0.165	0.164
	120	0.154	0.160	0.164	0.166	0.162	0.131	0.098	0.109	0.119	0.128	0.135	0.131
	150	0.138	0.142	0.144	0.144	0.138	0.106	0.085	0.093	0.101	0.107	0.111	0.106
	185	0.125	0.128	0.128	0.126	0.119	0.086	0.075	0.081	0.090	0.091	0.093	0.086
	240	0.112	0.112	0.111	0.107	0.099	0.066	—	—	—	—	—	—
铜芯	1.5	3.450	4.100	4.746	5.388	6.021	6.609	3.359	4.016	4.671	5.325	5.976	6.609
	2.5	2.122	2.508	2.891	3.269	3.639	3.956	2.033	2.426	2.817	3.207	3.594	3.965
	4	1.360	1.595	1.827	2.055	2.275	2.453	1.274	1.515	1.756	1.995	2.231	2.453
	6	0.951	1.105	1.257	1.405	1.545	1.645	0.866	1.028	1.188	1.346	1.502	1.645
	10	0.605	0.692	0.777	0.858	0.932	0.968	0.527	0.620	0.713	0.804	0.892	0.968
	16	0.411	0.461	0.509	0.553	0.591	0.592	0.336	0.392	0.448	0.502	0.553	0.592
	25	0.300	0.330	0.358	0.381	0.399	0.382	0.230	0.265	0.300	0.333	0.363	0.382
	35	0.242	0.262	0.279	0.292	0.300	0.274	0.176	0.199	0.223	0.245	0.266	0.274
	50	0.193	0.205	0.214	0.220	0.220	0.189	0.130	0.146	0.162	0.176	0.188	0.189
	70	0.165	0.171	0.175	0.177	0.172	0.138	0.104	0.115	0.125	0.135	0.142	0.138
	95	0.143	0.146	0.147	0.146	0.139	0.103	0.087	0.090	0.101	0.107	0.110	0.102
	120	0.129	0.130	0.129	0.126	0.117	0.081	0.073	0.079	0.084	0.088	0.090	0.081
	150	0.118	0.118	0.116	0.111	0.102	0.065	0.065	0.068	0.072	0.075	0.075	0.065
	185	0.109	0.108	0.105	0.099	0.089	0.053	0.059	0.062	0.064	0.065	0.064	0.053
	240	0.099	0.097	0.093	0.087	0.076	0.041	—	—	—	—	—	—

表 1-115 单相 220V 两线制铝导线功率负荷矩与电压损失率对照表（$\cos\varphi=1$）

功率负荷矩 /kW·m ＼ 导线截面积 /mm² 电压损失率/%	2.5	4	6	10	16	25
0.2	3.9	6.2	9.3	15.5	24.8	38.8
0.4	7.8	12.4	22.5	31	49.5	77.5
0.6	11.6	18.6	27.9	46.5	74.3	116
0.8	15.5	24.8	37.2	62	99	155
1.0	19.4	31	46.5	77.5	124	194
1.2	23.2	37.2	55.8	93	149	232
1.4	27.4	43.4	65.1	108	174	271
1.6	31	49.6	74.5	124	198	310
1.8	34.8	55.8	83.7	140	223	348
2.0	38.8	62	93	155	248	388
2.2	42.6	68.2	102	171	272	426
2.4	46.4	74.4	112	186	297	465
2.6	50.4	80.6	121	202	322	504
2.8	54.2	86.8	131	217	347	543
3.0	58.1	93	140	233	372	582
3.2	62	99.2	149	248	397	620
3.4	65.8	105	159	263	422	658
3.6	69.7	112	168	279	446	697
3.8	73.6	118	177	294	471	737
4.0	77.5	124	186	310	496	775
4.2	81.4	130	196	325	521	814
4.4	85.2	137	205	341	545	850
4.6	89	143	214	356	570	892
4.8	93	149	224	372	595	930
5.0	96.8	155	233	387	619	968

1.3.4.4 供电线路输送距离计算

各种电压的电力线路的合理输送容量和输送距离可参照表 1-117确定。

表 1-116 单相 220V 两线制铜导线功率负荷矩与电压损失率对照表（$\cos\varphi=1$）

功率负荷矩 /kW·m — 电压损失率/% — 导线截面积 /mm²	1	1.5	2.5	4	6	10	16
0.2	2.6	3.8	6.4	10.3	15.4	25.6	41
0.4	5.1	7.7	12.9	20.5	30.7	51.3	82
0.6	7.7	11.5	19.3	30.8	46.1	76.9	123
0.8	10.4	15.4	25.3	41	61.4	103	164
1.0	12.8	19.2	32.2	51.3	76.8	128	205
1.2	15.4	23.1	38.6	61.6	92.1	154	246
1.4	17.9	26.9	45.1	71.8	108	180	287
1.6	20.5	30.8	51.5	82.1	123	205	328
1.8	23	34.6	58	92.3	138	231	369
2.0	25.6	38.4	64.4	103	154	256	410
2.2	28.2	42.3	70.8	113	169	282	451
2.4	30.7	46.1	77.3	123	184	308	492
2.6	33.3	50	83.7	133	200	334	533
2.8	35.8	53.8	90.2	144	215	360	574
3.0	38.4	57.7	96.6	154	230	386	615
3.2	41	61.5	103	164	246	411	656
3.4	43.5	65.4	109	174	261	437	697
3.6	46.1	69.2	116	185	276	463	738
3.8	48.6	73	122	195	292	488	779
4.0	51.2	76.9	129	205	307	514	820
4.2	53.8	80.7	135	215	323	540	861
4.4	56.3	84.6	142	226	338	565	902
4.6	58.9	88.4	148	236	353	591	943
4.8	61.4	92.3	155	246	369	616	984
5.0	64	96.1	161	257	384	642	1025

表 1-117 线路的合理输送容量和输送距离

线路电压/kV	线路种类	输送容量/kW	输送距离/km
0.23	架空线路	＜50	0.15
0.23	电缆线路	＜100	0.2
0.40	架空线路	100	0.25
0.40	电缆线路	175	0.35

绝缘导线或电缆的输送距离可按以下公式计算：

$$L_{Cu} \approx 352\frac{S}{I}\ ;\ L_{Al} \approx 217\frac{S}{I}$$

式中 L_{Cu}、L_{Al}——分别为绝缘铜导线（电缆）和绝缘铝导线（电缆）的最大输送距离，m；

S——导线截面积，mm^2；

I——最大输送电流，不得大于所选导线的安全载流量，A。

不同截面积的铜芯和铝芯绝缘导线或电缆的输送距离，可分别查表 1-118 和表 1-119 得出。

表 1-118　铜绝缘导线（电缆）最长输送距离　单位：m

输送容量/kW	导线截面积/mm²											
	1	1.5	2.5	4	6	10	16	25	35	50	70	95
1(2A)	176	264	440	707	1056	—	—	—	—	—	—	—
2(4A)	88	132	220	352	528	880	1408	—	—	—	—	—
3(6A)	59	88	147	235	352	587	939	1467	2053	—	—	—
4(8A)	44	66	110	176	264	440	704	1100	1540	2200	—	—
5(10A)	35	53	88	141	211	352	563	880	1230	1750	2464	3344
6(12A)	29	44	73	117	176	293	469	773	1027	1467	2053	2787
7(14A)	25	38	63	100	151	251	402	629	880	1257	1760	2389
8(16A)	22	33	55	88	132	220	352	550	770	1100	1540	2090
9(18A)	—	29	49	78	117	196	313	489	684	978	1369	1858
10(20A)	—	26	44	70	106	176	281	440	616	880	1232	1672
11(22A)	—	24	40	64	96	160	256	400	560	800	1120	1520
12(24A)	—	—	37	59	88	147	235	367	513	733	1026	1393
13(26A)	—	—	34	54	81	135	217	338	474	677	948	1286
14(28A)	—	—	31	50	75	126	201	314	440	629	880	1194
15(30A)	—	—	—	47	70	117	188	293	411	587	821	1115
16(32A)	—	—	—	44	66	110	176	275	385	550	770	1045
17(34A)	—	—	—	41	62	104	166	259	362	518	725	984
18(36A)	—	—	—	39	59	98	156	244	342	489	684	929
19(38A)	—	—	—	37	56	93	148	232	324	463	648	880
20(40A)	—	—	—	—	53	88	141	220	308	440	616	836

表 1-119　铝绝缘导线（电缆）最长输送距离　单位：m

输送容量 /kW	导线截面积/mm²									
	2.5	4	6	10	16	25	35	50	70	95
1(2A)	273	434	651	1085	1736	2713	3798	—	—	—
2(4A)	136	217	326	543	868	1356	1890	2713	—	—
3(6A)	91	143	217	362	579	904	1266	1808	2532	—
4(8A)	68	109	163	271	434	678	949	1356	1899	2577
5(10A)	54	87	130	217	347	543	760	1085	1519	2062
6(12A)	45	72	109	181	289	452	633	904	1266	1718
7(14A)	39	62	93	155	248	387	543	775	1085	1472
8(16A)	34	54	81	136	217	339	475	678	949	1288
9(18A)	30	48	72	121	193	301	422	603	844	1145
10(20A)	27	43	65	109	174	271	380	543	760	1031
11(22A)	25	39	59	99	158	247	345	493	690	937
12(24A)	—	36	54	90	145	226	316	452	638	859
13(26A)	—	33	50	83	134	209	292	417	584	793
14(28A)	—	31	46	77	124	194	271	387	543	736
15(30A)	—	29	43	72	116	181	253	362	506	687
16(32A)	—	—	41	68	109	170	237	339	475	644
17(34A)	—	—	38	64	102	160	223	319	447	606
18(36A)	—	—	36	60	96	151	211	301	422	573
19(38A)	—	—	—	57	91	143	200	286	400	543
20(40A)	—	—	—	53	87	136	190	271	380	515

如果最大输送容量大于 20kW（40A），可按不同截面积绝缘导线或电缆最长输送距离的计算公式求得。

【例 1-5】　有一台功率为 13kW 的混凝土搅拌机，当采用截面积为 6mm² 的铜芯电缆作为电源线时，搅拌机距电源配电盘的距离最长（导线极限长度）是多少？

解　查表 1-118 可得，导线的极限长度为 81m。

1.3.5　按机械强度选择导线截面

1.3.5.1　输配电导线的允许最小截面积

（1）架空导线的允许最小截面积

根据架空线路机械强度的要求：

① 1～10kV 线路不得采用单股线，其最小截面积见表 1-120；

② 10kV 以上高压线路，导线截面积一般不小于 35mm²；

③ 在配电线路与各种工程设施交叉接近的条件下，当采用铝绞线或铝合金导线时，要求最小截面积为 35mm²，当采用其他导线时，要求最小截面积为 16mm²。

表 1-120　架空导线最小截面积（一）

最小截面积 /mm²　　　线路类型　　　导线种类	高压线路（10kV）		低压线路 (0.38kV)
	居民区	非居民区	
铝绞线及铝合金绞线	35	25	16
钢芯铝绞线	25	16	16
铜绞线	16	16	直径 3.2mm

（2）配电线路导线的允许最小截面

在无地区电网规划的条件下，配电线路的导线截面积不宜小于表 1-121 所列数值。

表 1-121　架空导线最小截面积（二）

最小截面积 /mm²　　　线路类型　　　导线种类	高压线路 (10kV)			低压线路 (0.38kV)		
	主干线	分干线	分支线	主干线	分干线	分支线
铝绞线及铝合金绞线	120	70	35	70	50	35
钢芯铝绞线	120	70	35	70	50	35
铜绞线	—	—	16	50	35	16

1.3.5.2　照明及室内外布线导线的允许最小截面积

照明及室内外布线导线的允许最小截面积见表 1-122。

表 1-122　照明及室内外布线导线的允许最小截面积

用　　途	线芯允许最小截面积/mm²		
	铜芯软线	铜线	铝线
照明用灯头线			
民用建筑室内	0.4	0.5	—
工业建筑室内	0.5	0.8	2.5
室外	1.0	1.0	2.5

续表

用　　途	线芯允许最小截面积/mm²		
	铜芯软线	铜线	铝线
移动式用电设备			
生活用	0.2	—	—
生产用	1.0	—	—
室内绝缘导线敷设于绝缘子上,其间距为:			
≤2m	—	1.0	2.5
>2m 且≤6m	—	2.5	4
>6m 且≤12m	—	2.5	6
室外绝缘导线固定敷设			
敷设在遮檐下的绝缘支持件上	—	1.0	2.5
沿墙敷设在绝缘支持件上	—	2.5	4
其他情况	—	4	10
室内裸导线	—	2.5	4
1kV 以下架空线	—	6	10
架空引入线(25m 以下)	—	4	10
控制线(包括穿管敷设)	—	1.5	—
穿管敷设的绝缘导线	1.0	1.0	2.5
塑料护套线沿墙明敷	—	1.0	2.5
板孔穿线敷设的导线	—	1.5	2.5

1.3.6　按线路保护器保护值选择导线截面

为了保证线路运行安全,线路中接入了多种保护电器(熔断器、漏电保护器、热继电器、低压断路器的脱扣器等),这些保护装置的动作电流限定了电路电流的大小,也是选择导线截面积的重要依据。

在不同使用环境和使用条件下,按线路保护器保护值选择导线最小截面积,见表 1-123 和表 1-124。

表 1-123　铜芯导线按保护值配选导线最小截面积

低压断路器脱扣器整定电流 /A	熔断器熔件额定电流 /A	民用建筑			工业建筑		
		照明线路			照明线路		
		支线和干线			支线和干线		
		绝缘导线明敷	绝缘导线穿管或橡塑绝缘电缆	纸绝缘电力电缆	绝缘导线明敷	绝缘导线穿管或橡塑绝缘电缆	纸绝缘电力电缆
		配选最小截面积/mm²					
6.5	6	1.0	1.0	1.5	1.0	1.0	1.5
10	10	1.5	1.5	1.5	1.5	1.5	1.5
20	15	2.5	2.5	1.5	2.5	2.5	1.5
25	20	4.0	4.0	2.5	4.0	4.0	2.5
32	25	4.0	6.0	4.0	4.0	4.0	2.5
50	35	6.0	10	10	6.0	6.0	4.0
80	50	10	16	16	10	10	10
100	80	16	25	25	16	16	16
125	100	25	35	35	16	25	25
160	125	50	50	50	25	35	35
225	160	50	70	70	35	50	50

表 1-124　铝芯导线按保护值配选导线最小截面积

低压断路器脱扣器整定电流 /A	熔断器熔件额定电流 /A	民用建筑			工业建筑		
		照明线路			照明线路		
		支线和干线			支线和干线		
		绝缘导线明敷	绝缘导线穿管或橡塑绝缘电缆	纸绝缘电力电缆	绝缘导线明敷	绝缘导线穿管或橡塑绝缘电缆	纸绝缘电力电缆
		配选导线截面积/mm²					
6.5	6	2.5	2.5	2.5	2.5	2.5	2.5
10	10	2.5	2.5	2.5	2.5	2.5	2.5
20	15	4.0	4.0	2.5	4.0	4.0	2.5
25	20	6.0	6.0	4.0	6.0	6.0	4.0
32	25	6.0	10	6.0	6.0	6.0	4.0
50	35	10	16	16	10	10	6.0
80	50	16	25	25	16	16	16
100	80	25	35	35	25	25	25
125	100	35	50	50	25	35	35
160	125	50	70	50	50	50	50
225	160	70	95	95	50	70	70

1.3.7 N 线、PE 线和 PEN 线截面积的选择

1.3.7.1 中性线（N 线）截面积的选择

（1）变压器中性点接零母线截面积的选择

① 从变压器中性点引至低压配电屏的接零母线，建议采用表 1-125 中的规定。

表 1-125 变压器接零母线规格

变压器容量 /kV·A		100	125	135	160	180	200	240	250	315	320	400
接零母线规格	材料	扁钢	扁钢	扁钢	扁钢	扁钢	扁钢	扁钢	扁钢	扁钢	扁钢	铝母线
	规格 /mm²	25×4	25×4	25×4	25×4	25×4	25×4	40×4	40×4	40×4	40×4	25×4
变压器容量 /kV·A		420	500	560	630	750	800	1000	1250	1350	1600	1800
接零母线规格	材料	铝母线	铝母线	铝母线	铝母线	铝母线	铝母线	铝母线	铝母线	铝母线	铝母线	铝母线
	规格 /mm²	25×4	25×4	25×4	25×4	30×4	30×4	40×4	50×5	50×5	50×6	60×6

② 由于 N 线断裂后会造成供电变压器中性点偏移，导致设备和人身事故，甚至引起家用电器群爆，所以接零干线必须具有足够的机械强度。因此对于相母线截面积不大于 16mm²（铜）及 25mm²（铝）的任何供电系统，其 N 线截面积与相线截面积相同。

③ 单相两线、二相三线中的 N 线截面积应与相线截面积相同。

④ N 线的允许载流量应不小于线路最大不平衡负荷电流，且应计入谐波电流的影响，同时还要满足配电线路保护的要求，其截面积应不小于相线截面积的一半。

⑤ 三相负荷较均匀电路中的 N 线（多为三相电动机回路中的 N 线），其截面积一般为相线截面积的一半。如果三相负荷确实均匀，N 线中流过的不平衡电流很小，N 线的截面积甚至可按相线截面积的 1/3 选用。

⑥ 居民小区或大型民用建筑低压配电系统的 N 线截面积应与相线截面积相同。

(2) 电缆线路 N 线截面积的选择

① 当采用带中性线的四芯电缆时，可利用其中性线及包皮作 N 线。因为中性线的截面积已考虑到接零要求，可不必进行校核。

② 对于没有中性线的三芯电缆，为确保安全，必须用两根电缆的金属包皮作为 N 线，同时要进行校验。当不能满足要求时，需沿电缆敷设一根截面积不小于 $20mm \times 4mm$ 的扁钢作为辅助接地导体。

③ 1kV 以下的纸绝缘电力电缆的金属包皮和与这种金属包皮等效截面积的铜导线所允许的连续负荷电流列于表 1-126 中。

④ 铠装钢带电力电缆金属包皮的等效截面积和允许连续负荷电流，必须将表 1-126 中的相应数值乘以系数 0.5。这是因为考虑铠装钢带外皮日久自然损坏。

表 1-126　1kV 以下纸绝缘电缆的金属包皮允许的连续负荷电流

电缆截面积/mm²	与铅包皮截面积等效的铜导线截面积/mm²	铅包皮允许的连续电流/A		与电缆钢带截面积等效的铜导线截面积/mm²	钢带允许的连续电流/A		铅包皮和钢带允许的连续电流/A	
		敷设在地下时	架空敷设时		敷设在地下时	架空敷设时	敷设在地下时	架空敷设时
3×2.5	2.34	38	27	0.75	22	11	60	38
3×4	2.61	40	29	0.75	22	11	62	40
3×6	2.87	42	31	1.0	26	14	68	45
3×10	2.93	43	32	1.0	26	14	69	46
3×16	3.39	48	34	1.25	29	17	77	51
3×25	4.82	59	43	1.25	29	17	88	60
3×35	5.85	65	48	1.25	29	17	94	65
3×50	7.30	74	54	1.75	33	21	107	75
3×70	9.12	85	60	1.75	33	21	118	81
3×95	10.20	90	64	1.75	33	21	123	85
3×120	11.05	95	68	2.25	37	26	132	94
3×150	14.95	115	79	2.25	37	26	152	105
3×180	16.90	125	85	2.25	37	26	162	111

1.3.7.2 保护线（PE 线）截面积的选择及使用要求

为防止触电，在 TN-S 系统和 TN-C-S 系统内，利用 PE 线将电源（变压器）中性点直接与用电设备的金属外壳等连接起来，以构成故障电流接地回路。其 PE 线应有足够的机械强度和短路热稳定性。PE 线的截面积一般按机械强度的要求选择，按短路热稳定性要求校验。

① 按机械强度选择 PE 线截面积。

a. 当 PE 线采用绝缘线（与相线材质相同）单独敷设时，其最小截面积：有机械保护的为 2.5mm²；没有机械保护的为 4mm²。

b. 携带式和移动式用电设备的 PE 线在绝缘良好的多根铜芯电缆内，其截面积不得小于 1.5mm²。

c. 当多芯电缆或护套线的相线截面积不大于 2.5mm² 时，其中的 PE 线应与相线的截面积相同。

d. 对于架空和悬挂的 PE 线，其最小截面积可根据类型及敷设跨度按表 1-127 选用。在有冰和大风的环境内，截面积相应增大。

表 1-127　架空和悬挂的 PE 线的最小截面积

PE 线类型	跨度 L/m	最小截面积/mm²		
		铜芯线	铝绞线	钢芯铝线
抗风化橡胶或热塑料绝缘导线或电缆	$L \leqslant 10$	4	16	10
裸导线或被覆冷拔导线	$L \leqslant 25$	4	16	10
	$25 < L \leqslant 50$	6	25	10
	$50 < L \leqslant 75$	16	50	25

注：表中铝绞线的截面积为参考值。

② 按短路热稳定性对最小截面积校验。如果通过保护线（保护导体）短路电流的持续时间在 0.2～5s 范围内，保护线的最小截面积可按下式校验：

$$S \geqslant I_\infty \frac{\sqrt{t}}{C}$$

式中　S——保护线最小截面积，mm²；

I_∞——忽略故障点阻抗情况下的稳态短路电流有效值，A；

t——短路保护装置的动作时间，s；

C——热稳定系数，其值取决于保护线的材质、使用的绝缘材料以及初始和最终温度，见表 1-128。

表 1-128 热稳定系数 C

使用的绝缘材料	最终温度 /℃	C		
		铜	铝	钢
聚氯乙烯	160	143	95	52
丁烯橡胶	220	166	110	60
裸导体	250	176	116	64

注：假设导线的初始温度为 30℃。

必须指出，计算时应考虑电路阻抗和保护装置的限流能力。

为了简化计算，可按《民用建筑电气设计规范》（JGJ/T 16—92）第 8.4.20 条规定选用 PE 线。当 PE 线所用材质与相线相同，按热稳定要求，PE 线最小截面积应不小于表 1-129 所列规格。

表 1-129 保护线的最小截面积

相线截面积/mm²	相应的保护线最小截面积/mm²
$S \leqslant 16$	S
$16 < S \leqslant 35$	16
$S > 35$	$S/2$

③ PE 线还可采用导线、电缆的金属护套、包皮，绝缘母线槽的金属外护物和框架，金属水管（必须征得主管部门的同意）等。但一般电气设备的外露导电部分严禁作为其他电气设备的 PE 线。

煤气等可燃性气体或可燃性液体的管道严禁作 PE 线，易弯曲或挠性的金属管道也不宜作 PE 线。

采用上述导体作 PE 线时，除导电性能应符合要求外，还必须满足：

a. 保证电气连续性，如金属水管连接处（常用磁漆、麻线等作填充物）、水表处，应用金属体跨接；

b. 不受机械的、化学的及电化学的损伤。

④ 以下设备只能采用专用的 PE 线：

a. 发电机、箱式变压器及其出线柜和封闭母线的外露导电部分；

b. 直接接地的变压器中性点；

c. 发电机、变压器及系统中性点所接的电抗器、电阻器接线端子；

　　d. 爆炸气体危险环境 1、2 区内的电力线路及 1 区内的照明线路；

　　e. 携带式电气设备专门芯线（其金属保护管或电缆金属外皮仅能用作辅助接地线）。

　　⑤ PE 线一般不需要绝缘，但用于电压故障保护的接地线必须绝缘，以避免与其他 PE 线、电气设备及线路外露导电部分相接触，而使电压敏感元件遭受到难以觉察的短路。

1.3.7.3　保护中性线（PEN 线）截面积的选择

　　① PEN 线兼有 PE 线和 N 线的作用，也应满足二者的要求。采用单芯导线作 PEN 线干线，当导线为铜材时，截面积应不小于 $10mm^2$；当导线为铝材时，应不小于 $16mm^2$。当采用多芯电缆的芯线作 PEN 线时，其截面积应不小于 $4mm^2$。

　　② PEN 线的材质一般与相线相同。如不相同，则其电导性能必须满足 PE 线及 N 线两者的要求。

　　③ 当 PEN 线从线路的某点分为 PE 线及 N 线时，线路即由 TN-C 系统转变为 TN-C-S 系统，在该点处必须设置 PE 线及 N 线用的端子或母线，而且从该点起，不允许 PE 线与 N 线相互连接。

　　④ 在三相四线制或二相三线制的配电线路中，当用电负荷大部分为单相用电设备时，其 PEN 线及 N 线的截面不宜小于相线截面；采用晶闸管调光的三相四线制及二相三线制配电线路，其 PEN 线及 N 线的截面不应小于相线截面的 2 倍；以气体放电灯为主要负荷的回路中，N 线截面不应小于相线截面。

　　必须指出，以上所介绍的 N 线、PE 线和 PEN 线截面的选择，只适用于一般的环境场所。在特殊的环境条件下（如爆炸危险环境、腐蚀环境及地下敷设时）N 线、PE 线和 PEN 线截面需参照有关行业规定选用。

1.3.8　电缆的安全载流量

　　常用电缆的安全载流量见表 1-130～表 1-133。

表 1-130　直接敷设在地下的低压绝缘电缆的安全载流量　单位：A

标称截面积 /mm²	双芯		三芯		四芯	
	铜芯	铝芯	铜芯	铝芯	铜芯	铝芯
1.5	13	9	13	9	—	—
2.5	22	16	22	16	22	16
4	35	26	35	26	35	26
6	52	39	52	39	52	39
10	88	66	83	62	74	56
16	123	92	105	79	101	75
25	162	122	140	105	132	99
35	198	148	167	125	154	115
50	237	178	206	155	189	141
70	286	214	250	188	233	174
95	334	250	299	224	272	204
120	382	287	343	257	347	260
150	440	330	382	287	396	297
185	—	—	431	323	—	—
240	—	—	—	—	448	336

注：表中安全载流量，线芯最高工作温度为 80℃，地温为 30℃。

表 1-131　1kV VV、VLV 型无铠装聚氯乙
烯护套聚氯乙烯绝缘电缆的安全载流量　单位：A

导线截面积 /mm²	单芯		二芯		三芯		四芯	
	铜芯	铝芯	铜芯	铝芯	铜芯	铝芯	铜芯	铝芯
1	18	—	15	—	12	—	—	—
1.5	23	—	19	—	16	—	—	—
2.5	32	24	26	20	22	16	—	—
4	41	31	35	26	29	22	29	22
6	54	41	44	34	38	29	38	29
10	72	55	60	46	52	40	51	40

导线截面积 /mm²	单芯		二芯		三芯		四芯	
	铜芯	铝芯	铜芯	铝芯	铜芯	铝芯	铜芯	铝芯
16	97	74	79	61	69	53	68	53
25	122	102	107	83	93	72	92	71
35	162	124	124	95	113	87	115	89
50	204	157	155	120	140	108	144	111
70	253	195	196	151	175	135	178	136
95	272	214	238	182	214	165	218	168
120	356	276	273	211	247	191	252	195
150	410	316	315	242	293	225	297	228
185	465	358			332	257	341	263
240	552	425			396	306	—	—

注：导线最高允许温度为 65℃，空气中敷设，环境温度为 25℃。

表 1-132　1kV、VV29、VLV29、VV30、VLV30、VV50、
VLV50、VV59、VLV59 型铠装聚氯乙烯电缆的安全载流量

单位：A

导线截面积 /mm²	单芯		二芯		三芯		四芯	
	铜芯	铝芯	铜芯	铝芯	铜芯	铝芯	铜芯	铝芯
4	—	—	36	27	31	23	30	23
6	—	—	45	35	39	30	39	30
10	76	58	60	46	52	40	52	40
16	100	77	81	62	71	54	70	54
25	135	104	106	81	96	73	94	73
35	164	126	128	99	114	88	119	92
50	205	158	160	128	144	111	149	115
70	253	195	197	152	179	138	184	141
95	311	239	240	185	217	167	226	174
120	356	276	278	215	252	194	260	201
150	410	316	319	246	292	225	301	231
185	466	359			333	257	345	266
240	551	424			392	305		

注：1. 导线最高允许温度为 65℃，空气中敷设，环境温度为 25℃。

2. 单芯铠装电缆不用于交流系统，表列为直流电流值。

表 1-133　三芯电力电缆的安全载流量　　单位：A

导线截面积/mm²	6kV 聚氯乙烯绝缘聚氯乙烯护套电缆（VV、VLV 型）		10kV 油浸纸绝缘铅包电力电缆(ZQ3、ZLQ3、ZQ20、ZLQ30 等)		10kV 交联聚乙烯绝缘电缆（YJV、YJLV 等）	
	在空气中敷设	直埋敷设	在空气中敷设	直埋敷设	在空气中敷设	直埋敷设
10	55(42)	58(44)	70	—	—	—
16	73(56)	76(58)	75(60)	75(60)	121(94)	118(92)
25	96(74)	98(75)	100(80)	100(75)	158(123)	151(117)
35	118(90)	121(93)	125(95)	120(95)	190(147)	180(140)
50	146(112)	148(114)	155(120)	150(115)	231(180)	217(169)
70	177(136)	177(136)	190(145)	180(140)	280(218)	260(202)
95	218(167)	213(164)	230(180)	215(165)	335(261)	307(240)
120	251(194)	243(187)	265(205)	245(185)	388(303)	348(272)
150	292(224)	278(213)	305(235)	280(215)	445(347)	394(308)
185	333(257)	312(241)	355(270)	315(240)	504(394)	441(344)
240	392(301)	359(278)	420(320)	365(280)	587(461)	504(396)

注：1. 导线工作温度为 80℃，环境温度为 25℃。

2. 土壤热阻系数为 120℃·cm/W。

3. 括号中的载流量系指铝芯线。

1.4　低压电器、仪表及空调器的选择

1.4.1　低压断路器的选择

1.4.1.1　低压断路器的分类及主要用途

低压断路器按结构和适用场所分类见表 1-134。

表 1-134　低压断路器按结构和适用场所分类

类别	产品系列		适 用 场 所
塑料外壳式	DZ5系列	DZ(B)5型(单极)	主要作开关板控制线路及照明线路的过载和短路保护
		DZ5-20型(3极)	作电动机和其他电气设备的过载及短路保护,也可作小容量电动机不频繁的启停操作和线路转换之用
		DZ5-50型(3极)	与 DZ5-20 型相同,但容量比 DZ5-20 型大一级,可用于交流 500V 及以下电路中
	DZ20、TO、TG、CM1、H 系列		在低压交直流线路中,作不频繁接通和分断电路用;该开关具有过载和短路保护装置,用以保护电气设备、电动机和电缆不因过载或短路而损坏
	DZ12、DZ13 系列		主要用于照明线路,作线路过载和短路保护,以及作线路不频繁分断和接通之用
	DZ15 系列		作为配电、电动机、照明线路的过载和短路保护及晶闸管交流侧的短路保护,也可用于线路不频繁转换及电动机不频繁启动
	S060 系列		该系列为引进技术小型开关,适用于交流 50Hz、60Hz,电压 415V 及以下的线路,用于照明线路、电动机过载和短路保护
限流式	AH(日)、ME(德)、DW15、DW16、DW17 系列框架式		具有快速断开和限制短路电流上升的特点,适用于可能发生特大短路的低压网络,作配电和保护电动机之用;在正常条件下,也可用于线路不频繁转换和电动机不频繁启动
	DZ10 系列塑料外壳式		在集中配电、变压器并联运行或采用环形供电时,在要求高分断能力的分支线路中,作线路和电源设备的过载、短路和欠电压保护;在正常条件下,也可作线路的不频繁转换之用
漏电保护式	DZ15L 型		适用于电源中性点接地的电路,作漏电保护,也可作线路和电动机的过载及短路保护,还可用于线路不频繁转换和电动机不频繁启动
	DZ5-20L 型		与 DZ15L 型相同,但容量比 DZ15L 型小一级,额定电流仅 20A,且无第 4 极触头

1.4.1.2　低压断路器的主要参数及技术数据

(1) 主要参数的确定

1) 额定电流的确定　断路器的额定电流可按下式确定:

$$I_e = KP_e$$

式中　I_e——断路器额定电流,A;

K——估算系数,可取 8～10;

P_e——所保护的用电设备的额定功率,kW。

【例 1-6】　某住宅总用电功率为 5kW,试选择作总电源保护用断路器的额定电流。

解 断路器额定电流为

$$I_e=KP_e=(8\sim10)\times5=40\sim50(A)$$

因此可选用 DZ5-60/2 型二极断路器，或 C65N/C40 型等模数化二极断路器。

2）分断能力的确定 断路器的分断能力必须大于断路器出线端发生短路故障时的最大短路电流。若不能满足，将会引起断路器炸毁。当分断能力不够时，可采取以下措施。

① 在断路器前面装设熔断器，作为后备保护。

② 利用上一级断路器（一般上一级比下一级的容量大）的分断能力，将上一级断路器的短路脱扣电流动作值整定在下一级断路器分断能力的 80% 以下。不过采取此办法后上、下级断路器的分断将无选择性，当下一级断路器负荷侧发生短路时（其值可能大于上一级断路器的整定电流），上一级断路器有可能先跳闸，而影响其他支路的供电。

3）过电流脱扣器延时时间的确定 断路器长延时过电流脱扣器的延时时间，应大于回路中尖峰电流的持续时间。当断路器所保护的回路中存在电动机、风机、水泵等设备时，这些设备的启动电流比其额定电流大数倍。若断路器长延时过电流脱扣器的延时时间小于尖峰电流持续的时间，当线路中出现尖峰电流时，断路器便会跳闸而影响正常供电。因此，当负荷为电动机、风机、水泵等时，断路器的长延时过电流脱扣器的延时时间，在 6 倍负荷额定电流下应大于电动机等的实际启动时间。小容量电动机的实际启动时间在10s 以内，大容量电动机为 30～60s。

4）热脱扣整定电流的确定 当负荷为高压汞灯之类的照明设备时，若照明设备成组投入，启动电流很大，启动时间也较长，有可能引起断路器热脱扣器误动作。为此，断路器的热脱扣的整定电流应大于成组照明设备的启动电流。

5）长延时电流整定值及瞬时整定值的确定

① 长延时电流整定值不大于线路计算负荷电流；

② 瞬时电流整定值等于 6 倍的线路计算负荷电流。

6）额定电压的确定 断路器的额定电压应不小于线路额定电压。

(2) 部分塑壳交流断路器的技术数据（见表 1-135）

表 1-135 部分塑壳交流断路器的技术数据

类别	型号	额定电流/A	机械寿命/电寿命 /次	过电流脱扣器动作范围/A	短路通断能力						外形尺寸(高×宽×深)/mm	质量/kg	备注
					交流			直流					
					电压/V	电流有效值/kA	cosφ	电压/V	电流/kA	T/s			
塑料外壳式	DZ10	100	10000/5000	15~20 25~50 60~100	380	7 9① 12	0.4	—	7 9 12	0.01	153×108×105.5	1.5	
		250	8000/4000	100~250	380	30	0.4	—	20	—	276×155×143.5	5.5	
		600	7000/2000	200~600	380	50	—	—	25	—	395×210×154.5	12	
	DZX10	100	10000/5000	60~100	380	30	0.35	—	—	—	175+40×113×105.5	3	
		200	10000/5000	100~200	380	40	0.30	—	—	—	276+120×159×140	8	
		400	10000/2500	200~400	380	50	0.25	—	—	—	395+120×210×151	15	
		600	10000/2500	400~600	380	60	0.25	—	—	—	395+120×210×151	17.5	

续表

类别	型号	额定电流 /A	机械寿命/电寿命 /次	过电流脱扣器动作范围 /A	短路通断能力						外形尺寸(高×宽×深) /mm	质量 /kg	备注
					交流			直流					
					电压 /V	电流有效值 /kA	cosφ	电压 /V	电流 /kA	T /s			
塑料外壳式	DZ5	10	—	0.5~10	220	1	0.7	220	1.2	0.01	88×17.5×87	0.12	
		25	50000/50000	0.5~25	220	2					—	0.2	
		20	20000/12000	0.15~20	380	1.2					—	0.58	
		50		10~15	380	1.2					145×79×102	0.90	
	DZ12	6~60	10000/6000	—	120/240	5/3	—	—	—	—	95×25×63.5	0.15	
	DZX19	10~63	10000/8000	10,15,20,30,40,50,63	220/380	(P-1)10 (P-2)6	0.5 0.7	—	—	—	88×25.4×77.7	—	插入式安装和接线
	SO60	40		6,11,16,20,25,32,40	220/380	3	—	220	—	0.01	75.6×17.5×68	0.1	安装轨式

続表

类别	型号	额定电流 /A	机械寿命 电寿命 /次	过电流脱扣器动作范围 /A	短路通断能力						外形尺寸（高×宽×深）/mm	质量 /kg	备注
					交流		直流						
					电压 /V	电流有效值 /kA	cosφ	电压 /V	电流 /kA	T /s			
塑料外壳式 DZ20-	100Y	100	8000/ 4000	16、20、32	380	18	0.3	220	10	0.01	165×105×103	—	统一设计更新换代产品；Y为一般型 J为较高型 G为最高型
	100J			40、50、63		35	0.25		15				
	100G			80、100		75	0.2		20				
	200Y	200	8000/ 2000	(100)、125	380	25	0.25		20		268.5×103.5 ×142	—	
	200J			160、180		35	0.25		20				
	200G			200、(225)		70	0.2		25		—		

① DZ10 型的交流短路通断能力为峰值，250A、600A 可带电动机操作。

98

1.4.1.3　住宅小型断路器的选择

住宅用的小型断路器有：multiq 系列的 C45N、C45AD、DPN、NC100H 型等；森泰（ST）电器 TSM、TSN 型高分断小型断路器；引进德国 F&G 公司技术制造的 PX200C 系列。此外，还有 S250S 系列、XA10 系列、E4CB 系列、BH-D6 系列等。这些小型断路器的共同特点是多功能、模数化，可以根据需要自由组合，并能方便地固定在安装轨道上。

C45 系列断路器具有过载和短路保护功能，分断能力高（4～6kA）。有 C45N 和 C45AD 两种型号。其中，C45N 型主要用于照明保护，C45AD 型用于电动机保护。

C45N 型的额定电流有 1A、3A、6A、10A、16A、20A、25A、32A、40A、50A、63A；1～40A 分断能力为 6kA，50A、63A 为 4.5kA；C 型脱扣器；单极宽度为 18mm，双极宽度为 36mm，三极宽度为 54mm，四极（3P＋N）宽度为 72mm；采用带夹箍的接线端子，连接导线截面积可达 25mm²；可配各种辅助装置，其中包括漏电保护附件。

C45AD 型的额定电流有 1A、3A、6A、10A、16A、20A、25A、32A、40A；分断能力为 4.5kA；D 型脱扣器；有单极、二极、三极和四极，其宽度、连接导线截面积及可配附件与 C45N 型相同。

DPN 型为 2 极（1P＋N）断路器，在相极上装有过电流脱扣器，中性极上则无。断路器宽度为 18mm，与普通 2 极断路器相比具有体积小、价格低的优点。

现以 PX200C-50 系列断路器为例介绍如下。

(1) 主要规格及参数（见表 1-136）

表 1-136　主要规格及参数

型号	壳架等级额定电流/A	额定工作电压/V	频率/Hz	极数	脱扣器额定电流/A
PX200C-50/1	50	230/400	50	1	2、4、6、10、16、20、25、32、40、50
PX200C-50/2		230/400		2	
PX200C-50/3		400		3	
PX200C-50/4				4	

（2）断路器通断能力（见表1-137）

表 1-137　断路器通断能力

额定电流/A	极数	试验电流有效值/kA	试验电压/V	功率因数 cosφ
2、4、6	单极		230/400	
10、16、20	二极	6	400	0.65～0.70
25、32、40	三、四极		400	
	单极		230/400	
50	二极	4	400	0.75～0.80
	三、四极		400	

（3）机械电气寿命（见表1-138）

表 1-138　机械电气寿命

试验电流/A	试验电压/V	cosφ	每小时操作循环次数	通电时间/s	操作循环次数	备注
50	单极 230 二、三、四极 400	0.85～0.9	120	<2	4000	每次循环试品在断开位置的时间不少于28s

（4）过电流脱扣器保护特性曲线（见图1-14）

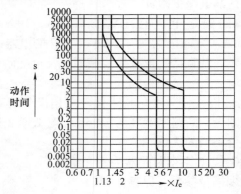

图 1-14　过电流脱扣器保护特性曲线

1.4.2　隔离开关、刀开关、熔断器和照明开关的选择

1.4.2.1　隔离开关和刀开关的选择原则

隔离开关和刀开关主要用于隔离电源，但不能切断故障电

流，只能承受故障电流引起的电动力和热效应。选择的一般原则如下。

① 开关的额定电压应大于或等于线路的额定电压，即

$$U_e \geq U_g$$

式中　U_e——开关的额定电压，V；

　　　U_g——开关的工作电压，即线路额定电压，V。

② 开关的额定电流应大于或等于线路的额定电流，即

$$I_e \geq I_g$$

式中　I_e——开关的额定电流，A；

　　　I_g——开关的工作电流，即所控制负载的电流总和，A。

当控制电动机时，应按下式选择：

$$I_e \geq 6 I_{ed}$$

式中　I_{ed}——电动机额定电流，A。

③ 按动稳定性和热稳定性校验。开关的电动稳定性电流和热稳定性电流，应大于或等于线路中可能出现的最大短路电流。刀开关的分断能力和电动稳定性电流值及热稳定性电流值分别见表1-139和表1-140。

表 1-139　各系列刀开关分断能力

型号	有无灭弧室	在下列电源电压下断开电流值/A			
		交流 $\cos\varphi = 0.7$		直流时间常数 $T = 0.01s$	
		380V	500V	220V	440V
HD12、13、14 HS12、13	有	I_e	$0.5I_e$	I_e	$0.5I_e$
HD12、13、14 HS12、13	无	$0.3I_e$	—	$0.2I_e$	—
HD11　HS11	—	用于电路中无电流时断开电路			

注：I_e 为刀开关额定电流，A。

④ 熔体应根据用电设备来选择，原则上按以下要求选择。

a. 变压器、电热器、照明电路等熔体的额定电流宜等于或稍大于实际负荷电流。

b. 配电线路熔体的额定电流宜等于或略小于线路的安全电流。

c. 电动机所配熔断器熔体的额定电流可按下式计算：

表 1-140　各系列刀开关电动稳定性及热稳定性电流值

额定电流值/A	电动稳定性电流峰值/kA		1s 热稳定性电流值/kA
	中间手柄式	杠杆操作式	
100	15	20	6
200	20	30	10
400	30	40	20
600	40	50	25
1000	50	60	30
1500	—	80	40

$$I_{er} = kI_{ed}$$

式中　I_{er}——熔体额定电流，A；

$\quad\quad I_{ed}$——电动机额定电流，A；

$\quad\quad k$——系数，一般取 1.5～2.5。

根据电动机容量选择刀开关和熔体见表 1-141。

熔体的选择详见本节 1.4.2.3 项。

表 1-141　根据电动机容量选择刀开关和熔体

电动机容量/kW		刀开关规格		熔体规格(线径)/mm
		额定电流/A	极数	
单相 (220V)	1.5	15	2	1.45～1.59
	3	30	2	2.3～2.52
	4.5	60	2	3.46～4
三相 (380V)	2.2	15	3	1.45～1.59
	4	30	3	2.3～2.52
	5.5	60	3	3.36～4

1.4.2.2　住宅小型隔离开关的选择

住宅除采用小型断路器作为总电源开关外，还有采用隔离开关和刀开关的。

住宅常采用的隔离开关有：HY122 型、KB-D 型和 TSH 型等模数化隔离开关。TSH 型隔离开关可在负荷情况下接通或断开线路。隔离开关上设有明显"通"（红色）、"断"（绿色）位置标记指示。在交流电压为 220V、功率因数为 0.6 的条件下，电寿命为通断 1 万次以上。其主要技术数据见表 1-142。

表 1-142　TSH 型隔离开关主要技术数据

型号	极数	额定电压/V	额定电流/A	端子连接导线截面积/mm²
TSH-32	1、2	250	32	6 及以下
	2、3、4	415		
TSH-63	1、2	250	63	16 及以下
	2、3、4	415		
TSH-100	1、2	250	100	35 及以下
	2、3、4	415		

1.4.2.3　熔断器的选择

熔断器主要用作短路保护，当电路或电气设备发生短路故障时，回路内的电流迅速增加，熔断器内的熔体（保险丝）立即熔断，从而保护电路及电气设备免受损坏，也防止危及电网的安全。

熔断器对电路及电气设备的过载也能起到一定的保护作用。当过载电流超过 2 倍熔丝的额定电流时，熔丝能在数分钟内熔断。熔断器用作过载保护时其可靠性较差，因为熔体（保险丝）有很大的分散性，即使同一规格的熔体，其熔断电流也是不一样的。

(1) 普通熔断器的选择

① 按额定电压选择：

$$U_e \geqslant U_g$$

式中　U_e——熔断器的额定电压，V；

　　　U_g——熔断器的工作电压，即线路额定电压，V。

② 按额定电流选择：

$$I_e \geqslant I_{er}$$

式中　I_e——熔断器的额定电流，A；

　　　I_{er}——熔体的额定电流，A。

③ 熔断器的类型应符合设备的要求和安装场所的特点。

④ 按熔断器的断流能力校验：

a. 对有限流作用的熔断器，应满足

$$I_{zh} \geqslant I''$$

式中　I_{zh}——熔断器的极限分断电流，kA；

　　　I''——熔断器安装点三相短路超瞬变短路电流有效值，kA。

b. 对无限流作用的熔断器，应满足

$$I_{zh} \geq I_{ch}$$

式中　I_{ch}——三相短路冲击电流有效值，kA。

（2）普通熔断器熔体的选择

熔断器熔体电流的选择应按正常工作电流、启动尖峰电流确定，并按短路电流校验其动作灵敏性。

① 按正常工作电流选择：

$$I_{er} \geq I_g$$

式中　I_{er}——熔体的额定电流，A；

　　　I_g——熔体的工作电流（线路计算电流），A。

② 照明线路熔体的选择。

$$I_{er} \geq \frac{I_g}{\alpha_m}$$

式中　α_m——计算系数，决定于电光源启动状况和熔断器特性，见表1-143。

表1-143　计算系数 α_m 值

熔断器 型号	熔体 材料	熔体额 定电流 /A	α_m 值		
			白炽灯、LED灯、荧光灯、 卤钨灯、金属卤化物灯	高压 汞灯	高压 钠灯
RL1	铜、银	≤60	1	0.59~0.77	0.67
RC1A	铅、铜	≤60	1	0.67~1	0.91

③ 按短路电流校验动作灵敏性：

$$\frac{I_{dmin}}{I_{er}} \geq K_r$$

式中　I_{dmin}——被保护线段最小短路电流，在中性点接地系统中为单相接地短路电流 $I_d^{(1)}$，在中性点不接地系统中为两相短路电流 $I_d^{(2)}$，A；

　　　K_r——熔断器动作系数，一般为4，在爆炸性气体环境1区、2区和爆炸性粉尘环境10区，取5。

（3）常用低压熔断器的技术数据

低压熔断器技术数据见表1-144，RT14系列熔断器技术数据见表 1-145。

表 1-144 低压熔断器技术数据

型号	熔管额定电流/A	管内熔体的额定电流/A	交流 380V	
			分断能力/A	功率因数
RM7	15	6,10,15	2000	0.7
	60	15,20,25,30,40,50,60	5000	0.55
	100	60,80,100	20000	0.4
	200	100,125,160,200	20000	0.4
	400	200,240,260,300,350,400	20000	0.35
	600	400,450,500,560,600	20000	0.35
RM10	15	6,10,15	1200	
	60	15,20,25,35,45,60	3500	
	100	60,80,100	10000	
	200	100,125,160,200	10000	—
	350	200,225,260,300,350	10000	
	600	350,430,500,600	10000	
	1000	600,700,850,1000	12000	
RL1	15	2,4,6,10	2000	
	60	20,25,30,35,40,50,60	5000	≥0.3
	100	60,80,100	20000	
	200	100,125,150,200	50000	
RT0	50	5,10,15,20,30,40,50		
	100	30,40,50,60,80,100		
	200	80,100,120,150,200	50000	0.3
	400	150,200,250,300,350,400		
	600	350,400,450,500,550,600		
	1000	700,800,900,1000		

表 1-145 RT14 系列熔断器技术数据

额定电流/A	额定电压/V	熔体额定电流等级/A	额定分断能力/kA	额定功耗/W
20		2、4、6、10、16、20		3
32	380	2、4、6、10、16、20、25、32	$100 \cos\varphi = 0.1 \sim 0.2$	5
63		10、16、20、25、32、40、50、63		9.5

1.4.2.4 熔断器的级间配合

为了避免越级熔断而造成线路故障扩大，熔断器上下级之间应正确配合。当上下级熔体的额定电流之间的过电流比选择为 1.6∶1

105

左右时，就能避免越级熔断。表 1-146 表示上下级熔体额定电流间的配合。下级熔体在额定电流 I_e 及以下的任何规格，均能与相应的上级熔体在短路电流下实现熔断的选择性，即下级熔体熔断而上级不熔断。

表 1-146　熔体的级间过电流选择性配合

上级熔体 I_e/A	16	20	25	32	36	40	50	63	80	100	125	160
下级熔体 I_e/A	6	10	10	20	20	25	25	36	50	63	80	100
上级熔体 I_e/A	200	224	250	300	315	355	400	425	500	630	800	1000
下级熔体 I_e/A	125	125	160	160	200	225	250	250	315	400	500	630

1.4.2.5　照明开关的选择

家庭常用的照明开关有明装开关、拉线开关和暗装开关等。

（1）明装开关

明装开关也叫平开关，是一种安装在墙面上与明线相连的开关。通常用于塑料线槽、塑料护套线等明敷布线。不同规格的明装开关有不同的用途，可按表 1-147 选择。

表 1-147　明装开关的品种、规格及用途

品种	规格	用途
单联平开关	6～10A,250V	作电灯、电扇等的固定开关
双联平开关	6A,250V	用 2 只开关控制 1 盏灯
带熔丝平开关	6A,250V	有熔丝装置，可省装 1 个保险丝盒
二位平开关	6A,250V	两开关在一起，分别控制 2 盏灯
（又叫双把开关）电铃平按钮	4A,250V	用于门旁或车、船等作警声讯号开关

（2）拉线开关

拉线开关通常用于塑料线槽、塑料护套线等明敷布线。常用的平装式拉线开关装在墙壁高处或天花板上，靠拉动垂下的拉线启、闭电路。使用时人手不直接与开关接触，所以很安全。卧轮式结构的拉线开关，由于拉线断掉时不易连接，加上动触头与静触头的爬电距离小，易发生短路事故，故目前卧轮式拉线开关已经被立轮式所取代。GX5-3 系列立轮式拉线开关的品种、型号、规格及用途如表 1-148 所列。

表 1-148 GX5-3 系列立轮式拉线开关的品种、型号、规格及用途

品种	型号	规格	用途
单联拉线开关	GX5-3	4A,250V	代表平开关,作一般照明电路的固定开关用
小型拉线开关	GX5-2	2.5A,250V	用于负荷较小的电路
双联拉线开关	GX5-3B	4A,250V	2 只开关装在不同地点控制 1 盏灯,如楼梯灯
双控拉线开关	GX5-3S	4A,250V	用于 1 只开关控制 2 盏灯的一熄一亮或全熄
吊盒拉线开关	GX5-3H	4A,250V	装在屋顶下以安装吊线灯兼作开关电路用
带熔丝拉线开关	GX5-3R	4A,250V	可装熔丝,节省 1 个熔丝盒
防雨拉线开关		4A,250V	装在户外作路灯开关用

（3）暗装开关

暗装开关是一种嵌装在墙壁上、与暗敷布线相连接的开关,既美观又安全。安装时必须与面板、线盒、调整板（有的没有）组合才能使用。目前,家庭布线基本上都采用暗敷布线,必须配用暗装开关。

暗装开关式样繁多,最常用的为 86 系列。所谓 86 系列是指开关最小面板尺寸为 $86mm \times 86mm$ 的一系列产品的总称。

86 系列电气装置件（包括开关、插座、接线盒等）是现代家庭照明电气安装的理想选择。

86 系列电气装置件的生产厂家很多,较有知名度的牌号有鸿雁牌、奇胜牌、华立牌、国伦牌、东升牌等。

除 86 系列外,常用的还有 118 系列（如 TCL 牌）、120 系列（如鸿雁牌）、B9 系列、B12 系列、B75 系列、B125 系列等多种系列,用户可根据自己的需要选用。

1.4.3 漏电保护器的选择

漏电保护器又称触电保安器、漏电开关。它还可以包括漏电断路器、漏电插座等。漏电保护器能有效地防止人身触电,在发生漏电或短路事故时能保护线路和电气设备不受损坏，防止因漏电引起的火灾事故。

1.4.3.1　漏电保护器及其动作电流的选择

（1）类型的选择

一般应优先选择电流动作型、纯电磁式漏电保护器，而不要选择电压动作型漏电保护器，以求有较高的可靠性。

（2）额定电流的选择

漏电保护器的额定电流应不小于线路实际负荷电流。

（3）极数的选择

若负荷为单相二线，则选用二极的漏电保护器；若负荷为三相三线，则选用三极的漏电保护器；若负荷为三相四线，则选用四极的漏电保护器。

（4）可靠性的选择

为了使漏电保护器真正起到漏电保护作用，其动作必须正确可靠，即应具有合适的灵敏度和动作的快速性。合格的漏电保护器动作时间不应大于 0.1s，否则线路对人身安全仍有威胁。

现代家庭使用最普遍的是模数化漏电保护器，可方便地与模数化断路器、隔离开关等安装在配电箱内的固定支架上。

（5）额定漏电动作电流的选择

动作电流（即灵敏度）的选择，不仅取决于安全方面的要求，还需考虑到配电线路和电气设备本身正常的泄漏。由于配电线路对地存在一定的分布电容（线路越长，分布电容越大）和漏电电阻，在工作电压下线路会出现一定的泄漏电流。例如，对于 220V 电网，截面积 $1\sim2.5\mathrm{mm}^2$ 的塑料绝缘导线，每米可能产生的泄漏电流约 $40\mu\mathrm{A}$，甚至更大。若住宅中总配线长度为 100m，则线路的泄漏电流可达 4mA。另外，在正常情况下家用电器也有一定的泄漏电流（1mA 左右）。为使漏电保护器在正常情况下不致误动作，动作电流应选择 10mA 以上，一般可取 30mA。

如果漏电保护器仅用于某一设备或某一支路，则可根据具体情况选用合适的动作电流。例如：

① 手提式用电设备为 15mA；

② 恶劣环境或潮湿场所的用电设备（如高空作业、水下作业、浴室等处）为 6～10mA；

③ 医疗电气设备为 6mA；

④ 建筑施工工地的用电设备为 15～30mA；

⑤ 家用电器回路为 30mA；

⑥ 成套开关柜、配电盘等为不低于 100mA；

⑦ 防止电气火灾为 300mA。

1.4.3.2 住宅用漏电保护器的选择

适合住宅用的漏电保护器的主要技术指标见表 1-149。

表 1-149 适合住宅用的漏电保护器的主要技术指标

型号	名称	原理	极数	额定电压/V	额定电流/A	额定漏电动作电流/mA	漏电动作时间/s	保护功能
DZL18① DZL33 DZL30② DLK	漏电自动开关	电流动作型（集成电路）	2	220	20 6～32 16～32	30	≤0.1	漏电保护及过载保护（DZL18、DZL33、DLK 兼有过压保护，但不具有过载保护）
YLC-1	移动式漏电保护插座	电流动作型	1、2、3		10			漏电保护专用
CBQ-A	漏电保护器	电磁式	2		16	30	≤0.1	
DZL16③	漏电开关	电磁式	2		6～25	15、30	≤0.1	漏电保护专用
JC	漏电开关	电磁式	2		6～25	30	≤0.1	漏电保护专用
CDB-A CDB-B	漏电保护器		2		5、10	20	≤0.1	
XA10LE④	漏电断路器	电子式	2、3、4		6～25 32、40 50、63	30 30、50 50	<0.1	漏电兼过压（270V、280V）和欠压（170V、180V）保护及过载和短路保护
E4EB⑤	漏电断路器	电子式	2		10～40	30	≤0.1	漏电兼过载、短路保护，分断电流为 8kA

型号	名称	原理	极数	额定电压 /V	额定电流 /A	额定漏电动作电流 /mA	漏电动作时间 /s	保护功能
DZ23L-40	剩余电流断路器	电子式	2、3	220	6~40	30	≤0.1	漏电兼过载、短路保护，分断电流≤6kA
TSML-32	漏电断路器	电子式	1、2、3	220 380	6~32	30	≤0.1	漏电兼过载、短路保护，分断电流≤6kA
C45NLE C45ADLE	模数化漏电断路器	电磁式	2	220	6 10 16 20 25 32 40	30	<0.1	过载、短路及过压保护

① 极限分断能力：有条件短路电流为 1.5kA。尺寸：85mm×65mm×42mm。质量：0.2kg。

② DZL30 型具有漏电、过载和短路保护作用。

③ 耐短路能力：220V，3kA。尺寸：72mm×76mm×80mm。质量：0.4kg。

④ 单极二支漏电断路器：一路具有过载和短路保护，适用于照明线路保护；另一路增加漏电保护功能，适用于插座线路保护，不至于因插座线路漏电而造成照明线路跳闸。

⑤ 能同时断开相线和零线。能提供每个回路独立保护，不会因个别回路漏电或过载而使整个配电箱内回路分断。

1.4.3.3　漏电保护器的接线

要让漏电保护器正确可靠地动作，其接线必须正确。

(1) 在不同接地形式的供电系统中的接线

单相、三相三线、三相四线漏电保护器的接线如表 1-150 所示。

(2) 不同动作方式漏电保护器的接线

不同动作方式的漏电保护器，其接线也有所不同。

① 电磁式漏电保护器。因为它不具备过载和短路保护功能，在它前面必须安装熔断器。电磁式漏电保护器接线如图 1-15（a）所示。图中，QS 为隔离开关或刀开关。

表 1-150　漏电保护器接线方式

接线图极别／接地类型	单相(单极或双极)	三相	
		三线(三极)	四线(三极或四极)
TT			
TN TN-C			
TN TN-S			
TN TN-C-S			

注：1. L1、L2、L3 为相线；N 为中性线；PE 为保护线，PEN 为中性线和保护线合一；⊗⊗为单相或三相电气设备；⊗为单相照明设备；RCD 为漏电保护器；⏚为不与系统中性接地点相连的单独接地装置，作保护接地用。

2. 单相负载或三相负载在不同的接地保护系统中的接线方式图中，左侧设备为未装有漏电保护器，中间和右侧为装用漏电保护器的接线图。

3. 在 TN 系统中使用漏电保护器的电气设备，其外露可导电部分的保护线可接在 PEN 线，也可以接在单独接地装置上而形成局部 TT 系统，如 TN 系统接线方式图中所示右侧设备的接线。

② DZL18、DZL33、DLK 型漏电保护器是有控制电源的电子

式漏电保护器，因为它不具备过载保护功能，熔断器必须安装在它后面。这类漏电保护器接线如图 1-15（b）所示。若将熔断器安装在它前面，则一旦发生过载或短路时，相线熔丝未断而零线熔丝熔断，漏电保护器不会跳闸，此时人体触及负载侧的相线就会触电。如果把熔断器安装在它后面，即使熔丝熔断，控制电源不会中断，所以仍能起到防触电保护功能。

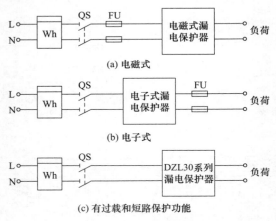

图 1-15　不同动作方式的漏电保护器接线

③ 兼有过载和短路保护功能的漏电保护器（漏电断路器，如 DZL30、XA10LE、E4EB 等系列），不必再安装总熔断器。其接线如图 1-15（c）所示。

在图 1-15（a）和图 1-15（b）中，刀开关内的熔丝可装可不装；而图 1-15（c）中的刀开关内不允许装熔丝，装熔丝的位置可用粗铜丝连接。

（3）漏电保护器与断路器、隔离开关、熔断器的接线

当漏电保护器与断路器、隔离开关（或刀开关）、熔断器配合时，其接线也与漏电保护器的动作方式有关。不同动作方式漏电保护器的接线如图 1-16 所示。图中，QF 为断路器，QS 为隔离开关或刀开关。图 1-16（a）中熔断器 FU 可不用；图 1-16（c）中断路器 QF 可不用。

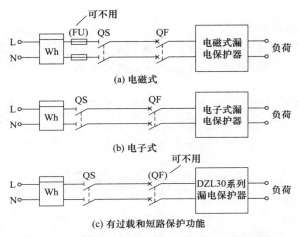

图 1-16 漏电保护器与断路器、隔离开关等配合接线

1.4.4 低压电器安装质量的评定

(1) 保证项目

① 按不同类型各抽查 5 台，实测或检查绝缘电阻测试记录，绝缘测量和绝缘电阻值必须符合施工规范要求。

② 按不同类型各抽 1~3 台，实测和检查安装记录，导电接触面、开关与母线连接处必须接触紧密。用 0.05mm×10mm 塞尺检查线接触的塞不进去；面接触的，接触面宽 50mm 及以下时，塞入深度不大于 4mm，接触面宽 60mm 及以上时，塞入深度不大于 6mm。

(2) 基本项目

① 按不同类型各抽查 5 台（件），观察和试通电检查、检查安装记录，电器安装应符合以下要求。

合格：a. 部件完整，安装牢靠，排列整齐，绝缘器件无裂纹、缺损，电器的活动接触导电部分接触良好，触头压力符合电器技术条件，电刷在刷握内能上下活动，集电环表面平整、清洁；

b. 电磁铁芯的表面无锈斑及油垢，吸合、释放正常，通电后无异常噪声，注油的电器，油位正确，指示清晰，油试验合格，储油部分无渗漏现象。

优良：在合格的基础上，电器表面整洁，固定电器的支架或盘、板平整，电器的引出导线整齐、固定可靠，电器及其支架油漆完整。

② 按不同类型各抽查 5 台（件），观察和试操作检查，电器的操动机构安装应符合以下要求。

合格：动作灵活，触头动作一致，各联锁、传动装置位置正确可靠。

优良：在合格基础上，操作时无较大振动和异常噪声，需润滑的部位润滑良好。

③ 抽查 10 处，观察检查，电器的引线焊接应符合以下要求。

合格：焊缝饱满，表面光滑，焊药清除干净，锡焊焊药无腐蚀性。

优良：在合格基础上，焊接处防腐和绝缘处理良好，引线绑扎整齐，固定可靠。

④ 电器及其支架的接地（接零）支线敷设的符合以下要求（抽查 5 处）。

合格：连接紧密、牢固，接地（接零）线截面选用正确，需防腐的部分涂漆均匀无遗漏。

优良：在合格的基础上，线路走向合理，色标准确，涂刷后不污染设备和建筑物。

1.4.5　电能表及互感器的选择

电能表是用来计量用电量的仪表。电能表容量选择太小或太大，都会造成计量不准，容量过小还会烧毁电能表。电能表分单相电能表和三相三线有功电能表及三相四线有功电能表。此外还有无功电能表。

1.4.5.1　单相电能表的选择

（1）单相电能表主要技术参数

国产交流单相电能表额定电压为 220V、额定频率为 50Hz。

电能表的规格有 1.5、2、2.5、3、5、10、15、20、30、40（A）等。在电能表的铭牌上标有多种参数，对于机械式电能表，一般标有：～220V、10（40）A、50Hz、2.0 级、3600r/（kW·h）等字样，分别表示额定电压 220V、标定电流 10A（额定最大电流 40A）、电源额定频率 50Hz、准确度等级 2.0 级（即读数误差小于±2%）、电能表常数 3600r/（kW·h）。其中，电能表常数 3600r/（kW·h）是指在额定电压 220V 下，负载每消耗 1kW·h（即 1 度）电能，电能表铝盘转过的圈数为 3600 圈；标定电流是指电能表计量电能时的标准计量电流，而额定最大电流是指电能表长期工作在误差范围内所允许通过的最大电流，它为标定电流值的 4 倍，甚至更大。

单相电能表有 DD862-$\frac{2}{4}$型、DD862a 型和 DDS15、DDS21-S、DDS22、DDS23 型等。

（2）选择单相电能表要考虑的主要因素

① 要使电能表铭牌上的额定电压与实际电源电压一致；额定最大电流不小于最大实际用电负荷电流。

② 要考虑负载（用电设备）增加的因素，以免因增加用电设备而导致更换电能表所造成的浪费。

③ 不允许电能表在经常低于标定电流 5% 以下的电路中使用，以免造成少计电量。

（3）用计算法选择住宅用电能表

第一步，将家中所有家用电器的额定功率相加，并根据下一步的打算留出一定裕量，计算出总用电负荷 P_Σ。

第二步，按以下公式求出计算负荷：

$$P_{js}=K_c P_\Sigma$$

式中　P_{js}——家用电器的计算负荷，kW；

P_Σ——家用电器总用电负荷，kW；

K_c——同期系数，取 0.4～0.6。

第三步，按下式求出计算电流：

$$I_{js} = \frac{P_{js}}{220\cos\varphi}$$

式中　I_{js}——计算电流，A；

　　　$\cos\varphi$——家用电器平均功率因数，可取 0.85。

第四步，按下式选择电能表的最大电流：

$$I_{max} \geqslant I_{js}$$

式中　I_{max}——电能表额定最大电流，A。

【例 1-7】　某家庭总用电负荷 P_Σ 为 9770W，试选用电能表。

解　取 $\cos\varphi=0.85$、$K_c=0.5$，则

计算负荷为　　　$P_{js}=K_c P_\Sigma=0.5\times9770=4885$（W）

计算电流为　　　$I_{js}=\dfrac{P_{js}}{220\cos\varphi}=\dfrac{4885}{220\times0.85}=26$（A）

所以，可选用 DD21-S 型 10(40)A 电子式电能表或 DD862-4型 15(60)A 机械式电能表。

也可以根据不同住宅档次选择电能表，我国城乡各档次住宅总用电负荷和计算负荷参见表 1-4。

从表 1-4 可见，一档住宅用电总负荷为 15.7kW，计算负荷为 7.9kW，计算电流约为 42A，可以选 DD862-4 型 15(60)A 电能表；二档住宅用电总负荷为 11.8kW，计算负荷为 5.9kW，计算电流约为 32A，可以选取 DD862-4 型 15(60)A 电能表；三档住宅用电总负荷为 9.8kW，计算负荷为 4.9kW，计算电流约为 26A，可以选用 DD862-4 型 15(60)A 电能表；四档住宅用电总负荷为 4.4kW，计算负荷为 2.2kW，计算电流约为 12A，可以选用 DD862-4 型 10(40)A 电能表。

1.4.5.2　三相三线有功电能表和无功电能表的选择

(1) 有功电能表的选配

低压三相三线有功电能表由两个元件组成。每个元件的电压线圈接线电压，其额定值为 380V；电流线圈则有 5A、10A、15A、20A 等规格。对于大电流的电路，可用 5A 电能表配合两只电流互感器接入电路。

当负荷基本平衡时，三相三线电路总功率为

$$P = \sqrt{3}\,UI\cos\varphi \quad (\text{W})$$

式中 　U、I——线电压和线电流，V、A；

　　　$\cos\varphi$——功率因数，对于一般低压动力线路，$\cos\varphi$ 为 0.7～0.8。

因此，按上式可求出三相三线电路每千瓦的电流数（设 $\cos\varphi = 0.75$、$U = 380\text{V}$）为

$$I = \frac{P}{\sqrt{3}\,U\cos\varphi} = \frac{1000}{\sqrt{3}\times380\times0.75} \approx 2 \quad (\text{A})$$

即低压动力线路，每千瓦的电流值约为 2A。若 $\cos\varphi = 0.8$，则为 1.9A；若 $\cos\varphi = 0.85$，则为 1.8A。记住此基准数据就可估算出电能表所能承接的负荷或由负荷来选配电能表。

例如，三相三线 10(40)A 电能表，可带最大负荷 40/2＝20(kW)。

再如，某动力线路负荷功率为 8.5kW，则 8.5×2＝17(A)，可选用 DS862-4 型 5(20)A 三相三线有功电能表。

(2) 无功电能表的选配

根据无功功率计算公式 $Q = \sqrt{3}\,UI\sin\varphi$（var），设 $\cos\varphi = 0.7$～0.8，则 $\sin\varphi = 0.7$～0.6。

设 $\cos\varphi = 0.75$、$U = 380\text{V}$，则 $\sin\varphi = 0.66$，按无功功率的计算公式可以求出每千乏的电流数为

$$I_{\text{kvar}} = \frac{Q}{\sqrt{3}\,U\sin\varphi} = \frac{1000}{\sqrt{3}\times380\times0.66} = 2.3 \quad (\text{A})$$

即低压动力线路，每千乏的电流值 I_{kvar} 为 2.3A。按此基准数据，即可由负荷选择无功电能表。

例如，某三相三线制动力线路的负荷为 20kvar，根据基准数据，其线路电流为 20×2.3＝46(A)，可选择 DX861-4 型 3×15(60)A 的三相三线无功电能表。

1.4.5.3　三相四线有功电能表和无功电能表的选择

(1) 有功电能表的选配

三相四线有功电能表分为三元件和二元件两种。低压三相四线有功电能表由三个元件组成，每个元件就相当于一只单相电能表，所以说三相四线电能表就是三个单相电能表的组合，只是用一个计

量器计量而已。它每个元件的电压线圈都是 220V，电流线圈则有 5A、10A、15A、20A、25A 等规格。三相四线 5A 电能表与三只电流互感器配合测量大容量电路的电量。

当负荷基本平衡时，三相四线电路总功率为

$$P = 3U_\varphi I_\varphi \cos\varphi \ \text{（W）}$$

式中　U_φ、I_φ——相电压和相电流，V、A；

　　　　$\cos\varphi$——功率因数。

由上式可知，三相四线电能表所能带的负荷是同容量单相电能表所能带负荷的 3 倍。

当 $\cos\varphi = 0.8$ 时，单相 1.5(5)A 有功电能表可带最大负荷为 $220 \times 6 \times 0.8 = 1056$(W)，而三相四线 5A 有功电能表则可带负荷为 $3 \times 1056 = 3168$(W)。反过来，对于同一负荷，当选用三相四线电路的有功电能表时，其所需容量（安培数）只是单相电路有功电能表容量的 1/3。

例如，灯负荷为 6kW(设 $\cos\varphi = 1$)，若单相电路供电，则电流为 $I = P/(U\cos\varphi) = 6000/(220 \times 1) = 27$(A)，需选用单相 10(40) A 电能表（或 5A 电能表配 50/5A 电流互感器）；若三相四线供电，则电流为 9A，只需选用 DT862a 型 5(20)A 三相四线有功电能表。实际上选配三相四线制有功电能表与选配三相三线制有功电能表是一样的。

（2）无功电能表的选配

根据无功功率计算公式 $Q = \sqrt{3}U_\varphi I_\varphi \sin\varphi$ （var），设 $\cos\varphi = 0.7 \sim 0.8$，则 $\sin\varphi = 0.7 \sim 0.6$。若设 $\cos\varphi = 0.75$，则 $\sin\varphi = 0.66$，三相四线制动力线路每千乏的电流值（$U_\varphi = 220$V）为

$$I_{kvar} = \frac{Q}{\sqrt{3}U_\varphi \sin\varphi} = \frac{1000}{\sqrt{3} \times 220 \times 0.66} = 4 \ \text{（A）}$$

以下的选择方法与三相三线制动力线路无功电能表的选择是一样的。

1.4.5.4　计量用电流互感器的选择

① 额定电压　电流互感器的一次额定电压应与安装母线额定电压相一致。

② 一次额定电流

$$I_{1e} \geqslant 1.25I_e, \quad I_{1e} \geqslant 1.5I_{ed}$$

式中　I_{1e}——电流互感器一次额定电流，A；

　　　I_e——电气设备的额定电流，A；

　　　I_{ed}——异步电动机额定电流，A。

③ 二次额定电流　电流互感器二次额定电流，一般有 1A、5A 及 0.5A 几种，应根据二次回路中所带负荷电流的大小来选择。

④ 按准确级选用　测量用电流互感器，一般应选用比所配用仪表高 1～2 个准确级的电流互感器。例如，1.5 级、2.5 级仪表可分别选用 0.5、1.0 级电流互感器。用于功率或电能计量的电流互感器则应不低于 0.5 级。

⑤ 容量　电流互感器的容量与准确度有关，容量似乎大一些好。但仅作为电流的测量，没有必要用过大容量的产品，常用的容量为 5V·A、25V·A 等。

⑥ 二次回路导线截面积的选择　二次回路导线截面积粗略估计如下：如果二次侧仅一只电流表，连接导线均为 2.5mm² 铜芯线。要保证规定的准确度，5A 系统的电流表安装在距电流互感器 10m 左右，而 1A 系统的电流表可安装在距电流互感器 250m 左右。

1.4.5.5　计费用电能表和互感器准确度的选择

计费用有功电能表的准确度应选用 0.5 级、1.0 级，无功电能表选用 2.0 级。有条件时优先采用 0.5 级的全功能带分时计费电子电能表（有功/无功/分时一块表即可），电流 1.5A，4～6 倍量程。用于测量功率因数宜选用双向计费宽量程（4～6 倍）2.0 级的无功电能表，以免在功率因数自动控制器故障和人为手动过补偿时，无功电能表出现倒转的虚假高功率因数现象。

计费应选用 0.2 级电流互感器。如果不能满足启动功率要求，应考虑采用 S 型高动稳定和热稳定、宽量程、0.2 级电流互感器（如 LAZBJ 型）。

测量用电压互感器，一般应选用比所配仪表高 1～2 个准确级的电压互感器。例如，1.5 级、2.5 级仪表可分别选用 0.5 级、1.0 级的电压互感器。用于功率或电能计量的电压互感器，则应不低于 0.5 级。

1.4.5.6　电能表所测电量的计算

(1) 电能表与互感器的合成倍率计算

当线路配备的电压互感器、电流互感器的比率与电能表铭牌上标注的不同时，可用下式计算合成倍率（或称实用倍率）K：

$$K = \frac{K_{TA} K_{TV} K_j}{K_{TAe} K_{TVe}}$$

式中　K_{TA}、K_{TV}——实际使用的电流互感器和电压互感器的变比；

K_{TAe}、K_{TVe}——电能表铭牌上标注的电流互感器和电压互感器的变比；

K_j——计能器倍率，即读数盘方框上标注的倍数。

对于经万用互感器接入和直接接入的电能表，因其铭牌上没有标注电流互感器、电压互感器的额定变比，其 $K_{TAe} = K_{TVe} = 1$。没有标注计能器倍率的电能表，其 $K_j = 1$。

【例 1-8】　有一只 $3 \times 5A$、$3 \times 100V$ 三相三线有功电能表，现经 $200/5A$ 的电流互感器和 $6000/100V$ 的电压互感器计量，试求合成倍率。

解　合成倍率

$$K = \frac{(6000/100) \times (200/5) \times 1}{1 \times 1} = 2400$$

(2) 电能表所测电量的计算

某段时期内电能表测得的电量 A 可按下式计算：

$$A = (A_2 - A_1)K$$

式中　A_1、A_2——前一次和后一次抄表读数，$kW \cdot h$；

K——合成倍率。

若后一次抄表读数小于前次抄表读数（电能表反转除外），说明计度器各位字轮的示值都已超过 9，这时测得的电量为

$$A = [(10^n + A_2) - A_1]K$$

式中　n——整数位的窗口数。

【例 1-9】　一只三相有功电能表有四位黑色窗口和一位红色窗口，前一次抄表的读数为 8235.4，后一次抄表的读数为 0153.6，

电能表始终正转，合成倍率 K 为 2400，试求电能表测得的电量。

解　从题意看，各位字轮的示值均已超过 9，根据 $A_1 =$ 8235.4，$A_2 = 0153.6$，$K = 2400$，$n = 4$，故所测得的电量为

$$A = [(10^n + A_2) - A_1]K$$
$$= [(10^4 + 153.6) - 8235.4] \times 2400$$
$$= 4603680 \ (\text{kW} \cdot \text{h})$$

【例 1-10】　用三只 DD5 型单相电能表（有四位黑色窗口），测量三相四线有功电能，前一次抄得各表读数为：$A_U = 6985.6$，$A_V = 5210.5$，$A_W = 4205.2$；后一次抄得各表读数为：$A'_U = 156.2$，$A'_V = 5967$，W 相电能表反转，$A'_W = 4123$，试求所测得的电量。

解　根据以上介绍的计量公式，所测得的电量为

$$A = [(10^n + A'_U) - A_U] + (A'_V - A_V) - (A'_W - A_W)$$
$$= [(10^4 + 156.2) - 6985.6] + (5967 - 5210.5) - (4205.2 - 4123)$$
$$= 3844.9 \ (\text{kW} \cdot \text{h})$$

1.4.5.7　电能表与断路器、开关、熔断器及导线的配用

电能表与断路器、隔离开关、刀开关、熔断器及连接导线只有正确配合使用，才能保证用电安全。配用不当有可能损坏这些设备，甚至造成火灾事故。电能表与这些设备的配用关系见表 1-151。

表 1-151　单相电能表与其他电气设备及导线的配用关系

电能表规格/A	断路器、隔离开关或刀开关规格/A	插入式熔断器规格/A	铜芯线截面积/mm²	铝芯线截面积/mm²	允许接装用电器的最高容量/W
2.5(10)	10	10	2.5	4	2200
5(20)	30	30	4	6	4400
10(40)	50	50	10	16	8800
15(60)	60	60	25	35	12000

注：1. 表中括号内的数字为电能表额定最大电流。
2. 导线截面积是按电能表额定最大电流选取的。

1.4.6　住宅电源插座的选择与设置

(1) 住宅电源插座的选择

插座种类繁多，式样各异。按接线分为单相二极插座、单相三极插座［带接零（接地）保护］、三相三极插座、三相四极插座

[带接零（接地）保护]。

家庭供电一般为单相电源，所有插座为单相插座，其中单相三孔插座设有保护接零（接地）桩头。插座的规格有：50V 级的 10A、15A；250V 级的 10A、15A、20A、30A；380V 级的 15A、25A、30A。插头的规格除与插座相同外，还有 50V 级 6A、250V 级 6A 和 380V 级 10A 的。

插座的选择如下。

① 用于 220V 单相电源，应选择电压为 250V 级的插座和插头。插座和插头额定电流的选择，由负荷（家用电器）的电流决定，一般应按 1.5～2 倍负荷电流的大小来选择。

② 二孔插座是不带接零（接地）桩头的单相插座，用于不需要接零（接地）保护的家用电器；三孔插座是带接零（接地）桩头的单相插座，用于需要接零（接地）保护的家用电器。

③ 现代家庭，为了确保安全，通常选用带有保护门的安全型插座。

④ 家庭通常选用扁脚插座或扁圆两用插座。后者适用扁形和圆形插头，使用更灵活。家庭作坊或农用电器可采用圆形插头，因圆形插头负载容量可以很大。

（2）住宅电源插座的设置数量（见表 1-152）

表 1-152　住宅电源插座的设置数量

部　　位	国标规定设置数量（下限值）	建　议　值
卧室、起居室（厅）	一个单相三极和一个单相二极的组合插座两组	①设置单相二极和单相三极组合插座 3～5 组 ②每个房间应设置一个空调器专用插座，起居室应设置 15A 的空调器插座
厨房、卫生间	防溅水型一个单相三极和一个单相二极的组合插座一组	①厨房设单相二极和单相三极组合插座及单相三极带开关插座各一组，并在抽油烟机上部设一单相三极插座 ②卫生间增设一带开关的单相三极插座，有洗衣机的卫生间增设一带开关的单相三极插座。卫生间插座应采用防溅式
放置洗衣机、冰箱、排气机械和空调器等处	专用单相三极插座一个	同国标

(3) 插座的接线

插座的正确接线如下：单相二孔插座为面对插座的右极接相线，左极接零线；单相三孔及三相四孔插座的保护接零（接地）极均应接在上方，如图 1-17 所示。虽然相线与零线对调接线仍能正常供电，但为了安全和统一，应按正确的方法接线。

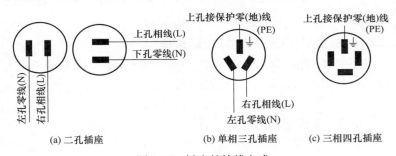

图 1-17　插座的接线方式

1.4.7　空调器容量的选择

空调器容量选择过大，会造成电能和资金的浪费；选择过小，又达不到预定空气调节的目的。应根据房间大小、场地情况选择相匹配的空调器容量。

空调器应把室内温度控制在下述范围内（特殊空调设备除外）。

制冷运行：20～30℃。

制热运行：16～23℃。

1.4.7.1　家庭用空调器容量的选择

对于墙厚在 24cm 以上，层高 3.2m 以下，室外环境温度不超过 43℃时，按每平方米选用 120～140W 为宜。例如 15m² 的房间，选用 1800～2100W，房间朝南取小值，朝西或房顶、墙壁较薄以及层高大于 3.2m 的房间取大值。

市场上出售的空调器都标有制冷量，因各厂使用单位不尽统一，选购时不要搞错。我国早期产品用 kcal/h（千卡/小时）标注制冷量，进口空调器也有用 kJ/h（千焦/小时）或 BTU/h（英国热量单位）标注。它们之间的换算见表 1-153。

表 1-153　不同制冷量单位的换算

W	kcal/h	BTU/h	kJ/h
1	0.8598	3.412	3.6
1.163	1	3.9683	4.1868
0.293	0.252	1	1.055
0.278	0.239	0.948	1

1.4.7.2　较大场所用空调器容量的选择

当房间容积在 1500m³ 以下，层高不大于 6m，隔热条件较好的房间，空调器的容量可按下式估算：

$$Q = k(q_V + nX + \mu Q_z)$$

式中　Q——所需空调器容量，kJ/h；

k——空调容量裕量系数，短期使用的 $k=1$，常年连续使用的 $k=1.05 \sim 1.10$；

q——装空调房间每立方米空间的需冷量，$q=105 \sim 143 \text{kJ/h}$，如果房间内有照明等其他发热设备，则应一并考虑进去；

V——房间空间总容积，m³；

n——房内总人数，个；

X——人体排热量，单人静坐时，$X=432 \text{kJ/h}$，做运动后，$X=1591 \text{kJ/h}$；

μ——房内设备同时使用率和利用率之积，$\mu=0 \sim 0.6$；

Q_z——房内设备总发热量，$Q_z=3600P$，kJ/h；

P——场内设备容量，kW。

【例 1-11】　某舞厅营业面积为 180m²，净高 4m，房间保温条件良好，每场约有 60 人参加，场内设备容量为 2.2kW，每天营业 8h，常年连续运行。要求室温在 23～28℃。

解　取 $\mu=0.5$，$k=1.05$，$q=126 \text{kJ/h}$（取中间值），考虑到每场参加跳舞的人数为 40 人，则由公式估算出所需空调器容量为

$$
\begin{aligned}
Q &= k[qV + (n_1 X_1 + n_2 X_2) + \mu Q_z] \\
&= 1.05 \times [126 \times 180 \times 4 + (20 \times 432 + 40 \times 1591) \\
&\quad + 0.5 \times (2.2 \times 3600)]
\end{aligned}
$$

$$=175308 \ (\text{kJ/h})$$
$$=175.3 \ (\text{MJ/h})$$

由此可选取能效系数为 2.58，单台制冷量为 60.7MJ/h 的分体直吹柜式空调器 3 台，总供冷量为 182.1MJ/h。

1.5 电气照明要求及计算 ≪≪≪

1.5.1 照明质量要求

1.5.1.1 照明术语及四种光量的计算

(1) 照明术语的定义及其单位 (见表 1-154)

表 1-154　照明术语定义及单位

术语	符号	定义	单位
光通量	Φ	光源在单位时间内向四周空间辐射并引起人眼光感的能量	lm(流明)
发光强度(光强)	I	光源在某一个特定方向上单位立体角内(每球面度内)的光通量,称为光源在该方向上的发光强度	cd(坎德拉)
亮度	L	被视物体在视线方向单位投影面上的发光强度,称为该物体表面的亮度	cd/m²
照度	E	单位面积上接受的光通量	lx(勒克斯)
光效	—	电光源消耗 1W 功率时所辐射出的光通量	lm/W
色温	T	光源辐射的光谱分布(颜色)与黑体在温度 T 时所发出的光谱分布相同,则温度 T 称为光源的色温(度)	K
显色性和显色指数	Ra	光源能显现被照物体颜色的性能称为光源的显色性 通常将日光的显色指数定为 100,而将光源显现的物体颜色与日光下同一物体显现的颜色相符合的程度,称为该光源的显色指数	—

续表

术语	符号	定义	单位
频闪效应	—	当光源的光通量变化频率与物体的转动频率成整数倍时,人眼就感觉不到物体的转动,这叫频闪效应	—
眩光	—	由于光亮度分布不适当或变化范围太大,或在空间和时间上存在极端的亮度对比,以致引起刺眼的视觉状态	—
配光曲线	—	照明器(光源和灯罩等组合)在空间各个方向上光强分布情况,绘制在坐标图上的图形	—
照明器效率	η	照明器的光通量与光源的光通量之比值,一般为 $50\%\sim90\%$ 之间	%

(2) 四种光量的计算公式(见表1-155)

表 1-155　四种光量的计算公式

名称	符号	计算公式		单位
光通量	Φ	$\Phi=I\omega$　ω—立体角(sr)		lm
发光强度	I	$I=\dfrac{\Phi}{\omega}$	发光圆球　$\Phi=4\pi I$ 发光圆盘　$\Phi=\pi I$ 发光圆柱体　$\Phi=\pi^2 I$ 发光半圆球　$\Phi=2\pi I$	cd
照度	E	$E=\dfrac{\Phi}{A}$ $E_\alpha=\dfrac{I_\alpha\cos\alpha}{r^2}$ $E_\alpha=\dfrac{I_\alpha\cos^3\alpha}{h^2}$	A—受照面积,m^2; I_α—某一特定投射方向的发光强度; α—光线的方向与被照面法线间的夹角; r—投射方向上某点与光源的距离,m; h—光源距投射面的高度,m	lx
亮度	L	$L_\alpha=\dfrac{I_\alpha}{A\cos\alpha}$		cd/m^2

(3) 人对照度和色温的感觉（见表1-156）

表1-156 人对照度和色温的感觉

照度强弱/lx	人的感觉		
	暖色	中间色	冷色
≤500	愉快	中间	冷感
500～1000	愉快	中间	冷感
1000～2000	刺激	愉快	中间
2000～3000	刺激	愉快	中间
≥3000	不自然	刺激	愉快

1.5.1.2 照明光源的显色指数及眩光限制

照明质量除对照度有要求外，还对照明光源的显色指数及眩光限制有要求。

(1) 照明光源颜色的分类

室内一般照明光源的颜色，根据其相关色温分为三类，其使用场所可按表1-157选取。

表1-157 光源颜色的分类

光源颜色分类	相关色温/K	颜色特征	适用场所示例
Ⅰ	＜3300	暖	居室、餐厅、宴会厅、多功能厅、四季厅（室内花园）、酒吧、咖啡厅、重点陈列厅
Ⅱ	3300～5300	中间	教室、办公室、会议室、阅览室、一般营业厅、普通餐厅、一般休息厅、洗衣房
Ⅲ	＞5300	冷	设计室、计算机房

(2) 照明光源的显色分组

在人工照明条件下，物体表面的颜色除与反射特性有关外，还与光源的光谱成分有关。各种光源的光谱特性是各不相同的，所以同一个颜色样品在日光下和不同光源下将显现出不同的颜色，即将产生颜色的改变。为了评判颜色改变的程度，引入了光源的显色指数 Ra，Ra 值越大，其颜色越接近在日光下所见的颜色，即颜色越逼真。

照明光源的显色分组及其使用场所可根据表 1-158 选取。在照明设计中应协调显色性要求与光源光效的关系。

表 1-158 照明光源的显色分组

显色分组	一般显色指数(Ra)	类属光源示例	适用场所示例
Ⅰ	$Ra \geqslant 80$	白炽灯、LED 灯、卤钨灯、稀土节能荧光灯、三基色荧光灯、高显色高压钠灯、镝灯	美术展厅、化妆室、客室、餐厅、宴会厅、多功能厅、酒吧、咖啡厅、高级商店营业厅、手术室
Ⅱ	$60 \leqslant Ra < 80$	荧光灯、金属卤化物灯	办公室、休息室、普通餐厅、厨房、普通报告厅、教室、阅览室、自选商店、候车室、室外比赛场地
Ⅲ	$40 \leqslant Ra < 60$	荧光高压汞灯	行李房、库房、室外门廊
Ⅳ	$Ra < 40$	高压钠灯	辨色要求不高的库房、室外道路照明

(3) 直接眩光限制的质量等级示例 (见表 1-159)

表 1-159 直接眩光限制的质量等级示例

眩光限制质量等级	眩光程度		视觉要求和场所示例
Ⅰ	高质量	无眩光感	视觉要求特殊的高质量照明房间,如手术室、计算机房、绘图室
Ⅱ	中等质量	有轻微眩光感	视觉要求一般的作业且工作人员有一定程度的流动性或要求注意力集中,如会议室、营业厅、餐厅、观众厅、休息厅、候车厅、厨房、普通教室、普通阅览室、普通办公室
Ⅲ	较低质量	有眩光感	视觉要求和注意力集中程度较低的作业,工作人员在有限的区域内频繁走动或不是由同一批人连续使用的照明场所,如室内通道、仓库

1.5.2 照度标准

1.5.2.1 住宅照明照度标准

住宅照明照度标准见表 1-160。

表 1-160　居住建筑照明照度标准

房间或场所		参考平面及其高度	照度标准值/lx	Ra
起居室	一般活动	0.75m 水平面	100	80
	书写、阅读		300①	
卧室	一般活动	0.75m 水平面	75	80
	床头、阅读		150①	
餐厅		0.75m 餐桌面	150	80
厨房	一般活动	0.75m 水平面	100	80
	操作台	台面	150①	
卫生间		0.75m 水平面	100	80

① 宜用混合照明。

日本、美国住宅照度标准见表 1-161。

表 1-161　日本、美国住宅照明照度标准

照度/lx	起居室	书房	客厅	卧室	厕所	走廊
2000	手工活缝纫					
1500						
1000		读书		读书化妆		
750						
500	读书化妆					
300						
200	聚会娱乐	一般照明	沙发桌子			
150						
100						
75	一般照明				一般照明	一般照明
50			一般照明			
30						
20				一般照明		
10					长夜灯	长夜灯
5						
2				长夜灯		
1						

1.5.2.2 部分公共建筑照明照度标准

(1) 办公建筑照明照度标准（见表1-162）

表 1-162　办公建筑照明照度标准

房间或场所	参考平面及其高度	照度标准值/lx	Ra
普通办公室	0.75m 水平面	300	80
高档办公室	0.75m 水平面	500	80
会议室	0.75m 水平面	300	80
接待室、前台	0.75m 水平面	300	80
营业厅	0.75m 水平面	300	80
设计室	实际工作面	500	80
文件整理、复印、发行室	0.75m 水平面	300	80
资料、档案室	0.75m 水平面	200	80

(2) 商业建筑照明照度标准（见表1-163）

表 1-163　商业建筑照明照度标准

房间或场所	参考平面及其高度	照度标准值/lx	Ra
一般商店营业厅	0.75m 水平面	300	80
高档商店营业厅	0.75m 水平面	500	80
一般超市营业厅	0.75m 水平面	300	80
高档超市营业厅	0.75m 水平面	500	80
收款台	台面	500	80

(3) 旅馆建筑照明照度标准（见表1-164）

表 1-164　旅馆建筑照明照度标准

房间或场所		参考平面及其高度	照度标准值/lx	Ra
客房	一般活动区	0.75m 水平面	75	80
	床头	0.75m 水平面	150	80
	写字台	台面	300	80
	卫生间	0.75m 水平面	150	80
中餐厅		0.75m 水平面	200	80
西餐厅、酒吧间、咖啡厅		0.75m 水平面	100	80
多功能厅		0.75m 水平面	300	80
门厅、总服务台		地面	300	80
休息厅		地面	200	80
客房层走廊		地面	50	80
厨房		台面	200	80
洗衣房		0.75m 水平面	200	80

（4）医院建筑照明照度标准（见表1-165）

表1-165　医院建筑照明照度标准

房间或场所	参考平面及其高度	照度标准值/lx	Ra
治疗室	0.75m 水平面	300	80
化验室	0.75m 水平面	500	80
手术室	0.75m 水平面	750	80
诊室	0.75m 水平面	300	80
候诊室、挂号厅	0.75m 水平面	200	80
病房	地面	100	80
护士站	0.75m 水平面	300	80
药房	0.75m 水平面	500	80
重症监护室	0.75m 水平面	300	80

（5）学校建筑照明照度标准（见表1-166）

表1-166　学校建筑照明照度标准

房间或场所	参考平面及其高度	照度标准值/lx	Ra
教室	课桌面	300	80
实验室	实验桌面	300	80
美术教室	桌面	500	90
多媒体教室	0.75m 水平面	300	80
教室黑板	黑板面	500	80

（6）公用场所照明照度标准（见表1-167）

表1-167　公用场所照明照度标准

房间或场所		参考平面及其高度	照度标准值/lx	Ra
门厅	普通	地面	100	60
	高档	地面	200	80
走廊、流动区域	普通	地面	50	60
	高档	地面	100	80
楼梯、平台	普通	地面	30	60
	高档	地面	75	80
自动扶梯		地面	150	60
厕所、盥洗室、浴室	普通	地面	75	60
	高档	地面	150	80
电梯前厅	普通	地面	75	60
	高档	地面	150	80
休息室		地面	100	80
储藏室、仓库		地面	100	60
车库	停车间	地面	75	60
	检修间	地面	200	60

1.5.2.3 计算机房照明照度等要求

① 主机房内距地面 0.8m 处的照明照度应为 200～300lx。

② 终端机室距地面 0.8m 处的照明照度应为 100～200lx，光线不宜直射荧光屏。

③ 室内照明应防止产生频闪效应。

④ 主机室、终端机室、配电室的应急照明应符合电气照明的有关规定。

⑤ 键盘及书稿面上的照度为 300～500lx，屏幕上的垂直照度不应大于 150lx，并且应该防止眩光和反射光的影响。

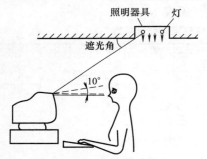

图 1-18 电脑屏幕和照明灯具映入的关系图

⑥ 为了防止眩光和反射光的影响，要求屏幕上沿处于眼位置的下方。屏幕上沿与眼的连线和屏幕上沿端水平线的夹角，大致规定在 10°以内，如图 1-18 所示。

为了不让室内照明灯具等映入屏幕，其照明布置应使遮光角和遮光角内的亮度在规定允许的范围内。国际照明委员会（CIE）要求遮光角应在 35°～45°范围内。遮光角内的亮度，最大可取 200cd/m² 。若为 50cd/m² 以下，则屏幕上几乎没有映入照明灯具等的感觉。

⑦ 作为计算机工作的照明示意图如图 1-19 所示。图中所示的遮光角为 40°，照射角为 50°，遮光角内的亮度不大于 200cd/m² ，这样在屏幕上不会产生反射光。

1.5.3 常用光源和灯具

1.5.3.1 常用光源的电气参数及特点

(1) 常用照明光源的种类和主要特性比较（见表 1-168）

(2) 不同光源的优缺点、适用场所及发光原理（见表 1-169）

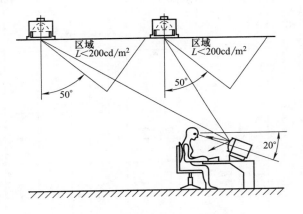

图 1-19　计算机工作的照明示意图

1.5.3.2　灯具的选择

选择灯具应根据环境、照度要求、显色性、限制眩光、光源寿命、启动点燃和再启动时间及与建筑物的协调性等条件进行。

① 在无特殊要求的场所，民用建筑照明宜采用光效高的光源和效率高的灯具，如 LED 灯、节能荧光灯等。在干燥且无爆炸性气体的场所，可采用广照型、配照型、深照型和各种乳白色玻璃罩灯具（但乳白色玻璃罩灯具对节电不利）。

② 在有要求连续调光、瞬时启动、开关频繁及限制电磁波干扰的场所，可采用 LED 灯、卤钨灯。

③ 高大空间场所的照明，应选用高光强气体放电灯；在高大厂房（装灯高度 7～8m），可采用集中配光的直射光灯具（如深照型灯）或高压汞灯等。

④ 在不很高的厂房（装灯高度 5～6m），可采用余弦配光类的直射光灯具（如配照型灯）。

配照型灯具悬高一般为 4～6m；搪瓷深照型灯具悬高一般为 6～20m；有镜面反射器的深照型灯具悬高一般为 15～30m。

⑤ 在装灯高度不能满足限制眩光要求的工作地点，以及要求光线柔和的场所，可采用有漫射罩的灯具。

表 1-168 国产常用照明光源的种类和主要特性比较

光源名称 特性	白炽灯	荧光灯	高压荧光汞灯(外镇式)	高压钠灯	金属卤化物灯	低压钠灯	卤钨灯	管型氙灯	LED灯
额定功率范围/W	10~1000	6~125	50~1000	50~1000	400~1000	18~180	500~2000	1500~100000	0.5~180①
光效/(lm/W)	10~18	25~67	30~50	90~100	60~80	75~150	19.5~21	20~37	>85
平均寿命/h	1000	2000~3000	2500~5000	3000	2000	2000~5000	1500	500~1000	>20000
一般显色指数 Ra	95~99	70~80	30~40	20~25	65~85	很差(黄色单色光)	95~99	90~94	>85
色温/K	2700~2900	2700~6500	5500	2000~2400	5000~6500	—	2900~3200	5500~6000	3000~10000
启动稳定时间	瞬时	1~3s	4~8min	15min	4~8min	8~10min	瞬时	1~2s	瞬时
再启动时间	瞬时	瞬时	5~10min	10~20min(内触发)	10~15min	>5min	瞬时	瞬时	瞬时
功率因数 cosφ	1	0.32~0.7	0.44~0.67	0.44	0.4~0.61	0.6	1	0.4~0.9	≥0.9
频闪效应	不明显	明显	明显	明显	明显	明显	明显	明显	不明显
表面亮度	大	大	较大	较大	大	较大	大	大	大
电压变化对光通的影响	大	较大	较大	大	较大	大	大	较大	较小
环境温度对光通的影响	小	大	较小	较小	较小	小	小	小	小
耐振性能	较差	较好	好	较好	好	较好	差	好	特好
所需附件	无	镇流器启辉器	镇流器	镇流器	镇流器触发器	漏磁变压器	无	镇流器触发器	电子整流器

① LED单管功率为 0.06~4W，可集合组装成各种功率的灯具。家庭常用 3~25W。

表 1-169　不同光源的优缺点、适用场所及发光原理

名称	适用场所	优点	缺点	发光原理
白炽灯	①工业企业的所有场所 ②住宅、走廊，照度要求不高场所 ③局部照明、事故照明 ④需要调光场所	①结构简单，使用方便 ②功率因数高 ③显色性好 ④价格低 ⑤能瞬时点亮	①大部分变成热辐射能，可见光仅为2%～3%，发光效率为10～18lm/W ②寿命1000h	钨丝白炽体高温热辐射
荧光灯	①需要较高照度的场所，如主控制室、精密工作场所、仪表计量室、办公室等场所 ②需要正确辨别色彩的场所 ③无天然采光的地下建筑物	①光线柔和，光色好 ②光效高，为白炽灯的2～4倍 ③寿命长，为2000～3000h ④可生产各种颜色的灯管	①功率因数低，为0.5左右 ②有频闪现象 ③温度低于-10℃启动困难 ④低照度（80lx以下）时有昏暗感	管充氩气、水银蒸气放电，发出紫外线和可见光，紫外线激励管壁荧光粉发光
高压汞光灯	①街道、广场照明 ②屋外配电装置及高大厂房 ③高度在5m以上、对光色无特殊要求、机械加工车间等	①光效高，约为白炽灯的3倍 ②寿命长，为2500～5000h ③耐雨雪、耐振、耐热、耐电压波动	①启动时间长，再启动时间更长，显色性差 ②电压波动大时能自熄	同荧光灯不同之处在于不需预热灯丝
高压钠灯	①适用于对光色无特殊要求的场所 ②郊区道路照明、道路转弯处及多烟尘处	①光效高，比白炽灯高6倍以上 ②透烟雾性好 ③寿命长	①光色单一，显色性差 ②电压突然超过5%时易熄灭 ③启动时间长，再启动时间更长	特制玻璃管内充入高纯钠和惰性气体，利用高压钠蒸气放电发光
金属卤化物灯	①适用于街道广场区域性照明 ②舞台照明 ③高大厂房内照明	①发光效率高 ②显色性好、耐振、耐电压波动	启动时间长，再启动时间更长；需设一套启动装置	与高压汞灯基本相似，管充金属卤化物，并采用高压水银电弧放电发光

名称	适用场所	优　　点	缺　　点	发光原理
低压钠灯	适用于道路、广场、体育场、区域性照明，以及高大厂房等处照明	发光效率高，能透过烟雾	光色单调，不适用于要求区别颜色的地方	采用特制玻璃管内充高纯钠和惰性气体，利用钠蒸气压发光
卤钨灯[碘(溴)钨灯]	①一般安装高度在6m以上时，显色性好；②体育场、剧场、蒸汽机房等场所；③需事故照明场所	①体积小，光色好，光效比白炽灯提高30%，使用方便；②寿命长、发光量稳定	①灯座温度较高；②倾角不得大于4°，耐振性差；③对电压波动敏感	白炽体无人微量的碘或溴等卤族元素蒸气，利用卤钨循环提高发光效率
LED灯	①家庭、宾馆、商场、超市、办公场所、学校；②停车场、仓库、工厂、通道、走廊；③景观带、广告箱体等	①节能，能耗为白炽灯的1/10，为节能灯的1/4；②环保，无有害气体和外壳玻璃破碎担忧；③发光效率高；④寿命长；⑤无频闪，眩光小；⑥显色性好；⑦耐振；⑧启动快；⑨能在-40~50℃环境温度下正常工作；⑩能在电压很大波动下正常工作；⑪功率因数高，线损小	①光源集中，发光角度很小；②LED灯饰照明光色过于刺眼；③其整体照明质量不高；④虽LED寿命很长，但做成LED灯饰，在高温和封闭的环境下寿命急剧降低；⑤LED单管功率小，需集合组装用	LED主要由PN结芯片、电极和光学系统组成，是一种电致发光光源。PN结芯片在加以正向直流电压时，电子从N区注入P区，电子和空穴分别流向P区和N区，在PN结处，电子和空穴相遇，复合，进而发光

⑥ 大型仓库，应采用标有"△"符号的防燃灯具，其光源应选用高光强气体放电灯。

⑦ 在潮湿和特潮的场所，应采用防潮防水的密闭型灯具。在可能受水滴侵蚀的场所，宜选用带防水灯头的开启式灯具。

⑧ 在有腐蚀性气体和蒸汽的场所，宜采用耐腐蚀性材料制成的密闭型灯具。当采用开启式灯具时，各部分应有防腐蚀防水措施。

⑨ 在无易燃、易爆气体，但含有大量尘埃的场所，可采用防水防尘型密闭型灯具。

⑩ 在高温场所，宜采用带有散热孔的开启式灯具。

⑪ 在有爆炸和火灾危险场所使用的灯具，应符合国家现行防火、防爆标准和规范。

⑫ 在摆动、振动较大，装有锻锤、重级工作制桥式吊车等场所的灯具，应有防振措施和保护网，防止灯泡自动松脱、掉下；在易受机械损伤场所的灯具，应加保护网。

⑬ 应急照明必须选用能瞬时启动的光源，当应急照明作为正常照明的一部分，并且应急照明和正常照明不出现同时断电时，应急照明可选用其他光源。

⑭ 灯具遮光隔栅的反射表面应选用难燃材料，其反射系数不应低于 80%，遮光角宜为 25°～45°。

1.5.3.3 灯具安装配件的选择

一般灯具安装配件选择见表 1-170。

表 1-170　一般灯具安装配件选择

安装方式	吊线灯	吊链灯	吊杆灯	吸顶灯	壁灯
电气施工图中符号	X	L	G	D	B
导线	JBVV2×0.5	RVS2×0.5	与线路相同		
吊盒或灯架	一般房间用胶质，潮湿房间用瓷质	金属吊盒		金属灯架	
灯座	100W 以下用胶质灯座，潮湿房间及封闭式灯具用瓷质灯座				

木或塑料制底台	厚度/mm		20	25	30
	油漆		四周先刷防水漆一道,外表面再刷白漆两道		
	固定方式	一般	采用机螺钉固定,如用木螺钉时,应用塑料胀管或预埋木砖固定		
		灯具总质量3kg以上	固定在预埋的吊钩或螺栓上		
金具	材料		用0.5mm铁板或1mm厚的铝板制造,超过100W时,应做通风孔		
	油漆		内表面喷银粉,外表面烤漆		

1.5.3.4　灯具等固定方式的选择

灯具及其他器具固定方式见表 1-171。

表 1-171　灯具及其他器具固定方式

序号	名　称	固定方式
1	软线吊灯、圆球吸顶灯、半圆球吸顶灯、座灯、吊链灯、荧光灯	在空心楼板上打洞,用 T 字形螺栓固定
2	一般弯脖灯、墙壁灯	在墙上打眼埋木榫,用木螺钉固定
3	直杆、吊链、吸顶、弯杆式、工厂灯,防水、防尘、防潮灯,腰形舱顶灯	在现浇混凝土楼板、混凝土柱上用圆头机螺钉固定
4	悬挂式吊灯	在钢结构上焊接吊钩固定
5	投光灯、高压汞灯镇流器	墙上埋支架固定
6	管型氙灯、碘钨灯	在塔架上固定
7	烟囱和水塔障碍灯	在围栏上焊接固定
8	安全防爆灯、防爆高压汞灯、防爆荧光灯	在现浇混凝土楼板上预埋螺栓
9	病房指示灯、暗脚灯	在墙上嵌入安装
10	无影灯	在现浇混凝土楼板上预埋螺栓
11	艺术花灯	在现浇混凝土楼板上预埋吊钩、螺栓
12	庭院路灯	用开脚螺栓固定底座
13	明装开关、插座、按钮	在墙上打眼,圬埋木榫,木螺钉固定
14	暗装开关、插座、按钮	在墙上埋设接线盒
15	防爆开关、插座	在钢结构上安装
16	安全变压器	在墙上埋支架,1000W以上需加支撑
17	电铃及号牌铃箱	在墙上埋木砖,安装固定
18	吊扇	埋设吊钩
19	调整开关	在墙上打眼,圬埋木榫,木螺钉固定
20	壁扇	在墙上埋木砖,或墙上打眼,埋螺栓

1.5.3.5 对灯具悬高、最小遮光角及距高比的要求

（1）室内一般照明灯具的最低悬挂高度（见表1-172）

表 1-172　室内一般照明灯具的最低悬挂高度

光源种类	灯具形式	灯具遮光角	光源功率/W	最低悬挂高度/m
白炽灯	有反射罩	10°～30°	≤100	2.5
			150～200	3.0
			300～500	3.5
	乳白色玻璃漫射罩	—	≤100	2.0
			150～200	2.5
			300～500	3.0
荧光灯	无反射罩	—	≤40	2.0
			＞40	3.0
	有反射罩	—	≤40	2.0
			＞40	2.0
荧光高压汞灯	有反射罩	10°～30°	＜125	3.5
			125～250	5.0
			≥400	6.0
	有反射罩带格栅	＞30°	＜125	3.0
			125～250	4.0
			≥400	5.0
金属卤化物灯、高压钠灯、混光光源	有反射罩	10°～30°	＜150	4.5
			150～250	5.5
			250～400	6.5
			＞400	7.5
	有反射罩带格栅	＞30°	＜150	4.0
			150～250	4.5
			250～400	5.5
			＞400	6.5
LED灯	带乳白色罩	—	5～7	1.5
			8～12	2.2
			14～18	2.5
			24～36	2.8

（2）灯具最小遮光角的要求（见表1-173）

表 1-173　灯具最小遮光角

灯具出光口的平均亮度 /(10^3cd/m²)	直接眩光限制等级		光源类型
	A、B、C	D、E	
L≤20	20°	10°①	管状荧光灯

灯具出光口的平均亮度 /(10³ cd/m²)	直接眩光限制等级		光源类型
	A、B、C	D、E	
$20 < L \leqslant 500$	25°	15°	涂荧光粉或漫射光玻璃的高强气体放电灯
$L > 500$	30°	20°	透明玻璃的高强气体放电灯、透明玻璃白炽灯

① 线状的灯从端向看遮光角为 0°。

(3) 灯具合理布置的距高比

灯具布置是否合理，主要取决于灯具的间距 L 和计算高度 h 的比值（L/h）是否恰当。L/h 值小，照度均匀度好，但费电；L/h 值过大，又不能满足所规定的照度均匀度。

均匀照明灯具的布置方式有三种，如图 1-20（a）～（c）所示。布置方式不同，其等效灯距 L 的计算公式也不同。当采用正方形布置时，$L = L_1 + L_2$；当采用长方形布置和菱形布置时 $L = \sqrt{L_1 L_2}$。

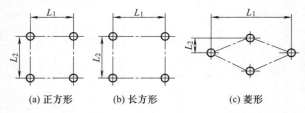

(a) 正方形　　　(b) 长方形　　　(c) 菱形

图 1-20　均匀布灯的三种形式

对于房间的边缘地区，灯具距墙的距离一般取（1/3～1/2）L；如果工作位置靠近墙壁，可将边行灯具至墙的距离取为（1/4～1/3）L。

图书室、资料室、实验室、教室的灯具布置，取 $L/h = 1.6$～1.8 较有利。

各种灯具的距高比推荐值见表 1-174；嵌入式均匀布置发光带最适宜的距高比见表 1-175；荧光灯的最大允许距高比见表 1-176。表中给出的数值，是使工作面达到最低照度值时的合理 L/h 值。

表 1-174　各种灯具的 L/h 值

灯具类型	L/h		单行布置时房间最大宽度
	多行布置	单行布置	
配照型、广照型	1.8~2.5	1.8~2	$1.2h$
深照型、镜面深照型乳白色玻璃罩灯	1.6~1.8	1.5~1.8	h
防爆灯、圆球灯、吸顶灯、防水防尘灯	2.3~3.2	1.9~2.5	$1.3h$
栅格荧光灯具	1.2~1.4	1.2~1.4	$0.75h$
荧光灯具（余弦配光）	1.4~1.5	—	—
块板型（高压钠灯）GC108-NG400	1.6~1.7	1.6~1.7	$1.2h$

注：第一个数字为最适宜值，第二个数字为允许值。

表 1-175　嵌入式均匀布置发光带最适宜的 L/h 值

发光带类型	L/h	发光带类型	L/h
玻璃面发光带	≤1.2	栅格式发光带	≤1.0

表 1-176　荧光灯的最大允许距高比 L/h 值

名称	型号	灯具效率/%	L/h		光通量 Φ/lm	示意图
			$A—A$	$B—B$		
1×40W	YG1-1	81	1.62	1.22	2200	
筒式 1×40W	YG2-1	88	1.46	1.28	2200	
荧光灯 2×40W	YG2-2	97	1.33	1.28	2×2200	
密封型 1×40W	YG4-1	84	1.52	1.27	2200	
荧光灯 2×40W	YG4-2	80	1.41	1.26	2×2200	
吸顶式 2×40W	YG6-2	86	1.48	1.22	2×2200	
荧光灯 3×40W	YG6-3	86	1.5	1.26	3×2200	
嵌入式栅格荧光灯（3×40W 塑料栅格）	YG15-3	45	1.07	1.05	3×2200	
嵌入式栅格荧光灯（2×40W 铝栅格）	YG15-2	63	1.25	1.20	2×2200	

1.5.4 常用材料的反射率、透射率和吸收率

被照材料表面（物面）的亮度不但与光源的强度有关，而且与物面本身的反射能力有密切的关系。反射率越大，亮度越大。

常用材料的反射率 ρ、透射率 τ 和吸收率 α 见表 1-177。

表 1-177　常用材料的反射率、透射率和吸收率

材料名称		$\rho/\%$	$\tau/\%$	$\alpha/\%$
玻璃及塑料	普通玻璃 3～6mm(无色)	3～8	78～82	—
	钢化玻璃 5～6mm(无色)	—	78	—
	磨砂玻璃 3～6mm(无色)	—	55～60	—
	压花玻璃 3mm(无色)　花纹深密	—	57	—
	花纹浅稀	—	71	
	夹丝玻璃 6mm(无色)	—	76	
	压花夹丝玻璃 6mm(无色)　花纹浅稀	—	66	
	夹层安全玻璃(3＋3)mm(无色)	—	78	
	双层隔热玻璃(3＋5＋3)mm(空气层 5mm)(无色)	—	64	
	吸热玻璃(3＋5)mm(蓝色)	—	52～64	
	乳白色玻璃 1mm	—	60	—
	有机玻璃 2～6mm(无色)	—	85	—
	乳白色有机玻璃 3mm	—	20	
	聚苯乙烯板 3mm(无色)	—	78	
	聚氯乙烯板 2mm(无色)	—	60	
	聚碳酸酯板 3mm(无色)	—	74	
	聚酯玻璃钢板　3～4 层布(本色)	—	73～77	—
	3～4 层布(绿色)	—	62～67	—
	小玻璃钢瓦(绿色)	—	38	—
	大玻璃钢瓦(绿色)	—	48	
	玻璃钢罩 3～4 层布(本色)	—	72～74	—
金属	铁窗纱(绿色)	—	70	
	镀锌铁丝网(孔 20mm×20mm)	—	89	—
	普通铝(抛光)	71～76	—	24～29

材料名称		$\rho/\%$	$\tau/\%$	$\alpha/\%$
金属	高纯铝(电化抛光)	84～86	—	14～16
	镀汞玻璃镜	83	—	17
	不锈钢	55～60	—	40～45
饰面材料	石膏	91	—	8～10
	大白粉刷	75	—	—
	水泥砂浆抹面	32	—	—
	白水泥	75	—	—
	白色乳胶漆	84	—	—
	调和漆　白色和米黄色	70	—	—
	中黄色	57	—	—
	红砖	33	—	—
	灰砖	23	—	—
	瓷釉面砖　白色	80	—	—
	黄绿色	62	—	—
	粉色	65	—	—
	天蓝色	55	—	—
	黑色	8	—	—
	马赛克地砖　白色	59	—	—
	浅蓝色	42	—	—
	浅咖啡色	31	—	—
	绿色	25	—	—
	深咖啡色	20	—	—
	无釉陶土地砖　土黄色	53	—	—
	朱砂	19	—	—
	大理石　白色	60	—	—
	乳色间绿色	39	—	—
	红色	32	—	—
	黑色	8	—	—
	水磨石　白色	78	—	—
	白色间灰黑色	52	—	—
	白色间绿色	66	—	—
	黑灰色	10	—	—
	塑料贴面板　浅黄色木纹	36	—	—
	中黄色木纹	30	—	—
	深棕色木纹	12	—	—

材料名称		$\rho/\%$	$\tau/\%$	$\alpha/\%$
饰面材料	塑料墙纸　黄白色	72	—	—
	蓝白色	61	—	—
	浅粉白色	65	—	—
	胶合板	58	—	—
	广漆地板	10	—	—
	菱苦土地面	15	—	—
	混凝土地面	20	—	—
	沥青地面	10	—	—
	铸铁、钢板地面	15	—	—

各种颜色的反射率见表 1-178。

表 1-178　各种颜色的反射率

颜色	$\rho/\%$	颜色	$\rho/\%$
深蓝色	10～25	浅绿色	30～55
深绿色	10～25	浅红色	25～35
深红色	10～20	中灰色	25～40
黄色	60～75	黑色	5
浅灰色	45～65	光亮白漆	87～88

1.5.5　照度计算

1.5.5.1　电光源照度计算

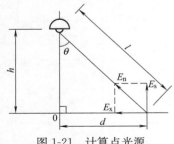

图 1-21　计算点光源
照度的示意图

(1) 点光源照度计算

点光源法线照度、水平面照度和垂直面照度的计算公式如下，公式中各物理量表示的意义如图 1-21 所示。

$$E_n = \frac{I_\theta}{l^2} = \frac{I_\theta}{h^2 + d^2}$$

$$E_s = E_n \cos\theta = \frac{I_\theta}{l^2}\cos\theta = \frac{I_\theta}{h^2}\cos^3\theta$$

$$E_x = E_n \sin\theta = \frac{I_\theta}{l^2}\sin\theta = \frac{I_\theta}{d^2}\sin^3\theta$$

式中　E_n——法线照度，lx；

E_s——水平面照度，lx；

E_x——垂直面照度，lx；

I_θ——光源指向被照点方向的光强，cd；

θ——光线的方向与被照面法线间的夹角；

h——计算高度，m；

d——水平距离，m。

如果光源的光强对所有方向均相等，则 $I = I_\theta$。

当水平距离 d 一定时，给出最大水平面照度的条件是 $h = d/\sqrt{2}$。

（2）当给出立体角时点光源在圆桌面照度的计算公式（各物理量表示的意义见图 1-22）

$$E_s = \frac{\Phi}{S} = \frac{2\pi I(1-\cos\theta)}{\pi R^2}$$

$$= \frac{2I(1-\cos\theta)}{R^2}$$

$$\omega = 2\pi(1-\cos\theta)$$

式中　E_s——圆桌面上（水平面）的照度，lx；

I——发光强度，cd；

R——圆桌半径，m；

ω——从光源处看到的圆桌的立体角，sr；

Φ——光通量，lm。

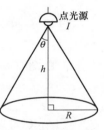

图 1-22　计算点光源在圆桌面上照度示意图

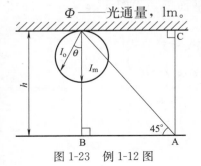

图 1-23　例 1-12 图

【例 1-12】　如图 1-23 所示的一点光源安装在天花板上，发光强度 $I_\theta = I_m\cos\theta$（单位：cd）。已知 A 点的直射水平面照度为 200lx，试求：

① B 点的水平面照度；

② 当在 C 点增加同样的一点光

源时，则 B 点的水平面照度又为多少？

设在以上两种情况下室内反射效果忽略不计。

解 ① 设 A 点与光源的距离为 R，且 A 点的水平面照度为 E_s，则

$$E_s = \frac{I_m \cos\theta}{R^2} \cos\theta$$

按题意 $200 = \dfrac{I_m \cos 45°}{R^2} \cos 45°$，$I_m = 400R^2$

设光源的高度为 h，则 B 点的水平面照度为

$$E_B = \frac{I_m \cos\theta}{h^2} \cos\theta$$

这里 $\theta = 0°$，故

$$E_B = I_m / h^2 = 400R^2 / h^2$$

而由图有 $h = R\cos 45° = R/\sqrt{2}$，故

$$E_B = 400R^2 \left(\frac{\sqrt{2}}{R}\right)^2 = 800 \ (\text{lx})$$

② 在 C 点增加点光源后，B 点的照度只要在上述照度下增加 A 点的水平面照度即可，即

$$800 + 200 = 1000 \ (\text{lx})$$

(3) 直线光源照度的计算

当光源长度与计算高度之比 $l/h \geq 0.5$，光源宽度与计算高度之比 $b/h \leq 0.5$ 时，可认为是直线光源。如荧光灯照明，即可以为是直线光源。直线光源照度的计算点可分为三种情况研究：其一是在垂直于光源一端的平面上，其二是在经过直线光源的垂面上，其三是在经过直线光源端点之外的垂面上，如图 1-24（a）～（c）所示。

① 对于图 1-24（a）所示 P 点照度计算公式如下：

$$E_n = \frac{I}{2a}(a + \sin\alpha \cdot \cos\alpha) = K \frac{I}{a}$$

$$E_s = E_n \cos\theta = K \frac{hI}{a^2}$$

$$E_x = E_n \sin\theta = K \frac{dI}{a^2}$$

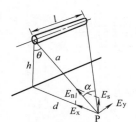
(a) P点在直线光源
一端的平面上

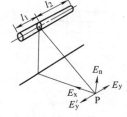
(b) P点所在垂面经
过直线光源

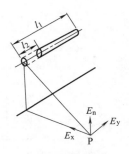
(c) P点所在垂面
在灯管端点之外

图 1-24　直线光源照度计算示意图

$$E_y = \frac{I}{2a}\sin^2\alpha = K'\frac{I}{a}$$

式中　E_n——与光源轴线垂直的平面内被照点 P 的法线照度，lx；

　　　E_s——P 点的水平照度，lx；

　　　E_x——P 点的垂直照度，lx；

　　　E_y——P 点的纵向照度，lx；

　　　I——单位长度光强，cd/m；

K、K'——系数，可由图 1-25 查取。

其他符号见图 1-24。

② 对于图 1-24（b）所示 P 点照度计算公式如下：

$$E_s = E_{s1} + E_{s2}$$
$$E_x = E_{x1} + E_{x2}$$
$$E_y = E_{y1}，\ E_y' = E_{y2}$$

下标"1"表示此量是由 l_1 段光源或假设光源所致；下标"2"以此类推。

③ 对于图 1-24（c）所示 P 点照度计算公式如下：

$$E_s = E_{s1} - E_{s2}$$
$$E_x = E_{x1} - E_{x2}$$
$$E_y = E_{y1} - E_{y2}$$

（4）几何形状简单的光源计算

几种几何形状简单的光源的配光、发光强度、照度、光通量，

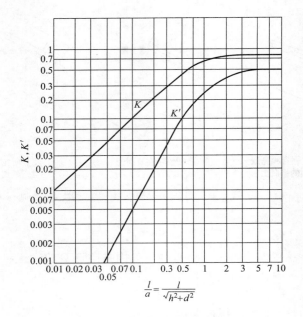

图 1-25　计算直线光源照度用图

列于表 1-179 中。

（5）用逐点法计算 n 个点光源的总照度

光源光通量为 1000lm 的灯具，每个灯具在计算点产生的水平照度直射分量为 e_s。当灯具类型、布置及组成光源的每个灯具的光通量为已知时，n 个灯具在任意指定点上产生的总照度 E_s 可由下式计算：

$$E_s = \frac{\Phi}{1000k} \sum_{i=1}^{n} e_s$$

式中　E_s——任一点上的总水平照度，lx；

　　　Φ——每个灯具的实际光通量，lm；

　　　k——照度补偿系数，可由表 1-180 查取；

　　　e_s——一个光通量为 1000lm 的灯具在被照点产生的水平照度直射分量（lx），也称假设照度，其计算公式为

表 1-179　几何形状简单的光源的配光、发光强度、照度、光通量

光源　性质		圆柱	圆盘	球	半球
光源轴的取向					
垂直配光曲线					
发光强度 /cd	I_θ	$I_{90}\sin\theta$	$I_0\cos\theta$	$I_{90}=I_0$	$I_{90}(1+\cos\theta)$
	I_{90}	$2rhL$	0	$\pi R^2 L$	$\pi R^2 L/2$
	I_0	0	SL	$\pi R^2 L$	$\pi R^2 L$
	平均球面光强	$\pi I_{90}/4$	$I_0/4$	$I_{90}=I_0$	I_{90}
	下半球面光强	$\pi I_{90}/4$	$I_0/2$	$I_{90}=I_0$	$3I_0/4$
	上半球面光强	$\pi I_{90}/4$	0	$I_{90}=I_0$	$I_0/4$
水平面照度 E_s/lx		0	SL/l^2	I_0/h^2	I_0/h^2
光通量 /lm	全光通	$\pi^2 I_{90}$	πI_0	$4\pi I_0$	$2\pi I_0$
	下半球光通	$\pi^2 I_{90}/2$	πI_0	$2\pi I_0$	$3\pi I_0/2$
	上半球光通	$\pi^2 I_{90}/2$	0	$2\pi I_0$	$\pi I_0/2$

注：L—每单位长度或每单位面积的亮度；nt(1nt$=1$cd/m^2)；l—圆盘边缘至圆盘轴线与被照面交点之间的距离，m；h—球中心至球轴线与被照面交点之间的距离，m。

$$e_s=\frac{I_\theta\cos\theta}{l^2}=\frac{I_\theta\cos^3\theta}{h^2}$$

假设照度的值也可从空间等照度曲线中查得（空间等照度曲线可查照明手册，本书未收录）；

I_θ——在灯具的垂直面光强分布曲线中与 θ 角方向对应的光强值（cd），其值可从灯具设计计算图表中查得；

l——光源至受照面上某点的距离，m；

h——光源至受照水平面的垂直距离，m。

由于空间等照度曲线是以假设光源的光通量为 1000lm 制作的，所以公式中要除以 1000。

1.5.5.2 室内平均照度计算

计算照度的目的主要是验证所设计或已有的照明照度是否满足工作要求，以及是否应减少或增加照明用电量等。

（1）平均照度的计算

对于非直射型灯具，在室内反光性能较好的条件下，可用下式计算工作面上的平均照度。

$$E_{pj} = \frac{\Phi n \mu}{Ak}$$

式中　E_{pj}——工作面上的平均照度，lx；

　　　Φ——每个光源的光通量，lm；

　　　n——由布灯方案得出的灯具数量，个；

　　　A——房间或工作面面积，m²；

　　　k——照度补偿系数，见表 1-180；

　　　μ——利用系数，可根据房间的室形指数 K 或室空比 RCR、表面反射率和灯具类型等进行计算。

表 1-180　照度补偿系数 k 值

环境污染特征		房间或场所举例	照度补偿系数 k	灯具最少擦拭次数/(次/年)
室内	清洁	卧室、办公室、餐厅、阅览室、教室、病房、客房、仪器仪表装配间、电子元器件装配间、检验室等	1.3	2
	一般	商店营业厅、候车室、影剧院、机械加工车间、机械装配车间、体育馆等	1.4	2
	污染严重	厨房、锻工车间、铸工车间、水泥车间等	1.7	3
室外		雨篷、站台、道路、堆场	1.5	2

当照度标准为最低照度值时，必须将平均照度值 E_{pj} 换算成最

低照度值 E。换算公式如下：

$$E = E_{pj}/Z$$

式中　E——工作面上的最低照度，lx；

　　　Z——最小照度系数，可查阅有关照明手册和图表。

（2）根据室形指数 K 估算利用系数 μ

计算步骤如下。

① 先按下式计算出室形指数 K：

$$K = \frac{xy}{h(x+y)}$$

式中　x——房间宽度，m；

　　　y——房间长度，m；

　　　h——灯具中心线距工作面上的距离，m。

② 然后根据室形指数 K，由表 1-181 查得房间指标等级。从照明利用率看，A 级最有利，J 级最差。

表 1-181　室形指数对应的房间指标等级

室形指数 K	房间指标等级	室形指数 K	房间指标等级
<0.7	J	$1.75\sim2.25$	E
$0.7\sim0.9$	I	$2.25\sim2.75$	D
$0.9\sim1.12$	H	$2.75\sim3.50$	C
$1.12\sim1.38$	G	$3.50\sim4.50$	B
$1.38\sim1.75$	F	>4.50	A

③ 再根据房间指标等级查图 1-26，求得利用系数 μ 值。若利用系数为较高值（$0.45\sim0.78$），说明顶棚的反射率 ρ_t 为 80%，墙壁的反射率 ρ_q 为 50%；若利用系数为较低值（$0.15\sim0.45$），说明顶棚的反射率 ρ_t 为 30%，墙壁的反射率 ρ_q 为 10%。

【例 1-13】 已知房间的尺寸如下：$x=15\text{m}$、$y=28\text{m}$、$h=4.5\text{m}$，试求利用系数。

解　① 室形指数为

$$K = \frac{xy}{h(x+y)} = \frac{15\times28}{4.5\times(15+28)} = 2.17$$

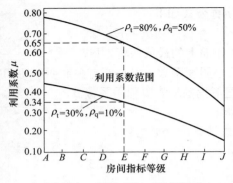

图 1-26　利用系数 μ 值范围

② 查表 1-181，得房间指标等级为 E 级。

③ 由图 1-26 查得 E 级利用系数 $\mu=0.34\sim0.65$。

当考虑其他因素（如照明器是漫反射型，顶棚反射率为 60%～70%，墙壁的反射率为 30%～50%）时，取其中间值，$\mu=0.5$。

将有关数据代入平均照度的计算公式（见 1.5.5.2）$E_{pj}=\dfrac{\Phi n\mu}{Ak}$，便可进行照度计算。

（3）根据室空比（*RCR*）计算利用系数 μ

计算步骤如下。

① 先计算出室空比和顶空比。照明灯具安装方式不同，室内空间的划分也不同。对于吸顶安装的灯具，室内空间划分为地面空间、室空间两部分，如图 1-27（a）所示；对于悬吊安装的灯具，

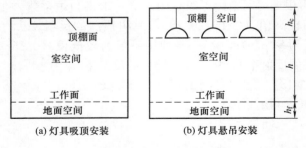

图 1-27　室内三个空间的划分

室内空间划分为地面空间、室空间和顶棚空间三部分，如图 1-27 (b) 所示。室空比和顶空比的计算公式：

$$室空比 \quad RCR = \frac{5h(x+y)}{xy}$$

$$顶空比 \quad CCR = \frac{5h_c(x+y)}{xy}$$

② 然后求出顶棚空间有效反射率 ρ_{cc}。根据顶棚反射率 ρ_c 和墙壁反射率 $\rho_{\omega 1}$ 以及顶空比 CCR，查图 1-28 所示曲线，便可求得 ρ_{cc} 值。

③ 再按下式求出整个墙面的平均反射率 ρ_ω：

$$\rho_\omega = \frac{\rho_{\omega 1}(A_\omega - A_p)\rho_p A_p}{A_\omega}$$

式中　$\rho_{\omega 1}$——墙面反射率，参见表 1-177 中 ρ 值；

　　　ρ_p——玻璃窗反射率，参见表 1-177 中 ρ 值；

　　　A_ω——整个墙的面积，m^2；

　　　A_p——玻璃窗面积，m^2。

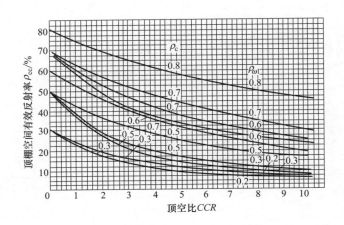

图 1-28　顶棚空间有效反射率计算曲线

④ 最后依据 RCR、ρ_{cc}、ρ_ω 值，从相关表中查取该型灯具的利用系数 μ。

1.5.5.3　用单位容量法计算照度

（1）灯具的单位容量值计算公式

$$\omega = P/A$$

式中　ω——在某最低照度值下的单位容量值，W/m^2；

　　　P——房间内照明总安装容量（包括镇流器功耗在内），W；

　　　A——房间面积，m^2。

各种类型灯具均匀照明近似单位容量值，分别见表 1-182～表 1-184。其中，照度标准均为最低照度值。已知房间面积 A、计算高度 h 和房间的照度标准 E（最低照度值），便可由表 1-182～表 1-184 查得所采用灯具的单位容量值 ω，再由单位容量值求出房间的总照明安装容量 P，$P = \omega A$。

查表时，若遇到房间长度 $L > 2.5W$（W 为宽度）的情况，则按 $2.5W$ 的房间面积来查取单位容量值 ω；而计算时仍以房间实际面积 A 进行。

若房间的照度标准为平均照度值 E_{pj}，则先查出最小照度系数 Z 值，再按下式求得房间的总照明安装容量 P：

$$P = \frac{\omega}{Z} A$$

然后由下式算出需要安装的灯具数：

$$n = P/\omega'$$

式中　n——在规定的照度下所需的灯具数；

　　　ω'——每盏灯具的灯泡数×灯泡功率（包括镇流器功耗在内），W。

表 1-182　日光色荧光灯均匀照明近似单位容量值 ω

单位：W/m^2

计算高度 h/m	E/lx　ω　A/m^2	30W、40W 带灯罩						30W、40W 不带灯罩					
		30	50	75	100	150	200	30	50	75	100	150	200
2～3	10～15	2.5	4.2	6.2	8.3	12.5	16.7	2.8	4.7	7.1	9.5	14.3	19
	15～25	2.1	3.6	5.4	7.2	10.9	14.5	2.5	4.2	6.3	8.3	12.5	16.7
	25～50	1.8	3.1	4.8	6.4	9.5	12.7	2.1	3.5	5.4	7.2	10.9	14.5
	50～150	1.7	2.8	4.3	5.7	8.6	11.5	1.9	3.1	4.7	6.3	9.5	12.7

计算高度 h/m	E/lx ω A/m²	30W、40W 带灯罩						30W、40W 不带灯罩					
		30	50	75	100	150	200	30	50	75	100	150	200
2~3	150~300	1.6	2.6	3.9	5.2	7.8	10.4	1.7	2.9	4.3	5.7	8.6	11.5
	300 以上	1.5	2.4	3.2	4.9	7.3	9.7	1.6	2.8	4.2	5.6	8.4	11.2
3~4	10~15	3.7	6.2	9.3	12.3	18.5	24.7	4.3	7.1	10.6	14.2	21.2	28.2
	15~20	3	5	7.5	10	15	20	3.4	5.7	8.6	11.5	17.1	22.9
	20~30	2.5	4.2	6.2	8.3	12.5	16.7	2.8	4.7	7.1	9.5	14.3	19
	30~50	2.1	3.6	5.4	7.2	10.9	14.5	2.5	4.2	6.3	8.3	12.5	16.7
	50~120	1.8	3.1	4.8	6.4	9.5	12.7	2.1	3.5	5.4	7.2	10.9	14.5
	120~300	1.7	2.8	4.3	5.7	8.6	11.5	1.9	3.1	4.7	6.3	9.5	12.7
	300 以上	1.6	2.7	3.9	5.3	7.8	10.5	1.7	2.9	4.3	5.7	8.6	11.5
4~6	10~17	5.5	9.2	13.4	18.3	27.5	36.6	6.3	10.5	15.7	20.9	31.4	41.9
	17~25	4.0	6.7	9.9	13.3	19.9	26.5	4.6	7.6	11.4	15.2	22.9	30.4
	25~35	3.3	5.5	8.2	11	16.5	22	3.8	6.4	9.5	12.7	19	25.4
	35~50	2.6	4.4	6.6	8.8	13.3	17.7	3.1	5.1	7.6	10.1	15.2	20.2
	50~80	2.3	3.9	5.7	7.7	11.5	15.5	2.6	4.4	6.6	8.8	13.3	17.7
	80~150	2.0	3.4	5.1	6.9	10.1	13.5	2.3	3.9	5.7	7.7	11.5	15.5
	150~400	1.8	3	4.4	6	9	11.9	2.0	3.4	5.1	6.9	10.1	13.5
	400 以上	1.6	2.7	4.0	5.4	8.0	11	1.8	3.0	4.5	6	9	12

表 1-183 乳白色玻璃罩吊灯一般照明单位容量值 ω

单位：W/m²

计算高度 h/m	E/lx ω A/m²	白炽灯				
		10	20	30	50	75
2~3	10~15	6.3	11.2	15.4	24.8	35.3
	15~25	5.3	9.8	13.3	21.0	30.0
	25~50	4.4	8.3	11.2	17.3	24.8
	50~150	3.6	6.7	9.1	13.5	19.5

计算高度 h/m	E/lx ω A/m²	白炽灯				
		10	20	30	50	75
2～3	150～300	3.0	5.6	7.7	11.3	16.5
	300 以上	2.6	4.9	7.0	10.1	15.0
3～4	10～15	7.2	12.6	18.5	31.5	45.0
	15～20	6.1	10.5	15.4	27.0	37.5
	20～30	5.2	9.5	13.3	21.0	32.2
	30～50	4.4	8.1	11.2	18.0	26.3
	50～120	3.6	6.7	9.1	14.3	21.0
	120～300	2.9	5.6	7.6	11.3	17.3
	300 以上	2.4	4.6	6.3	9.4	14.3

注：LED 乳白色塑料罩吊灯一般照明单位容量值为白炽灯的 1/4 左右。

表 1-184 乳白色玻璃罩顶棚灯一般照明单位容量值 ω

单位：W/m²

计算高度 h/m	E/lx ω A/m²	白炽灯 $\rho_a=70\%$、$\rho_w=50\%$			
		5	10	20	30
2～3	10～15	4.9	8.8	16	22
	15～25	4.1	7.5	13.6	18
	25～50	3.6	6.4	11.3	15.6
	50～150	2.9	5.1	8.8	12.4
	150～300	2.4	4.3	6.9	10.2
	300 以上	2.2	3.9	6.2	9.2
3～4	10～15	6.2	10.7	18	26
	15～20	5.1	8.7	15	22
	20～30	4.3	7.2	13	19
	30～50	3.7	6.2	11.2	16
	50～120	3	5.3	9.3	13
	120～300	2.3	4.1	7.3	10
	300 以上	2	3.5	5.9	8.5

注：LED 乳白色塑料罩吸顶灯一般照明单位容量值为白炽灯的 1/4 左右。

ρ_a——灯罩反射率；ρ_w——墙壁反射率。

（2）普通住宅照明功率的选配（见表1-185）

表1-185 普通住宅照明功率的选配

面积/m²	需要照度/lx						
	75	100	5	10	20	30	50
	配荧光灯功率/W		配LED灯功率/W				
2			4	4	6	11	15
4			4	4	6	15	20
6	30	40	6	6	11	15	24
8	2×30	2×40	6	11	15	24	24
3×4	2×30	2×40	11	15	20	30	40
3×6	4×30	4×40	11	15	20	40	50
4×6	4×30	4×40	15	20	30	40	50
6×6	8×30	8×40	15	30	60	60	80
6×8	8×30	8×40	20	30	60	80	100

注：荧光灯为裸灯管；LED灯为乳白色灯罩灯。

1.5.5.4 路灯布置方式及照度计算

（1）路灯布置方式的选择

路面较窄的道路，采用单侧布灯；路面宽度大于9m或对照度要求较高时，可采用两侧对称布灯或交叉布灯；在特别狭窄的地带，也可在建筑物外墙布灯。五种基本的布灯方式如图1-29所示。

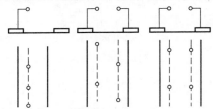

(a) 单侧布灯　(b) 两侧交叉布灯　(c) 两侧对称布灯

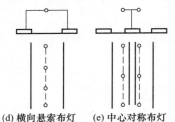

(d) 横向悬索布灯　　(e) 中心对称布灯

图1-29 路灯布置的五种基本形式

（2）路灯布置要求

不同道路、不同地点，路灯的布置要求也不同，如以下几种。

① 在主干路及交叉路口，当采用 125～250W 高压汞灯时，悬挂高度不应低于 5m；当采用 400W 高压汞灯或 250～400W 高压钠灯时，悬挂高度不应低于 6m。

② 在次要道路，当采用 50～80W 高压汞灯、100～180W 低压钠灯时，悬挂高度为 4～6m。

③ 灯具的悬挑长度不宜超过安装高度的 1/4，一般为 1.5～3.5m，灯具的仰角不宜超过 15°。

④ 一般厂区道路照明，灯杆间距一般为 30～40m，可与电力线路同杆架设。

⑤ 当采用图 1-29 所示的基本布灯方式时，灯具的配光类型、安装高度和间距应满足表 1-186 的规定。

⑥ 当采用光通量较大的光源时，为了减少或防止道路照明灯的眩光对司机视觉的影响，需适当地提高灯具的安装高度，一般采用表 1-187 的数据较为合适。

表 1-186　采用基本布灯方式时灯具安装高度、间距的选择

布灯方式	灯具配光类型					
	截光型		半截光型		非截光型	
	安装高度 H/m	间距 L/m	安装高度 H/m	间距 L/m	安装高度 H/m	间距 L/m
单侧布灯	$H \geqslant B$	$L \leqslant 3H$	$H \geqslant 1.2B$	$L \leqslant 3.5H$	$H \geqslant 1.4B$	$L \leqslant 4H$
交叉布灯	$H \geqslant 0.7B$	$L \leqslant 3H$	$H \geqslant 0.8B$	$L \leqslant 3.5H$	$H \geqslant 0.9B$	$L \leqslant 4H$
对称布灯	$H \geqslant 0.5B$	$L \leqslant 3H$	$H \geqslant 0.6B$	$L \leqslant 3.5H$	$H \geqslant 0.7B$	$L \leqslant 4H$

注：B 为路面有效宽度，m。

表 1-187　灯具安装高度、悬出距离和倾斜角

每只灯的光通量/lm	安装高度/m	悬出距离 l/m	倾斜角/(°)
＜15000	＞8	$-1 \leqslant l \leqslant 1$；但是发光部分在 0.6m 以上的照明灯为 $-1.5 \leqslant l \leqslant 1.5$	＜5
15000～30000	＞10		
＞30000	＞12		

⑦ 在急转弯道和较陡的坡度上，为了提供较均匀的路面亮度

和照度，需要保证较近的灯具间距，见表 1-188。

表 1-188　转弯部分的灯具间距　　　　单位：m

转弯半径 灯具间距 灯具悬高	＞300	＞250	＞200	＜200
≤12	＜35	＜30	＜25	＜20
＞12	＜40	＜35	＜30	＜25

表 1-189 和表 1-190 为日本 JISC8131"道路照明器"中规定的配光类型。

表 1-189　道路灯具类型和配光的规定（眩光控制）

灯具类型	分布光强/(cd/1000lm)	
	与垂直线成 90°	与垂直线成 80°
截光型	10 以下	30 以下
半截光型	30 以下	120 以下

注：水平角为 90°时此表也适用。

表 1-190　道路灯具类型和配光的规定（最大光强控制）

灯具类型	分布光强/(cd/1000lm)	
	与垂直线成 65°	与垂直线成 60°
截光型	—	200(180)以上
半截光型	190(170)以上	—

注：水平角 60°～90°范围内的任何角度此表都适用。括弧内数字指低压钠灯及荧光灯。

(3) 路面平均照度计算

路面平均照度可按下式简易计算。

$$E_{pj} = \frac{\Phi N U}{kBD}$$

式中　E_{pj}——路面平均照度，lx；

　　　Φ——光源总光通量，lm；

　　　N——灯柱的列数，单侧排列及交错排列时 $N=1$，对称排列时 $N=2$；

　　　U——照明率（即从光源总光通量中投射到整个宽度路面上的光通量比例），见表 1-191；

k——照度补偿系数，通常为 $1.3 \sim 2.0$，对于混凝土路面取小值，沥青路面取大值；

B——路面宽度，m；

D——电杆间距，m。

表 1-191　室外照明的照明率 U

灯具配光 B/h	反射罩	球状灯泡	柱头式灯泡	悬挂式灯泡	三棱形灯泡（非对称）
0.5	0.09	0.05	0.04	0.09	0.18
1.0	0.20	0.11	0.07	0.16	0.31
1.5	0.25	0.15	0.10	0.20	0.38
2.0	0.30	0.20	0.12	0.22	0.43
2.5	0.31	0.20	0.13	0.24	0.47
3.0	0.35	0.25	0.14	0.25	0.48
4.0	0.35	0.25	0.16	0.26	0.51
5.0	0.35	0.25	0.16	0.27	0.52
10.0	0.39	0.27	0.18	0.28	0.53
20.0	0.39	0.27	0.19	0.30	0.53

注：B 为道路宽度，m；h 为灯具安装高度，m。

【例 1-14】　在宽 30m 的道路两侧按 50m 间距交错布置路灯，如图 1-30 所示。灯具悬挂高度为 7m。欲使道路上的平均照度 E_{pj} 达到 15lx，试求每一盏路灯的光通量。设照度补偿系数 k 为 1.4。

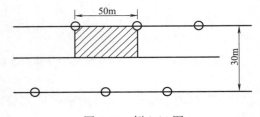

图 1-30　例 1-14 图

解 图中画影线部分为每盏路灯的光照面积 A。
$$A=50\times15=750(\text{m}^2)$$

$B/h=\dfrac{30}{7}\approx4$，查表 1-191，得 U 为 0.35。

每盏路灯的光通量为
$$\Phi=\frac{E_{\text{pj}}kA}{U}=\frac{15\times1.4\times750}{0.35}=45000(\text{lm})$$

1.5.5.5 投光灯照明的照度计算

在大面积的露天堆场，警卫照明或大型露天作业场所等，可采用投光灯。投光灯所需数量可按下式计算：
$$n=\frac{E_{\text{pj}}kA}{\Phi\eta\eta_1 z}$$

式中　E_{pj}——被照面要求的平均照度，lx；

$\quad\quad k$——照度补偿系数，可由表 1-180 查得；

$\quad\quad A$——照明场地面积，m^2；

$\quad\quad \Phi$——每盏投光灯泡的光通量，lm；

$\quad\quad \eta$——光通利用系数，照明面积大时，$\eta\approx0.9$；

$\quad\quad \eta_1$——投光灯效率，$\eta_1=0.35\sim0.38$；

$\quad\quad z$——照明不均匀系数，等于最小照度与平均照度之比，$z\approx0.75$。

1.5.6　照明线路的计算

1.5.6.1 照明负荷的计算

① 照明分支线路负荷计算：
$$P_{\text{js}}=\sum P_z(1+a)$$

② 照明主干线负荷计算：
$$P_{\text{js}}=\sum K_x P_z(1+a)$$

③ 照明负荷不均匀分布时负荷计算：
$$P_{\text{js}}=\sum K_x 3P_{\text{zd}}$$

式中　P_{js}——照明计算负荷，kW；

$\quad\quad P_z$——正常照明或事故照明装置容量，kW；

P_{zd}——最大一相照明装置容量，kW；

a——镇流器及其他附件损耗系数，白炽灯、卤钨灯，$a=0$，气体放电灯，$a=0.2$；

K_x——需要系数，表示不同性质的房间对照明负荷的需要和同时点亮的系数，见表 1-192。

表 1-192　照明用电设备需要系数 K_x

建筑物类别	K_x	建筑物类别	K_x
生产厂房 （有天然采光）	0.8~0.9	生产厂房 （无天然采光）	0.8~1.0
办公楼	0.7~0.8	医院	0.5
设计室	0.9~0.95	食堂	0.8~0.9
研究楼	0.8~0.9	学校	0.6~0.7
仓库	0.5~0.7	商店	0.9
锅炉房	0.9	展览馆	0.7~0.8
宿舍区	0.6~0.8	旅馆	0.6~0.7

1.5.6.2　照明导线截面积的选择

照明导线截面积应按线路计算电流进行选择，按允许电压损失、机械强度允许的最小导线截面积进行校验。

(1) 按线路计算电流选择导线截面积

$$I_{yx} \geqslant I_{js}$$

式中　I_{yx}——导线安全载流量，（参见 1.3 节 1.3.3.2 项），A；

I_{js}——照明线路计算电流，A。

各类照明负荷条件的计算电流 I_{js} 如下。

1) 当照明负荷为一种光源时，线路计算电流的计算

① 单相照明线路

a. 白炽灯、卤钨灯、LED 灯

$$I_{js} = \frac{P_{js}}{U_e} \times 10^3$$

因 LED 灯的功率因数 $\cos\varphi \geqslant 0.9$，所以可按上式近似计算。

b. 气体放电灯

$$I_{js} = \frac{P_{js}}{U_e \cos\varphi} \times 10^3$$

式中 U_e——线路额定电压，V；

P_{js}——照明计算负荷，kW；

$\cos\varphi$——光源功率因数。

② 三相四线照明线路

a. 白炽灯、卤钨灯、LED 灯

$$I_{js}=\frac{P_{js}}{\sqrt{3}\,U_e}$$

b. 气体放电灯

$$I_{js}=\frac{P_{js}}{\sqrt{3}\,U_e\cos\varphi}$$

2）照明负荷为两种光源时，线路计算电流的计算

$$I_{js}=\sqrt{(0.6I_{js1}+I_{js2})^2+(0.8I_{js1})^2}$$

式中 I_{js}——线路计算电流，A；

I_{js1}——气体放电灯的计算电流，A；

I_{js2}——白炽灯、卤钨灯、LED 灯的计算电流，A。

(2) 按线路允许电压损失校验导线截面积

$$\Delta U\% \leqslant \Delta U_{yx}\%$$

式中 $\Delta U_{yx}\%$——线路允许的电压损失，％；

$\Delta U\%$——线路电压损失，％。

1）线路允许的电压损失　照明线路允许电压损失及相关要求如下。

① 对于城市公用线路供电时，由变电所低压母线至用户最远一盏灯的允许电压损失为 6％。其中，3％～3.5％一般是由变电所至最远一栋住户进口线路中的电压损失；而 1.5％～2.5％则为住户进口处至最远一盏灯的电压损失。但实际情况较难达到。

② 对视觉工作要求较高的室内照明，允许电压损失为 2.5％。

③ 一般工作场所的室内照明、露天工作场所的照明，允许电压损失为 5％～6％。

④ 道路照明、事故照明、警卫值班照明及低压照明（电压为 12～36V），允许电压损失为 10％。

⑤ 家用电器电压允许的波动范围：电冰箱±15％；空调器±10％；一般家用电器±10％。

2）电压损失的简化计算 见1.3节第1.3.4.2项。

(3) 按机械强度校验导线截面积

具体参见第1.3节表1-122。

1.5.6.3 火灾应急照明要求

① 火灾应急照明场所的供电时间和照度要求，应满足表1-193所列数值，但高度超过100m的建筑物及人员疏散缓慢的场所应按实际需要计算。

表1-193 火灾应急照明供电时间、照度及场所举例

名称	供电时间	照度	场所举例
火灾疏散标志照明	不少于20min	最低不应低于0.5lx	电梯轿厢内、消火栓处、自动扶梯安全出口、台阶处、疏散走廊、室内通道、公共出口
暂时继续工作的备用照明	不少于1h	不少于正常照度的50%	人员密集场所（如展览厅、多功能厅、餐厅、营业厅）和危险场所、避难层等
继续工作的备用照明	连续	不少于正常照明的照度	配电室、消防控制室、消防泵房、发电机室、蓄电池室、火灾广播室、电话站、BAS中控室以及其他重要房间

② 消防用电设备在火灾发生期间的最少连续供电时间可参见表1-194。

表1-194 消防用电设备在火灾发生期间的最少连续供电时间

序号	消防用电设备名称	保证供电时间/min
1	火灾自动报警装置	≥10
2	人工报警器	≥10
3	各种确认、通报手段	≥10
4	消火栓、消防泵及自动喷水系统	>60
5	水喷雾和泡沫灭火系统	>30
6	CO_2灭火和干粉灭火系统	>60
7	卤代烷灭火系统	≥30
8	排烟设备	>60
9	火灾广播	≥20
10	火灾时疏散标志照明	≥20
11	火灾时暂时继续工作的备用照明	≥60

序号	消防用电设备名称	保证供电时间/min
12	避难层备用照明	＞60
13	消防电梯	＞60
14	直升机停机坪照明	＞60

注：1. 表中所列连续供电时间是最低标准，有条件时应尽量延长。

2. 对于超高层建筑，序号中 3、4、8、10、13 等项，尚应根据实际情况延长。

1.6 接地与接零计算及要求

1.6.1 接地与接零范围及接地电阻要求

1.6.1.1 接地与接零的常用术语

接地与接零的常用术语见表 1-195。

表 1-195 接地与接零的常用术语

术语	说　　明
接地体	埋入地中并直接与大地接触的金属导体。接地体分为水平接地体和垂直接地体
自然接地体	可作为接地体使用的直接与大地接触的各种金属构件、金属钢管、钢筋混凝土建筑物、金属管道和设备等
接地线	用于连接电气设备、杆塔的接地螺栓与接地体或零线的金属导体。在正常情况下，接地线是不载流导体
接地装置	接地体和接地线的总和
接地	将电气设备、杆塔或过电压保护装置用接地线与接地体连接在一起
接地电阻	接地体或自然接地体的对地电阻和接地线电阻的总和。接地电阻的数值等于接地装置对地电压与通过接地体流入地中电流的比值
工频接地电阻	按通过接地体流入地中工频电流求得的电阻
冲击接地电阻	在雷击、过电压等强冲击电流条件下（＞10kA）产生的接地电阻
零线	与变压器或发电机直接接地的中性点连接的中性线或直流回路中的接地中性线
接零	在中性点直接接地的低压电力网中，电气设备外壳与零线连接
集中接地装置	在避雷针附近装设的垂直接地体

1.6.1.2　保护接地与保护接零的范围

保护接地与保护接零的范围见表1-196。

表 1-196　保护接地与保护接零的范围

序号	对地电压	房屋特征			
		无高度危险	有高度危险	特别危险,包括有着火危险及室外装置	有爆炸危险
1		2	3	4	5
Ⅰ	65V以下	不需要接地或接零(在固定式 36V 或 12V 低压装置中,常将线路的一相接地作为变压器绝缘击穿和一次电压窜入二次绕组的保护装置)			防止静电荷引起火花,1 区、2 区①房屋中,应将保存易燃体的金属容器或含有这些液体的器械、运送这些液体的管子、过滤器及液体流过时与金属包皮摩擦的部分,予以接地
Ⅱ	65~150V	不需要接地或接零	手柄、飞轮及与机床有金属连接的电机外壳	在正常情况下,与带电部分绝缘的器械、电机、配电屏的金属外壳及构架,电缆接头盒、中间接线盒的金属外壳,电缆的金属包皮及金属保护管等	同序号Ⅰ-5 及Ⅱ-4 中的元件
Ⅲ	150~1000V	同序号Ⅱ-4 中的元件	同序号Ⅱ-4 中的元件	同序号Ⅱ-4 中的元件	同序号Ⅰ-5 及Ⅱ-4 中的元件
Ⅳ	1000V以上	在正常条件下与带电部分绝缘的金属部分,电气设备的支架,围栅结构的所有金属部分,房架、平台和可能带电且人能接触的结构部分			同序号Ⅰ-5、Ⅱ-3 及Ⅱ-4 的元件

　　① 1区—正常情况下能达到爆炸浓度的场所;2区—事故或检修时才能达到爆炸浓度的场所。

1.6.1.3　保护接地与保护接零的选择

　　① 根据《电力设备接地设计技术规程》第 9 条规定,由同一

台变压器供电的低压线路，不宜同时采用接零、接地两种保护方式。但在低压电网中，全部采用保护接零确有困难时，也可同时采用接零、接地两种保护方式，但不接零的电力设备或线段，应装设能自动切除接地故障的继电保护装置。

② 在采用 TT 系统供电的乡镇、农村及分散用户，因供电半径较长，线路阻抗较大，一相碰壳故障电流相对较小，采用保护接零有困难时，只好采用保护接地。

③ 有些农村地区规定，不管供电系统的中性点是否接地，一律采用保护接地方式，而不采用保护接零方式。这是因为农村电网不便于统一管理，且容易将保护接地与保护接零混用而引起触电事故。

④ 凡采用保护接地方式的，必须安装漏电保护器。

1.6.1.4　可以不采取保护接地（接零）的电气设备和家用电器

电气设备在下述情况下可以不采取保护接地或保护接零。

① 在木质、沥青等不良导电地面的干燥房间内，交流额定电压为 380V 及以下或直流额定电压为 440V 及以下的电气设备外壳。但当有可能同时触及上述电气设备外壳和已接地（接零）的其他物体时，则仍应接地（接零）。

② 安装在干燥场所，其交流额定电压为 127V 及以下或直流额定电压为 110V 及以下的电气设备外壳。

③ 安装在配电屏、控制屏和配电装置上的仪表、继电器和其他低压电器等的外壳，以及当发生绝缘层损坏时，在支持物上不会引起危险电压的绝缘子的金属底座等。

④ 安装在已接地（接零）金属构架机座上的设备，如穿墙套管、机床上的电动机和电器外壳。

⑤ 额定电压为 220V 及以下的蓄电池室内的金属支架。

⑥ 由发电厂、变电所和工业企业区域内引出的铁路轨道。

家用电器在下列情况下可以不采取保护接地（接零）。

① 具有塑料等绝缘材料外壳的家用电器；采用双重绝缘保护的家用电器（没有裸露的金属部分）；使用安全电压（50V 以下）的家用电器。具体地说，它们是电视机、收录机、收音机、录像

机、吸尘器、电热梳、吹风机等。

② 所有灯具（除金属支座的壁灯外）及换气扇，一般也可不必采取保护接地（接零）。

③ 虽然具有金属外壳，但悬挂在高处的家用电器，因人体一般不会触及，也可以不采取保护接地（接零）。但在清洁检修这类家用电器时，为了安全，必须拔下插座，在断电状态下进行。

④ 在地面装饰了木地板、塑料地板、地毯及其他绝缘物质的房间内，家用电器可以不采取保护接地（接零）。但在使用这些家用电器时，身体裸露的部分不要触及砖墙，否则还有可能造成触电事故。

1.6.1.5 计算机系统接地要求

（1）计算机系统使用的接地类型

计算机系统使用的接地类型包括：

① 交流工作接地；

② 安全保护接地（包括防静电接地和过电压保护接地）；

③ 直流工作接地。

（2）计算机系统对接地装置的要求

① 直流工作接地的引下线宜采用截面积不小于 $35mm^2$ 的多芯铜线。

② 直流工作接地装置与交流工作接地装置之间的电位差应小于 0.5V。

③ 除使用专用装置外，系统中各设备的接地线不得连接在非计算机系统的接地装置上。

④ 特殊的接地要求应符合产品标准规定。

⑤ 在网络系统中，不宜将同轴电缆从室外引入的"公共地"直接与每个工作站的局部接地装置相连。电缆的屏蔽层宜采用一个接地点接地。

⑥ 保密的计算机系统，其主机室内非计算机系统的管线、暖气片等金属实体应作接地处理，接地电阻不应大于 4Ω。

（3）计算机系统防静电接地

为有效地防止静电，计算机系统应设置专用接地装置，即在保护接零系统中增加专用接地装置。专用地线装置和专用转换插座的接线如图 1-31 所示。专用接地装置必须满足以下技术要求。

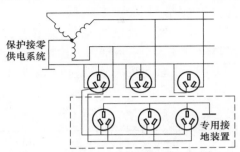

图 1-31　专用地线和专用转换插座的接线

① 接地电阻值小于 1Ω。

② 不能与三相交流电的零线相连。

③ 不准与防雷地线相连。

④ 不准与自来水管、暖气管相连。

1.6.1.6　等电位连接

在国标 GB 50096—2011《住宅设计规范》中，把总等电位连接和浴室内局部等电位连接作为一项电气安全基本要求加以实施。

（1）总等电位连接

住宅的总等电位连接是将建筑物内的下列导电部分汇接到进线配电箱近旁的接地母线排（总接地端子板）上。总等电位连接主要由以下几部分组成：

① 电源进线配电箱内的 PE 母线排；

② 弱电系统（包括有线电视、电话、保安系统）；

③ 自接地体引来的接地线；

④ 金属管道，如给排水管、热水管、采暖管、煤气管、通风管、空调管等；

⑤ 金属门窗和电梯金属轨道；

⑥ 建筑物的金属结构等。

住宅的每一电源进线处都应做好总等电位连接，各个总接地端子板应互相连通。实施中，可利用建筑物基础、梁主钢筋组成接地网，与每一个总接地端子板相连。自户外引入的上述各管道应尽量在建筑物内靠近入口处进行总等电位连接。

总等电位连接平面图示例如图 1-32 所示。

需要指出，煤气管和暖气管虽纳入总等电位连接，但不允许用作接地体。因为煤气管在入户后应插入一段绝缘部分，并跨接一放电间隙（防雷用），户外地下暖气管因包有隔热材料，不易采取措施。

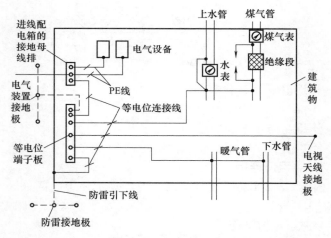

图 1-32　建筑物内的总等电位连接平面图示例

（2）局部等电位连接

局部等电位连接是指在建筑物的局部范围内按总等电位连接的要求再做一次等电位连接。例如，在楼房的某楼层内或在某个房间内（如在触电危险大的浴室内）所做的等电位连接。

浴室局部等电位连接，是将浴室内全部能导电的外部导体〔包括金属水管、金属地漏、水龙头、浴盆、洗脸盆、便器、毛巾架、扶手，以及地下钢筋和进入浴室的专用保护接地（接零）线〕，用 20×3（mm）扁钢或截面积不小于 $6mm^2$ 的铜芯导线互相连通，如图 1-33 所示。这样连接后不论哪一种金属管道引入何种电压，因浴室内各部分互相连通都带同一电位而不会出现电位差，确保了安全。

塑料浴缸与淋浴装置，或塑料排水管接头等，可不必装设电位平衡导线。

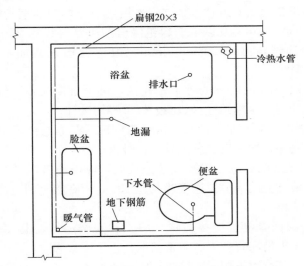

图 1-33　浴室内的局部等电位连接

(3) 等电位连接安装要求和导通性测试

1）安装要求

① 金属管道的连接处一般不加跨接线。

② 与给水系统的水表连接需加跨接线，以保证水管等电位连接和有效接地。

③ 装有金属外壳的排风机、空调器、金属门窗框或靠近电源插座的金属门窗框及距外露可导电部分伸臂范围内的金属栏杆、顶棚龙骨等金属体需作等电位连接。

④ 离人站立处不超过 10m 距离内一般场所如有地下金属管道或结构，可认为满足地面等电位的要求，否则应在地下加埋等电位带。

⑤ 等电位连接的各连接导体间可用焊接，也可用螺栓连接。若采用后者，应注意接触面的光洁，并有足够的接触压力和面积。

等电位连接端子板应采用螺栓连接，以便定期拆卸检测。

⑥ 等电位连接的钢材应采用搭接焊。

⑦ 等电位连接线与基础中的钢筋连接，宜用镀锌扁钢，规格一般不小于 25×4（mm）；等电位连接线与土壤中的钢管等连接，可选用 BVR-16mm^2 及以上塑料绝缘电线，穿直径为 25mm 的钢管；其他连线，可用 20×3（mm）镀锌扁钢或截面积不小于 6mm^2 的铜线。

⑧ 当不同材质的导线等电位连接，可用熔接法和压接法，并进行搪锡处理。所用螺栓、垫圈、螺母等均镀锌。

⑨ 等电位连接线应有黄绿相间的色标。在等电位连接端子板上刷黄色底漆，并标以黑色记号，符号为"▽"。

⑩ 对暗敷的等电位连接线及连接处，应做隐检记录及检测报告。对隐蔽部分的等电位连接线及连接处，应在竣工图上注明其实际走向和部位。

⑪ 为保证等电位连接的顺利施工和安全运作，电气、土建、水暖等施工人员和管理人员需密切配合。管道检修时，应在管道断开前由电气人员预先接通跨接线，以保证等电位连接的导通。

⑫ 在有腐蚀性环境中进行等电位连接，各种连接件均应作防腐处理。

2）导通性测试　等电位连接线安装后，应进行导通性测试。测试电源可用空载电压为 4～24V 的直流或交流电源。测试电流不小于 0.2A。当测得等电位连接端子板与等电位连接内管道等金属体末端间的电阻不超过 5Ω 时，可认为合格。投入使用后应注意定期检查和测试。

1.6.1.7　火灾自动报警系统的接地要求

对火灾自动报警系统有以下接地要求。

① 火灾自动报警系统接地装置尽量采用专用接地装置，接地电阻值应不大于 4Ω；当采用专用接地装置有困难时，也可采用共用接地装置，这时接地电阻值应不大于 1Ω。

② 系统应设专用接地干线，并应在消防控制室设置专用接地极。专用接地干线是指从消防控制室专用接地极引到接地体的这一

段导线。专用接地干线应采用铜芯绝缘导线，其线芯截面积应小于 $25mm^2$。专用接地干线宜穿硬塑料管埋设至接地体。

③ 采用共用接地装置时，一般应从专用接地极引至最底层地下室相应钢筋混凝土桩基础作共用接地点。不宜将消防控制室内柱子的钢筋作为专用接地极，也不能从柱子钢筋直接焊接引出。

④ 由消防控制室接地极引至各消防电子设备的专用接地线，应选用截面积不小于 $4mm^2$ 的铜芯绝缘导线。

⑤ 工作接地线与保护接地线必须分开敷设。接地线通过墙壁时，需穿钢管等坚固的保护管。

⑥ 凡采用交流供电的消防电子设备，其金属外壳和金属支架等应作保护接零（接地），即与 PE 线相连。

1.6.1.8 闭路电视监控系统的防雷与接地要求

闭路电视监控系统的防雷与接地要求如下。

① 安装有闭路电视监控系统的一般楼宇、住宅区，可按民用建筑物防雷要求设置避雷装置。

② 进入监控室的架空电缆入室端和摄像机装于旷野、塔顶或高于附近建筑物的电缆端，都应设置避雷装置。

③ 防雷接地装置宜与电气设备接地装置和埋地金属管道相连。当不相连时，两者间的距离不宜小于 20m。

④ 不得直接在两建筑物屋顶之间敷设电缆，应将电缆沿墙敷设于防雷保护区以内，并不得妨碍车辆的运行。

⑤ 系统的接地，宜采用一点接地方式。接地母线应采用铜质芯线。接地线不得形成封闭回路，不得与强电的电网零线短接或混接。

⑥ 系统采用专门接地装置时，其接地电阻值不得大于 4Ω；采用综合接地网时，其接地电阻值不得大于 1Ω。

⑦ 光缆传输系统中，各监控点的光端机外壳应接地，且宜与分监控点统一连接接地。光缆加强芯、架空光缆接线护套也应接地。

⑧ 架空电缆吊线的两端和架空电缆线路中的金属管道应接地。

⑨ 所有接地极安装后，均应测量接地电阻。达不到设计要求时，应在接地极回填土中加入无腐蚀性长效降阻剂。如仍达不到要

求，经过设计单位同意，应采取更换接地装置的措施。

1.6.1.9 高层住宅保护接零的做法

① 高层住宅一般设有专用供电变压器，采用 TN-S 系统供电，应配备漏电保护器，至少在各住户插座线路加装漏电保护器。电气消防线路则不宜配备漏电保护器。

② 在各路电源进户处应设接地装置并引出 PE 线。接地装置应与建筑物的金属构件作总等电位连接；PE 线应环接并在室内适当位置与建筑物的管道等金属构件作几处局部等电位连接，以增加故障电流分流回路，降低接触电压。

③ 当利用建筑物钢筋作接地引线时，至少应有两根主钢筋从上至下焊接接通，并从中引出接头。其下端与钢筋混凝土桩基或地下层建筑物中的钢筋连接。

1.6.2 接地电阻的计算

1.6.2.1 土壤电阻率及其测定

（1）土壤和水的电阻率

设计接地装置或估算接地装置的接地电阻时，需实测接地装置埋设地点的土壤电阻率。如无实测资料时，也可参考表 1-197 中所列数值。

表 1-197 土壤和水的电阻率参考值　　单位：Ω·m

类别	名称	电阻率近似值	电阻率的变化范围		
			较湿时(一般地区、多雨区)	较干时(少雨区、沙漠区)	地下水含盐碱时
土	陶黏土	10	5～20	10～100	3～10
	泥炭、泥灰岩、沼泽地	20	10～30	50～300	3～30
	捣碎的木炭	40	—	—	—
	黑土、园田土、陶土、白垩土	50	30～100	50～300	10～30
	黏土	60			

类别	名称	电阻率近似值	电阻率的变化范围		
			较湿时(一般地区、多雨区)	较干时(少雨区、沙漠区)	地下水含盐碱时
土	沙质黏土	100	30～300	80～1000	10～30
	黄土	200	100～200	250	30
	含沙黏土、沙土	300	100～1000	>1000	30～100
	河滩中的沙	—	300	—	—
	煤	—	350	—	—
	多石土壤	400	—	—	—
	上层红色风化黏土、下层红色页岩	500(30%湿度)	—	—	—
	表层土夹石、下层砾石	600(15%湿度)	—	—	—
沙	沙子、沙砾	1000	250～1000	1000～2500	—
	沙层深度>10m、地下水较深的草原地面黏土深度≤1.5m、底层多岩石	1000	—	—	—
岩石	砾石、碎石	5000	—	—	—
	多岩山地	5000	—	—	—
	花岗岩	200000	—	—	—
混凝土	在水中	40～55	—	—	—
	在湿土中	100～200	—	—	—
	在干土中	500～1300	—	—	—
	在干燥的大气中	12000～18000	—	—	—
水	海水	1～5	—	—	—
	湖水、池水	30	—	—	—
	泥水、泥炭中的水	15～20	—	—	—
	泉水	40～50	—	—	—
	地下水	20～70	—	—	—
	溪水	50～100	—	—	—
	河水	30～280	—	—	—
	污秽的水	300	—	—	—
	蒸馏水	1000000	—	—	—

实测的接地电阻值或土壤电阻率，要乘以季节系数 Ψ_1 或 Ψ_2 或 Ψ_3 进行修正，Ψ_1、Ψ_2、Ψ_3 的使用条件见表 1-198 注解。各种

性质土壤的季节系数见表 1-198。

表 1-198　各种性质土壤的季节系数

土壤性质	深度/m	季节系数		
		Ψ_1	Ψ_2	Ψ_3
黏土	0.5～0.8	3	2	1.5
	0.8～3	2	1.5	1.4
陶土	0～2	2.4	1.5	1.2
沙砾盖于陶土	0～2	1.8	1.2	1.1
园田土	0～3	—	1.3	1.2
黄沙	0～2	2.4	1.6	1.2
杂以黄沙的沙砾	0～2	1.5	1.3	1.2
泥炭	0～2	1.4	1.1	1.0
石灰石	0～2	2.5	1.5	1.2

注：Ψ_1——测量前数天下过较长时间的雨，土壤很潮湿时使用；

　　Ψ_2——测量时土壤较潮湿，具有中等含水量时使用；

　　Ψ_3——测量时土壤干燥或测量前降雨不大时使用。

(2) 土壤电阻率的测定

利用带四个接线端钮（P_1、C_1、P_2、C_2）的接地电阻测试仪（量限为 0～1Ω、0～10Ω、0～100Ω），可以测定土壤的电阻率。

在被测区域沿直线插入四根接地极，彼此距离为 S，埋入深度不应超过 $S/20$，如 S 为 10m，则接地极埋入深度不应超过 0.5m。测量土壤电阻率时接地电阻测试仪的接线方法如图 1-34 所示。

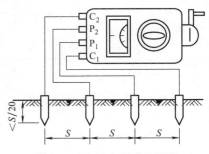

图 1-34　土壤电阻率的测量

测量时，放平仪表，先检查检流计的指针是否指在中心线上，若不在中心线位置，可用零位调整器将其调整在中心线上。将"倍率标度"钮拨到最大倍数，慢慢摇动发电机的摇把，同时转动"测量标度盘"，使检流计的指针指于中心线上。当检流计的指针接近于平衡时，加快发电机摇把的转速，使其达到 120r/min，再调整"测量标度盘"，使指针指于中心线上。用"测量标度盘"上的读数乘以"倍率"的倍数，即为所测的土壤电阻值 R_x。

所测的土壤电阻率为

$$\rho = 2\pi S R_x$$

式中　ρ——土壤电阻率，$\Omega \cdot m$；

　　　S——接地极之间的距离，m；

　　　R_x——接地电阻测试仪上的读数，Ω。

一般需测 n 次，取其平均值。

1.6.2.2　垂直接地体接地电阻值的计算

(1) 单根垂直接地体接地电阻值的计算

① 基本计算公式　当 $l \geqslant d$ 时，单根垂直接地体的接地电阻值 R 可按下式计算：

$$R = \frac{\rho}{2\pi l} \ln \frac{4l}{d} (\Omega)$$

式中　ρ——土壤电阻率，$\Omega \cdot m$；

　　　l——接地体长度，m；

　　　d——接地体的直径或等效直径，m，型钢的等效直径见表 1-199。

表 1-199　型钢的等效直径 d

种类	圆钢	钢管	扁钢	角钢
简图				
d	d	d'	$\dfrac{b}{2}$	等边 $d = 0.84b$ 不等边 $d = 0.71 \sqrt[4]{b_1 b_2 (b_1^2 + b_2^2)}$

② 简化计算公式　当 $l = 2.5$，顶端埋于地面之下 $0.5 \sim 0.8m$

时，单根垂直接地体接地电阻值的计算公式可简化为

$$R = K\rho(\Omega)$$

式中　K——简化计算系数，见表 1-200。

表 1-200　单根垂直接地体的简化计算系数 K 值

材料	规格	直径或等效直径/m	K 值
钢管	$\phi50$	0.06	0.30
	$\phi38$	0.048	0.32
角钢	$40\times40\times4$	0.0336	0.34
	$50\times50\times5$	0.042	0.32
	$63\times63\times5$	0.053	0.31
	$70\times70\times5$	0.059	0.30
	$75\times75\times5$	0.063	0.30
圆钢	$\phi20$	0.02	0.37
	$\phi15$	0.015	0.39

注：表中 K 值按垂直接地体长 2.5m，顶端埋深 0.8m 计算。

(2) 多根垂直接地体接地电阻值的计算

多根接地体总接地电阻值的计算公式为

$$R_\Sigma = \frac{R}{nK_d}$$

式中　R_Σ——总接地电阻，Ω；

　　　R——单根接地体的接地电阻，Ω；

　　　n——接地体根数；

　　　K_d——接地体的利用系数，可取 $K_d=0.8\sim1$，根数多，取小值。

(3) 已知接地电阻的要求值，求所需要的接地体根数 n

计算公式为

$$n \geqslant \frac{0.9R}{K_d R_\Sigma}$$

式中符号同多根垂直接地体接地电阻值的计算公式。式中系数 0.9 是考虑到各单根接地体之间采用 12×4（mm）的扁钢连接，使其产生一定的散流作用而增加的。

(4) 正方形板状接地体垂直埋设的接地电阻计算

计算公式为

$$R = \frac{0.25\rho \times 10^{-2}}{S}$$

式中　S——接地体面积，m^2；

　　　ρ——土壤电阻率，$\Omega \cdot m$。

【例 1-15】　某住宅的接地体由三根相距 3m 的 $63 \times 63 \times 5$（mm）的角钢组成，每根接地体长为 2.5m，已知土壤为沙质黏土，试估算接地电阻值。

解　由表 1-197 查得沙质黏土的电阻率为 $\rho = 100\Omega \cdot m$，取 $K_d = 0.9$，查表 1-200 得 $K = 0.31$，已知 $n = 3$，将以上数值代入多根接地体的总接地电阻计算公式，得

$$R_\Sigma = \frac{0.9K\rho}{nK_d} = \frac{0.9 \times 0.31 \times 100}{3 \times 0.9} = 10.3(\Omega)$$

1.6.2.3　水平接地体接地电阻值的计算

水平接地体的接地电阻可按下式计算：

$$R = \frac{\rho}{2\pi l}\left(\ln\frac{l^2}{hd} + A\right)(\Omega)$$

式中　ρ——土壤电阻率，$\Omega \cdot m$；

　　　l——接地体长度，m；

　　　h——水平接地体埋深，m；

　　　d——接地体的直径或等效直径（见表 1-199），m；

　　　A——水平接地体的形状系数，见表 1-201。

单根直线水平接地体的接地电阻值，见表 1-202。

表 1-201　水平接地体的形状系数 A 值

形状	—	└	⅄	┼
A 值	0	0.378	0.867	2.14
形状	✕	✳	□	○
A 值	5.27	8.81	1.69	0.48

表 1-202　单根直线水平接地体的接地电阻值　　单位：Ω

接地体材料及尺寸/mm		接地体长度/m											
		5	10	15	20	25	30	35	40	50	60	80	100
扁钢	40×4	23.4	13.9	10.1	8.1	6.74	5.8	5.1	4.58	3.8	3.26	2.54	2.12
	25×4	24.9	14.6	10.6	8.42	7.02	6.04	5.33	4.76	3.95	3.39	2.65	2.20
圆钢	φ8	26.3	15.3	11.1	8.78	7.3	6.28	5.52	4.94	4.10	3.47	2.74	2.27
	φ10	25.6	15.0	10.9	8.6	7.16	6.16	5.44	4.85	4.02	3.45	2.70	2.23
	φ12	25.0	14.7	10.7	8.46	7.04	6.08	5.34	4.78	3.96	3.40	2.66	2.20
	φ15	24.3	14.4	10.4	8.28	6.91	5.95	5.24	4.69	3.89	3.34	2.62	2.17

注：按土壤电阻率为 100Ω·m，埋深为 0.8m 计算。

长度 60m 左右的单根水平接地体，也可按以下经验公式计算：

$$R \approx 0.03\rho$$

式中　R——单根水平接地体的接地电阻值，Ω；

　　　ρ——土壤电阻率，Ω·m。

1.6.2.4　复合接地体接地电阻值的计算

多根接地体并联组成的复合接地体，其电阻值并不等于单根接地体的并联电阻值，而应考虑散流电流相互干扰而产生的屏蔽作用，其计算公式如下：

$$复合接地体的接地电阻 = \frac{单根接地体的接地电阻}{接地体根数 \times 接地体利用系数}$$

接地体利用系数同接地体长度、相互间距离和布置方式有关，可查电工手册。圆柱形接地体排成直列和排成环路时的利用系数可分别从图 1-35 和图 1-36 的曲线上查得。

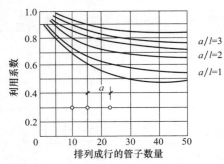

图 1-35　单行排列圆柱接地体的利用系数（不计及连接条的影响）

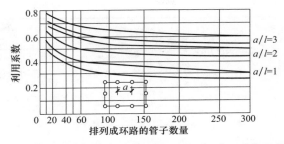

图 1-36 环形排列圆柱接地体的利用系数（不计及连接条的影响）

几种人工接地装置的接地电阻值见表 1-203。

1.6.2.5 常用的自然接地体

并不是建筑物中的所有金属体都可以作自然接地体。常用的自然接地体有以下几种。

表 1-203 几种人工接地装置的接地电阻值

类型	简图 材料长度/m	材料截面尺寸/mm				土壤电阻率 /Ω·m		
		圆钢 φ20	钢管 φ50	角钢 50× 50×5	扁钢 40×4	100	250	500
						工频接地电阻 /Ω		
单根		—	2.5	—	—	30.2	75.4	151
		2.5	—	—	—	37.2	92.9	186
		—	—	—	2.5	32.4	81.1	162
2 根		—	5.0	—	5	10.0	25.1	50.2
		—	—	5.0	5	10.5	26.2	52.5
3 根		—	7.5	—	—	6.65	16.6	33.2
		—	—	—	10	—	—	—
		—	—	7.5	—	6.92	17.3	34.6
4 根		—	10.0	—	—	5.08	12.7	25.4
		—	—	—	15	—	—	—
		—	—	10.0	—	5.29	13.2	26.5

类型	简图　　材料长度/m	材料截面尺寸/mm				土壤电阻率 /Ω·m		
		圆钢 φ20	钢管 φ50	角钢 50× 50×5	扁钢 40×4	100	250	500
						工频接地电阻 /Ω		
5 根		—	12.5	—	20.0	4.18	10.5	20.9
		—	—	12.5	20.0	4.35	10.9	21.8
6 根		—	15.0	—	25.0	3.58	8.95	17.9
		—	—	15.0	25.0	3.73	9.32	18.6
8 根		—	20.0	—	35.0	2.81	7.03	14.1
		—	—	20.0	35.0	2.93	7.32	14.6
10 根		—	25.0	—	45.0	2.35	5.87	11.7
		—	—	25.0	45.0	2.45	6.12	12.2
15 根		—	37.5	—	70.0	1.75	4.36	8.73
		—	—	37.5	70.0	1.82	4.56	9.11
20 根		—	50.0	—	95.0	1.45	3.62	7.24
		—	—	50.0	95.0	1.52	3.79	7.58

① 各种敷设在地下的金属管道。但煤气管、输油管等有火灾和爆炸危险的管道不能作接地体。

② 金属井管。

③ 与大地有可靠连接的建筑物、构筑物的金属结构。

④ 钢筋混凝土构件和基础内的钢筋。要求构件或基础内钢筋的接点应绑扎或焊接，各构件或基础之间必须连成电气通路；进出钢筋混凝土构件的导体与其内部的钢筋体的第一个连接点必须焊接，且需与其主筋焊接。

⑤ 水工构筑物及类似构筑物的金属桩。

⑥ 金属铠装电缆的金属皮，但包有黄麻、沥青绝缘层的除外。

需要指出的是，不能用避雷针的接地体和电话的地线作为家用电器的接地体。因为当雷电击中避雷针或电话的地线时，强大的雷电电流顺其接地线和电话地线流入大地，将在接地体或地线上产生电压降，从而使接在其上的家用电器外壳带电，造成触电事故，甚至还有可能把雷电引到室内造成灾难。

1.6.2.6 自然接地体接地电阻值的估算

① 直埋铠装电缆金属外皮的接地电阻值，见表 1-204。

表 1-204 直埋铠装电缆金属外皮的接地电阻值

电缆长度/m	20	50	100	150
接地电阻/Ω	22	9	4.5	3

注：1. 本表编制条件为：土壤电阻率 ρ 为 $100\Omega\cdot m$，$3\sim10kV$、$3\times(70\sim185)$ mm² 铠装电缆，埋深 0.7m。

2. 当 ρ 不是 $100\Omega\cdot m$ 时，表中电阻值应乘以换算系数：$50\Omega\cdot m$ 时为 0.7，$250\Omega\cdot m$ 时为 1.65，$500\Omega\cdot m$ 时为 2.35。

3. 当 n 根截面相近的电缆埋设在同一壕沟中时，如单根电缆的接地电阻为 R_0，则总接地电阻为 $R_0/\sqrt{n}$。

② 直埋金属水管的接地电阻估算值，见表 1-205。

表 1-205 直埋金属水管的接地电阻值 单位：Ω

	长度/m	20	50	100	150
公称	25~50mm	7.5	3.6	2	1.4
口径	70~100mm	7.0	3.4	1.9	1.4

注：本表编制条件为：土壤电阻率 ρ 为 $100\Omega\cdot m$，埋深 0.7m。

③ 钢筋混凝土电杆接地电阻估算值，见表 1-206。

表 1-206 钢筋混凝土电杆接地电阻估算值

接地装置形式	杆塔类型	接地电阻估算值/Ω
钢筋混凝土电杆的自然接地体	单杆	0.3ρ
	双杆	0.2ρ
	拉线单、双杆	0.1ρ
	一个拉线盘	0.28ρ
n 根水平射线（$n\leqslant12$，每根长约60m）	各型杆塔	$\dfrac{0.062\rho}{n+1.2}$

注：表中 ρ 为土壤电阻率，$\Omega\cdot m$。

1.6.3 接地装置的尺寸

1.6.3.1 接地体和接地线的尺寸

接地体及其连接线的材料和尺寸除满足热稳定、机械强度等要求外，还应考虑土壤的腐蚀。

① 人工接地体的最小规格，见表 1-207。

表 1-207 人工接地体的最小规格

材料	规格	材料	规格	
角钢	厚度 4mm	扁钢	截面积	100mm²
钢管	壁厚 3.5mm		厚度	4mm
圆钢	直径 10mm			

② 埋入土壤中的接地导体的最小截面积，见表 1-208。

表 1-208　埋入土壤中的接地导体的最小截面积

单位：mm²

保护方式	有防机械损伤保护	无防机械损伤保护
有防腐蚀保护	铜 2.5 铁 10	铜 16 铁 16
无防腐蚀保护	铜 25 铁 50	

③ 接地极的最小尺寸，见表 1-209。

④ 引下线的尺寸。接地引下线一般采用圆钢和扁钢，其尺寸不应小于下列数值：圆钢直径不小于 8mm；扁钢截面积不小于 48mm²，厚度不小于 4mm。

表 1-209　接地极的最小尺寸

材料	表面	形状	最小尺寸		
			直径 /mm	截面积 /mm²	厚度 /mm
钢	镀锌[1]或 不锈钢[1,2]	板条[3]	—	90	3
		切片	—	90	3
		深接地极用的圆棒	16	—	—
		表层电极用的圆线[6]	10	—	—
		管	25	—	2
	铜护套	深接地极用的圆棒	15	—	—
	电极镀铜护层	深接地极用的圆棒	14	—	—
铜	裸露[1]	板条	—	50	2
		表层电极用的圆线[6]	—	25[5]	—
		绳	单股 1.8	25	—
		管	20	—	2
	镀锡	绳	单股 1.8	25	—
	镀锌	板条[4]	—	50	2

① 能用作埋在混凝土中的电极。

② 不适于电镀。

③ 例如，带圆边的轧制板条或切割的板条。

④ 带圆边的板条。

⑤ 经验表明，在腐蚀性和机械损伤极低的场所，16mm² 的圆导线是可以用的。

⑥ 当埋设深度不超过 0.5m 时，被认为是表层电极。

1.6.3.2 低压电气设备地面上保护接地（接零）线的尺寸

低压电气设备及家用电器地面上外露的铜和铝接地（接零）线的最小截面积应符合表 1-210 的规定。

表 1-210 低压电气设备地面上外露接地线的最小截面积

单位：mm^2

名称	铜	铝
明敷的裸导体	4	6
绝缘导体	1.5	2.5
电缆的接地线芯及与相线包在同一保护层内的多芯层线的接地线芯	1	1.5
便携式电气设备的接地线	1.5（软铜绞线）	—

1.6.3.3 电子设备接地线的规格

① 电子设备接地母线薄铜排的规格，可按电子设备工作频率 f 来选择：当工作频率 $f \geqslant 1MHz$ 时，接地母线铜排为 0.35×120（mm）；当工作频率 $f < 1MHz$ 时，接地母线铜排为 0.35×80（mm）。

② 电子设备信号地接地线的规格，应按电子设备信号灵敏度和工作频率选择接地线长度和截面积。当接地线采用薄铜排时，接地线长度和薄铜排截面积按表 1-211 要求选择。

表 1-211 信号地接地线长度和薄铜排截面积选择

电子设备 灵敏度/μV	接地线长度 /m	适用于电子设备 的工作频率/MHz	薄铜排规格 （宽×高）/mm
1	<1		$(0.35 \sim 0.5) \times 120$
11	$1 \sim 2$		$(0.35 \sim 0.5) \times 200$
$10 \sim 100$	$1 \sim 5$	> 0.5	$(0.35 \sim 0.5) \times 100$
$10 \sim 100$	$5 \sim 10$		$(0.35 \sim 0.5) \times 240$
$10 \sim 1000$	$1 \sim 5$		$(0.35 \sim 0.5) \times 80$
$10 \sim 1000$	$5 \sim 10$		$(0.35 \sim 0.5) \times 160$

1.6.4 降低接地电阻的方法及常用降阻剂

1.6.4.1 降低接地电阻的方法

如果接地体埋深达不到 2m 或埋设地点土壤电阻率高，在不能利用自然接地体的情况下，只有采用人工方法降低接地电阻。常用的方法如下。

① 换土法　利用黏土、黑土及沙质黏土等代替原有较高土壤电阻率的土壤。

② 对土壤进行化学处理　该方法是在接地体周围土壤中加入食盐、木炭、炉渣、焦炭、氮肥渣、电石渣、石灰等，以改善土壤成分，降低土壤电阻率。食盐应分层加入，盐层厚度一般为 1cm，每层都用水湿润。一根接地体的耗盐量为 30～40kg。

③ 外引式接地法　当附近有水源或有电阻率小的土壤可利用时，利用水源或电阻率小的土壤可以采用外引式接地方法。但必须考虑连接外引接地体干线自身电阻的影响，外引式接地体干线长度不宜超过 100m。

④ 长效降阻剂处理　在高土壤电阻率地区采用长效降阻剂效果很好。试验表明，对于单一垂直敷设或水平敷设的接地体，可使工频接地电阻值降低 70% 左右；对于中小型接地网可使工频接地电阻值降低 30%～50%，冲击电阻值降低 20%～70%。降阻剂不易流失，有效使用期可达 5 年以上。

⑤ 钻孔深埋法　钻孔深埋法适用于建筑物拥挤、敷设接地装置的区域狭窄的场所。当地层深处的土壤或水的电阻率较低时，尤为适用。对于含沙土壤，由于含沙层一般都在 3m 以内的表面层，采用深埋法最为有效。用此法可获得稳定的接地电阻值。该方法施工方便，成本很低。

施工时，可采用 $\phi50mm$ 及以上的小型人工螺旋钻孔机打孔或用钻机打孔，在打出的孔穴中埋设 $\phi20～75mm$ 的圆钢接地体，再灌入泥浆、炭粉浆或其他降阻剂，最后将经过同样处理的数个接地体并联，组成一个完整的接地体。垂直接地体的长度视地质条件而定，一般为 5～10m，大于 10m，则效果显著降低。

⑥ 利用污水、水井、水池降低接地电阻值　将无腐蚀性的污水引入接地体埋设土壤，也可以取得降低接地电阻值的效果。

1.6.4.2　常用降阻剂及技术数据

国产降阻剂种类很多，但基本上可分为有机化学降阻剂和无机化学降阻剂两大类。

(1) 常用降阻剂及技术指标（见表1-212）

表 1-212　常用国产降阻剂型号（牌号）及其技术指标

降阻剂类型	有机化学降阻剂	无机化学降阻剂		
		膨润土	金属氧化物、蒙脱石、碳素稀土	
产地及型号（牌号）	大连：$^{BXXA}_{LRCP}$型	南京：金陵牌	成都：民生(MS)	贵阳：XJZ-2
电阻率 ρ /$\Omega \cdot m$	0.1～0.3	1.3～5.0	0.65～5.0	0.45～0.60
与钢材的价格比 Q	0.95～1.2	0.3～0.5	0.72～0.8	0.65～0.75
冲击系数 β	＜1.0	＜1.0	＜1.0	＜1.0
降阻率 ΔR_g /%	30～90	20～60	20～70	20～75
推荐用量 G/(kg/m)	25	25～40	15～30	8～15

(2) LX-200 型降阻剂的技术数据

① 电阻率 ρ＜$1\Omega \cdot m$。

② 酸碱度 pH＝8～10。

③ 在冲击大电流耐受试验和工频大电流耐受试验后工频电阻变化率＜10%。

④ 埋地时对钢接地体的腐蚀率＜0.03mm/年。

⑤ 有效期＞40 年。

⑥ 无毒、无污染、防腐蚀。

(3) GJ-F 型降阻剂的技术数据

① 电阻率 ρ＝0.5～$2.5\Omega \cdot m$。

② 酸碱度 pH＝7～10。

③ 在大电流冲击下呈负阻特性，这对高山微波站、高压输电线路等防雷接地尤其重要。

④ 对金属接地体有缓蚀保护作用，接地体不用镀锌处理。

⑤ 无毒、无污染、防腐蚀。

（4）富兰克林-民生牌长效降阻剂（代号909）的技术数据

① 电阻率 $\rho<1\Omega\cdot m$（加水成浆状时）；$\rho<4.5\Omega\cdot m$（完全胶凝后的固状物）。

② 酸碱度 $pH=7\sim10$。

③ 表面凝固（初凝）时间 $t=20\sim40min$。

④ 降阻率 50%（平原地区）～85%（山区）。

⑤ 有效期＞40年。

⑥ 无毒、无污染、防腐蚀。

以上三种降阻剂均属于固体降阻剂。

1.6.4.3 降阻剂用量计算

（1）固体降阻剂（包括兑水的重量）

① 垂直接地体

$$G=\frac{\pi}{4}(D^2-d^2)Lg\times10^{-3}$$

式中　G——降阻剂用量，kg；

　　　d——接地体等效直径，mm；

　　　D——投放降阻剂的接地坑直径，mm，取 $D=200mm$；

　　　L——垂直接地体长度，m，一般为 2.5m；

　　　g——降阻剂密度，g/cm^3，取 $g=1.5g/cm^3$。

② 水平接地体

$$G=[(0.5\sim1)(A^2-S)]Lg\times10^{-3}$$

式中　A——投放降阻剂的坑的边长，mm，取 $A=200mm$；

　　　S——接地体横截面面积，mm^2；

　　　L——水平接地体长度，m；

系数 0.5～1，视回填土多少而定。

（2）液体降阻剂

$$G=25L$$

式中符号同固体降阻剂计算公式。

1.7 防雷计算及要求

1.7.1 建筑物和设备防雷

1.7.1.1 建筑物防雷分类与防雷措施

为了在不同建筑物上采取不同的防雷措施，将建筑物按防雷的要求分为三类。分类方法及各自应采取的防雷措施如下。

(1) 一类防雷建筑及防雷措施

1) 一类防雷建筑 属于一类防雷的建筑物有以下一些。

① 具有特别重要用途的建筑物，如国家级的会堂、办公楼、大型博物馆、展览馆、特等火车站、国际性航空港、通信枢纽、国宾馆、大型旅游建筑物等。

② 属国家级重点保护的文物建筑。

③ 超高层建筑物。

2) 防雷措施

① 为防止直击雷，一类防雷建筑物安装的避雷网或避雷带的网格不应大于 10×10（m），保证屋面上任何一点距避雷带或避雷网都不大于 5m。突出屋面的物体，应沿其顶部装避雷针，避雷针的保护范围可按 45°计算。一类防雷建筑的引下线不应少于 2 根，引下线间的距离不应大于 24m。一类防雷建筑物的接地装置，要求冲击接地电阻不大于 10Ω。

② 处在雷电活动强烈地区的一类防雷建筑物，其防雷保护措施应满足以下要求。

a. 建筑物顶部用避雷网。

b. 建筑物的防雷引下线的间距不应大于 12m。

c. 在建筑物的每层都设置沿建筑物周边的水平均压环。所有的引下线、建筑物内的金属结构和金属物体都要与均压环相连接。

d. 防雷接地装置应沿建筑物周围，围绕建筑物敷设，冲击接地电阻要求不大于 5Ω。

e. 全线采用地下电缆引入。

f. 建筑物内电气线路采用铁管配线。

g. 建筑物外墙的金属栅栏、金属门窗等较大的金属物体，与防雷装置连接。

h. 进入建筑物的埋地金属管道，在其进入室内处应与防雷接地装置连接。

i. 除有特殊要求外，各种接地与防雷接地装置可共用。

③ 当一类防雷建筑物是 30m 以上的高层建筑时，宜采取防侧击雷的保护措施，其要求如下。

a. 建筑物顶部设避雷网，从 30m 以上起，每 3 层沿建筑物周边设避雷带。

b. 30m 以上的金属栏杆、门窗等较大的金属物体应与防雷装置连接。

c. 每隔 3 层设置沿建筑物周边的水平均压环，所有引下线、建筑物内部的金属结构及金属物体均连在环上。

d. 防雷引下线的间距不大于 18m。

e. 接地装置应围绕建筑物周围敷设，并构成闭合回路，冲击接地电阻应小于 5Ω。

f. 进入建筑物的埋地金属管线，在进入建筑物处与防雷接地装置相连接。

g. 垂直敷设的主干金属管道，尽量设在建筑物的中部和屏蔽的竖井中。

h. 垂直敷设的电气线路，在适当部位装设带电部分与金属外壳间的击穿保护装置，建筑物内电气线路采用铁管配线。

i. 除有特殊要求的接地以外，各种接地装置与防雷接地装置可共用。

（2）二类防雷建筑物及防雷措施

1）二类防雷建筑物　属于二类防雷建筑物有以下几种类型。

① 重要的或人员密集的大型建筑物。如重要的办公楼、大型会场、博物馆和展览馆、体育馆、车站、港口、广播电视台、电报电话大楼、商场、剧院、影院等建筑物。

② 省级重点文化保护的建筑物。

③ 19 层以上的住宅建筑及高度超过 50m 的民用和工业建筑。

2）防雷措施

① 为防止直击雷，二类防雷建筑物一般采取在建筑物易受雷击的部位设避雷带作为接闪器，并保证屋面上任何一点相距避雷带不大于 10m。屋面上的突出部分一般可沿其顶部设环状避雷带。二类防雷建筑物的引下线不应少于 2 根，引下线的间距不应大于 30m，接地装置的冲击接地电阻不应大于 10Ω。

② 当二类防雷建筑是 30m 以上高层建筑时，宜采取防侧击雷的保护措施，其要求如下。

a. 自 30m 以上起每 3 层沿建筑物周边设避雷带。

b. 30m 以上的金属栏杆、门窗等较大的金属物体应与防雷装置连接。

c. 每隔 3 层设置沿建筑物周边的水平均压环，所有引下线、建筑物内的金属结构和金属物体连在环上。

d. 防雷引下线的间距不大于 24m。

e. 接地装置应围绕建筑物周围敷设，并构成闭合回路，冲击接地电阻应小于 5Ω。

f. 进入建筑物的埋地金属管道与防雷接地装置相连接。

g. 垂直敷设的主干金属管道，尽量埋在建筑物的中部和屏蔽的管道中。

h. 垂直敷设的电气线路，在适当部位装设带电部分与金属外壳间的击穿保护装置。

i. 除有特殊要求的接地以外，各种接地装置与防雷接地装置可共用。

（3）三类防雷建筑物及防雷措施

1）三类防雷建筑物　三类防雷建筑物应满足以下条件。

① 年计算雷击次数为 0.01 及 0.01 以上的建筑物，同时结合当地情况，确定需要防雷的民用及一般工业建筑物。

年计算雷击次数 N 可按 1.7.2 节 1.7.2.2 项公式计算。

② 建筑群中高于其他建筑物的建筑物、处于建筑群边缘地带

高度在 20m 以上的民用及一般工业建筑物、建筑物上超过 20m 的突出物体，均属三类防雷建筑物。在雷电活动区，三类防雷建筑物的高度可由 20m 降低到 15m，而在少雷地区高度可放宽到 25m。

③ 高度超过 15m 的孤立的建筑物和烟囱、水塔等构筑物，在雷电活动较少的地区，高度可放宽到 20m 以上。

④ 历史上雷害事故严重地区的建筑物或雷害事故较多的地区的较重要的建筑物。

2）防雷措施

① 为防止直击雷，三类防雷建筑物一般在建筑物易受雷击部位装设避雷带或避雷针。采用避雷带保护时，屋面上任何一点距避雷带应不大于 10m。采用避雷针保护时，单针的保护范围可按 60°计算。采用多针保护时，两针间距不宜大于 30m，或满足下列要求：

$$D \leqslant 15h$$

式中　D——两针间距，m；

　　　h——避雷针的有效高度（即突出建筑物的高度），m。

三类防雷建筑物的引下线不应少于 2 根，引下线的间距不应大于 30m，最大不得超过 40m。周长和高度都不超过 40m 的建筑物及烟囱，其防雷引下线可用 1 根。三类防雷建筑物的接地装置，冲击接地电阻不应大于 30Ω。

② 为了防止雷电波沿低压架空线侵入三类防雷建筑物，可在架空线的入户处或接户杆上将绝缘子铁脚与接地装置相连。进入建筑物的架空金属管道，在入户处也应该与接地装置相连。

③ 不设防雷装置的三类防雷建筑物，在符合下列条件之一的非人员密集场所，绝缘子铁脚可以不接地：

a. 年平均雷暴日在 30 天以下的地区；

b. 受建筑物等屏蔽的地方；

c. 低压架空线的接地点距入户处不超过 50m；

d. 土壤电阻率在 200Ω·m 以下的地区，以及使用铁横担的钢筋混凝土杆线路。

1.7.1.2　建筑物、构筑物防雷措施

建筑物和构筑物的防雷措施见表 1-213。

1.7.1.3　建筑物、构筑物防雷接地电阻要求

建筑物和构筑物防雷接地电阻要求见表 1-214。

1.7.1.4　防雷电保护设备接地电阻要求

① 防雷电保护设备接地电阻值见表 1-215。

② 用户终端设备保安器的接地电阻值见表 1-216。

表 1-213　工业和民用建筑物、构筑物的防雷措施

类别 措施		工业第一类	工业第二类	工业第三类	民用第一类	民用第二类
防直击雷	接闪器	装设独立避雷针	当难以装设独立避雷针时，可将避雷针或网格不大于6m×6m的避雷网直接装在建筑物或构筑物上	装设避雷网或避雷针。避雷网应沿易受雷击的部位敷设成不大于6m×10m的网格。所有避雷针应用避雷带相互连接	在易受雷击的部位装设避雷带或避雷针	装设避雷网或避雷带，应沿易受雷击的部位敷设，网格要求不大于6m×10m。避雷带间、屋面上任何一点距离避雷带均不大于5m。当有三条及以上平行避雷带时，每隔不大于24m处应将平行避雷带连接起来	同工业第三类
	引下线	—	引下线应不少于两根，其间距应不大于18m，沿建筑物和构筑物外墙均匀布置	引下线应不少于两根，其间距不宜大于24m	引下线应不少于两根，其间距不宜大于40m。周长和高度均不超过40m的建筑物和构筑物，可只设一根引下线	引下线应不少于两根，其间距不宜大于24m	同工业第三类

家装电工便携手册

类别措施		工业第一类	工业第二类	工业第三类	民用第一类	民用第二类
防直击雷	接地装置	独立避雷针应有独立的接地装置，其冲击接地电阻应不大于10Ω。建筑物上装设避雷针，其冲击接地电阻应不大于5Ω	围绕建筑物和构筑物敷设成闭合回路，其接地电阻①应不大于10Ω，并和电气设备接地装置及所有进入建筑物和构筑物的金属管道相连，并可兼作防感应雷之用	防直击雷和感应雷共用接地装置。其冲击接地电阻应不大于10Ω，并和电气设备接地装置及埋地金属管道相连	其冲击接地电阻不宜大于30Ω，并与电气设备接地装置及埋地金属管道相连	宜围绕建筑物敷设，其冲击接地电阻应不大于10Ω	主要的公共建筑物防雷接地装置的冲击接地电阻应不大于10Ω
	防反击	独立避雷针至被保护建筑物和构筑物的空中距离 S_k 应符合下式要求：$S_k(m) \geqslant 0.3R_{ch}+0.1h$ 地下部分距离 S_d 应符合下式要求：$S_d(m) \geqslant 0.3R_{ch}$ 式中，R_{ch} 为冲击接地电阻；h 为被保护物的高度，m；S_k 应不小于5m；S_d 应不小于3m	建筑物和构筑物应装设均压环，环间垂直距离应不大于12m，所有引下线、建筑物内的金属结构和金属设备均应连在环上。可利用电气设备接地干线环路作为均压环；当树木高于建筑物且不在避雷针保护范围内时，建筑物和树木的净距应不小于5m	为防止雷电流流经引下线时产生的高电位对附近金属物的反击，金属物至引下线的距离 S_k 应符合下式要求：$S_k(m) \geqslant 0.05l(m)$ 式中，l 为引下线计算点至地面的长度，m	—	防雷接地装置宜与电气设备接地装置及埋地金属管道相连，当不相连时，则 ①两者间的距离 S_d 应符合下式要求：$S_d(m) \geqslant 0.2R_{ch}$ 应不小于2m ②防雷装置的引下线与金属物之间的距离 S_k 应符合下式要求：$S_k(m) \geqslant 0.2R_{ch}+0.05l$ 式中，l 为引下线计算点至地面的长度，m	防雷接地装置宜与电气设备接地装置及埋地金属管道相连，当不相连时，两者间距不宜小于2m

措施 \ 类别	工业第一类	工业第二类	工业第三类	民用第一类	民用第二类
防感应雷 · 防静电感应	建筑物、构筑物内的金属物和突出屋面的金属物,均应接到防雷感应的接地装置上。金属屋面每隔24m用引下线接地一次。现场绕制的或由预制构件组成的钢筋混凝土屋面,其钢筋宜绑扎或焊接成闭合回路,并每隔24m用引下线接地一次	建筑物和构筑物内的主要金属物应与接地装置相连	—	—	—
防感应雷 · 防电磁感应	平行敷设的长金属物,其净距小于100mm时,应每隔30m用金属线跨接,交叉净距小于100mm时,其交叉处应跨接。当管道连接处不能保持良好的金属接触时,在连接处应用金属线跨接。防感应雷的接地电阻不大于10Ω,并和电气设备接地装置共用。屋内接地干线与防感应雷接地装置的连接,应不少于两处	平行敷设的长金属物,其净距小于100mm时,应每隔30m用金属线跨接,交叉净距小于100mm时,其交叉处应跨接,但长金属物连接区可不跨接	—	—	—

措施\类别	工业第一类	工业第二类	工业第三类	民用第一类	民用第二类
防雷电波侵入	低压线路宜全长采用电缆直埋敷设，在入户端应将电缆的金属外皮接到防感应雷的接地装置上。架空线采用不小于50m铠装电缆埋地引入时，换线处应装设阀型避雷器，避雷器、电缆金属外皮和绝缘子铁脚等应连在一起接地，其冲击接地电阻应不大于10Ω。架空金属管道在进入建筑物和构筑物处，应与防感应雷的接地装置相连。靠近建筑物和构筑物100m的管道，应每隔约25m接地一次，其冲击接地电阻应不大于20Ω。埋地或地沟内的金属管道，在进入建筑物和构筑物处也应与防感应雷的接地装置相连	当低压架空线采用一段电缆埋地引入时，与工业第一类相同。爆炸危险性较小或年平均雷电日在30天以下时，可采用低压架空线直接引入建筑物和构筑物内的方式，但应符合下列要求 ①在入户处装设阀型避雷器或2～3mm的空气间隙，并与绝缘子铁脚连在一起接到防雷接地装置上。其总冲击接地电阻应不大于5Ω ②入户端的三基电杆绝缘子铁脚也应接地，靠近建筑物和构筑物的电杆，其中一基电杆接地电阻应不大于10Ω，其余两基应不大于20Ω 架空和直接埋地的金属管道，在入户处应与接地装置相连，架空金属管道在距建筑物和构筑物约25m处还应接地一次，其冲击接地电阻应不大于10Ω	在入户处应将绝缘子铁脚接到防雷及电气设备的接地装置上。进入建筑物的架空金属管道在入户处宜和上述接地装置相连	当低压线路采用电缆直埋引入时，在入户端应将电缆金属外皮与接地装置相连。当架空线采用一段电缆埋地引入时，与工业第一类相同。由架空线直接引入时，在入户处应加装避雷器，并将其和绝缘子铁脚连在一起接到电气设备的接地装置上。靠近建筑物的两基电杆上的绝缘子铁脚还应接地，其冲击接地电阻应不大于30Ω。进入建筑物的架空金属管道，应在入户处与接地装置相连	同工业第三类

① 表中接地电阻当未标明指冲击接地电阻时，均指工频接地电阻；R_{ch}为冲击接地电阻。表中公式为经验公式，公式两边计量单位不一定一致。

表 1-214　建筑物和构筑物防雷接地电阻要求

建筑物、构筑物分类		直击雷冲击接地电阻/Ω	感应雷工频接地电阻/Ω	利用基础钢筋工频接地电阻/Ω	电气设备与避雷器共用的工频接地电阻/Ω	架空引入线间隙及金属管道的冲击接地电阻/Ω
工业建筑	第一类	≤10	≤10	—	≤10	≤20
	第二类	≤10	与直击雷共同接地 ≤10	—	≤5	入户处 10,第一根杆 20,第二根杆 20,架空管道 10
	第三类	20～30	—	≤5	—	≤30
	烟囱	20～30	—	—	—	—
	水塔	≤30	—	—	—	—
民用建筑	第一类	5～10	—	1～5	≤10	第一根杆 10,第二根杆 30
	第二类	20～30	—	≤5	20～30	—

表 1-215　防雷电保护设备接地电阻值

序号	雷电保护设备名称	接地电阻/Ω
1	保护变电所的室外独立避雷针	25
2	装设在变电所架空进线上的避雷针	25
3	装设在变电所与母线连接的架空进线上的管型或阀型避雷器(在电气上与旋转电机无联系者)	10
4	装设在变电所与母线连接的架空进线上的管型或阀型避雷器(在电气上与旋转电机有联系者)	5
5	装设在 20kV 以上架空线路交叉跨越电杆上的管型避雷器	15
6	装设在 35～110kV 架空线路中及在绝缘较弱处木质电杆上的管型避雷器	15
7	装设在 20kV 以下架空线路电杆上的放电间隙及装设在 20kV 及以上架空线路相交叉的通信线路电杆上的放电间隙	25

表 1-216　用户终端设备保安器的接地电阻值

共用一个接地装置的保安器数	1	2	4	5 及以上
工频接地电阻值/Ω	≤50	≤35	≤25	≤20

1.7.2 防雷装置的计算

1.7.2.1 工频接地电阻和冲击接地电阻的换算

按通过接地体流入地中工频电流求得的电阻，称为工频接地电阻，简称接地电阻，只是在需要区分冲击接地电阻时，才标明工频。

防雷、过电压保护接地电阻（即冲击接地电阻）是按冲击强电流（10kA 以上）求得的接地电阻。

工频接地电阻值 R 除以表 1-217 所列比值，即可求出接地体的冲击接地电阻值 R_{ch}。

表 1-217 接地体的工频接地电阻与冲击接地电阻的比值 R/R_{ch}

各种形式接地体中接地点至接地体最远端的长度/m	土壤电阻率 $\rho/\Omega \cdot m$			
	≤100	500	1000	≥2000
	比值 R/R_{ch}			
20	1	1.5	2	3
40	—	1.25	1.9	2.9
60	—	—	1.6	2.6
80	—	—	—	2.3

1.7.2.2 雷击次数和雷击过电压计算

（1）建筑物落雷次数计算

建筑物年计算雷击次数 N 可按以下经验公式计算：

$$N = 0.015nk(L + 5h)(b + 5h) \times 10^{-6}$$

式中 　N——年计算雷击次数；

n——年平均雷暴日天数（由当地气象台、站提供）；

L——建筑物的长度，m；

b——建筑物的宽度，m；

h——建筑物的高度，m；

k——校正系数，一般情况下 k 值取 1，位于旷野孤立的建筑物，位于河边、湖边、山坡下、土山顶部、山谷风口、地下水露头处或山地中土壤电阻率较小处的各种建筑物以及特殊潮湿建筑物，k 值可取 1.5～2。

（2）导线落雷次数计算

送电线路上每年遭受直击雷的总数可按下列经验公式估算：

$$N=0.15hln\times10^{-3}$$

式中　h——避雷线或导线平均悬挂高度，m；

　　　l——线路长度，km；

　　　n——线路通过地区每年平均雷暴日天数，根据当地气象台、站资料确定。

（3）雷电冲击过电压计算

雷电冲击过电压，系指雷电压的最大值。在发生对地雷闪时，雷云离地高度仅几千米，此时雷电压可高达1亿伏左右。直击雷的冲击过电压可由下式计算：

$$U_z=I_fR_{ch}+L\frac{di}{dt}$$

式中　U_z——冲击过电压，kV；

　　i，I_f——分别为雷电流和雷电流幅值，kA；

　　　R_{ch}——防雷装置的冲击接地电阻，Ω；

　　　L——雷电流通路的电感，$L=1.3l\times10^{-6}$（H）；

　　　l——电流通路长度，m。

约85%雷电的极性为负，少数为正或振荡的。但设计中一般按正极性考虑。

我国海南岛的澄迈县年雷暴日为133天，辽宁为26～42天，浙江为29～67天，广东为35～124天，上海为32天左右。

（4）雷电对导线的感应过电压计算

雷击点距电力线路50m以外时，线路上雷电感应的冲击过电压可按下式近似计算：

$$U_g=\frac{25I_fh}{S}$$

式中　U_g——线路上雷电感应冲击过电压，kV；

　　　I_f——雷击点雷电流幅值，kA；

　　　h——导线平均高度，m；

　　　S——线路距雷击点的水平距离，m。

雷电感应的冲击过电压只在极少的情况下达到 500~600kV。

1.7.2.3　单支避雷针保护范围的计算

滚球法计算单支避雷针保护范围示意图如图 1-37 所示。

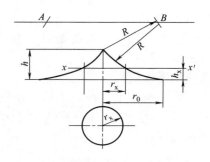

图 1-37　滚球法求单支避雷针保护范围

我国对滚球半径的规定见表 1-218。

另外，粮、棉及易燃物大量集中的露天堆场，当其年预计雷击次数大于或等于 0.05 时，应采用独立避雷针或架空避雷线防直击雷。独立避雷针或架空避雷线保护范围的滚球半径可取 100m。

具体计算方法如下。

表 1-218　我国对滚球半径 R 的规定

建筑物防雷类别	滚球半径/m	避雷网尺寸≤/m×m
第一类	30	5×5 或 6×4
第二类	45	10×10 或 12×8
第三类	60	20×20 或 24×16

(1) 当避雷针高度 $h \leqslant R$ 时

① 距地面 R 处作一平行于地面的平行线。

② 以避雷针针尖为圆心，R 为半径作弧线交于平行线的 A、B 两点。

③ 以 A、B 为圆心，R 为半径作弧线，弧线与避雷针针尖相交并与地面相切。弧线到地面为其保护范围。保护范围为一个对称

的锥体。

④ 避雷针在 h_x 高度的 xx' 平面上和地面上的保护半径，应按下列公式计算：

$$r_x = \sqrt{h(2R-h)} - \sqrt{h_x(2R-h_x)}$$
$$r_0 = \sqrt{h(2R-h)}$$

式中　r_x——避雷针在 h_x 高度的 xx' 平面上的保护半径，m；

　　　R——滚球半径，m；

　　　h_x——被保护物的高度，m；

　　　r_0——避雷针在地面上的保护半径，m。

(2) 当避雷针高度 $h > R$ 时

这时应在避雷针上取高度等于 R 的一点代替单支避雷针针尖作为圆心，其余的做法同前。在以上两式中的 h 用 R 代之。

【例 1-16】　一座第二类防雷建筑物高度 h_x 为 20m，高度 h_x 水平面上的保护半径 r_x 为 5m，试求单根避雷针的高度。

解　查表得滚球半径 $R = 45$m。

$$5 = \sqrt{h(2 \times 45 - h)} - \sqrt{20 \times (2 \times 45 - 20)}$$

解得　$h = 30$m。

避雷针架设在该建筑物顶上，因此避雷针本身长度为 $30 - 20 = 10$（m）。

若采用作图法，其结果 R 为 10m。

1.7.2.4　两支等高避雷针保护范围的计算

两支等高避雷针的保护范围，在避雷针高度 $h \leqslant R$ 时，当两支避雷针距离 $D \geqslant 2\sqrt{h(2R-h)}$ 时，应各按单支避雷针的计算方法计算；当 $D < 2\sqrt{h(2R-h)}$ 时，应按以下方法计算（见图 1-38）。

① $AEBC$ 外侧的保护范围，按单支避雷针的方法计算。

② C、E 点应位于两避雷针间的垂直平分线上。在地面每侧的最小保护宽度按下式计算：

$$b_0 = CO = EO = \sqrt{h(2R-h) - \left(\frac{D}{2}\right)^2}$$

③ 在 AOB 轴线上，距中心线任一距离 x 处，其在保护范围

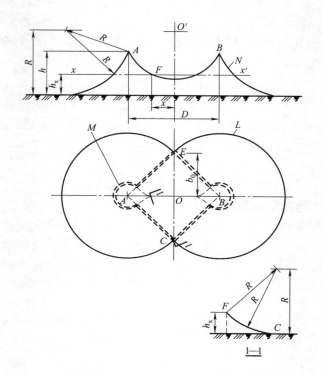

图 1-38　两支等高避雷针的保护范围

L—地面上保护范围的截面；M—xx' 平面上保护范围的截面；

N—AOB 轴线的保护范围

上边线上的保护高度按下式计算：

$$h_x = R - \sqrt{(R-h)^2 + \left(\frac{D}{2}\right)^2 - x^2}$$

该保护范围上边线是以中心线距地面 R 的一点 O' 为圆心，以

$\sqrt{(R-h)^2 + \left(\frac{D}{2}\right)^2}$ 为半径所作的圆弧 AB。

④ 两避雷针间 $AEBC$ 内的保护范围，ACO 部分的保护范围按以下方法计算。

a. 在任一保护高度 h_x 和 C 点所处的垂直平面上，以 h_x 作为

假想避雷针，并按单支避雷针的方法逐点确定（图 1-38 中 1—1 剖面图）。

b. 确定 BCO、AEO、BEO 部分的保护范围的方法与 ACO 部分的相同。

⑤ 确定 xx' 平面上的保护范围截面的方法：以单支避雷针的保护半径 r_x 为半径，以 A、B 为圆心作弧线与四边形 $AEBC$ 相交；以单支避雷针的 r_0-r_x 为半径，以 E、C 为圆心作弧线与上述弧线相交（图 1-38 中的粗虚线）。

1.7.2.5　两支不等高避雷针保护范围的计算

两支不等高避雷针的保护范围，在 A 避雷针的高度 h_1 和 B 避雷针的高度 h_2 均小于或等于 R 时，当两支避雷针距离 $D \geqslant$ $\sqrt{h_1(2R-h_1)}+\sqrt{h_2(2R-h_2)}$ 时，可各按单支避雷针的计算方法计算；当 $D<\sqrt{h_1(2R-h_1)}+\sqrt{h_2(2R-h_2)}$ 时，应按以下方法计算（见图 1-39）。

① $AEBC$ 外侧的保护范围可按单支避雷针的方法计算。

② CE 线或 HO' 线的位置按下式计算：

$$D_1=\frac{(R-h_2)^2-(R-h_1)^2+D^2}{2D}$$

$$b_0=CO=EO=\sqrt{h_1(2R-h_1)-D_1^2}$$

③ 在 AOB 轴线上，A、B 间保护范围上边线位置可按下式计算：

$$h_x=R-\sqrt{(R-h_1)^2+D_1^2-x^2}$$

式中　x——距 CE 线或 HO' 线的距离。

该保护范围上边线是以 HO' 线上距地面 R 的一点 O' 为圆心，以 $\sqrt{(R-h_1)^2+D_1^2}$ 为半径所作的圆弧 AB。

④ 两避雷针间 $AEBC$ 内的保护范围，ACO 与 AEO 是对称的，BCO 与 BEO 是对称的，ACO 部分的保护范围可按以下方法计算。

a. 在任一保护高度 h_x 和 C 点所处的垂直平面上，以 h_x 作为假想避雷针，按单支避雷针的方法逐点计算（图 1-39 的 1—1 剖面图）。

b. 确定 *AEO*、*BCO*、*BEO* 部分的保护范围的方法与 *ACO* 部分相同。

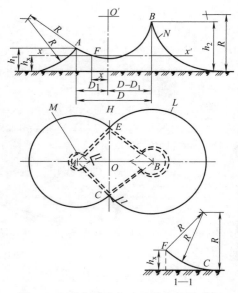

图 1-39　两支不等高避雷针的保护范围

L—地面上保护范围的截面；*M*—*xx'* 平面上保护范围的截面；

N—*AOB* 轴线的保护范围

⑤ 确定 *xx'* 平面上的保护范围截面的方法与两支等高避雷针相同。

1.7.2.6　多层住宅屋顶避雷网的设计

图 1-40 为某多层住宅屋顶避雷网安装图。该避雷网具体做法如下。

① 用 $\phi10$ 镀锌圆钢制作避雷网。避雷网高出檐沟、屋脊 150mm。

② 用 3×30（mm）镀锌扁钢作避雷网支持卡。卡与卡的间距为 1m。

③ 用 $\phi12$ 镀锌圆钢作避雷网引下线。引下线沿墙身暗敷设，

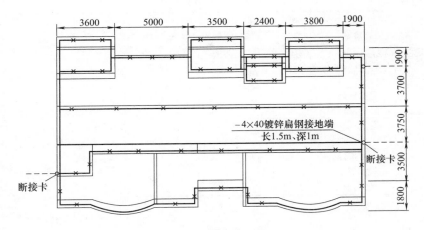

图 1-40　某多层住宅屋顶避雷网安装图

在离地 0.5m 处设墙洞式断接卡（测试卡）。

④ 结构钢筋作接地体，沿建筑物外围成环状敷设，并沿几条轴线纵横拉通成网状，与桩基主筋焊接四处。接地体埋深>0.5m，每组用大于或等于 φ16 钢筋 2 根。

⑤ 接地体中构件间连接：200mm 长，满焊。

⑥ 接地电阻值不大于 4Ω（因与重复接地共用接地装置）。

⑦ φ10 镀锌圆钢从接地体引到配电箱。

1.7.3　避雷装置的尺寸

1.7.3.1　避雷针、引下线和接地体的尺寸

避雷针（接闪器）、引下线和接地体的最小允许尺寸见表 1-219。

1.7.3.2　金属屋面作接闪器的做法

当利用金属屋面作为接闪器时，应符合表 1-220 的要求。

1.7.3.3　防雷接地装置的安装要求

（1）材料选择

防雷接地装置的安装，与电气设备接地装置的安装大致相同，但前者的材料尺寸稍大。防雷接地装置的最小尺寸见表 1-219。

表 1-219　接地装置的导体最小允许尺寸

防雷装置		圆钢直径/mm	钢管直径/mm	扁钢截面积/mm²	角钢厚度/mm	钢绞线截面积/mm²	备注
接闪器	避雷针高度在1m 及以下时	12	20	—	—	—	镀锌或涂漆,在腐蚀性较大的场所应增大一级或采取其他防腐蚀措施
	避雷针高度在 1～2m 时	16	25	—	—	—	
	避雷针装在烟囱顶端	20	—	—	—	—	
	避雷带(网)	8	—	48×4	—	—	
	避雷带装在烟囱顶端	12	—	100×4	—	—	
	避雷线	—	—	—	—	35	
引下线	明设	8	—	48×4	—	—	镀锌或涂漆,在腐蚀性较大的场所尺寸在应增大一级或采取其他防腐措施
	暗设	10	—	60×5	—	—	
	装在烟囱上时	12	—	100×4	—	—	
接地体	水平埋设	12					在腐蚀性土壤中应镀锌或加大截面积
	垂直埋设	—	50(壁厚3.5)	—	4	—	

表 1-220　金属屋面规格及做法

材料	条件	规格及做法	备注
金属板	搭接	长度≥100mm	金属板无绝缘被覆层
	下面无易燃品	厚度≥0.5mm	
	下面有易燃品	铁板厚度≥4mm	
		钢板厚度≥5mm	
		铝板厚度≥7mm	

注:薄的油漆保护层或0.5mm厚沥青涂层或1mm厚聚氯乙烯保护层均不属于绝缘被覆层。

(2)引下线与接地装置的连接

如图 1-41 所示。图中,接地导体采用截面为 40×4(mm)的镀锌扁钢,接地体的埋深应在 1m 或 1m 以上,接地体与建筑物之间的水平距离应在 3m 以上。接地导线与引下线的连接处要设置断接卡,接地导线在距地面 2m 以下要穿保护管。断接卡的连接方法如图 1-42 所示。

(3) 安装要求

① 避雷针的接地装置与电气设备的保护接地装置在地下的水平距离不应小于 3m。对于年计算雷击次数 N 为 0.01 及以上的建筑物，如果两种接地装置不能保持以上距离，可共同使用同一接地体，但二者应各有独立的引下线。

② 由于土壤电阻率随温度的升高而增大，所以接地装置应远离热源（如烟道）。

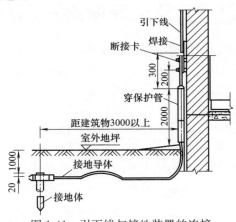

图 1-41　引下线与接地装置的连接

③ 在土壤电阻率较高的地点，如果防雷接地装置的接地电阻不能满足规程要求，可采用均衡电位法，沿房屋周边敷设一条埋深不小于 0.5m 的水平闭合接地带（并在内部加装接地带，使网格不大于 24m × 24m），将所有进入屋内的金属管道、电缆的金属外皮等都与闭合接地带相连。

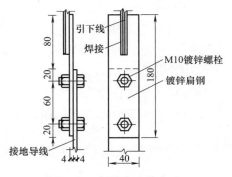

图 1-42　断接卡连接方法

④ 为了降低跨步电压，防直击雷的接地装置距建筑物入口和人行道不应小于 3m。否则，应采取以下措施之一来防止跨步电压触电：a. 将接地装置局部深埋 1m 以上；b. 将接地带局部包以绝缘物，如在水平接地带上包以 50mm×80mm 厚的沥青层；c. 铺设沥青碎石路面，或者在接地装置上敷设 50～80mm 厚的沥青层，其宽度超出接地装置两侧各 2m。

1.8 电气安装材料预算

照明电气安装材料包括导线、灯具、开关、插座、调速器、吊扇、接线盒、灯座盒、开关盒、配电箱、各类预埋件、木台，以及不同布线方式所需要的线管、线槽、吊索、电缆、卡钉和木螺钉、铁钉、水泥钉、穿线铁丝等。另外，电气安装材料还应包括防雷、接地所需的圆钢、角钢、预埋件等。若考虑弱电系统，还应包括弱电系统材料。

预算材料可依据电气照明平面图和照明系统图及图纸的说明等进行计算。从照明平面图可直接计算出灯具、开关、插座、吊扇、调速器、接线盒、灯座盒、开关盒、配电箱、木台等的数量。从照明系统图可知配电箱内的电气设备、电能表型号规格以及干支线的导线截面积、型号等。根据导线的走向，可以估算出管材、线夹、线槽等材料的数量。

由于线路实际敷设情况与图纸会有很大不同，要准确计算出所用导线的长度是困难的，按照明平面图计算的导线用量与施工敷线的实际用量总会有出入。因此，在计算导线用量时要考虑多种因素，使计算用量更符合实际。

所有材料都应计入合理损耗及线管的预留长度。

1.8.1 电气安装材料损耗率

电气安装材料损耗率见表 1-221。

表 1-221　电气安装材料损耗率

序号	材料名称	损耗率/%
1	裸软导线	1.3
2	绝缘导线	1.8
3	电力电缆	1.0
4	控制电缆	1.5
5	电缆终端头瓷套	0.5
6	钢绞线、镀锌铁线	1.5
7	钢绞线(拉线)	2.0
8	金属管材、管件	3.0
9	金属板材	4.0
10	型钢	5.0
11	型钢、钢筋(半成品)	0.5
12	金具	1.0
13	压接线夹、螺钉类	2.0
14	木螺钉、圆钉、水泥钉	8.0
15	塑料制品(管材、板材)	5.0
16	绝缘子类(不包括出库前试验)	2.0
17	低压瓷横担	3.0
18	瓷夹板、塑料夹板	5.0
19	塑料线槽	5.0
20	塑料护套线	8.0
21	铝片卡、塑料线钉	8.0
22	一般灯具及其附件	1.0
23	荧光灯、汞灯灯泡	1.5
24	灯泡(白炽)	3.0
25	玻璃灯罩	5.0
26	灯头、开关、插座	2.0
27	混凝土杆(包括底、拉、卡盘)	0.5
28	水泥	5.0
29	黄沙	15.0
30	石子	10.0

1.8.2　线路安装预留长度

1.8.2.1　架空导线和电缆安装的预留长度

架空导线的预留长度见表 1-222；电缆安装预留长度见表 1-223。

表 1-222　架空导线的预留长度　　　单位：m/根

项目名称		预留长度
高压	转角	2.5
	分支、分段	2.0
低压	分支、终端	0.5
	交叉、跳线、转角	1.5
与设备连接		0.5
进户线		2.5

表 1-223　电缆安装预留长度

序号	项目名称	预留长度	说明
1	电缆敷设弛度、弯度、交叉	2.5%	按全长计算
2	电缆进入建筑物	2.0m	规程规定最小值
3	电缆进入沟内或吊架时引上余值	1.5m	规程规定最小值
4	变电所进线、出线	1.5m	规程规定最小值
5	电力电缆终端头	1.5m	检修余量
6	电缆中间接线盒	两端各留2.0m	检修余量
7	电缆进出控制及保护屏	高＋宽	按盘面尺寸
8	高压开关柜及低压动力配电箱	2.0m	盘下进出线
9	电缆至电动机	0.5m	不包括接线盒至地坪的距离
10	厂用变压器	3.0m	从地坪起算
11	车间动力箱	1.5m	从地坪起算
12	电梯电缆与电缆架固定点	每处0.5m	规范最小值

另外，电缆保护管长度，除按设计规定长度计算外，遇有下列情况，应按以下规定加长：

① 横穿道路，按路基宽度两端各加 2m；

② 垂直敷设管口距地面加 2m；

③ 穿过建筑物外墙者，按基础外缘以外加 1m；

④ 穿过排水沟，按沟壁外缘以外加 0.5m。

1.8.2.2　照明线路管线和灯具引下线的预留长度

① 照明线路管线的预留长度按表 1-224 规定计算。

表 1-224　照明线路预留管线长度

序号	名称	内容	管/m	线/m	说明
1	由低压配电盘来电源线	地下进出线	0.5	1.5	已包括管子在地下埋设深度
2	照明配电箱	地下进线,安装高度顶端离地 2m	1.5	1.0	已包括管子在地下埋设深度
3	照明配电箱	顶端进线(标高 2m)二立管长度	1.5	1.0	
4	干式变压器	地下进线,安装高度顶端离地 2m	1.8	0.5	已包括管子在地下埋设深度
5	各种小开关	地下进线,安装高度顶端离地 1.5m	1.6	0.2	已包括管子在地下埋设深度(不分明暗装)
6	插座	地下进线,安装高度顶端离地 1m	1.1	0.2	已包括管子在地下埋设深度(不分明暗装),如安装高度不同,另按长度计算
7	电扇	—	—	0.5	
8	灯头线、接线头	—	—	0.3	
9	荧光灯镇流器、电容器集中安装	—	—	1.0	
10	电能表箱	—	—	0.5	
11	熔断器	—	—	0.2	
12	进户线	铁管伸出建筑物外	0.2	1.0	
13	进户线	地下铁管伸出防水坡	0.5	1.0	

② 各种灯具引下线长度按表 1-225 规定计算。

表 1-225　各种灯具引下线长度

名称	规格	长度/m
软线吊灯	花线 2×21/0.15	2
吊链灯	花线 2×21/0.15	1.5
半圆球吸顶灯	BX-1.5	0.4
一般弯脖灯	BX-1.5	1
一般壁灯	BX-1.5	1.2

名称	规格	长度/m
吊链式荧光灯	花线 2×21/0.15	1.5
吊管式荧光灯	BX-1.5	2.4
嵌入式荧光灯	BX-1.5	2
吸顶式荧光灯	BX-1.5	0.4
直杆吊链式工厂灯	BX-1.5	2.4
吸顶式工厂灯	—	—
弯杆式工厂灯	—	—
悬挂式工厂灯	BX-1.5	1.3
投光灯、碘钨灯	BX-2.5	2
烟囱、水塔指示灯	BX-1.5	5.6
直杆式密封灯具	BX-1.5	2.4
弯杆式密封灯具	BX-1.5	2
病房指示灯	BX-1.5	0.5
暗脚灯	BX-1.5	0.3
无影灯	BX-1.5	3
面包灯(大方口罩)	BX-1.5	0.4
面包灯(二联方口罩)	BX-1.5	2
面包灯(四联方口罩)	BX-1.5	4

1.8.2.3　配线进入配电柜（箱、板）的预留长度

配线进入配电柜（箱、板）的预留长度按表 1-226 规定计算。

表 1-226　配线进入配电柜（箱、板）的预留长度

单位：m/根

序号	项目	预留长度	说明
1	各种配电柜、箱、板	宽+高	盘面尺寸
2	单独安装(无箱、盘)的铁壳开关、闸刀开关、启动器、变阻器、母线槽进出线盒	0.3~0.5	从安装对象中心算起
3	继电器、控制开关、信号灯、按钮、熔断器	0.3	从安装对象中心算起
4	分支接头	0.2	分支线预留
5	由地坪管子出口引至动力接线箱	1.0	从管口计算
6	电源与管内导线连接(管内穿线与软、硬母线接头)	1.5	从管口计算
7	出户线	1.5	从管口计算

1.8.3 电气安装材料预算表例

1.8.3.1 瓷（塑料）夹板布线材料预算表例

瓷（塑料）夹板布线材料预算表例见表 1-227。具体数量按房间实际情况统计，统计的依据是电气照明系统图和电气照明平面图。熟悉各类建筑工程和电气工程图，了解电气设备位置和布线工艺，是搞好材料预算的基础，与预算编制的准确与否关系甚大。

表 1-227 瓷（塑料）夹板布线材料预算表例

序号	材料名称	型号规格	单位	备注
1	塑料铜芯线	BX-500V 2.5mm²	m	需三种颜色，其中黄/绿双色线作 PE 线
2	塑料铜芯线	BX-500V 1.5mm²	m	需二种颜色
3	胶质线（花线）	RVS-70 0.75mm²	m	
4	瓷（塑料）夹板	N-240（双线式）	副	
5	瓷（塑料）夹板	N-364（三线式）	副	也可用两副双线式代
6	灯吊盒	胶木	个	
7	灯吊盒	瓷质	个	厨房用
8	插口灯座	胶木 250V 3A	个	
9	防水灯座	瓷质 250V 3A	个	厨房用
10	螺口平灯座	瓷质 250V 3A	个	浴室用
11	拉线开关	250V 3A	个	
12	插座	250V 5A	个	单相二极式
13	插座	250V 10A	个	单相三极式
14	圆木台	75×32(mm)	块	
15	双联木台	150×75×32(mm)	块	
16	平头木螺钉	φ4 长 32mm	只	配 N-240 瓷夹板
17	平头木螺钉	φ4 长 42mm	只	配 N-364 瓷夹板
18	平头木螺钉	φ4 长 48mm	只	固定木台
19	平头木螺钉	φ4 长 20mm	只	固定灯座、插座、开关
20	平头木螺钉	φ6 长 32mm	只	固定调速器
22	黄蜡带	—	卷	
23	黑胶带	—	卷	

圆木台是安装灯座、插座、开关用的；双联木台是安装两个并排插座或两个并排开关用的。另外，还有三联木台、四联木台。圆

木台和双联木台如图 1-43 所示，它们的规格尺寸见表 1-228 和表 1-229。此外，还有木砖、木榫及塑料胀管（水泥面上埋设）等。

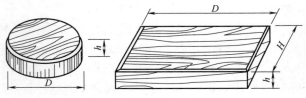

图 1-43　圆木台和双联木台

表 1-228　开关、插座圆木台规格尺寸　　单位：mm

D	h
75	32
90	32

表 1-229　开关、插座木台规格尺寸　　单位：mm

形式	D	H	h	木螺钉
双联	150	75	32	2 个
三联	220	75	32	4 个
四联	290	75	32	4 个

1.8.3.2　塑料护套线布线材料预算表例

塑料护套线布线材料预算表例见表 1-230。

表 1-230　塑料护套线布线材料预算表例

序号	材料名称	型号规格	单位	备注
1	塑料护套线	BVV-70 2×2.5mm²	m	双芯
2	塑料护套线	BVV-70 2×1.5mm²	m	双芯
3	塑料护套线	BVV-70 3×2.5mm²	m	三芯,其中黄/绿双色线作 PE 线
4	塑料铜芯线	BV-500 V 1.5mm²	m	拱头线等用
5	胶质线（花线）	BVS-70 0.75mm²	m	
6	铝片卡	1 号	只	或塑料线钉 1 号
7	铝片卡	2 号	只	或塑料线钉 2 号
8	灯吊盒	胶木	个	
9	灯吊盒	瓷质	个	厨房用
10	插口灯座	胶木 250V 3A	个	
11	防水灯座	瓷质 250V 3A	个	厨房用

序号	材料名称	型号规格	单位	备注
12	螺口平灯座	瓷质 250V 3A	个	浴室用
13	插座	250V 5A	个	单相二极式
14	插座	250V 10A	个	单相三极式
15	平开关	250V 10A	个	
16	接线盒	塑料 65×135(mm)	个	
17	圆木台	75×32(mm)	块	
18	双联木台	150×75×32(mm)	块	
19	平头木螺钉	ϕ4 长48mm	只	固定木台
20	平头木螺钉	ϕ4 长20mm	只	固定灯座、插座、开关
21	水泥钉或鞋钉	T20×20	只	若为塑料线钉,则配套固定用的水泥钉
22	平头木螺钉	ϕ6 长32mm	只	
23	黄蜡带	—	卷	
24	黑胶带	—	卷	

注:1. 如果采用拉线开关,则塑料护套线及鞋钉等用量可以减少。

2. 如果采用吸顶灯,则不用灯吊盒、灯座。

1.8.3.3 塑料线槽布线材料预算表例

塑料线槽布线材料预算表例见表 1-231。

表 1-231 塑料线槽布线材料预算表例

序号	材料名称	型号规格	单位	备注
1	塑料铜芯线	BV-500V 2.5mm^2	m	需三种颜色,其中黄/绿双色线作 PE 线
2	塑料铜芯线	BV-500V 1.5mm^2	m	需二种颜色
3	胶质线(花线)	RVS-70 0.75mm^2	m	
4	塑料线槽(副)	—	m	
5	阳角	—	个	
6	阴角	—	个	
7	直转角	—	个	
8	平转角	—	个	
9	平三通	—	个	
10	顶三通	—	个	
11	左(右)三通	—	个	
12	连接头	—	个	
13	终端头	—	个	
14	接线盒插口	—	个	
15	灯头盒插口	—	个	
16	接线盒	SM51	副	带盖板 SM61

序号	材料名称	型号规格	单位	备注
17	接线盒	SM52	副	带盖板 SM62
18	灯头盒		副	带盖板
19	平头木螺钉	ϕ4 长20mm	只	固定灯座、插座、开关
20	平头木螺钉	ϕ6 长32mm	只	固定调速器
21	水泥钉	T20×20	只	固定底板等用(也可用木螺钉)
22	黄蜡带		卷	
23	黑胶带		卷	

注:开关、插座、灯吊盒未计入,可根据具体情况选择。开关、插座可采用86系列等,以便与接线盒配套。

1.8.3.4 PVC管布线材料预算表例

PVC管布线材料预算表例见表1-232。

表 1-232 PVC管布线材料预算表例(暗敷)

序号	材料名称	型号规格	单位	备注
1	塑料铜芯线	BV-500V 2.5mm^2	m	需三种颜色,其中黄/绿双色线作 PE 线
2	塑料铜芯线	BV-500V 1.5mm^2	m	需二种颜色
3	胶塑线(花线)	RVS-70 0.75mm^2	m	
4	PVC 管	ϕ16mm	m	
5	直接头	—	个	
6	90°弯头	—	个	
7	45°弯头	—	个	
8	异径接头	—	个	
9	三通	—	个	
10	灯吊盒	胶木	个	
11	灯吊盒	瓷质	个	厨房用
12	插口灯座	胶木 250V 3A	个	
13	防水灯座	瓷质 250V 3A	个	厨房用
14	螺口平灯座	瓷质 250V 3A	个	浴室内
15	一位暗开关	86 式 250V 6A	个	
16	二位暗开关	86 式 250V 6A	个	
17	一位单相三极插座	86 式 250V 16A	个	
18	三位单相三极插座	86 式 250V 16A	个	
19	一位双用暗插座	86 式 250V 10A	个	
20	二位双用暗插座	86 式 250V 10A	个	
21	二位暗插座,2~3 极	86 式 250V 10A	个	
22	暗装接线盒	86 式 65×65(mm)	个	
23	暗装接线盒	86 式 65×135(mm)	个	
24	平头木螺钉	ϕ4 长20mm	只	
25	黄蜡带	—	卷	
26	黑胶带	—	卷	

注:如果采用吸顶灯,则不用灯吊盒、灯座。

　　PVC可挠管和PVC软管也可以参考本表内容进行材料预算。钢管布线的材料预算与PVC管布线基本相同。只是将PVC管改为钢管，将灯座盒、插座盒、接线盒、管卡等由塑料件换成铁件，将木螺钉改为平头机螺钉，并增设地线夹。

1.9 安全用电及其他 ◀◀◀

1.9.1 防止触电

1.9.1.1 电流对人体的作用

（1）工频电流对人体的作用（见表1-233）

表1-233　工频电流对人体的作用

电流/mA	通电时间	人体生理反应
0～0.5	连续通电	没有感觉
0.5～5	连续通电	开始有感觉,手指、手腕等处有痛感,没有痉挛,可以摆脱带电体
5～30	数分钟以内	痉挛,不能摆脱带电体,呼吸困难,血压升高,是可忍受的极限
30～50	数秒到数分	心脏跳动不规则,昏迷,血压升高,强烈痉挛,时间过长即引起心室颤动
50至数百	低于心脏搏动周期	受强烈冲击,但未发生心室颤动
50至数百	超过心脏搏动周期	昏迷,心室颤动,接触部位留有电流通过的痕迹
超过数百	低于心脏搏动周期	在心脏搏动周期特定的相位触电时,发生心室颤动,昏迷,接触部位留有电流通过的痕迹
超过数百	超过心脏搏动周期	心脏停止跳动,昏迷,可能致命的电灼伤

（2）通电时间长短对人体危害性

　　通电时间越长，引起心室颤动的可能性越大，致命危险越大。统计分析表明，当发生心室颤动的概率为0.5%时，引起心室颤动的工频电流与通电时间的关系可由下式表示：

$$I = \frac{116 \sim 185}{\sqrt{t}}$$

式中　I——工频电流，mA；

t——通电时间，s。

上式通电时间 t 的范围为 0.01～5s。该式也可用下式表达：

当 $t \geqslant 1s$ 时，$I = 50(\text{mA})$；

当 $t < 1s$ 时，$I = 50/t(\text{mA})$。

(3) 直流电流对人体的作用（见表 1-234 和表 1-235）

(4) 高频电流对人体的作用

电流的频率愈高，遭受电击的危险性愈小。频率为 40～60Hz 的交流电对人体最危险；200Hz 以上的交流电对人体危害较轻；1kHz 以上的交流电对人体伤害程度明显减轻。但高压高频电流也有电击致命的危险。

10kHz 高频交流电对人体的作用见表 1-236。

表 1-234　直流电流对人体的作用（一）　　单位：mA

感觉情况	被试者百分数		
	5%	50%	95%
手表面及指尖端稍有连续刺感	6	7	8
手表面发热，有剧烈连续针刺感，手关节有轻度压迫感	10	12	15
手关节及手表面有针刺似的强烈压迫感，上肢有连续针刺感	18	21	25
手关节有压痛，手有刺痛及强烈的灼热感	25	27	30
手关节有强烈压痛，直到肩部有连续针刺感	30	32	35
手关节有剧烈压痛，手上似针刺般疼痛	30	35	40

表 1-235　直流电流对人体的作用（二）

电流 性别	最小感知电流 /mA	平均摆脱电流 /mA	可能引起心室颤动电流 /mA
男	5.2	75	1300(通电时间 0.3s)
女	3.5	51	500(通电时间 3s)

表 1-236　10kHz 高频交流电对人体的作用

电流 性别	最小感知电流 /mA	平均摆脱电流 /mA	可能引起心室颤动电流 /mA
男	12	75	1100（通电时间 0.03s）
女	8	50	500（通电时间 3s）

1.9.1.2　人体电阻及人体允许电流

（1）人体电阻

人体不同部位的电阻差别很大，如皮肤表面 0.05～0.2mm 角质层的电阻高达 $10×10^3～10×10^4\Omega$；当角质失去时，人体的电阻可降低到 1800～1000Ω。此外皮肤表面电阻受外界因素影响很大，见表 1-237。但体内电阻基本不变，约为 500Ω。

（2）人体允许电流

一般情况下，人体允许电流，男性最大为 9mA，女性最大为 6mA。在线路和设备装有触电保护器，通迅速切断电源（≤0.1s）的情况下，人体的允许电流可按 30mA 考虑。在空中、水中等可能因电击而导致摔死、淹死的场所，人体的允许电流应按 5mA 考虑。

表 1-237　不同条件下的人体皮肤电阻值

皮肤电阻值/Ω 接触电压/V	皮肤干燥①	皮肤潮湿②	皮肤湿润③	皮肤浸入水中④
10	7000	3500	1200	600
25	5000	2500	1000	500
50	4000	2000	875	440
100	3000	1500	770	375
250	1500	1000	650	325

① 相当于干燥场所的皮肤，电流途径为单手至双足。
② 相当于潮湿场所的皮肤，电流途径为单手至双足。
③ 相当于有水蒸气等特别潮湿场所的皮肤，电流途径为双手至双足。
④ 相当于游泳池或浴池中的情况，基本上为体内电阻。

1.9.2　各国电工产品安全认证标志

电工产品按安全标准测试结果认可体系（CB 体系）由国际电

工委员会电工产品安全认证组织（IECEE）管理委员会领导，具体工作由认证机构委员会（CCB）管理。CB 体系部分成员国的认证机构及其标志见表 1-238。

表 1-238　CB 体系部分成员国的认证机构及其标志

国家名称及其代号		认证机构	标志
国家名称	代号		
奥地利	AT	OVE	
澳大利亚	AU	Standards Australia Standards House	
比利时	BE	CEBC	
瑞士	CE	SEV	
中国	CN	CCEE	
捷克	CS	Electrotechnicky Zkusebni ustav	
德国	DE	VDE	
丹麦	DK	DEMKO	
西班牙	ES	AEE	
芬兰	FI	Electrical Inspectorate	
法国	FR	UTE	
英国	GB	British Electrotechnical Committee British Standards Institution	
希腊	GR	ELOT	
匈牙利	HU	MEEI	
爱尔兰	IE	NSAI	

国家名称及其代号		认证机构	标志
国家名称	代号		
以色列	IL	S. I. I	
意大利	IT	IMQ	
日本	JP	IECEE Coundl of Japan C/O JMI Institute	(甲) (乙)
韩国	KP	Korea Institute of Machinery and Metals	
荷兰	NL	N. V. KEMA	
挪威	NO	NEMKO	
波兰	PL	CBJW Central office for Quality of Products	
瑞典	SE	SEMKO	
俄罗斯	SU	GOSSTANDART	

1.9.3 电气线路和电气设备的绝缘电阻要求

1.9.3.1 线路和母线的绝缘电阻要求

① 380/220V 新敷设的线路，绝缘电阻值应不小于 0.5MΩ，最好在 1MΩ 以上。

② 低压旧线路，若线路对地电压超过 300V，则绝缘电阻应不小于 0.4MΩ；若线路对地电压为 150～300V，则绝缘电阻应不小于 0.2MΩ；若线路对地电压低于 150V，则绝缘电阻应不小于

0.1MΩ；多雨及沿海地区，2 年以上的线路，绝缘电阻应不小于 0.05MΩ。

③ 不同额定电压电缆的最低绝缘电阻值见表 1-239。

表 1-239　不同额定电压电缆的最低绝缘电阻值

电缆额定电压/kV	3	6	10	20～35
绝缘电阻值/MΩ	300～750	400～1000	400～1000	600～1500

④ 母线的绝缘电阻标准如下：500V 母线，不小于 100MΩ；6～10kV 母线，不小于 2000MΩ；直流小母线和控制盘的电压小母线，不小于 10MΩ。

⑤ 二次回路、导线间的绝缘电阻值，不小于 20MΩ。

1.9.3.2　电气设备的绝缘电阻要求

① 低压电器的绝缘电阻。

a. 不同额定绝缘电压下的绝缘电阻最小值见表 1-240。

表 1-240　不同额定绝缘电压下的绝缘电阻最小值

额定绝缘电压 U_i/V	$U_i \leqslant 60$	$60 < U_i \leqslant 600$	$600 < U_i \leqslant 800$	$800 < U_i \leqslant 1500$
绝缘电阻最小值/MΩ	1	1.5	2	2.5

b. 低压电器连同所连接电缆及二次回路的绝缘电阻值，不小于 1MΩ；在比较潮湿的地方，不小于 0.5MΩ。

② 高压开关柜的辅助回路和控制回路的绝缘电阻值，不小于 2MΩ。

③ FS 型阀式避雷器的绝缘电阻，不小于 2500MΩ。

④ 金属氧化物避雷器的绝缘电阻值：35kV 以上者，不小于 2500MΩ；35kV 及以下者，不小于 1000MΩ。

⑤ 并联电容器的绝缘电阻值，一般不小于 2000MΩ。

1.9.4　安全距离

1.9.4.1　室内配电装置各种通道的最小宽度

低压配电室内成排布置的配电屏，其屏前、屏后通道的最小宽度，应符合表 1-241 的规定。

表 1-241　配电屏前、后通道最小宽度　　单位：mm

类型	布置方式	屏前通道	屏后通道
固定式	单排布置	1500	1000
	双排面对面布置	2000	1000
	双排背对背布置	1500	1500
抽屉式	单排布置	1800	1000
	双排面对面布置	2300	1000
	双排背对背布置	1800	1000

注：当建筑物墙面遇有柱类局部凸出时，凸出部位的通道宽度可减少 200mm。

1.9.4.2　电控设备的电气间隙和爬电距离

配电盘、配电柜内两导体间，导电体与裸露的不带电的导体间允许的最小电气间隙和爬电距离应符合表 1-242 的要求。

表 1-242　电控设备的电气间隙和爬电距离

额定绝缘电压 U_i /V	最小电气间隙和爬电距离[①]/mm			
	额定电流≤60A		额定电流>60A	
	电气间隙	爬电距离	电气间隙	爬电距离
$U_i \leqslant 60$	2	3	3	4
$60 < U_i \leqslant 250$	3	4	5	8
$250 < U_i \leqslant 380$	4	6	6	10
$380 < U_i \leqslant 500$	6	10	8	12
$500 < U_i \leqslant 660$	6	12	8	14
交流 $660 < U_i \leqslant 750$ 直流 $660 < U_i \leqslant 800$	10	14	10	20
交流 $750 < U_i \leqslant 1140$ 直流 $800 < U_i \leqslant 1200$	14	20	14	28

① 设备中的电气元件及自成一体的单元，其电气间隙和爬电距离可按各自相应的标准要求。

1.9.4.3　人体与带电设备或导体的安全距离

检修或安装电气设备时，人体与不同电压的带电体之间的安全距离应符合表 1-243 的规定。

表 1-243　人体与带电体之间的安全距离　　单位：m

项　目	10kV 及以下	25～35kV
在高压无遮栏操作中,人体及其所带工具与带电体间不小于	0.7	1.0

续表

项 目	10kV 及以下	25～35kV
当用绝缘棒操作时,在高压无遮栏操作中,人体及其所带工具与带电体之间距离可缩短为不小于	0.3	0.5
在线路上工作的人体及其所带工具与临近带电线路间不小于	1.0	2.5
用水冲洗时,小型喷嘴与带电体间不小于	0.4	0.6
使用喷灯工作或气焊时,火焰与带电体间不小于	1.5	3.0

1.9.5 电气设备的允许温升

1.9.5.1 普通型低压电器的允许温升（见表1-244）

表 1-244 普通型低压电器的允许温升

不同材料和零部件名称		允许温升/℃		备注
		长期工作制	间断长期或反复短时工作制①	
绝缘线圈及包有绝缘材料的金属导体	A 级绝缘	65	80	电压线圈⑥及多层电流线圈用电阻法测量,金属导体用热电偶法测量
	E 级绝缘	80	95	
	B 级绝缘	90	105	
	F 级绝缘	115	130	
	H 级绝缘	140	155	
各类触头或插头②	铜及铜基合金的自力式触头③、插头,无防蚀层	35		热电偶法测量
	铜及铜基合金的他力式触头④、插头,无防蚀层	45	65	
	铜及铜基合金的他力式插头、触头,有厚度 6～8μm 的银防蚀层	80	—	
	铜及铜基合金的他力式插头、触头,有厚度 6～8μm 的锡防蚀层	66	—	
	银及银基合金触头	以不伤害相邻部件为限⑤		
与外部连接的接线端头	接线端头有锡(或银)防蚀层,当指明引入导体为铝,也有锡(或银)防蚀层时	55		热电偶法测量
	接线端头为铜及铜基合金材料,无防蚀层,当指明引入导体为铜或有防蚀层的铝时	45		

不同材料和零部件名称		允许温升/℃		备注
		长期工作制	间断长期或反复短时工作制①	
与外部连接的接线端头	接线端头为铜及铜基合金材料,有锡防蚀层,当指明引入导体为铜,也有锡防蚀层时	60		热电偶法测量
	接线端头为铜及铜基合金材料,有银防蚀层,当指明引入导体为铜,也有银防蚀层时	80,还应以不伤害相邻部件为限⑤		
产品内部的导体连接处⑦⑧	铝材对铝材、铜材对铝材紧固接合处,二者均有锡防蚀层	55		
	铝材对铝材、铜材对铝材紧固接合处,二者均有银防蚀层	60		
	铜材对铜材,紧固接合处无防蚀层	45		
	铜材对铜材,紧固接合处二者均有锡防蚀层	60		
	铜材对铜材,紧固接合处二者均有银防蚀层	以不伤害相邻部件为限⑤		
	铝材对铝材、铝材对铜材、铜材对铜材焊接的导体			
其他	浸入有机绝缘油中工作的部件	60		温度计法或热电偶法等测量
	操作时手接触的部件 金属材料	15		
	操作时手接触的部件 绝缘材料	25		
	起弹簧作用的部件	以不伤害材料的弹性且以不伤害相邻部件为限⑤		
	电阻元件	由所用材料决定,且以不伤害相邻部件为限⑤		

① 主要用于间断长期工作制或反复短时工作制的电器,如用于长期工作制,其线圈温升按间断长期或反复短时工作制允许温升值考核。

② 对有主弧触头的电器,其弧触头的温升及熔断器触刀、触座的温升由产品标准或产品技术条件另行规定。

③ 自力式触头指由触头(包括触桥)材料本身产生弹力作接触压力的触头。

④ 他力式触头指依靠其他弹性材料产生接触压力的触头。

⑤ 如相邻部件为绝缘材料,则极限允许温升按表中相应等级线圈的极限允许温升考虑。

⑥ 电压线圈的温升是指额定工作电压下的稳定值。

⑦ 高发热元件(如电阻元件、熔断器、热元件等)连接处的极限允许温升由产品标准或产品技术条件另行规定。

⑧ 与发热部件相邻近的绝缘材料耐热等级低于 A 级(如热塑性塑料)时,则其极限允许温升为该材料连续耐热温度与 40℃之差。

1.9.5.2 家用电器、材料的允许温升（见表1-245）

表 1-245　家用电器、材料的允许温升

器具的各个部分		允许温升/℃
作补充绝缘用的电线护套		20
作衬垫或其他零件用的非合成橡胶	补充绝缘或加强绝缘	25
	其他情况	35
普通木材	壁、上板、下板及支架	50
	长期连续工作的固定式器具	45
	其他器具	50
电容器	有最高工作温度标记(T)	$T-50$
	其他电容器	5
	用于抑制干扰的小型陶瓷电容器	35
无电热元件的器具外壳		45
连续握持的手柄、旋钮、夹子等	金属材料制	15
	陶瓷或玻璃材料制	25
	模压材料、橡胶或木制	35
电动机或变压器绕组	A 级绝缘	60
	E 级绝缘	70
	B 级绝缘	80
	F 级绝缘	100
	H 级绝缘	125
器具插头的插脚	在高温情况下使用	115
	在热态情况下使用	115
	在冷态情况下使用	25
开关和恒温器周围	有最高工作温度标记(T)	$T-40$
	没有最高工作温度标记	15
橡胶或聚氯乙烯绝缘导线	有最高工作温度标记(T)	$T-40$
	没有最高工作温度标记	35

1.9.5.3 手感温法估计温度（见表1-246）

表 1-246　手感温法估计温度

设备外壳温度/℃	感觉	具体程度
30	稍冷	比人体温度稍低,感到稍冷
40	稍暖和	比人体温度稍高,感到稍暖和
45	暖和	手掌触及时感到很暖和
50	稍热	手掌可以长久触及,触及较长后手掌变红
55	热	手掌可以停留 5～7s
60	较热	手掌可以停留 3～4s

续表

设备外壳温度/℃	感觉	具 体 程 度
65	非常热	手掌可以停留 2~3s,即使放开手,热量还留在手掌中好一会儿
70	非常热	用手指可停留 3s
75	极热 (设备可能损坏)	用手指可停留 1.5~2s,若用手掌,则触及后即放开,手掌还感到烫
80	极热 (可能马上烧坏)	热得手掌不能触碰,用手指勉强可以停留 1~1.5s,乙烯塑料膜收缩
80~90	极热 (可能马上烧坏)	手刚触及便因条件反射瞬间缩回

1.9.6 电工安全用具

1.9.6.1 常用电工安全用具的试验

常用电工安全用具的试验周期与标准见表 1-247。

表 1-247 常用电工安全用具的试验周期与标准

用具名称	设备的额定电压	耐压试验		泄漏电流/mA	试验期限	检查内容和期限
		试验电压/kV	试验持续时间/min			
绝缘杆	35kV及以下	线电压的3倍,但不低于40kV	5	—	在无经常维护的装置上使用的绝缘棒(操作用的绝缘棒除外)和测量用的绝缘棒,每年一次; 在无经常维护的装置上使用的操作绝缘棒,每两年一次; 测量用的绝缘棒,6个月一次	确定机械强度,检查绝缘杆有无裂纹,每 3 个月一次; 检查时将表面擦拭干净
绝缘钳	35kV及以下	线电压的3倍,但不低于40kV	5	—	在经常维护的装置上所使用的,每年一次; 在无经常维护的装置上使用的,两年一次	确定机械强度,检查绝缘层有无损坏,每 3 个月一次; 检查时将表面擦拭干净
绝缘柄工具	低压	3	1	—	每 6 个月一次	每次使用前,必须检查绝缘部分是否完整,有无裂开、啮痕等

227

用具名称	设备的额定电压	耐压试验		泄漏电流/mA	试验期限	检查内容和期限
		试验电压/kV	试验持续时间/min			
绝缘台	任何电压等级	40	2	—	每3年一次	仔细检查台面和绝缘台脚,进行清洗和擦拭,3个月一次
绝缘垫	1kV以上	15	2	15	2年一次	仔细检查有无破洞、裂纹、表面损坏,有污垢时必须清洗,3个月一次
	1kV及以下	5	2	5	2年一次	
绝缘手套	1kV以上	6	1	7	6个月一次	每次使用前要仔细检查,3个月擦拭一次
	1kV及以下	2.6	1	7.5	6个月一次	
绝缘靴	任何电压	15	1	7.5	6个月一次	每次使用前应仔细检查,户外使用的,用后就需除污;户内使用的,3个月清洁一次
绝缘鞋	1kV及以下	3.5	1	2	6个月一次	

1.9.6.2 登高、起重工具的试验

登高、起重工具的试验周期和标准见表1-248。

表1-248 登高、起重工具试验周期和标准

分类	名称		试验静重(允许工作倍数)	试验周期	外表检查周期	试荷时间/min	试验静拉力/N
登高工具	安全带	大带	—	半年一次	每月一次	5	2205
		小带					1470
	安全腰绳		—	半年一次	每月一次	4	2205
	升降板		—	半年一次	每月一次	5	2205
	脚扣		—	半年一次	每月一次	5	980
	竹(木)梯		—	半年一次	每月一次	5	试验荷重1765N
起重工具	白棕绳		2	每年一次	每月一次	10	
	钢丝绳		2	每年一次	每月一次	10	
	铁链		2	每年一次	每月一次	10	

分类	名称	试验静重（允许工作倍数）	试验周期	外表检查周期	试荷时间/min	试验静拉力/N
起重工具	葫芦及滑车	1.25	每年一次	每月一次	10	—
	拨杆	2	每年一次	每月一次	10	—
	夹头及卡	2	每年一次	每月一次	10	—
	吊钩	1.25	每年一次	每月一次	10	—
	绞盘	1.25	每年一次	每月一次	10	—

1.9.7　噪声及其他

1.9.7.1　噪声标准及常用材料的声吸收效果

（1）声音的响度（见表1-249）

表 1-249　声音的响度

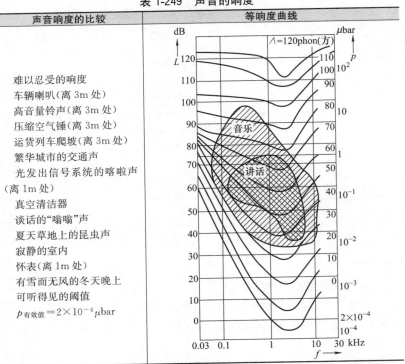

声音响度的比较	等响度曲线
难以忍受的响度 车辆喇叭(离 3m 处) 高音量铃声(离 3m 处) 压缩空气锤(离 3m 处) 运货列车爬坡(离 3m 处) 繁华城市的交通声 光发出信号系统的喀啦声 (离 1m 处) 真空清洁器 谈话的"嗡嗡"声 夏天草地上的昆虫声 寂静的室内 怀表(离 1m 处) 有雪而无风的冬天晚上 可听得见的阈值 $p_{有效值}=2\times10^{-4}\mu bar$	

注：L 为声压级；p 为声压（微巴）[μbar]；Λ 为响度（方）[phon]。$1\mu bar=0.1Pa$，$1phon=1dB$（在 1000Hz）。

（2）城市区域环境噪声标准（见表1-250）

表 1-250 城市区域环境噪声标准　　　　单位：dB

适 用 区 域	昼间	夜间
特殊住宅区	45	35
居民、文教区	50	40
一般商业与居民混合区	55	45
工业、商业、少量交通与居民混合区、商业中心区	60	50
工业集中区	65	55
交通干线道路两侧	70	55

（3）各种场所对电工产品的噪声要求

为了保护环境和保证产品的性能，各种场所对电工产品噪声的要求，见表1-251。

表 1-251 各种场所对电工产品的噪声要求

噪声要求/dB	场所与产品举例
30～35	用于高级宾馆、播音室、录音室、高级会议室、医院、消声室等场所的产品，如摄影机、伺服电机、暖水泵等
35～40	用于图书馆、手术室、实验室、计量室、剧场等场所的产品，如精密仪器、精密设备、医疗仪器、计量仪器仪表、风扇、录音机等
40～45	一般实验室、工厂中心试验室、中心计量室、精密加工车间、一般会议室等场所的产品，如高精机床、台扇、计量仪器仪表等
45～50	一般办公室、餐厅、仪表车间、轿车等场所用的产品，如风扇、变流装置等
50～60	船上的会议室、住舱、报房、驾驶台等场所用的产品
60～80	一般环境用的产品，如无高噪声的车间、一般船舱室内用的较大排气风扇、电焊机等
80～90	普通车间、有较高噪声的环境用的产品
90～100	高噪声环境，如织布车间、大型汽轮发电机车间、船舶主机舱等用的产品

（4）常用材料的声吸收效果

一般来说，多孔性材料对高频噪声的吸收效果较好，而谐振的材料对低频噪声的吸收效果较好。常用材料的声吸收效果见表1-252。

所谓声吸收系数 α 是指不反射声强与入射声强之比。α 值越大，声吸收效果越好。

表 1-252　常用材料的声吸收效果

声吸收系数 α　材料名称	声音频率/Hz	125	250	500	1000	2000	4000
大理石,耐火砖,光滑水泥面		0.02	0.02	0.03	0.04	0.05	0.06
粗糙水泥面		0.01	0.03	0.04	0.05	0.08	0.06
油毡油布		0.02	0.02	0.03	0.03	0.04	0.05
丝绒地毯		0.04	0.04	0.10	0.20	0.36	0.58
编织席子		0.03	0.03	0.07	0.14	0.29	0.49
镶嵌的地板		0.03	0.04	0.06	0.12	0.10	0.17
层压板:							
3mm 厚,5mm 以上气隙		0.21	0.35	0.19	0.09	0.06	0.03
边缘阻尼		0.42	0.49	0.22	0.11	0.06	0.03
木质纤维板:							
13mm 厚		0.11	0.18	0.22	0.26	0.30	0.37
5mm 以上气隙		0.30	0.30	0.25	0.26	0.30	0.37
幕帘:							
薄		0.08	0.10	0.17	0.28	0.40	0.50
厚且多折叠		0.25	0.35	0.50	0.60	0.60	0.65

1.9.7.2　计算机主机房内温度和湿度要求

主机房内的空气温度和湿度应根据所选计算机及使用要求确定，宜符合表 1-253 的规定。

表 1-253　主机房内温度和湿度值

级别　项目 指标	A 级		B 级	C 级
	夏季	冬季		
温度/℃	23±2	20±2	15～35	10～35
相对湿度/%	45～65		40～70	30～80
变化率[①]/℃	<5		<10	<15

① 不容许出现结露现象。

1.9.7.3　计算机系统对供电的要求

计算机系统的供电应符合以下规定。

①　计算机系统应由专用回路供电，其用电容量可按各设备用电容量的总和，再增加 20%～40% 的扩展容量。

② 非计算机设备用电容量，可按各附属设备用电容量总和确定。

③ 供电质量应符合表 1-254 中的规定，波动时间宜小于 0.5s。当不能满足表 1-254 中的规定时，可采取稳压或稳频稳压措施。

④ 应在主机房内设置计算机紧急停电开关，实现对电源的控制。

表 1-254　计算机电源性能参数允许变动范围

指标项目 级别	A 级	B 级	C 级
电压波动	$-5\%\sim+5\%$	$-10\%\sim+7\%$	$-10\%\sim+10\%$
频率变化/Hz	$-0.05\sim+0.05$	$-0.5\sim+0.5$	$-1\sim+1$
波形失真率	$\leqslant5\%$	$\leqslant10\%$	$\leqslant20\%$

⑤ 对于不允许停电的计算机，应设置不间断电源装置（UPS），其蓄电池的支持工作时间不宜少于 20min。

⑥ 供电回路应安装防止电源恢复供电后用电设备自启动的装置。

⑦ 计算机房照明不应与计算机同一回路供电。

⑧ 计算机房内不同电压的供电系统应安装互不兼容的插座。

第 2 篇

装修常用电工器材

2.1 导线、电缆

2.1.1 裸导线

2.1.1.1 裸导线的分类、名称、型号及用途

裸导线的分类、名称、型号及主要用途见表 2-1。

表 2-1 裸导线的分类、名称、型号及主要用途

分类	名称	型号	截面积范围/mm²	主要用途
裸单线	硬圆铝单线	LY	0.06~6.00	硬线主要作架空线用。半硬线和软线作电线、电缆及电磁线的线芯用,亦可作电机、电器及变压器绕组用
	半硬圆铝单线	LYB		
	软圆铝单线	LR		
	硬圆铜单线	TY	0.02~6.00	
	软圆铜单线	TR		
	镀锌铁线		1.6~6.0	用作小电流、大跨度的架空线;用作拉线
裸绞线	铝绞线	LJ	10~600	用作高、低压架空输电线
	铝合金绞线	HLJ		
	钢芯铝绞线	LGJ	10~400	用于拉力较大的架空输电线
	防腐钢芯铝绞线	LGJF	25~400	

家装电工
便携手册

分类	名称	型号	截面积范围/mm²	主要用途
裸绞线	硬铜绞线	TJ	—	用作高、低压架空输电线
	镀锌钢绞线	GJ	2～260	用作拉线、避雷线
裸型线	硬铝扁线 半硬铝扁线 软铝扁线	LBY LBBY LBR	a:0.80～7.10 b:2.00～35.5	用于电机、电器绕组
	硬铝母线 软铝母线	LMY LMR	a:4.00～31.50 b:16.00～125.00	用于配电设备及其他电路装置中;硬铝母线常作配电柜母线用
	硬铜扁线 软铜扁线	TBY TBR	a:0.80～7.10 b:2.00～35.00	用于安装电机、电器、配电设备
	硬铜母线 软铜母线	TMY TMR	a:4.00～31.50 b:16.00～125.00	用于配电设备及其他电路装置中;硬铜母线常作配电柜母线用
裸软接线	铜电刷线	TS		用于电机、电器及仪表线路上连接电刷
	软铜电刷线	TSR		
	纤维编织镀锡铜电刷线	TSX		
	纤维编织镀锡铜软电刷线	TSXR	—	
	铜软绞线	TJR		用于电气装置、电子元器件连接线
	镀锡铜软绞线	TJRX		
	铜编织线	TZ		
	镀锡铜编织线	TZX		

2.1.1.2 圆铜线与圆铝线的电气性能和力学性能

(1) 圆铜线和圆铝线的电气性能(见表2-2)

表2-2 圆铜线和圆铝线的电气性能

项目	圆铜线			圆铝线				
	软 TR	硬 TY	特硬 TYT	软 LR	硬 LY4	硬 LY6	硬 LY8	硬 LY9
直径范围/mm	0.02～14.00	0.02～14.00	1.50～5.00	0.30～10.00	0.30～6.00	0.30～10.00	0.30～5.00	1.25～5.00
电阻率(20℃)不大于/(Ω·mm²/m)	0.017241	0.01796～0.01777		0.02800	0.028264	0.028264	0.028264	0.028264

项目	圆铜线			圆铝线				
	软 TR	硬 TY	特硬 TYT	软 LR	硬 LY4	硬 LY6	硬 LY8	硬 LY9
电阻温度系数/℃⁻¹	0.00393	0.00377~ 0.00381		0.00407	0.00403	0.00403	0.00403	0.00403
线胀系数/℃⁻¹	—	17×10^{-6}	17×10^{-6}	23×10^{-6}	23×10^{-6}	23×10^{-6}	23×10^{-6}	23×10^{-6}
密度/(kg/dm³)	8.89	8.89	8.89	2.703	2.703	2.703	2.703	2.703

（2）圆铜线和圆铝线的力学性能（见表2-3）

表2-3　圆铜线和圆铝线的力学性能

性能 ＼ 型号 单线直径/mm	抗拉强度≥/(N/mm²)					伸长率≥/%				
	LY	LYB	LR	TY	TR	LY	LYB	LR	TY	TR
0.06~0.20						—	1.0	—		
0.21~0.50				421~415		0.5		8		10~25
0.51~0.70	177				200	1.0		10	—	
0.71~1.00				414~412			1.5			
1.01~1.50				411~400		1.2		12	0.5~0.7	
1.51~2.00	167						2.0			25
2.01~2.50		93~138	69~93	399~389				15		
2.51~3.00	157					1.5	2.5	18	0.7~1.0	
3.01~3.50				386~379	210				1.0~1.2	30
3.51~4.00										
4.01~5.00	147			370~368		2.0	3.0	20	1.3~1.4	
5.01~6.00				365~357					1.5~1.7	

2.1.1.3 裸导线和合金线

(1) TJ 型裸铜绞线技术数据（见表 2-4）

表 2-4 TJ 型裸铜绞线技术数据

标称截面积 /mm²	结构尺寸（根 数/线径）/mm	成品外径 /mm	直流电阻 (20℃)/(Ω/km)	拉断力 /×10³N	单位质量 /(kg/km)
16	7/1.70	5.10	1.140	5.86	143
25	7/2.12	6.36	0.733	8.90	222
35	7/2.50	7.50	0.527	12.37	309
50	7/3.00	9.00	0.366	17.81	445
70	19/2.12	10.60	0.273	24.15	609
95	19/2.50	12.50	0.196	33.58	847
120	19/2.80	14.00	0.156	42.12	1062

注：拉断力是指首次出现任一单线断裂时的拉力。

(2) LJ 型裸铝绞线技术数据（见表 2-5）

表 2-5 LJ 型裸铝绞线技术数据

标称 截面积 /mm²	导线结构 （根数/直 径）/mm	实际铝 截面积 /mm²	导线 直径 /mm	直流电阻 (20℃) /(Ω/km)	拉断力 /kN	单位 质量 /(kg/km)	安全载流量② /A		
							70℃	80℃	90℃
10	3/2.07	10.1	4.56	2.896	1.63	27.6	64	76	86
16	7/1.70	15.9	5.10	1.847	2.57	43.5	83	98	111
25	7/2.12	24.7	6.36	1.188	4.00	67.6	109	129	147
35	7/2.50	34.4	7.50	0.854	5.55	94.0	133	159	180
50	7/3.00	49.5	9.00	0.593	7.50	135	166	200	227
70	7/3.55	69.3	10.65	0.424	9.90	190	204	246	280
95	19/2.50	93.3	12.50	0.317	15.10	257	244	296	338
95①	7/4.14	94.2	12.42	0.311	13.40	258	246	298	341
120	19/2.80	117.0	14.00	0.253	17.80	323	280	340	390

① 某些规格，一种截面有两种导线绞合结构。以下各表均同。

② 安全载流量的环境温度校正系数见表 2-6。

表 2-6 导线安全载流量的温度校正系数

导线工作 温度/℃	下列环境温度（℃）时载流量校正系数 K										
	0	5	10	15	20	25	30	35	40	45	50
90	1.342	1.304	1.265	1.225	1.183	1.140	1.095	1.049	1.000	0.949	0.894
80	1.414	1.369	1.324	1.275	1.225	1.173	1.118	1.061	1.000	0.935	0.866
70	1.528	1.472	1.414	1.354	1.291	1.225	1.155	1.080	1.000	0.913	0.816

注：1. 本表的校正系数以环境温度 40℃ 为基准。

2. 其他环境温度下载流量的校正系数 K，可按下式计算：

$$K = \sqrt{\frac{t_m - t_2}{t_m - t_1}}$$

式中，t_m 为导线最高工作温度，℃；t_1 为对应于导线载流量的基准环境温度，℃；t_2 为实际环境温度，℃。

(3) LGJ 型钢芯铝绞线技术数据（见表 2-7）

表 2-7　LGJ 型钢芯铝绞线技术数据

标称截面积 /mm²	结构（根数/直径）/mm		截面积 /mm²		直径 /mm		直流电阻(20℃) /(Ω/km)	拉断力 /kN	单位质量 /(kg/km)	载流量/A		
	铝	钢	铝	钢	导线	钢芯				70℃	80℃	90℃
10	6/1.50	1/1.5	10.6	1.77	4.50	1.5	2.774	3.67	42.9	65	77	87
16	6/1.80	1/1.8	15.3	2.54	5.40	1.8	1.926	5.30	61.7	82	97	109
25	6/2.20	1/2.2	22.8	3.80	6.60	2.2	1.289	7.90	92.2	104	123	139
35	6/2.80	1/2.8	37.0	6.16	8.40	2.8	0.796	11.90	149	138	164	183
50	6/3.20	1/3.2	48.3	8.04	9.60	3.2	0.609	15.50	195	161	190	212
70	6/3.80	1/3.8	68.0	11.3	11.40	3.8	0.432	21.30	275	194	228	255
95	28/2.07	7/1.8	94.2	17.8	13.68	5.4	0.315	34.90	401	248	302	345
95	7/4.14	7/1.8	94.2	17.8	13.68	5.4	0.312	33.10	398	230	272	304
120	28/2.30	7/2.0	116.3	22.0	15.20	6.0	0.255	43.10	495	281	344	394
120	7/4.60	7/2.0	116.3	22.0	15.20	6.0	0.253	49.90	492	256	303	340

注：标称截面积为 25～400mm² 的防腐型钢芯铝绞线，规格、线芯结构同 LGJ。

(4) GJ 型镀锌钢绞线技术数据（见表 2-8）

表 2-8　GJ 型镀锌钢绞线技术数据

型号（后边数字为标称截面积）/mm²	结构（根数/单根直径）/mm	计算截面积 /mm²	绞线直径 /mm	计算拉断力/N			环境温度40℃时载流量/A	单位质量 /(kg/km)
				1100	1400	1700		
				钢线抗拉强度 /(N/mm²)				
GJ-25	7/2.2	26.6	6.6	263	335	407	70	228
GJ-35	7/2.6	37.2	7.8	368	468	568	80	318
GJ-50	7/3.0	49.5	9.0	490	623	757	90	424
GJ-70	19/2.2	72.2	11.0	715	910	1100	120	615
GJ-95	19/2.5	93.2	12.5	923	1170	1420	150	795
GJ-120	19/2.8	116.9	14.0	1160	1470	1790	175	995

注：其他环境温度时的载流量应乘以表 2-6 所示的温度校正系数。

(5) 铝合金线的技术数据（见表 2-9）

表 2-9　铝合金线技术数据

项目		热处理型(LH_A、LH_B)	耐热型	高耐热型	特耐热型	高导电耐热型	高强度耐热型
抗拉强度不小于 /(N/mm²)		294	157	157	159	157	225～255
伸长率不小于/%		4	2.0	2.0	—	2.0	1.4～2.0
电阻率(20℃)不大于 /(Ω·mm²/m)		0.0328	0.029726	0.029726	0.029726	0.028735	0.031347
电阻温度系数/℃⁻¹		0.0036	0.0039	0.0039	—	0.0040	0.0036
线胀系数/℃⁻¹		23×10⁻⁶					
密度/(kg/dm³)		2.70					
使用温度/℃	长期	90	150	200	230	150	150
	短期	120	180	230	310	180	180

（6）镀锌铁线技术数据（见表 2-10）

表 2-10　镀锌铁线技术数据

直径 /mm	直径公差 /mm	计算截面积 /mm²	单位质量 /(kg/km)	直流电阻 (20℃)/(Ω/km)	抗拉力 /kN	伸长率 /%
6.0	0.13	28.27	220.5	4.691	9.895	12
5.5	0.13	23.76	185.3	5.581	8.316	12
5.0	0.13	19.64	153.2	6.753	6.874	12
4.5	0.10	15.90	124.0	8.341	5.565	10
4.0	0.10	12.57	98.05	10.55	4.400	10
3.5	0.10	9.621	75.04	13.78	3.367	10
3.2	0.08	8.042	62.73	16.49	2.815	10
2.9	0.08	6.605	51.52	20.08	2.312	10
2.6	0.06	5.309	41.41	24.98	1.858	7
2.3	0.06	4.155	32.41	31.92	1.454	7
2.0	0.06	3.142	24.51	42.21	1.110	7
1.8	0.06	2.545	19.85	52.11	0.8903	7
1.6	0.05	2.011	15.69	65.95	0.7039	7

（7）镀锌钢绞线技术数据（见表 2-11）

表 2-11　镀锌钢绞线技术数据

钢丝 1×7＝7					钢丝 1×19＝19				
钢绞线直径 /mm	钢丝直径 /mm	钢丝总截面积 /mm²	单位质量/(kg/100m)	钢丝总抗拉力不小于/kN	钢绞线直径 /mm	钢丝直径 /mm	钢丝总截面积 /mm²	单位质量/(kg/100m)	钢丝总抗拉力不小于/kN
4.2	1.4	10.77	9.23	18.0	5.0	1.0	14.92	12.70	24.8
5.1	1.7	15.88	13.60	26.4	6.0	1.2	21.48	18.29	35.8
6.0	2.0	21.98	18.82	36.6	6.5	1.3	25.21	21.47	42.0
6.6	2.2	26.60	22.77	44.3	7.0	1.4	29.23	24.92	48.6
7.2	2.4	31.65	27.09	52.8	9.0	1.8	48.32	41.11	80.5
7.8	2.6	37.15	31.82	61.9	10.0	2.0	59.66	50.82	99.0
9.0	3.0	49.46	42.37	82.5	11.0	2.2	72.19	61.50	120.1
9.6	3.2	56.27	48.18	88.3	12.0	2.4	85.91	73.15	143.1
10.5	3.6	71.24	61.05	111.8	13.0	2.6	100.83	85.94	167.6
12.0	4.0	87.92	75.33	138.0	14.0	2.8	116.93	99.50	177.5
—	—	—	—	—	15.0	3.0	134.24	114.40	204.0

2.1.2　绝缘导线

2.1.2.1　常用绝缘导线的型号、名称及用途

绝缘导线分为橡胶绝缘导线和聚氯乙烯绝缘导线两类。前者简称为橡胶线；后者又称塑料绝缘导线，简称塑料线，工程中多穿管使用。

常用绝缘导线型号、名称及用途见表 2-12。

表 2-12　常用绝缘导线型号、名称及用途

型号	名称	敷设方式及主要用途	产品规格	
			芯线数	截面积/mm²
BLX	铝芯橡胶绝缘电线	固定敷设	1 2、3、4	2.5～630 2.5～120
BX	铜芯橡胶绝缘电线	固定敷设	1 2、3、4	0.75～500 1.0～95
BLXF	铝芯氯丁橡胶绝缘电线	固定敷设,尤其适用于户外	1	2.5～95
BXF	铜芯氯丁橡胶绝缘电线	固定敷设,尤其适用于户外	1	0.75～95
BXR	铜芯橡胶绝缘软线	室内安装,要求电线较柔软时用	1	0.75～400
BV	铜芯聚氯乙烯绝缘电线	用于交流 500V 及以下或直流 1000V 及以下的电气设备及电气线路,可明敷、暗敷,护套线可以直接埋地。软电线可用于安装要求柔软时使用	1	0.03～185
BV105	铜芯耐热 105℃聚氯乙烯绝缘电线		2(平型) 2、3(绞型)	0.03～10 0.03～0.75
BLV	铝芯聚氯乙烯绝缘电线		1	2.5～185
BLV105	铝芯耐热 105℃聚氯乙烯绝缘电线		2(平型)	1.5～10
BVV	铜芯聚氯乙烯绝缘聚氯乙烯护套电线		1	0.75～10
BLVV	铝芯聚氯乙烯绝缘聚氯乙烯护套电线		1	1.5～10
BVR	铜芯聚氯乙烯软电线		1	0.75～50
RV	铜芯聚氯乙烯绝缘软线	供交流 250V 及以下各种移动电器接线,耐热线供高温场所用	1	0.012～6
RV105	铜芯耐热 105℃聚氯乙烯软电线		1	0.012～6
BVP	聚氯乙烯绝缘屏蔽电线	适用于交流 250V 及以下的电器、仪表、电信、电子设备及自动化装置屏蔽线路,105 型电线线芯的长期允许工作温度应不超过+105℃,其他型号电线应不超过+65℃。安装时环境温度应不低于-15℃	1、2	0.03～0.75
BVP105	耐热 105℃聚氯乙烯绝缘屏蔽电线			
RVP	聚氯乙烯绝缘屏蔽软线		1、2	0.03～1.5
RVP105	耐热 105℃聚氯乙烯绝缘屏蔽软线			
BVVP	聚氯乙烯绝缘聚氯乙烯护套屏蔽电线	各种线芯均有镀锡铜芯和不镀锡铜芯两种	1、2、4 5、6、7、10	0.03～1.5 0.03～1.0
BXY	铜芯橡胶绝缘黑色聚乙烯护套电线	适用于室内外穿管,特别适用于寒冷地区,住宅内应采用铜芯线	1	0.75～240
BLXY	铝芯橡胶绝缘黑色聚乙烯护套电线		1	2.5～240

2.1.2.2 常用绝缘导线技术数据

(1) BX、BLX、BV、BLV型绝缘导线技术数据（见表2-13）

表2-13 BX、BLX、BV、BLV型绝缘导线技术数据

标称截面积/mm²	线芯结构(根数/单线直径)/mm	最大外径/mm			单位质量/(kg/km)						20℃时直流电阻值/(Ω/km) 不大于				参考载流量(单芯工作温度65℃)/A			
		BX BLX 1芯	BV BLV 1芯	BV BLV 2芯	BX	BLX	BV 1芯	BV 2芯平型	BLV 1芯	BLV 2芯平型	BX 1芯	BLX 2芯	BV 1芯及2芯平型	BLV 1芯及2芯平型	BX	BLX	BV	BLV
0.75	1/0.97	4.4	2.4	2.4×4.8	21.8	—	10.65	21.30	6.08	2.16	24.9	—	24.9	—	18	—	16	—
1	1/1.13	4.5	2.6	2.6×5.2	25.0	—	13.40	26.84	7.21	14.42	18.4	—	18.4	—	21	—	19	—
1.5	1/1.37	4.8	3.3	3.3×6.5	30	—	20.60	41.20	11.48	22.96	12.5	—	12.5	20.6	27	19	24	18
2.5	1/1.76	5.2	3.7	3.7×7.4	41	26.2	30.53	61.06	15.47	30.94	7.50	12.3	7.50	12.3	33	27	32	25
4	1/2.24	5.8	4.2	4.2×8.4	58.9	34.5	45.61	91.23	21.19	42.38	4.60	7.59	4.60	7.59	45	35	42	32
6	1/2.73	6.3	4.8	4.8×9.6	78.8	42.6	64.46	128.9	29.22	56.44	3.11	5.13	3.11	5.13	58	45	55	42
10	7/1.33	8.1	6.6	6.6×13.2	131.9	73.0	112.09	224.2	51.16	102.32	1.83	3.05	1.83	3.05	85	65	75	59
16	7/1.70	9.4	7.8	—	196.9	97.3	174.34	—	74.81	—	1.12	1.87	1.12	1.87	110	85	105	80
25	7/2.12	11.2	9.6	—	287.2	142.3	268.30	—	114.5	—	0.722	1.20	0.722	1.20	145	110	138	105
35	7/2.50	12.4	10.9	—	397.7	182.4	364.91	—	149.3	—	0.519	0.864	0.519	0.864	180	138	170	130
50	19/1.83		13.2				513.72		208.6		0.357	0.594	0.357	0.594	230	175	215	165
70	19/2.12		14.7				699.8		271.1		0.266	0.443	0.266	0.443	285	220	265	205
95	19/2.50		17.3				945.4		362.8		0.191	0.318	0.191	0.318	345	265	325	250
120	37/2.00		18.1				1161.3		435.3		0.153	0.255	0.153	0.255	400	310	375	285
150	37/2.24		20.1				1461.3		544.6		0.122	0.204	0.122	0.204	470	380	430	325
185	37/2.50		22.2				1796.1		661.5		0.0982	0.163	0.0982	0.163	540	420	490	380

（2）BXR 型铜芯橡胶绝缘软导线技术数据（见表 2-14）

表 2-14　BXR 型铜芯橡胶绝缘软导线技术数据

标称截面积 /mm²	线芯结构(根数/直径)/mm	绝缘厚度 /mm	最大外径 /mm	20℃时导线电阻值 不大于/(Ω/km)
0.75	7/0.37	1.0	4.5	24.5
1.0	7/0.43	1.0	4.7	18.1
1.5	7/0.52	1.0	5.0	12.1
2.5	19/0.41	1.0	5.6	7.41
4	19/0.52	1.0	6.2	4.61
6	19/0.64	1.0	6.8	3.08
10	49/0.52	1.2	8.9	1.83
16	49/0.64	1.2	10.1	1.15
25	98/0.58	1.4	12.6	0.727
35	133/0.58	1.4	13.8	0.524
50	138/0.68	1.6	15.8	0.387
70	189/0.68	1.6	18.4	0.263
95	259/0.68	1.8	20.8	0.193
120	259/0.76	1.8	21.6	0.153
150	336/0.74	2.0	25.9	0.124
185	427/0.74	2.2	26.6	0.0991

（3）RV、RVV 型绝缘软线技术数据（见表 2-15）

表 2-15　RV、RVV 型绝缘软线技术数据

标称截面积 /mm²	线芯结构（根数/线径)/mm	成品外径/mm						单位质量/(kg/km)					
		RV	RVV					RV	RVV				
			2芯	3芯	4芯	5芯	6芯		2芯	3芯	4芯	5芯	6芯
0.12	7/0.15	1.4	4.5	4.7	5.1	5.1	5.5	2.59	17.4	20.5	24.4	23.9	28.0
0.20	12/0.15	1.6	4.9	5.1	5.5	5.5	6.0	3.69	21.1	25.4	30.6	30.8	36.4
0.30	16/0.15	1.9	5.5	5.8	6.3	6.4	7.0	5.18	26.7	32.5	39.6	40.8	48.4
0.40	23/0.15	2.1	5.9	6.3	6.8	7.0	7.6	6.72	31.5	38.9	47.8	50.2	59.7
0.50	28/0.15	2.2	6.2	6.5	7.1	7.3	7.9	7.77	34.7	43.1	53.2	56.5	73.6
0.75	42/0.15	2.7	7.2	7.6	8.3	9.1	9.9	11.60	46.7	59.1	73.7	86.5	103
1.0	32/0.20	2.9	7.5	7.9	9.1	9.5	10.4	14.1	53.5	68.4	92.7	101	121
1.5	48/0.20	3.2	8.2	9.1	9.9	10.4	11.4	19.4	67.3	94.4	118	132	157
2.0	64/0.20	4.1	10.3	11.0	12.0	12.7	14.4	27.9	101	130	164	184	232
2.5	77/0.20	4.5	11.2	11.9	13.1	14.3	15.7	33.0	117	151	191	226	270
4.0	77/0.26	5.5	12.8	14.1	15.5	—	—	50.7	163	226	286	—	—
6.0	77/0.32	6.6	15.8	16.8	18.5	—	—	77.1	246	325	416	—	—

(4) RVB、RFB、RVS、RFS 型绝缘软线技术数据（见表 2-16）

表 2-16 RVB、RFB、RVS、RFS 型绝缘软线技术数据

标称截面积/mm²	线芯结构（芯数×根数/线径）/mm	最大外径/mm RVB RFB	最大外径/mm RVS RFS	参考载流量（250~500V, 65℃）/A	单位质量/(kg/km) RVB	单位质量/(kg/km) RVS
0.12	2×7/0.15	1.6×3.2	3.2	4	6.32	6.48
0.20	2×12/0.15	2.0×4.0	4.0	5.5	10.1	10.4
0.30	2×16/0.15	2.1×4.2	4.2	7	11.9	12.2
0.40	2×23×0.15	2.3×4.6	4.6	8.5	15.1	15.5
0.50	2×28/0.15	2.4×4.8	4.8	9.5	17.3	17.8
0.75	2×42/0.15	2.9×5.8	5.8	12.5	25.3	26.0
1.00	2×32/0.20	3.1×6.2	6.2	15	30.6	31.4
1.50	2×48/0.20	3.4×6.8	6.8	19	41.4	42.4
2.00	2×64/0.20	4.1×8.2	8.2	22	55.8	57.2
2.50	2×77/0.20	4.5×9.0	9.0	26	66.0	67.7

(5) BVV、BLVV 型绝缘导线技术数据（见表 2-17）

表 2-17 BVV、BLVV 型绝缘导线技术数据

标称截面积/mm²	线芯结构（根数/线径）/mm	绝缘厚度/mm	护套厚度 单/双芯	护套厚度 三芯	最大外径/mm 单芯	最大外径/mm 双芯	最大外径/mm 三芯	参考载流量/A BVV 单	BVV 双	BVV 三	BLVV 单	BLVV 双	BLVV 三
1.0	1/1.13	0.6	0.7	0.8	4.1	4.1×6.7	4.3×9.5	20	16	13	15	12	10
1.5	1/1.37	0.6	0.7	0.8	4.4	4.4×7.2	4.6×10.3	25	21	16	19	16	12
2.5	1/1.76	0.6	0.7	0.8	4.8	4.8×8.1	5.0×11.5	34	26	22	26	22	17
4.0	1/2.24	0.6	0.7	0.8	5.3	5.3×9.1	5.5×13.1	45	38	29	35	29	23
5.0	1/2.50	0.8	0.8	1.0	6.3	6.3×10.7	6.7×15.7	51	43	33	39	33	26
6.0	1/2.73	0.8	0.8	1.0	6.5	6.5×11.3	6.9×16.5	56	47	36	44	36	28
8.0	7/1.20	0.8	1.0	1.2	7.9	7.9×13.6	8.3×19.4	70	59	46	54	45	35
10.0	7/1.33	0.8	1.0	1.2	8.4	8.4×14.5	8.8×20.7	85	72	55	66	56	43

2.1.2.3 电话线、电话电缆

(1) 常用用户电话线型号及规格（见表 2-18）

表 2-18 常用用户电话线型号及规格

名称	型号	芯数/线径/mm	排列方式	绝缘厚度/mm	护套厚度/mm	外形尺寸/mm
铜芯聚氯乙烯绝缘线	HPV	2/0.5	平行	1.1	无护套	2.71×5.42

续表

名称	型号	芯数/线径/mm	排列方式	绝缘厚度/mm	护套厚度/mm	外形尺寸/mm
铜芯聚氯乙烯绝缘聚氯乙烯护套线	HBVVB HBVVS	2/0.5 2/0.6	平行 绞合	0.65	0.7	3.25×5.1
铁芯聚氯乙烯绝缘聚氯乙烯护套线	HBGVVB	2/1.2	平行	0.6	0.7	4.1×6.6

（2）铜芯聚乙烯绝缘电话电缆型号及规格（见表 2-19）

表 2-19　铜芯聚乙烯绝缘电话电缆型号及规格

型号	名称	导电线芯标称直径/mm		
		0.5	0.6	0.7
		标称线对数		
HYA	铜芯聚乙烯绝缘，铝-聚乙烯黏结组合护层电话电缆	50，80，100，150，200	50，80，100，150	30，50，80，100
HYA20	铜芯聚乙烯绝缘，铝-聚乙烯黏结组合护层裸钢铠装电话电缆	50，80，100，150，200	50，80，100，150	30，50，80，100
HYA23	铜芯聚乙烯绝缘，铝-聚乙烯黏结组合护层钢带铠装聚乙烯外护套电话电缆	50，80，100，150，200	50，80，100，150	30，50，80，100
HYA33	铜芯聚乙烯绝缘，铝-聚乙烯黏结组合护层细钢丝铠装聚乙烯外护套电话电缆	50，80，100，150，200	50，80，100，150	30，50，80，100
HYY	铜芯聚乙烯绝缘聚乙烯护套电话电缆	5，10，15，20，25，30，50，80，100，150，200	5，10，15，20，25，30，50，80，100，150	5，10，15，20，25，30，50，80，100
HYV	铜芯聚乙烯绝缘聚氯乙烯护套电话电缆	5，10，15，20，25，30，50，80，100，150，200	5，10，15，20，25，30，50，80，100，150	5，10，15，20，25，30，50，80，100
HYV20	铜芯聚乙烯绝缘聚氯乙烯护套裸钢带铠装电话电缆	50，80，100，150，200	50，80，100，150，200	30，50，80，100
HYVP	铜芯聚乙烯绝缘屏蔽型聚氯乙烯护套电话电缆	20，25，30，50，80，100，150，200	20，25，30，50，80，100，150，200	10，15，20，25，30，50，80，100

2.1.3 电缆

2.1.3.1 几种常用电缆的型号、名称及用途

几种常用电缆型号、名称及用途见表2-20。

表2-20 几种常用电缆型号、名称及用途

型号	名称	主要用途	芯线数	截面积 /mm²
VLV	铝芯聚氯乙烯绝缘聚氯乙烯护套电力电缆	敷设在室内、隧道内及管道中,不能承受机械外力作用	1	2.5~800
			2	2.5~150
			3	2.5~300
			4	4~185
VV	铜芯聚氯乙烯绝缘聚氯乙烯护套电力电缆		1	1~800
			2	1~150
			3	1~300
			4	4~185
VLV29	铝芯聚氯乙烯绝缘聚氯乙烯护套钢带铠装电力电缆	敷设在地下,能承受机械外力作用,但不能承受大的拉力	1	10~800
			2	4~150
			3	4~300
			4	4~185
VV29	铜芯聚氯乙烯绝缘聚氯乙烯护套钢带铠装电力电缆		1	10~800
			2	4~150
			3	4~300
			4	4~185
VLV30 VV30	铝(铜)芯聚氯乙烯绝缘聚氯乙烯护套裸细钢丝铠装电力电缆	敷设在室内、矿井中,能承受机械外力作用,并能承受相当大的拉力	3 (6kV)	16~300

2.1.3.2 控制电缆

（1）聚氯乙烯绝缘聚氯乙烯护套控制电缆的型号、名称及主要用途（见表2-21）

表2-21 聚氯乙烯绝缘聚氯乙烯护套控制电缆的型号、名称及主要用途

型号	名称	主要用途
KYV	铜芯聚乙烯绝缘聚氯乙烯护套控制电缆	敷设在室内、电缆沟中、管道内及地下
KVV	铜芯聚氯乙烯绝缘聚氯乙烯护套控制电缆	
KXV	铜芯橡胶绝缘聚氯乙烯护套控制电缆	
KXF	铜芯橡胶绝缘氯丁橡套控制电缆	

型号	名称	主要用途
KYVD	铜芯聚乙烯绝缘耐寒塑料护套控制电缆	敷设在室内、电缆沟中、管道内及地下
KXVD	铜芯橡胶绝缘耐寒塑料护套控制电缆	
KXHF	铜芯橡胶绝缘非燃性橡套控制电缆	
KVVP	铜芯聚氯乙烯绝缘聚氯乙烯护套编织屏蔽控制电缆	
KVVP2	铜芯聚氯乙烯绝缘聚氯乙烯护套铜带屏蔽控制电缆	
KVV22	铜芯聚氯乙烯绝缘聚氯乙烯护套钢带铠装控制电缆	敷设在室内、电缆沟中、管道内及地下，能承受较大的机械外力作用
KYV29	铜芯聚乙烯绝缘聚氯乙烯护套内钢带铠装控制电缆	
KVV29	铜芯聚氯乙烯绝缘聚氯乙烯护套内钢带铠装控制电缆	
KXV29	铜芯橡胶绝缘聚氯乙烯护套内钢带铠装控制电缆	
KVV32	铜芯聚氯乙烯绝缘聚氯乙烯护套细钢丝铠装控制电缆	
KVVR	铜芯聚氯乙烯绝缘聚氯乙烯护套控制软电缆	敷设在室内移动要求柔软等场所
KVVRP	铜芯聚氯乙烯绝缘聚氯乙烯护套编织屏蔽控制软电缆	敷设在室内移动要求柔软、屏蔽等场所

（2）控制电缆的芯数及导体标称截面积（见表2-22）

表 2-22　聚氯乙烯绝缘聚氯乙烯护套控制电缆的芯数及导体标称截面积

型号	额定电压/V	导体标称截面积/mm²							
		0.5	0.75	1.0	1.5	2.5	4	6	10
		芯数							
KVV KVVP	450/750	—	2～61				2～14		2～10
KVVP2		—	4～61				4～14		4～10
KVV22		—	7～61			4～61	4～14		4～10
KVV32		—	19～61			7～61	4～14		4～10
KVVR		4～61					—		—
KVVRP		4～61			4～48		—		—

注：1. 推荐的芯数为 2、3、4、5、7、8、10、12、14、16、19、24、27、30、37、44、48、52 和 61。

2. 阻燃聚氯乙烯绝缘控制电缆型号是在控制电缆型号前冠以"ZR"。在产品型号后加 90、105，则分别表示长期工作允许温度为 90℃、105℃，如 ZR-KVV-105 型。

3. 低烟低卤聚氯乙烯绝缘阻燃控制电缆型号是在阻燃控制电缆型号 ZR 后冠以"DL"，如 ZR-DL-KVV。其长期工作允许温度表示方法同阻燃型控制电缆。

2.1.3.3 橡套电缆

(1) 通用橡套电缆的型号、特性及主要用途(见表 2-23)

表 2-23 通用橡套电缆的型号、特性及主要用途

名称	型号	工作电压(交流)/V	长期最高工作温度/℃	主要用途及特性
轻型橡套电缆	YQ	250	65	轻型移动电气设备和日用电器电源线
	YQW			同 YQ 型。耐气候变化并具有一定的耐油性能
中型橡套电缆	YZ	500		各种移动电气设备
	YZW			同 YZ 型。耐气候变化并具有一定的耐油性能
重型橡套电缆	YC			同 YZ 型。能承受较大的机械外力
	YCW			同 YC 型。耐气候变化并具有一定的耐油性能

(2) 通用橡套电缆的规格数据(见表 2-24)

表 2-24 通用橡套电缆的规格数据

型号	标称截面积/mm²	线芯结构(芯数×根数/线径)/mm	最大外径/mm	主芯直流电阻值不大于/(Ω/km)
YQ YQW	0.3	2×16/0.15	5.5	66.3
		3×16/0.15	5.8	
	0.5	2×16/0.15	6.5	37.8
		3×16/0.15	6.8	
	0.75	2×16/0.15	7.4	25.0
		3×16/0.15	7.8	
YZ YZW	0.75	2×42/0.15	8.8	24.8
		3×42/0.15	9.3	
		3×42/0.15+1×42/0.15	10.5	
	1.0	2×32/0.20	9.1	18.3
		3×32/0.20	9.6	
		3×32/0.20+1×32/0.20	10.8	
	1.5	2×48/0.20	9.7	12.2
		3×48/0.20	10.7	
		3×48/0.20+1×32/0.20	11.4	
	2.5	2×77/0.20	13.2	7.59
		3×77/0.20	14.0	
		3×77/0.20+1×48/0.20	15.0	

续表

型号	标称截面积 /mm²	线芯结构 (芯数×根数/线径)/mm	最大外径 /mm	主芯直流电阻值 不大于/(Ω/km)
YZ YZW	4	2×77/0.26 3×77/0.26 3×77/0.26+1×77/0.20	15.2 16.0 17.6	4.49
	6	2×77/0.32 3×77/0.32 3×77/0.32+1×77/0.26	16.1 18.1 19.4	2.97
YC YCW	2.5	1×49/0.26 2×49/0.26 3×49/0.26 3×49/0.26+1×49/0.20①	8.1 13.9 14.6 16.6	7.06
	4.0	1×49/0.32 2×49/0.32 3×49/0.32 3×49/0.32+1×49/0.26①	8.5 15.0 17.0 18.0	4.66
	6.0	1×49/0.39 2×49/0.39 3×49/0.39 3×49/0.39+1×49/0.32①	9.3 17.4 18.3 19.5	3.13

① 表示线芯结构为3芯+1芯（接地线）。

（3）YH、YHL 型电焊机电缆技术数据（见表 2-25）

表 2-25　YH、YHL 型电焊机电缆技术数据

标称 截面积 /mm²	线芯结构 (根数/线径)/mm		最大外径 /mm		参考载流量 /A		线芯直流电阻 值/(Ω/km)	
	YH(铜芯)	YHL(铝芯)	YH	YHL	YH	YHL	YH	YHL
10	322/0.20	—	9.1	—	80	—	1.77	—
16	513/0.20	228/0.30	10.7	10.7	105	80	1.12	1.92
25	798/0.20	342/0.30	12.6	12.6	135	105	0.718	1.28
35	1121/0.20	494/0.30	14.0	14.0	170	130	0.551	0.888
50	1596/0.20	703/0.30	16.2	16.2	215	165	0.359	0.624
70	999/0.30	999/0.30	19.3	19.3	265	205	0.255	0.439
95	1332/0.30	1332/0.30	21.1	21.1	325	250	0.191	0.329
120	1702/0.30	1702/0.30	24.5	24.5	380	295	0.150	0.258
150	2109/0.30	2109/0.30	26.2	26.2	435	340	0.121	0.208
185	—	2590/0.30	—	28.8	—	—	—	0.169

（4）YHC 重型橡套软电缆技术数据（见表 2-26）

表 2-26　YHC 重型橡套软电缆技术数据

芯数×截面积 /mm²	导线结构 （根数/直径）/mm	绝缘厚度 /mm	护套厚度 /mm	最大外径 /mm	载流量 /A
1×2.5	49/0.26	1.0	1.5	8.1	37
1×4	49/0.32	1.0	1.5	8.7	47
1×6	49/0.39	1.0	1.5	9.3	52
1×10	84/0.39	1.2	2.0	12.5	75
1×16	84/0.49	1.2	2.0	13.8	112
1×25	133/0.49	1.4	2.5	17.3	148
1×35	133/0.58	1.4	2.5	18.6	183
1×50	133/0.68	1.6	3.0	21.8	226
1×70	189/0.68	1.6	3.0	24.1	289
1×95	259/0.68	1.8	3.0	26.3	353
1×120	259/0.76	1.8	4.0	30.4	415
2×2.5	49/0.26	1.0	2.0	13.9	30
2×4	49/0.32	1.0	2.0	15.0	39
2×6	49/0.39	1.0	2.5	17.4	51
2×10	84/0.39	1.2	3.0	22.7	74
2×16	84/0.49	1.2	3.0	25.1	98
2×25	133/0.49	1.4	4.0	32.1	135
2×35	133/0.58	1.4	4.0	34.8	167
2×50	133/0.68	1.6	4.0	38.7	208
2×70	189/0.68	1.6	5.0	45.8	259
2×95	259/0.68	1.8	5.0	50.1	318
2×120	259/0.76	1.8	5.0	53.5	371
3×2.5	49/0.26	1.0	2.0	14.6	26
3×4	49/0.32	1.0	2.5	17.0	34
3×6	49/0.39	1.0	2.5	18.3	43
3×10	84/0.39	1.2	3.0	23.9	63
3×16	84/0.49	1.2	3.0	26.5	84
3×25	133/0.49	1.4	4.0	33.9	115
3×35	133/0.58	1.4	4.0	36.8	142
3×50	133/0.68	1.6	5.0	43.4	176
3×70	189/0.68	1.6	5.0	48.4	224
3×95	259/0.68	1.8	5.0	53.1	273
3×120	259/0.76	1.8	5.0	56.7	316
3×2.5+1×1.5	49/0.6+19/0.32	1.0	2.5	16.6	27
3×4+1×2.5	49/0.32+49/0.26	1.0	2.5	18.0	34
3×6+1×4	49/0.39+49/0.32	1.0	2.5	19.5	44
3×10+1×6	84/0.39+49/0.39	1.2+1.0	3.0	24.9	63
3×16+1×6	84/0.49+49/0.39	1.2+1.0	3.0	28.2	84
3×25+1×10	133/0.49+84/0.39	1.4+1.2	4.0	36.0	116
3×35+1×10	133/0.58+84/0.39	1.4+1.2	4.0	38.6	143
3×50+1×16	133/0.68+84/0.49	1.6+1.2	5.0	45.8	177
3×70+1×25	189/0.68+133/0.48	1.6+1.4	5.0	51.5	224
3×95+1×35	259/0.68+133/0.58	1.8+1.4	5.0	56.8	273
3×120+1×35	259/0.76+133/0.58	1.8+1.4	5.0	60.0	316

　　注：载流量是指电缆长期允许工作温度 65℃，环境温度 25℃时的电流。

（5）YHD、YHQ 轻型和 YHZ 中型橡套软电缆技术数据（见表 2-27）

表 2-27　YHD、YHQ、YHZ 型橡套软电缆技术数据

芯数×截面积 /mm²	导线结构 （根数/直径）/mm	绝缘厚度 /mm	护套厚度 /mm	最大外径 /mm	载流量 /A
YHD 轻型橡套软电缆					
2×0.3	16/0.15	0.5	0.8	5.5	7
2×0.5	28/0.15	0.5	1.0	6.5	11
2×0.75	42/0.15	0.6	1.0	7.4	14
YHQ 轻型橡套软电缆					
3×0.3	16/0.15	0.5	0.8	5.8	6
3×0.5	28/0.15	0.5	1.0	6.8	9
3×0.75	42/0.15	0.6	1.0	7.8	12
YHZ 中型橡套软电缆					
2×0.5	28/0.15	0.8	1.2	8.3	12
2×0.75	42/0.15	0.8	1.2	8.8	14
2×1.0	32/0.20	0.8	1.2	9.1	17
2×1.5	48/0.20	0.8	1.2	9.7	21
2×2.0	64/0.20	0.8	1.4	10.9	26
2×2.5	77/0.20	1.0	1.6	13.2	30
2×4	77/0.26	1.0	1.8	15.2	41
2×6	77/0.32	1.0	1.8	16.7	53
3×0.5	28/0.15	0.8	1.2	8.7	10
3×0.75	42/0.15	0.8	1.2	9.3	12
3×1.0	32/0.20	0.8	1.2	9.6	14
3×1.5	48/0.20	0.8	1.4	10.7	18
3×2.0	64/0.20	0.8	1.4	11.5	22
3×2.5	77/0.20	1.0	1.6	14.0	25
3×4	77/0.26	1.0	1.8	16.0	35
3×6	77/0.32	1.0	2.0	18.1	45
3×0.5+1×0.5	28/0.15	0.8	1.2	9.5	10
3×0.75+1×0.75	42/0.15	0.8	1.4	10.5	11
3×1.0+1×1.0	32/0.2	0.8	1.4	10.8	13
3×1.5+1×1.0	48/0.2+32/0.2	0.8	1.4	11.4	18
3×2+1×1.0	64/0.2+32/0.2	0.8	1.6	12.6	22
3×2.5+1×1.5	77/0.2+48/0.2	1.0+0.8	1.8	15.0	25
3×4+1×2.5	77/0.26+48/0.20	1.0	2.0	17.6	35
3×6+1×4	77/0.32+77/0.26	1.0	2.0	19.4	45

2.1.3.4 标准型预制分支电缆

预制分支电缆是电缆生产企业在生产电缆时预制带有分支线的电缆，主要用作高层建筑中竖井配线。它具有与绝缘母线槽相同的功能。常用的预制分支电缆有以下型号。

VV型：采用PVC绝缘及PVC外护套电缆预制的分支电缆，为常用户内的电缆。

YJV型：采用XLPE绝缘及PVC外护套电缆预制的分支电缆，具有优异的热稳定性和抗老化性，且耐化学腐蚀和耐水。

ZR-VV型：采用PVC绝缘及PVC外护套电缆预制的分支电缆，除具有VV型分支电缆的性能外，还具有阻燃性能。

ZR-YJV型：采用XLPE绝缘及PVC外护套电缆预制的分支电缆，性能与ZR-VV型类同。

NH-VV型：采用PVC绝缘及PVC外护套电缆预制的分支电缆，是在VV型电缆的基础上增加了一层云母类耐火层，为耐火电缆。

（1）标准型预制分支电缆规格（见表2-28）

表2-28　标准型预制分支电缆规格

主干电缆		分支电缆	分支接头			
截面积 /mm²	外径 D /mm	截面积 /mm²	d_1/mm	d_2 /mm	L /mm	图示
10	9.0	10	$(2.5 \sim 3)D$	1.7D	120	
16	9.5	10~16	$(2.5 \sim 3)D$	1.7D	120	
25	11.6	10~25	$(2.5 \sim 3)D$	1.7D	125	
35	12.0	10~35	$(2.5 \sim 3)D$	1.7D	125	
50	14.0	10~50	$(2.5 \sim 3)D$	1.7D	125	
70	16.0	10~50	$(2.5 \sim 3)D$	1.7D	125	
95	18.0	10~50	$(2.5 \sim 3)D$	1.7D	125	
120	20.0	10~50	$(2.5 \sim 3)D$	1.7D	125	
150	22.0	10~70	$(2.5 \sim 3)D$	1.7D	125	
185	24.0	10~70	$(2.5 \sim 3)D$	1.7D	125	
240	27.0	10~70	$(2.5 \sim 3)D$	1.7D	150	
300	30.0	10~70	$(2.5 \sim 3)D$	1.7D	150	
400	34.0	10~70	$(2.5 \sim 3)D$	1.7D	150	
500	37.0	10~70	$(2.5 \sim 3)D$	1.7D	175	
630	41.0	10~95	$(2.5 \sim 3)D$	1.7D	175	
800	46.0	10~95	$(2.5 \sim 3)D$	1.7D	185	
1000	51.0	10~95	$(2.5 \sim 3)D$	1.7D	185	

主干电缆
连接件
绝缘护套
分支电缆

分支接头外形

(2) 预制分支电缆主要技术参数

预制分支电缆主要技术参数见表 2-29。

预制分支电缆运行条件见表 2-31。

表 2-29 预制分支电缆主要技术参数

电缆标称截面积/mm²	电缆额定电流/A		电缆参考外径/mm		电压降/[mV/(A·m)]
	YJV 型	VV 型	YJV 型	VV 型	YJV 型
10	80	72	9.0	10.0	4.05
16	110	97	9.5	11.0	2.56
25	146	132	11.6	13.0	1.63
35	183	162	12.9	14.0	1.19
50	223	204	14.0	16.5	0.90
70	290	253	15.9	18.5	0.65
95	354	272	17.8	19.4	0.50
120	414	356	19.8	21.0	0.42
150	480	410	21.8	23.2	0.37
185	552	465	24.9	25.8	0.33
240	656	552	27.9	29.0	0.29
300	760	636	30.8	32.1	0.28
400	915	757	34.4	35.8	0.26
500	1046	886	38.2	39.6	0.25
630	1161	1025	43.1	43.8	0.25
800	1440	1290	48.0	48.3	0.24
1000	1560	1336	53.2	53.7	0.24

注：1. 额定电流是在环境温度为 25℃ 条件下的值，当周围实际环境温度不为 25℃ 时，应按表 2-30 的校正系数加以修正。

2. 电压降是流过 1A 电流、在长度 1m 的电缆中的电压降值。

表 2-30 温度校正系数 K

实际温度/℃	30	35	40	45
校正系数 K	0.95	0.90	0.85	0.80

表 2-31 预制分支电缆运行条件

电缆型号	YJV 型	VV 型
线芯最高工作温度/℃	90	70
环境温度/℃	25	
单芯电缆排列(S=2D)		
功率因数	0.8	

2.1.3.5　耐火电缆和隔氧层阻燃电缆

（1）耐火电缆

耐火电缆的主要品种有耐火电力电缆、耐火控制电缆和耐火建筑用电缆等。一般可按以下要求选用。

① 应根据使用场所的重要性和火灾后的危害程度合理地选用耐火电缆的耐火级别。

耐火电缆分为四级，见表 2-32。其中 A 类电缆试验火焰温度为 950～1000℃，B 类电缆试验火焰温度为 750～800℃。

表 2-32　耐火电缆的分级

	NH-ⅠA	耐火一级 A 类
耐火一级	NH-ⅠB	耐火一级 B 类
耐火二级	NH-ⅡA	耐火二级 A 类
	NH-ⅡB	耐火二级 B 类
耐火三级	NH-ⅢA	耐火三级 A 类
	NH-ⅢB	耐火三级 B 类
耐火四级	NH-ⅣA	耐火四级 A 类
	NH-ⅣB	耐火四级 B 类

对于有多根电缆明敷配置比较重要的场所（如发电厂等），或位于油管、熔化金属溅落等可能波及的场所，可选用耐火 A 类电缆。

对于安全要求特别高、特殊消防系统等要害部位及各种条件恶劣的危险区域中使用的电缆，可选用矿用绝缘耐火电缆（MI 电缆）。

② 由于火灾时周围环境温度很高，因此在选择电缆截面积时，应比正常时所选截面积提高一挡。

（2）隔氧层阻燃电缆

常用的阻燃电缆产品有铜芯交联聚乙烯电缆，型号为 WD-YJT，如外加铠装则型号为 WD-YJT22。对于有高阻燃要求的场所，可采用隔氧电缆。其型号是在普通电缆型号后加 GZR，其外径比普通电缆大 2～3mm。

对于工厂中的燃煤、燃油系统等火灾概率较高、影响较大的场所，对于地铁等地下客运场所或商业中心等人流集中的场所，以及重要的工业与公共设施等，应采用低烟、低毒的阻燃性电缆。隔氧层阻燃电缆技术数据见表 2-33。

表 2-33　隔氧层阻燃电缆技术数据

规格 （芯数×截面积） /mm²	空气中载流量/A T＝30℃		外径 /mm	导体非金属 材料截面积 /mm²	同规格电缆并 列敷设允许根数 按 1.5 倍 A 类
	GZR-VV	GZR-YJV			
3×50	140	172	29	510	20
3×70	175	218	33	645	16
3×95	214	269	38	849	12
3×120	247	313	42	1025	10
3×150	293	359	46	1212	9
3×185	332	416	49	1313	8
3×240	396	497	55	1656	6
3×50＋1×25	140	175	30.4	550	19
3×70＋1×35	175	220	34	662	16
3×95＋1×50	214	270	38	798	13
3×120＋1×70	247	315	44	1090	10
3×150＋1×70	293	360	47	1215	9
3×180＋1×95	332	420	52	1474	7
3×240＋1×120	396	500	58	1802	6
4×50	140	175	33	655	16
4×70	175	220	37	795	13
4×95	214	270	42	1005	10
4×120	247	315	46	1182	9
4×150	293	360	51	1443	7
4×185	332	420	55	1636	6
4×240	396	500	61	1962	5
3×25＋2×16	90	140	31	618	17
3×50＋2×25	113	171	35	762	14
3×70＋2×35	139	214	40	977	11
3×95＋2×50	173	262	46	1277	8
3×120＋2×70	199	304	50	1463	7
3×150＋2×70	225	340	56	1873	6
3×185＋2×95	263	400	60	2082	5

规格 （芯数×截面积） /mm²	空气中载流量/A T＝30℃		外径 /mm	导体非金属 材料截面积 /mm²	同规格电缆并 列敷设允许根数 按 1.5 倍 A 类
	GZR-VV	GZR-YJV			
3×240＋2×120	311	479	70	2888	4
4×35＋1×16	90	140	32	648	16
4×50＋1×25	113	171	37	850	12
4×70＋1×35	139	214	42	1070	10
4×95＋1×50	173	262	48	1380	7
4×120＋1×70	199	304	53	1656	6
4×150＋1×70	225	340	59	2064	5
4×185＋1×95	263	400	66	2586	4
4×240＋1×120	311	479	73	3105	3
5×35	90	140	33	680	15
5×50	113	171	38	884	12
5×70	139	214	44	1170	9
5×95	173	262	47	1260	8
5×120	199	304	51	1443	7
5×150	225	340	61	2172	5
5×180	263	400	64	2292	5
5×240	311	479	77	3457	3

2.1.3.6 同轴电缆

同轴电缆又称射频电缆，用于电视系统中传输电视信号。常用同轴电缆的型号及技术参数见表 2-34。

表 2-34　常用同轴电缆型号及技术参数

型号	芯线 外径 /mm	绝缘 外径 /mm	电缆 外径 /mm	特性 阻抗 /Ω	衰减常数/（dB/100m）			适用范围
					30 MHz	200 MHz	800 MHz	
SYKV-75-5	1.10	4.7	7.3	75±3	4.1	11	22	楼内支线
SYKV-75-9	1.90	9.0	12.4	75±2.5	2.4	6	12	干线
SYKV-75-12	2.60	11.5	15.0	75±2.5	1.6	4.5	10	干线
SDVC-75-5	1.00	4.8	6.8	75±3	4	10.8	22.5	楼内支线
SDVC-75-7	1.60	7.3	10.0	75±2.5	2.6	7.1	15.2	支线或干线
SDVC-75-9	2.00	9.0	12.0	75±2.5	2.1	5.7	12.5	干线
SDVC-75-12	2.60	11.5	14.4	75±2.5	1.7	4.5	10	干线

2.1.3.7 电子计算机用屏蔽控制电缆

(1) 电子计算机用屏蔽控制电缆型号、名称及使用条件（见表 2-35）

表 2-35 电子计算机用屏蔽控制电缆型号、名称及使用条件

型号	名称	使用条件
DJYVP	聚乙烯绝缘总屏蔽聚氯乙烯护套电子计算机用电缆	① 固定敷设在室内、电缆沟或管道内 ②电缆长期工作温度为—20~65℃ ③电缆敷设温度不低于0℃，弯曲半径不小于电缆外径的10倍
DJYPV	聚乙烯绝缘组屏蔽聚氯乙烯护套电子计算机用电缆	
DJYPVP	聚乙烯绝缘组屏蔽总屏蔽聚氯乙烯护套电子计算机用电缆	
DJYVPR	聚乙烯绝缘总屏蔽聚氯乙烯护套电子计算机用软电缆	
DJYPVR	聚乙烯绝缘组屏蔽聚氯乙烯护套电子计算机用软电缆	
DJYPVPR	聚乙烯绝缘组屏蔽总屏蔽聚氯乙烯护套电子计算机用软电缆	
DJFVP	氟塑料绝缘总屏蔽聚氯乙烯护套电子计算机用电缆	① 固定敷设在室内、电缆沟或管道中 ②电缆长期工作温度为—20~200℃ ③电缆的敷设温度不低于0℃，电缆的弯曲半径不小于电缆外径的10倍
DJFPV	氟塑料绝缘组屏蔽聚氯乙烯护套电子计算机用电缆	
DJFPVP	氟塑料绝缘组屏蔽总屏蔽聚氯乙烯护套电子计算机用电缆	
DJFVPR	氟塑料绝缘总屏蔽聚氯乙烯护套电子计算机用软电缆	
DJFPVR	氟塑料绝缘组屏蔽聚氯乙烯护套电子计算机用软电缆	
DJFPVPR	氟塑料绝缘组屏蔽总屏蔽聚氯乙烯护套电子计算机用软电缆	

(2) 电子计算机用屏蔽控制电缆电气性能指标（见表 2-36）

表 2-36 电子计算机用屏蔽控制电缆电气性能指标

项目	截面积/mm²			
	0.5	0.75	1.0	1.5
20℃时直流电阻(R 型线芯)不大于/(Ω/km)	37.6	25.5	18.5	12.4
	39.0	26.0	19.0	13.5
20℃时绝缘电阻不小于/(MΩ/km)	1000	1000	1000	1000
电压试验/(V/min)	1500	1500	1500	1500

续表

项目	截面积/mm²			
	0.5	0.75	1.0	1.5
工作电容不大于/(nF/km)	115	115	115	115
1kHz 时电容不平衡不大于/(pF/250m)	250	250	250	250
L/R 不大于/(μH/Ω)	25	25	25	25
400A/m 时抗电磁干扰不大于/mV	200	200	200	200
10kV 时抗静电干扰/V	1	1	1	1

（3）电子计算机用屏蔽控制电缆规格、外径及单位质量（见表 2-37）

表 2-37　电子计算机用屏蔽控制电缆规格、外径及单位质量

电缆对数	线芯结构（芯线单根直径）/mm	外径/mm DJYPV DJYP2V DJYP3V	单位质量/(kg/km)			外径/mm DJYPVP DJYP2VP2 DJYP3VP3	单位质量/(kg/km)		
			DJYPV	DJYP2V	DJYP3V		DJYPVP	DJYP2VP2	DJYP3VP3
1	1/1.01	8.9	100.7	91.5	72.3	—	—	—	—
2	1/1.01	15.2	220.7	200.6	161.0	16.2	267.9	243.5	190.9
3	1/1.01	16.1	287.1	261.0	202.5	17.1	351.2	319.3	234.0
4	1/1.01	17.6	358.1	325.5	248.0	18.6	448.5	407.7	281.7
5	1/1.01	19.2	430.9	391.7	295.1	20.2	574.0	521.8	329.5
7	1/1.01	22.0	598.6	544.2	409.5	23.0	709.2	644.7	450.6
8	1/1.01	23.9	688.6	626.0	474.0	24.9	819.3	744.8	518.0
9	1/1.01	25.5	785.8	714.4	542.3	26.5	917.1	833.7	589.3
10	1/1.01	27.6	839.3	763.0	570.2	28.6	980.7	891.5	620.5
12	1/1.01	28.5	964.7	877.0	619.3	29.5	1110.5	1009.5	698.3

2.2　电瓷、铝片卡、钢索及线槽布线安装材料

2.2.1　电瓷材料

2.2.1.1　瓷瓶、瓷柱和瓷接头

（1）瓷瓶、瓷柱

瓷瓶有针式瓷瓶和蝶式瓷瓶两种。瓷柱又称鼓形瓷瓶。瓷瓶和

瓷柱的选择见表 2-38。

表 2-38　瓷瓶、瓷柱型号的选择

导线截面积 /mm²	针式瓷瓶	蝶式瓷瓶	瓷柱(鼓形瓷瓶)
10 以下	PD-1,PD-3	ED-3,ED-4	导线半径与瓷柱颈部半径相当
16～50	PD₁-2	ED-2	G-20,G-35
75 以上	PD₁-1	ED-1	G-38,G-50

(2) 瓷接头

瓷接头有一路两眼、二路四眼、二路五眼和三路六眼等规格。瓷接头规格参数见表 2-39。瓷接头常用于塑料线槽布线和电热丝的连接。

表 2-39　瓷接头规格参数

用途	规格	长度 /mm	宽度 /mm	高度 /mm	线孔直径 /mm	紧固螺钉规格 /mm
配线用	一路两眼	12	23	16	3.8～4	M3×5(小高平头)
	二路四眼	22				
	二路五眼	30				
	三路六眼	32				
电炉用	一路两眼	17	34	21	6.5～7	M4×8(高平头)
	二路四眼	28				
	二路五眼	38				
	三路六眼	41				

2.2.1.2　瓷夹板和塑料线夹

(1) 瓷夹板的选择（见表 2-40）

表 2-40　瓷夹板的选择

导线截面积 /mm²	瓷夹板型号	线槽数	瓷夹板尺寸 (长×宽×高×孔径)/mm
1～4	N-240	2	40×20×20×6
	N-251	2	51×22×24×7
6～10	N-364	3	64×27×29×7
	N-376	3	76×30×29×7

(2) 塑料线夹

塑料线夹的类型较多，有以下几类。

① 塑料夹板。夹板分上下两片，形状与瓷夹板类似，安装方式也同瓷夹板。

② 塑料圆形单芯线夹规格尺寸见表 2-41。

表 2-41　圆形单芯线夹规格尺寸

规格	最大直径/mm	高度/mm		配用导线/mm²	安装间距/mm
		底座	总高		
单线 16mm²	35	17	28	10～16	≤1500
双线 2.5mm²	23	7	16	1.5～2.5	≤600
双线 6mm²	28	11	22	4～6	≤800
三线 2.5mm²	28	8	18	1.5～2.5	≤600

③ 长方形单芯线夹规格尺寸见表 2-42。

表 2-42　长方形单芯线夹规格尺寸

规格	长/mm	宽/mm	总高/mm	配用导线/mm²	备注
二线	27	15	15	1～2.5	用一只尼龙螺钉
三线	37	15	15	1～2.5	用两只尼龙螺钉

④ 圆形护套线夹规格尺寸见表 2-43。

表 2-43　圆形护套线规格尺寸

规格	最大直径/mm	高度/mm	配用导线/mm²	备注
二、三芯通用型	24	15	二芯 1～2.5；三芯 1～2.5	底座呈八角形，内附安装二芯线时衬套一只
二芯专用型	22	15	1～2.5	
三芯专用型	30	18	1～2.5	

⑤ 推入式护套线夹规格尺寸见表 2-44。

表 2-44　推入式护套线夹规格尺寸

规格	长/mm	宽/mm	高/mm	配用导线/mm²
二芯	18	13	7	1～2.5
三芯	21	13	7	1～2.5

2.2.2　绑扎线、水泥钉和木螺钉

2.2.2.1　瓷瓶及瓷柱的绑扎线

导线在瓷瓶、瓷柱上绑扎，可按表 2-45 选择绑扎线及确定绑扎圈数。

表 2-45　绑扎线的直径和绑扎圈数

导线截面积 /mm²	绑扎线直径/mm			绑扎圈数 不少于
	纱包铁芯线	铜芯线	铝芯线	
1.5～10	0.8	1.0	2.0	5
10～35	0.89	1.4	2.0	5
50～70	1.2	2.0	2.6	5
95～120	1.24	2.6	3.0	5

橡胶绝缘导线应采用纱包铁芯线绑扎；塑料绝缘导线及氯丁橡胶绝缘导线应采用同颜色的聚氯乙烯铜芯线或铝芯线绑扎。

2.2.2.2　水泥钉和木螺钉

(1) 水泥钉

水泥钉又叫特种钢钉。它有很高的强度和良好的韧性。水泥钉分 T 型和 ST 型两种。其中 T 型为光杆，可用于混凝土墙、砖墙；ST 型杆部有拉丝，仅用于钉薄钢板。

部分水泥钉型号规格尺寸见表 2-46。

表 2-46　部分水泥钉型号规格尺寸

型号规格	d/mm	L/mm	D/mm	型号规格	d/mm	L/mm	D/mm
T20×20	2	20	4	T45×80	4.5	80	9
T26×25	2.6	25	5.3	T50×100	5.0	100	10.5
T26×35		35		T50×120		120	
T30×30	3	30	6	ST37×25	3.7	25	7.5
T30×40		40		ST37×30		30	
T37×30	3.7	30	7.5	ST37×40		40	
T37×40		40		ST37×50		50	
T37×50		50		ST37×60		60	
T37×60		60		ST45×60	4.5	60	9
T45×60	4.5	60	9	ST45×80		80	

注：d 为杆部直径，L 为杆长，D 为钉帽直径。

(2) 圆头木螺钉和平头木螺钉规格尺寸（见表 2-47）

表 2-47　圆头木螺钉和平头木螺钉规格尺寸

号码	公称直径 /mm	螺杆直径 /mm	螺杆长度 L/mm
7	4	3.81	12～70
8	4	4.17	12～70

号码	公称直径 /mm	螺杆直径 /mm	螺杆长度 L/mm
9	4.5	4.52	16～85
10	5	4.88	18～100
12	5	5.59	18～100
14	6	6.30	25～100
16	6	7.01	25～100
18	8	7.72	40～100
20	8	8.43	40～100
24	10	9.86	70～120

2.2.3 铝片卡、塑料线钉和膨胀螺栓

2.2.3.1 铝片卡和塑料线钉

(1) 铝片卡

铝片卡又称钢精轧头，厚度为 0.35mm。其形状如图 2-1 所示，其规格尺寸及与塑料护套线的配用见表 2-48。

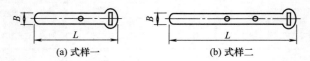

(a) 式样一　　　　　　　　(b) 式样二

图 2-1　铝片卡形状

表 2-48　铝片卡规格尺寸及与塑料护套线的配用

规格	总长 L /mm	条形宽度 B /mm	配用塑料护套线的规格范围/mm²	
			双芯	三芯
0 号	28	5.6	0.75～1,单根	—
1 号	40	6	1.5～4,单根	0.75～1.5,单根
2 号	48	6	0.75～1.5,两根并装	2.5～4,单根
3 号	59	6.8	2.5～4,两根并装	0.75～1.5,两根并装
4 号	66	7	—	2.5,两根并装
5 号	73	7	—	4,两根并装

(2) 塑料线钉

塑料线钉又称塑料钢钉电线卡，用于明敷绝缘电线、塑料护套

线、电话线、闭路电视同轴电缆等。其外形如图 2-2 所示。塑料线钉的规格及与塑料护套线的配用见表 2-49。

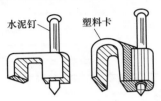

水泥钉　　塑料卡

图 2-2　塑料线钉外形

表 2-49　塑料线钉的规格及与塑料护套线的配用

规格	固定方式	配用塑料护套线的规格范围/mm²
0 号	单边	1,双芯(单根)
1 号	单边	1.5,双芯(单根)
2 号	单边	2.5,双芯(单根)
3 号	双边	1,双芯(两根并装)
4 号	双边	1.5,双芯(两根并装)
5 号	双边	2.5,双芯(两根并装)

2.2.3.2　塑料及金属膨胀螺栓

(1) 塑料膨胀螺栓

塑料膨胀螺栓又称塑料胀管。其型号规格见表 2-50。

表 2-50　塑料胀管型号规格

型号	Ⅰ(甲)型				Ⅱ(乙)型			
直径 ϕ/mm	6	8	10	12	6	8	10	12
长度 L/mm	31	48	59	60	36	42	46	64

(2) 塑料膨胀螺栓配用的木螺钉选用

木螺钉长度按下式计算：

$$l_1 = A + B + l$$

式中　l_1——木螺钉长度；

　　　A——被固定件厚度；

　　　B——塑料膨胀螺栓深入墙体的深度；

　　　l——塑料膨胀螺栓（胀管）长度。

l_1 计算出来后，按表 2-47 选用木螺钉的长度，并按表 2-51 选择木螺钉的直径。

表 2-51　塑料胀管用木螺钉直径选用

塑料膨胀螺栓直径 /mm	配用木螺钉直径	
	公制/mm	英制（号码）
6	3.5、4	6、7、8
8	4、4.5	8、9
10	4.5、5.5	9、10
12	5.5、6	12、14

（3）金属膨胀螺栓

金属膨胀螺栓又称膨胀螺栓。其与混凝土结构钻孔直径配合见表 2-52。

表 2-52　金属膨胀螺栓与混凝土结构钻孔直径配合

金属膨胀螺栓直径	M6	M8	M10	M12
混凝土结构钻孔直径/mm	10	12	14	16

（4）膨胀螺栓规格与钻孔直径、钻孔深度的配合及膨胀螺栓承装荷载（见表 2-53）

表 2-53　膨胀螺栓规格与钻孔配合及螺栓承装荷载

胀管类型	规格/mm						承装荷载允许拉力 /×10N	承装荷载允许剪力 /×10N
	胀管		螺钉或沉头螺栓		钻孔			
	外径	长度	直径	长度	直径	深度		
塑料膨胀螺栓	6	30	3.5	按	7	35	11	7
	7	40	3.5	需	8	45	13	8
	8	45	4.0	要	9	50	15	10
	9	50	4.0	选	10	55	18	12
	10	60	5.0	择	11	65	20	14
金属膨胀螺栓	10	35	6	按	10.5	40	240	160
	12	45	8	需	12.5	50	440	300
	14	55	10	要	14.5	60	700	470
	18	65	12	选	19.0	70	1030	690
	20	90	16	择	23.0	100	1940	1300

2.2.4　钢索及其安装配件

2.2.4.1　钢索（钢丝绳）

用于布线的钢索规格的选择见表 2-54。钢索截面积不宜小于 $10mm^2$。

表 2-54 钢索规格的选择

7×6 或 7×7 钢索外径 /mm	1×7 或 1×9 镀锌钢丝绳外径 /mm	最大使用 拉力/N	固定点 间距 /m	钢索上吊挂灯 具等的允许质量 /kg
4.6	4.2	4000	≤20	20
5.6	6	6000	≤20	45
6.5	6.6	10000	≤20	60

2.2.4.2 安装配件

(1) 心形环

心形环用来保护钢丝绳弯曲部分受力时不易折断。心形环由槽形钢片弯制而成，镀锌。心形环的结构尺寸如图 2-3 所示。其规格尺寸及允许负荷见表 2-55。

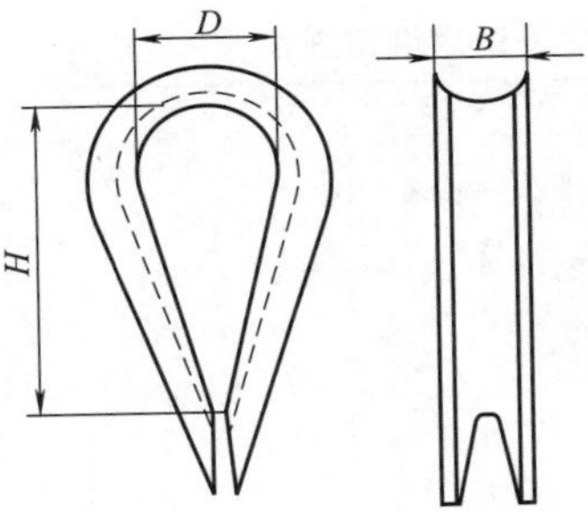

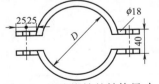

图 2-3 心形环的结构尺寸

表 2-55 心形环规格尺寸及允许负荷

规格	允许负荷 /kN	主要尺寸/mm		
		D	H	B
0.6	5.9	35	56	18
1.0	9.8	45	72	23
1.7	16.7	55	88	27
3.0	29.4	75	120	38

注：表中 D、H、B 代表的尺寸如图 2-3 所示。

(2) 抱箍

抱箍又称拉线抱箍，由两根镀锌扁钢弯制而成。其结构尺寸如图 2-4 所示。拉线抱箍的尺寸见表 2-56。

图 2-4 拉线抱箍的结构尺寸

表 2-56 拉线抱箍的尺寸

D/mm	展开长度/mm
160	660
210	780
260	980

注：D 表示的尺寸如图 2-4 所示。

(3) 钢索卡子

钢索卡子又称钢索轧头。它用一般可锻铸铁或高强度可锻铸铁制成，与心形环、花篮螺栓及抱箍（串在其螺栓上）等配合，用于夹紧钢索末端。钢索卡子的外形及结构尺寸如图2-5所示。其规格尺寸及适用钢索规格见表2-57。

 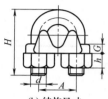

（a）外形 　　　　（b）结构尺寸

图 2-5　钢索卡子的结构尺寸

表 2-57　钢索卡子规格尺寸及适用钢索规格

型号	适用钢索最大直径/mm	主要尺寸/mm							
		螺栓直径 d	螺母高度 h	一般可锻铸铁制造			高强度可锻铸铁制造		
				螺栓中心距 A	螺栓全高 H	底板厚度 G	螺栓中心距 A	螺栓全高 H	底板厚度 G
Y-6	6	M6	5	14	35	8	13	30	5
Y-8	8	M8	6	18	44	10	17	38	6
Y-10	10	M10	8	22	55	13	21	48	7.5
Y-12	12	M12	10	28	69	16	25	58	9
Y-15	15	M14	11	33	83	19	30	69	11
Y-20	20	M16	13	39	96	22	37	86	13
Y-22	22	M18	14	44	108	24	41	94	14
Y-25	25	M20	16	49	122	27	46	106	16.5
Y-28	28	M22	18	55	137	31	51	119	18
Y-32	32	M24	19	60	149	33	57	130	19
Y-40	40	M24	19	67	164	35	65	148	19.5
Y-45	45	M27	22	78	188	40	73	167	23
Y-50	50	M30	24	88	210	44	81	185	25

注：表中各部位尺寸如图2-5（b）所示。

（4）花篮螺栓

花篮螺栓又称花篮丝、紧线扣。它用于拉紧钢索，并起调节松紧的作用。根据其端头结构的不同，分为 OO、CC、CO 三种类型。其中，OO 型用于不经常拆卸的场所；CC 型用于经常拆卸的场所；CO 型用于一端经常拆卸另一端不经常拆卸的场所，也是最常用的一种。各类花篮螺栓的结构尺寸分别如图 2-6（a）～（c）所示。其规格尺寸及适用钢索规格见表 2-58。

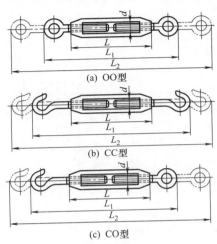

(a) OO型

(b) CC型

(c) CO型

图 2-6 花篮螺栓的结构尺寸

表 2-58 花篮螺栓规格尺寸及适用钢索规格

类型	螺旋扣号码	允许负荷/N	适用钢索最大直径/mm	主要尺寸/mm					
				左右螺杆直径	螺旋扣本体长	开式全长		闭式全长	
						最小	最大	最小	最大
				d	L	L_1	L_2	L_1	L_2
OO 型	0.1	1000	6.5	M6	100	164	242	—	—
	0.2	2000	8	M8	125	199	291	199	291
	0.3	3000	9.5	M10	150	246	358	246	354
	0.4	4300	11.5	M12	200	314	456	314	456
	0.8	8000	15	M16	250	386	582	386	572
	1.3	13000	19	M20	300	470	690	470	680
	1.7	17000	21.5	M22	350	540	806	540	806
	1.9	19000	22.5	M24	400	610	922	610	914
	2.4	24000	28	M27	450	680	1030	—	—
	3.0	30000	31	M30	450	700	1050	—	—
	3.8	38000	34	M33	500	770	1158	—	—
	4.5	45000	37	M36	550	840	1270	—	—

类型	螺旋扣号码	允许负荷/N	适用钢索最大直径/mm	主要尺寸/mm						
				左右螺杆直径	螺旋扣本体长	开式全长		闭式全长		
						最小	最大	最小	最大	
				d	L	L_1	L_2	L_1	L_2	
CC型	0.07	700	2.2	M6	100	180	258	—	—	
	0.1	1000	3.3	M8	125	225	317	225	317	
	0.2	2300	4.5	M10	150	266	378	266	374	
	0.3	3200	5.5	M12	200	334	476	334	476	
	0.6	6300	8.5	M16	250	442	638	442	628	
	0.9	9800	9.5	M20	300	520	740	520	730	
CO型	0.07	700	2.2	M6	100	172	250	—	—	
	0.1	1000	3.3	M8	125	212	304	212	304	
	0.2	2300	4.5	M10	150	256	368	256	366	
	0.3	3200	5.5	M12	200	324	466	324	466	
	0.6	6300	8.5	M16	250	414	610	414	605	
	0.9	9800	9.5	M20	300	495	715	495	710	

注：表中各部位尺寸如图2-6所示。

2.2.5 线槽及其安装配件

2.2.5.1 PVC线槽及其配件

PVC阻燃线槽又称PVC塑料线槽，呈白色，它由难燃的聚氯乙烯塑料经阻燃处理制成。线槽由底板和盖板两部分组成。两板通过钩状槽相互结合，将导线放入底板槽内，然后压上盖板，两板便紧扣在一起。若要取下盖板，只要用手一扳即可，装、拆很方便。

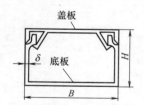

图2-7 塑料线槽剖面形状及尺寸

塑料线槽剖面形状如图2-7所示。

根据槽宽和槽高的不同，塑料线槽有数种规格，见表2-59。

表2-59 PVC线槽规格

编号	规格/mm×mm	尺寸/mm		
		宽(B)	高(H)	壁厚(δ)
GA15	15×10	15	10	1.0
GA24	24×14	24	14	1.2

编号	规格 /mm×mm	尺寸/mm		
		宽(B)	高(H)	壁厚(δ)
GA39/01	39×18	39	18	1.4
GA39/02	39×18(双坑)	39	18	1.4
GA39/03	39×18(三坑)	39	18	1.4
GA60/01	60×22	60	22	1.6
GA60/02	60×40	60	40	1.6
GA80	80×40	80	40	1.8
GA100/01	100×27	100	27	2.0
GA100/02	100×40	100	40	2.0

注：线槽为白色，长度可根据需要决定。

另外，还有一种 VXC-20 型塑料线槽，其槽宽和槽高的尺寸为 20×12.5（mm），每根长 2m，常用于住宅等处布线。

塑料线槽有许多配件，主要有：直角弯、内角弯、外角弯、三通、终端头、盒式角弯、盒式三通、盒式四通、连接头、变径接头和左（右）三通等。

2.2.5.2 鸿雁牌明装阻燃塑料线槽

鸿雁牌塑料线槽及其配件均用白色硬质 PVC 塑料制成，其形状、规格尺寸见表 2-60。线槽的标准长度为 2.5m，标准高为 12.5mm，标准壁厚为 1.2mm。

表 2-60 鸿雁牌塑料线槽及其配件形状、规格尺寸

单位：mm

名称	示意图		型号	TA32× 12.5	TA40× 12.5	TA60× 12.5
线槽			标准宽度 L	32	40	60
			A	24	32	52
名称	示意图		型号	TR12/32	TR12/40	TR12/60
直角弯接头			L	32	40	60
			A	24	32	52
			D	58.5	67	87
			壁厚	1.5	2	2

名称	示意图	型号	TR13/32	TR13/40	TR13/60
三通接头		L	32	40	60
		A	24	32	52
		D	82	90	110
		壁厚	1.5	2	2
名称	示意图	型号	TR14/32	TR14/40	TR14/60
内角弯接头		L	32	40	60
		A	24	32	52
		壁厚	1.5	2	2
外角弯接头		L	32	40	60
		A	24	32	52
		壁厚	1.5	2	2
名称	示意图	型号	TR16/32	TR16/40	TR16/60
直通接头		L	32	40	60
		A	24	32	52
		D	82	90	110
		壁厚	1.5	2	2
名称	示意图	型号	TR17/32	TR17/40	TR17/60
四通接头		L	32	40	60
		A	24	32	52
		D	82	90	110
		壁厚	1.5	2	2

续表

名称	示意图	型号	86HT 33/32	86HT 33/40	86HT 33/60
线槽接线盒	86 33 86 L A 12.5	L	32	40	60
		A	24	32	52
		壁厚	1.5	2	2

2.2.5.3　金属线槽及其配件

金属线槽通常指金属电缆托盘、梯架等。通常用薄钢板、铝合金板及玻璃钢等材料制成。

金属线槽的规格见表 2-61。

表 2-61　金属线槽的规格　　　　单位：mm

宽	高	壁厚	宽	高	壁厚	宽	高	壁厚
50	25	1.0	250	125	1.6	600	200	2.0
100	50	1.2	300	150	1.6	800	200	2.0
150	75	1.4	400	200	1.6	—	—	—
200	100	1.6	500	200	2.0	—	—	—

注：每根线槽长度为 2m。

金属线槽有许多配件，主要有：上（下）垂直弯通、平面弯通、平面三通、平面四通、向上左（右）弯通、向上（下）转向三通、变径接头、向下左（右）弯通、向上垂直左（右）三通、向上（下）三通、向上（下）四通、向下垂直左（右）三通、调高片、调宽片、连接片和终端头等。

2.2.6　塑料接头盒和木台

2.2.6.1　塑料接头盒

塑料接头盒又叫塑料分线盒。当遇到电线有分接头时，可用它来存放导线接头。

塑料接头盒外形如图 2-8 所示。

塑料接头盒分护套线接头盒和单芯线接头盒，其参数见表 2-62。

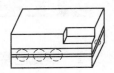

图 2-8　塑料接头盒外形

表2-62 塑料接头盒规格、参数

名称	长 /mm	宽 /mm	高 /mm	敲落孔数量	配用导线型号及 截面积/mm²
护套线 接头盒	60	60	23	宽 10mm，共 10 个	BVV、BLVV 型护套线， 双芯 1～2.5
单芯线 接头盒	60	60	23	宽 4.5mm，共 16 个，每边 4 个	BV、BLV、BX、BLX 型绝 缘电线，单芯 1～2.5

2.2.6.2 开关、插座木台

圆木台是安装灯座、插座、开关用的；双联木台是安装两个并排插座或两个并排开关用的。另外，还有三联木台、四联木台。圆木台和双联木台如图 2-9 所示。它们的规格尺寸分别见表 2-63 和表 2-64。

(a) 圆木台　　　　　(b) 双联木台

图 2-9　圆木台和双联木台

表2-63 开关、插座圆木台规格尺寸　　　　单位：mm

D	h
75	32
90	32

注：表中 D、h 代表的尺寸如图 2-9（a）所示。

表2-64 开关、插座木台规格尺寸　　　　单位：mm

形式	D	H	h	木螺钉
双联	150	75	32	2 个
三联	220	75	32	4 个
四联	290	75	32	4 个

注：表中 D、H、h 代表的尺寸如图 2-9（b）所示。

2.3 配管及其安装配件

2.3.1 聚氯乙烯硬塑料管、半硬塑料管及其配件

2.3.1.1 聚氯乙烯硬塑料管及半硬塑料管

聚氯乙烯硬塑料管及半硬塑料管的技术数据见表 2-65。

表 2-65　聚氯乙烯硬塑料管及半硬塑料管技术数据

管材品种	公称直径 /mm	外径 /mm	壁厚 /mm	内径 /mm	氧指数 /%
聚氯乙烯硬质电线管	16	16	1.9	12.2	>27
	20	20	2.1	15.8	
	25	25	2.2	20.6	
	32	32	2.7	26.6	
	40	40	2.8	34.4	
	50	50	3.2	43.6	
	63	63	3.5	56.2	
聚氯乙烯半硬质电线管	16	16	2	12	>27
	20	20	2	16	
	25	25	2.5	20	
	32	32	3	26	
	40	40	3	34	
	50	50	3	44	

2.3.1.2　聚氯乙烯硬塑料管及半硬塑料管配件

聚氯乙烯硬塑料管及半硬塑料管的配件如图 2-10 所示，各种配件规格尺寸见表 2-66。

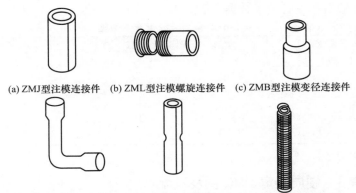

(a) ZMJ型注模连接件　(b) ZML型注模螺旋连接件　(c) ZMB型注模变径连接件

(d) YMW型压模转角连接件　(e) YMJ型压模连接件　(f) WZH型弯管支撑弹簧

图 2-10　硬塑料管及半硬塑料管配件图

表 2-66　硬塑料管及半硬塑料管配件规格尺寸

名称	型号	尺寸/mm	包装/个	名称	型号	尺寸/mm	包装/个
注模连接件	ZMJ-1	16	100	注模螺旋连接件	ZML-1	16	
	ZMJ-2	20	100		ZML-2	20	
	ZMJ-3	25	50		ZML-3	25	
	ZMJ-4	32	50		ZML-4	32	
	ZMJ-5	40	25		ZML-5	40	
	ZMJ-6	50	20		ZML-6	50	
注模变径连接件	ZMB-1	16/20	100	压模转角连接件	YMW-1	16	
	ZMB-2	20/25	100		YMW-2	20	
	ZMB-3	25/32	50		YMW-3	25	
	ZMB-4	32/40	50		YMW-4	32	
	ZMB-5	40/50	50		YMW-5	40	
					YMW-6	50	
压模连接件	YMJ-1	16		弯管支撑弹簧	WZH-1	16	1
	YMJ-2	20			WZH-2	20	1
	YMJ-3	25			WZH-3	25	1
	YMJ-4	32			WZH-4	32	1
	YMJ-5	40			WZH-5	40	1
	YMJ-6	50			WZH-6	50	1

2.3.2　塑料波纹管

塑料波纹管技术数据见表 2-67。

表 2-67　塑料波纹管技术数据

公称直径 /mm	外径 /mm	壁厚 /mm	内径 /mm	氧指数 /%
20	20	2.42	15.16	
25	25	2.75	19.50	
32	32	3.20	25.60	>27
40	40	3.30	33.40	
50	50	3.17	43.66	

2.3.3　硬质难燃 PVC 管及其配件

2.3.3.1　硬质难燃 PVC 管

硬质难燃 PVC 管（简称 PVC 管）的技术数据见表 2-68。

表 2-68 硬质难燃 PVC 管技术数据

公称直径 /mm	外径 /mm	壁厚 /mm	内径 /mm	氧指数 /%
16	16	1.6	12.8	
20	20	1.8	16.4	
25	25	2.0	21.0	
32	32	2.5	27.0	>40
40	40	2.9	34.2	
50	50	3.0	44.0	
63	63	3.2	56.6	

2.3.3.2 硬质难燃 PVC 管配件

(1) PVC 圆管鞍形管夹

PVC 圆管鞍形管夹如图 2-11 所示。它有 5 种规格，见表2-69。不同规格的 PVC 管应配相同规格的管夹。由于管夹开口处具有弹性，管子压入后能牢固固定。若要把管子从管夹内取出，用手一拉即可。

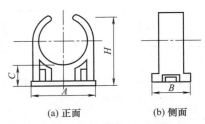

(a) 正面　　　　(b) 侧面

图 2-11　PVC 圆管鞍形管夹

表 2-69　PVC 圆管鞍形管夹规格尺寸

编号	规格 /mm	尺寸/mm			
		A	B	H	C
BK16/A	16	24	18.5	20	7
BK20/A	20	29.5	18.5	26	7.5
BK25/A	25	34	18.5	32.5	11
BK32/A	32	43	18.5	34	7
BK40/A	40	51	18.5	40	8

注：表中 A、B、H、C 所代表的尺寸与图 2-11 一致。

(2) PVC 管管码

PVC 管管码有两种：一种有 PVC 管底座，外形如图 2-12（a）所示，规格见表 2-70；另一种无底座，外形如图 2-12（b）所示，规格见表 2-71。管码用薄钢板冲压而成。如果 PVC 管固定在扁钢支架上，应采用无底座管码；若 PVC 管固定在墙上，应采用有底座管码。有底座管码的固定方法是：先用一只塑料胀管固定底座，再用自攻螺钉把管码连同 PVC 管一起固定在底座上。无底座管码需用两只塑料胀管固定。固定时两只塑料胀管的相对位置要对正，否则管码无法固定。由于无底座管码不但增加成本，还增加施工难度，故一般不采用。

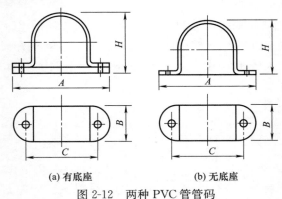

(a) 有底座   (b) 无底座

图 2-12　两种 PVC 管管码

表 2-70　PVC 管管码（有底座）

编号	规格 /mm	尺寸/mm			
		A	B	H	C
BK16/B	16	48	16	24	32
BK20/B	20	52	17	27.5	36
BK25/B	25	60	18	32.5	42

注：表中 A、B、H、C 所代表的尺寸与图 2-12（a）一致。

表 2-71　PVC 管管码（无底座）

编号	规格 /mm	尺寸/mm			
		A	B	H	C
BK16/C	16	47	15	17	32
BK20/C	20	54	16	21	36
BK25/C	25	60	18	26.5	41

编号	规格 /mm	尺寸/mm			
		A	B	H	C
BK32/C	32	78	22	33	58
BK40/C	40	91	24	41	72
BK50/C	50	102	25	52	80
BK63/C	63	114	28	66	94

注：表中 A、B、H、C 所代表的尺寸与图 2-12（b）一致。

2.3.4　配线用钢管及其配件

配线用钢管有水煤气钢管和电线管两种，前者的公称直径是指内径的近似尺寸，后者的公称直径是指外径的近似尺寸。因此，在同样的公称直径下，前者的管内容积要比后者大一些。在干燥场所明敷或暗敷可以选择电线管，在潮湿等环境条件下明敷或埋地暗敷应选择水煤气钢管。

2.3.4.1　水煤气焊接钢管

水煤气焊接钢管技术数据见表 2-72。

表 2-72　水煤气焊接钢管
（GB/T 3091—1993、GB/T 3092—1993）**技术数据**

公称直径		外径 /mm	普通管		加厚管	
公制 /mm	英制 /in		壁厚 /mm	单位质量 /(kg/m)	壁厚 /mm	单位质量 /(kg/m)
15	½	21.25	2.75	1.25	3.25	1.44
20	¾	26.75	2.75	1.63	3.5	2.01
25	1	33.5	3.25	2.42	4	2.91
32	1¼	42.25	3.25	3.13	4	3.77
40	1½	48	3.5	3.84	4.25	4.58
50	2	60	3.5	4.88	4.5	6.16
70	2½	75.5	3.75	6.64	4.5	7.88
80	3	88.5	4	8.34	4.75	9.81
100	4	114	4	10.85	5	13.44
125	5	140	4.5	15.04	5.5	18.24
150	6	165	4.5	17.81	5.5	21.63

注：钢管长度为 4～10m。

2.3.4.2 电线管

普通碳素钢电线管技术数据见表 2-73。

表 2-73　普通碳素钢电线管技术数据

| 公称直径 | | 外径 | 壁厚 | 单位质量 |
公制 /mm	英制 /in	/mm	/mm	/(kg/m)
16	5/8	15.88	1.60	0.581
20	3/4	19.05	1.80	0.766
25	1	25.40	1.80	1.048
32	1¼	31.75	1.80	1.329
40	1½	38.10	1.80	1.611
50	2	50.80	2.00	2.407
70	2½	63.50	2.50	3.760
80	3	76.20	3.20	5.761

注：钢管长度为 3～8m。

2.3.4.3 地线夹

水煤气焊接钢管或电线管连接好后，需在管接头两端跨接地线，并用地线夹固定，如图 2-13 所示。跨接地线采用截面积不小于 4mm² 的裸铜线。

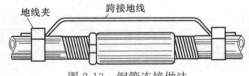

图 2-13　钢管连接做法

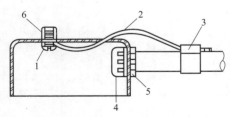

图 2-14　钢管与接线盒（开关盒）连接做法
1—M4 机螺钉（带弹簧垫圈）；2—4mm² 裸铜线；
3—地线夹；4—护线圈；5—锁紧螺母；
6—套塑料软管（也可用纸胶带粘）

钢管与接线盒、开关盒、插座盒、配电箱等之间用锁紧螺母连接，在钢管与接线盒、开关盒等之间要用导线跨接，如图 2-14 所示。

地线夹是一种专门用于连接接地线的夹具，可免去施工中焊接的麻烦，使安装速度加快。

地线夹如图 2-15 所示。螺钉采用 A3 普通碳素钢线材制作，箍头采用 B3F 碳素冷轧钢带制作，箍条采用 B3F 普通碳素钢制作。地线夹型号规格见表 2-74。

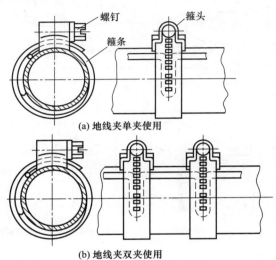

(a) 地线夹单夹使用

(b) 地线夹双夹使用

图 2-15　地线夹

表 2-74　地线夹型号规格

型号	适用管径/mm
XJ16	16～25
XJ25	25～38
XJ38	38～51
XJ51	51～70
XJ70	70～85
XJ85	85～100

同一直径的钢管上压接地线时，地线夹可单夹、双夹或多夹使用。压接导线应采用截面积不小于 $4mm^2$ 的裸铜线。

2.3.4.4　补偿盒

线管遇建筑物伸缩沉降缝时，为了防止基础下沉不均而损坏管子和导线，需在伸缩缝的旁边装设补偿盒。

伸缩缝处转角补偿盒（接线盒）的做法如图 2-16 所示。线管与补偿盒配用规格、尺寸见表 2-75。

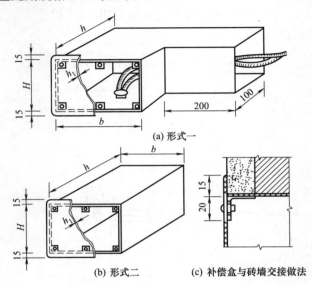

(a) 形式一

(b) 形式二　　　　(c) 补偿盒与砖墙交接做法

图 2-16　伸缩缝处转角补偿盒（接线盒）的做法

表 2-75　线管与补偿盒配用规格、尺寸

| 每侧入盒线管 | | 补偿盒规格/mm | | | | 固定盖板螺钉 |
规格(mm)和数量		H	b	h	h_1	规格和数量
形式一	40 以下 2 支	150	250	180	1.5	M5×4
	40 以上 2 支	200	300	180	1.5	M5×6
形式二	40 以下 2 支	150	200	同墙厚	1.5	M5×4
	40 以上 2 支	200	300	同墙厚	1.5	M5×4

注：表中 H、b、h、h_1 所代表的尺寸同图 2-16。

2.3.5　普利卡金属套管

2.3.5.1　普利卡金属套管的型号、特点及适用范围

各种类型的普利卡金属套管的型号、特点及适用范围见表 2-76。

表 2-76　普利卡金属套管型号、特点及适用范围

型号	特点	适用范围
LZ-4 型 （标准型）	由镀锌钢带、钢带及电工纸共同制成的螺纹状可挠性电线（电缆）保护套管，可自由弯曲	适用于在混凝土中埋设及一般场所低压室内电气配管
LV-5 型 聚氯乙烯覆层套管	除具有 LZ-4 型套管的特性外，尚具有耐水性、耐蚀性	适用于室外电气裸露配管
LE-6 型 耐寒型聚氯乙烯覆层套管	在 LZ-4 型套管表面，被覆一层软质聚氯乙烯	适用于寒冷地区及低温场所的电气配管
LVH-7 型 耐热型聚氯乙烯覆层套管	在 LZ-4 型套管表面，被覆一层耐热性聚氯乙烯	适用于高温场所的电气配管
LAL-8 型 铝带覆层管	外层使用铝带代替镀锌钢带，外表美观	适用于食品加工场所的裸露电气配管
LS-9 型 不锈钢带管	外层和中层均采用不锈钢带，耐腐蚀性能良好	适用于含有酸、碱气体场所的电气配管

2.3.5.2　普利卡金属套管的技术数据

（1）LZ-4 型、LS-9 型套管技术数据（见表 2-77）

表 2-77　LZ-4 型、LS-9 型套管技术数据

规格	内径 /mm	外径 /mm	外径公差 /mm	长度 /(m/卷)	螺距 /mm	质量 /(kg/卷)
10#	9.2	13.3	±0.2	50		11.5
12#	11.4	16.1	±0.2	50	1.6	15.5
15#	14.1	19.0	±0.2	50	±0.2	18.5
17#	16.6	21.5	±0.2	50		22.0
24#	23.8	28.8	±0.2	25		16.25
30#	29.3	34.9	±0.2	25	1.8	21.8
38#	37.1	42.9	±0.4	25	±0.25	24.5
50#	49.1	54.9	±0.4	20		28.2
63#	62.6	69.1	±0.6	10		20.6
76#	76.0	82.9	±0.6	10	2.0	25.4
83#	81.0	88.1	±0.6	10	±0.3	26.8
101#	100.2	107.3	±0.6	6		18.72

注：LS-9 型套管无 10#、12# 两种规格的产品。

（2）LV-5型、LE-6型、LVH-7型套管技术数据（见表2-78）

表2-78　LV-5型、LE-6型、LVH-7型套管技术数据

规格	内径 /mm	外径 /mm	外径公差 /mm	乙烯层 厚度/mm	长度 /(m/卷)	质量 /(kg/m)	质量 /(kg/卷)
10#	9.2	14.9	±0.2	0.8	50	0.31	15.5
12#	11.4	17.7	±0.2	0.8	50	0.40	20.0
15#	14.1	20.6	±0.2	0.8	50	0.45	22.5
17#	16.6	23.1	±0.2	0.8	50	0.51	25.5
24#	23.8	30.4	±0.2	0.8	25	0.80	20.0
30#	29.3	36.5	±0.2	0.8	25	0.98	24.5
38#	37.1	44.9	±0.4	0.8	25	1.26	31.5
50#	49.1	56.9	±0.4	1.0	20	1.80	36.0
63#	62.3	71.5	±0.6	1.0	10	2.38	23.8
76#	76.0	85.3	±0.6	1.0	10	2.88	28.8
83#	81.0	90.9	±0.8	2.0	10	3.41	34.1
101#	100.2	110.1	±0.8	2.0	6	4.64	27.84

注：LE-6型套管无10#、12#、15#三种规格的产品。

（3）LAL-8型套管技术数据（见表2-79）

表2-79　LAL-8型套管技术数据

规格	内径 /mm	外径 /mm	外径公差 /mm	长度 /(m/卷)	质量 /(kg/m)	质量 /(kg/卷)
10#	9.2	13.3	±0.2	25	0.156	3.9
12#	11.4	16.1	±0.2	25	0.206	5.2
15#	14.1	19.0	±0.2	25	0.235	5.9
17#	16.6	21.5	±0.2	25	0.292	7.3
24#	23.8	28.8	±0.2	25	0.447	11.2

2.3.6　铝塑管及其配件

2.3.6.1　铝塑管

　　铝塑管是金属铝和PVC塑料结合的新型管材，由五层结构挤压而成。其中，内层和外层均为聚乙烯材料，清洁平滑无毒；中间为纵焊铝管，可以100%隔绝气体渗透；第2层和第4层均为胶合层。铝塑管集钢管和塑料管之优点，而克服了它们的缺点。

铝塑管可用作冷水管、热水管和燃气管。由于它的水密性、气密性高,因此常用作地下、水下敷设电线电缆的配管。铝塑管成卷生产,每卷可长达 200m,敷设时可以减少大量的接头。

铝塑管有三个类别:A 类,白色,通用型;B 类,橙色,热水型;C 类,黄色,燃气型。

铝塑管的规格用 4 位数字表示,前 2 位表示内径,后 2 位表示外径。例如 1418-A,表示通用管,内径为 14mm,外径为 18mm。

铝塑管的主要特点如下。

① 耐温、耐压性能好。铝塑管耐温、耐压性能参数见表 2-80。

表 2-80 铝塑管耐温、耐压性能参数

规格	爆破强度/MPa	径向抗拉力/kN	长期耐压强度/MPa	工作温度/℃			工作压力/MPa	
				A 型	B 型	C 型	A、B 型	C 型
1014	7.0	2.1~2.3	2.7					
1216	6.0	2.1~2.3	2.7					
1418	5.0	2.1~2.3	2.7					
1620	5.0	2.4~2.5	2.7	−40~50	−40~95	−20~40	1.0	0.4
2025	4.0	2.4~2.5	2.3					
2632	4.0	2.6~2.7	2.1					
3240	4.0	2.8~2.9	2.1					
4150	3.5	2.8~2.9	2.0					
5163	3.5	3.2~3.3	2.0					
6075	3.5	3.2~3.3	2.0					

② 导热系数约为钢管的 1/100,但比保温材料高几倍。

③ 无毒,不会产生环境污染。

④ 耐腐蚀。能耐各种酸、碱、盐溶液的腐蚀。

⑤ 耐老化、难燃及使用寿命长。使用寿命可超过 50 年。

⑥ 管内壁十分光滑,作为敷线用,穿线十分容易。

⑦ 可以弯曲,而且一经弯曲不会反弹。

2.3.6.2 铝塑管配件

(1) 铝塑管专用铜质接头

铝塑管专用铜质接头的名称、型号规格见表 2-81。

表 2-81　铝塑管专用铜质接头的名称、型号规格

品　名	型号规格	品　名	型号规格
外牙弯头（一端接日丰管，另一端接内牙）	L1216×1/2″M		T1620×1216×1620
	L1418×1/2″M		T1418×2025×1418
	L1620×1/2″M		T1620×2025×1620
内牙弯头（一端接日丰管，另一端接外牙）	L1014×1/2″F	异径三通（三端接日丰管，其中一端变径）	T2025×1216×2025
	L1216×1/2″F		T2025×1418×2025
	L1418×1/2″F		T2025×1620×2025
	L1418×3/4″F		T2025×1418×1418
	L1620×1/2″F		T2025×1620×1620
	L1620×3/4″F		T2025×2025×1418
	L2025×1/2″F		T2025×2025×1620
	L2025×3/4″F		T2025×2632×2025
	L2025×1″F		T2632×2025×2632
	L2632×1″F		T1014×1/2″F×1014
异径直通（两端接不同规格日丰管）	S1216×1014	内牙三通（两端接日丰管，中端接外牙）	T1216×1/2″F×1216
	S1418×1014		T1418×1/2″F×1418
	S1418×1216		T1418×3/4″F×1418
	S1620×1014		T1620×1/2″F×1620
	S1620×1216		T1620×3/4″F×1620
	S1620×2025		T2025×1/2″F×2025
	S2025×1216		T2025×3/4″F×2025
	S2632×2025		T2025×1″F×2025
等径三通（三端接同样规格的日丰管）	T1014×1014×1014		T2632×3/4″F×2632
	T1216×1216×1216		T2632×1″F×2632
	T1418×1418×1418	外牙直通（一端接日丰管，另一端接内牙）	S1014×1/2″M
	T1620×1620×1620		S1216×1/2″M
	T2025×2025×2025		S1216×3/4″M
	T2632×2632×2632		S1418×1/2″M
等径直通（两端接同一规格日丰管）	S1014×1014		S1418×3/4″M
	S1216×1216		S1620×1/2″M
	S1418×1418		S1620×3/4″M
	S1620×1620		S2025×1/2″M
	S2025×2025		S2025×3/4″M
	S2632×2632		S2025×1″M
异径三通（三端接日丰管，其中一端变径）	T1216×2025×1216		S2632×3/4″M
	T1418×1014×1418		S2632×1″M
	T1418×1216×1418		S2632×1½″M
	T1620×1014×1620		

续表

品　名	型号规格	品　名	型号规格
内牙直通（一端接日丰管，另一端接外牙）	S1014×3/8″F	内牙直通（一端接日丰管，另一端接外牙）	S2025×1″F
	S1014×1/2″F		S2632×3/4″F
	S1216×1/2″F		
	S1418×1/2″F		S2632×1″F
	S1418×3/4″F	直角弯头（两端接日丰管）	L1014×1014
	S1620×1/2″F		L1216×1216
	S1620×3/4″F		L1418×1418
	S2025×1/2″F		L1620×1620
	S2025×3/4″F		L2025×2025
			L2632×2632

（2）铝塑管固定配件

用于铝塑管固定的配件有塑料扣座、铝合金扣座和码钉等，它们的型号规格见表 2-82。

表 2-82　铝塑管扣座及码钉型号规格

名　称	外　形	型号规格
塑料扣座		1014
		1216
		1418
		1620
		2025
		2632
铝合金扣座		1014
		1216
		1418
		1620
		2025
		2632
码钉		双扣
		单扣

2.3.7　镀锌金属软管及其配件

2.3.7.1　镀锌金属软管

镀锌金属软管又叫蛇皮管，是用镀锌低碳钢带卷绕而成。它能自由地弯曲成各种角度，并具有较好的伸缩性。镀锌金属软管主要用作机床电源引线、灯具引线、电气线路比较曲折的设备引线的配管，以及防爆场所线路的配管等。

镀锌金属软管的规格及参数见表 2-83。

表 2-83　镀锌金属软管的规格及参数

内径 d /mm	外径 D /mm	内外径允许偏差 /mm	带钢厚度 /mm	自然弯曲直径不大于 /mm	节距及允许偏差 /mm	轴向抗拉力不小于 /kN	单位质量 /(g/m)
6	8.2	±0.25	0.25	40	2.7±0.20	353	68.5
8	11.0	±0.30	0.30	45	4.0±0.20	471	111
10	13.5	±0.30	0.30	55	4.7±0.25	589	141
12	15.5	±0.35	0.30	60	4.7±0.25	706	164
13	16.5	±0.35	0.30	65	4.7±0.25	765	176
15	19.0	±0.35	0.35	80	5.7±0.25	883	236
16	20.0	±0.35	0.35	85	5.7±0.25	942	249
19	23.3	±0.40	0.40	95	6.4±0.30	1118	327
20	24.3	±0.40	0.40	100	6.4±0.30	1177	342
22	27.3	±0.40	0.40	105	8.5±0.30	1295	384
25	30.3	±0.45	0.40	115	8.5±0.30	1472	432
32	38.0	±0.50	0.45	140	10.5±0.40	1884	585
38	45.0	±0.60	0.50	160	11.4±0.40	2237	807
51	58.0	±1.00	0.50	190	11.4±0.40	3002	1055
64	72.5	±1.50	0.60	280	14.2±0.40	3767	1590
75	83.5	±2.00	0.60	320	14.2±0.40	4415	1850
100	108.5	±3.00	0.60	380	14.2±0.40	5886	2430

2.3.7.2　镀锌金属软管专用接头

镀锌金属软管接头又叫蛇皮管接头，专供金属软管与电线管或设备连接之用。软管接头一端与同规格的金属软管等配合，而另一端为外螺纹，可与螺纹规格相同的电气设备、管路接头等相连，通过管路接头再与电线管相接。

(1) 常用金属软管接头规格及用途（见表 2-84）

表 2-84　常用金属软管接头规格及用途

接头名称	型号	公称直径/mm	备注
内螺纹内接软管接头	DNJ	20,25,32	用于电线管与金属软管连接

接头名称	型号	公称直径/mm	备注
外螺纹内接软管接头	MBA197 MBA198 MBA199	20,25,32	用于电线管与金属软管连接
卡套式软管中间接头	DKJ	13,16,20 25,32,38 50	用于金属软管与不需套螺纹的薄壁钢管连接
软管端接头	DPJ	16,20,25 32,38,50 64,75,100	用于金属软管与电动机接线盒等的连接
卡接式管端接头	ZKJ	16,20,25 32,38	用于金属管与接线盒、线槽等的连接（铝合金制）
套管式管端接头	TGJ	16,20,25 32,38	用于金属管与接线盒、线槽等的连接

（2）封闭式（TJ-38型）和简易式（TJ-350型）金属软管接头的规格尺寸（见表2-85和表2-86）

表2-85　TJ-38型封闭式软管接头规格尺寸

规格	管螺纹规格 G/in	穿线孔径 d/mm	最大外径 D/mm	长度 L/mm
10	1/2	10	32	40
12～13	1/2	12	36	40

规格	管螺纹规格 G/in	穿线孔径 d/mm	最大外径 D/mm	长度 L/mm
15～16	1/2	15	40	45
20	3/4	20	46	45

表 2-86　TJ-350 型简易式软管接头规格尺寸

规格	管螺纹规格 G/in	穿线孔径 d/mm	最大外径 D/mm	长度 L/mm
6	¼	6	20	26
8	¼	8	24	26
8	⅜	8	24	27
10	½	10	29	34
13	½	13	31	34
16	¾	16	34	38
19	¾	19	36	40
25	1	25	46	47
32	1¼	32	54	52
38	1½	38	66	61
51	2	51	89	71

2.3.8　暗装电气装置件

我国最新设计、生产的电气装置件为 86 系列、B9、B12、B75、B125 系列。面板上配有一位或多位（如四位）暗开关（或双联暗开关）；一位或多位单相三极暗插座；一位或多位双用暗插座；二位或多位 2～3 极暗插座（或双用暗插座）；及多种形式的暗开关和暗插座的组合等。选用十分方便，是现代家庭装修首选的产品。

2.3.8.1　86 系列电气装置件

86 系列常用电气装置件的外形及安装孔位示意图如表 2-87 所列。

表 2-87　　86 系列电气装置件的外形及安装孔位

序号	产品名称	规格	外形与安装孔位示意图	备注
1	面板	86mm×86mm		
2	面板	86mm×146mm		
3	一位暗开关	250V,6A 86mm×86mm		
4	一位双联暗开关			
5	二位暗开关	250V,6A 86mm×86mm		
6	二位双联暗开关			
7	三位暗开关	250V,6A 86mm×86mm		
8	三位双联暗开关			
9	四位暗开关	250V,6A 86mm×146mm		
10	四位双联暗开关			
11	一位单相三极暗插座	250V,10A 86mm×86mm		
12	一位单相三极暗插座	250V,15A 86mm×86mm		

序号	产品名称	规格	外形与安装孔位示意图	备注
13	一位单相三极带保护门暗插座	250V，10A 86mm×86mm		
		250V，15A 86mm×86mm		
14	二位双用暗插座	250V，10A 86mm×86mm		
15	二位2～3极单插座	250V，10A 86mm×86mm		
16	明装线盒	86mm×86mm×16mm		采用白色电压粉等绝缘材料，可与墙上颜色相匹配
		86mm×86mm×32mm		
17	暗装线盒	76mm×76mm×60mm		采用钢板制成，适用于86mm×86mm面板，无调整板
18	暗装线盒	76mm×136mm×60mm		采用钢板制成，适用于86mm×146mm面板，无调整板

2.3.8.2 塑料和金属接线盒

接线盒又叫分线盒、开关盒、插座盒。

常用接线盒有86系列和120系列等。生产厂家很多，常用的品牌有北京国伦牌、鸿雁牌、奇胜牌等。不同品牌的接线盒型号及编号也不相同。

塑料接线盒及盖板型号规格见表2-88。

表 2-88　塑料接线盒及盖板型号规格

型号		规格尺寸/mm				编号
		A	B	H	D	
接线盒	SM51	86	86	40	60.3	HS1151
	SM52	116	86	40	90	HS1152
	SM53	146	86	40	121	HS1153
盖板	SM61	86	86	—	60.3	HS1161
	SM62	116	86	—	90	HS1162
	SM63	146	86	—	121	HS1163

注：A 表示长，B 表示宽，H 表示高，D 表示安装孔距。

86 系列和 120 系列接线盒见表 2-89 和表 2-90。

表 2-89　86 系列接线盒

图形	型号	名称	尺寸/mm
	E157	单联暗装铁盒	75×75×35 孔距 60.3
	EF238/2	双联明装胶盒（供两个单联产品用）	175×89×35 孔距 60.3
	E238/20	单联明装胶盒（下沿带 20mm 出线孔）	89×89×35 孔距 60.3
	157/1	单联暗装铁盒	94×54×43 孔距 84
	XT1	灯头盒(八角盒)	75×75×42

注：尺寸为长×宽×厚。

表 2-90　120 系列接线盒

图形	型号	名称	尺寸/mm
	WNC4811	单联金属暗盒（孔距 83.5mm）	102×54×50
	WNC4813		102×58×50
	WNC4814		102×62×53
	WNC4815	单联收口金属暗盒	102×75×50 （收口面 102×58)孔距 83.5
	WNC4822	双联金属暗盒	102×102×50 孔距 83.5×46
	WNC5921	双联塑料暗盒	
	WNC5911	单联塑料暗盒	102×55×50 孔距 83.5
	ET238D	双联明装胶盒（供 E727 用）	149×89×52 孔距 120.6
	ET157DE	双联暗装铁盒（供 E727 用）	132×75×47 孔距 120.6

注：尺寸为长×宽×厚。

2.3.8.3　北京国伦牌和鸿雁牌 86 系列、P86 系列、B75 系列接线盒

（1）北京国伦牌和鸿雁牌 86 系列、P86 系列接线盒规格（见表 2-91）

表 2-91　北京国伦牌和鸿雁牌 86 系列、P86 系列接线盒规格

名称	型号	规格/mm	外观图	安装孔距/mm
钢盒	86H40	75×75×40		60
	86H50	75×75×50		
	86H60	75×75×60		

名称	型号	规格/mm	外观图	安装孔距/mm
钢盒	146H50	75×135×50		121
	146H60	75×135×60		
	146H70	75×135×70		
	172H50	75×160×50		
阻燃八角塑料盒	DHS75	长边75		146
八角钢盒	DH75			
阻燃塑料盒	86HS50	75×75×50		60
	86HS60	75×75×60		
阻燃塑料盒	146HS50	75×135×50		121
	146HS60	75×135×60		
明装塑料盒	86HM33	86×86×33		60
明装塑料盒	146HM33	86×146×33		121

注：为使图简洁，图中线管孔未画出，下同。

（2）鸿雁牌 B75 装饰系列接线盒（见表 2-92）

表 2-92　鸿雁牌 B75 装饰系列接线盒

名称	型号	规格/mm	外观图	安装孔距/mm
钢盒	B75H50	115×65×50		96
	B75H60	115×65×60		
钢盒	B125H60	115×115×60		96×56
	B125H70	115×115×70		
阻燃塑料盒	B75HS60	118×65×60		96
阻燃塑料盒	B125HS60	118×118×60		96×56
明装塑料盒	B75HM33	75×125×33		96
明装塑料盒	B125HM33	125×125×33		96×56

2.3.8.4　北京四通松下彩宇系列和莲池 86T 系列接线盒

（1）北京四通松下彩宇系列接线盒规格（见表 2-93）

表 2-93　北京四通松下彩宇系列接线盒规格

名称	型号	规格/mm	示意图	面板尺寸/mm	安装孔距/mm
单联金属暗盒	WNC4811	102×55×50		120×70	83.5
	WNC4812	102×58×50			

名称	型号	规格 /mm	示意图	面板尺寸 /mm	安装孔距 /mm
双联金属 暗盒	WNC4821	102×102×50		120×116	83.5×46
	WNC4822	102×102×50			
单联塑料 暗盒	WNC5911	102×55×50		120×70	83.5
双联塑料 暗盒	WNC5921	102×102×50		120×116	83.5×46
内藏高 低压绝缘 隔板	WNC2450	—		—	—

（2）莲池 86T 系列接线盒规格（见表 2-94）

表 2-94　莲池 86T 系列接线盒规格

面板类型编号		莲池 86T-55（G）	莲池 86T-55（S）
面板图形			
装置件功能名称		钢板制接线盒	难燃型塑制接线盒
面板规格 /mm	高×宽	用于 86×86 面板	用于 86×86 面板
	接线盒安装孔距	60	60
订货编号		HM2155（G）	HM2155（S）

2.4 导线连接件和电缆附件 ◄◄◄

2.4.1 并沟线夹

并沟线夹包括线夹本体、压板、螺栓、螺母、垫圈及弹簧垫圈。并沟线夹用来连接干线（裸导线）和引下线。

并沟线夹的结构尺寸如图 2-17 所示。其型号尺寸及适用导线见表 2-95。

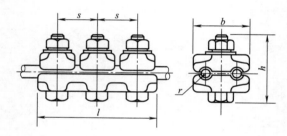

图 2-17 并沟线夹的结构尺寸

表 2-95 并沟线夹型号尺寸及适用导线

| 型号 | 适用导线 | | 主要尺寸/mm | | | | | 质量/kg |
	型号及截面积/mm²	直径/mm	b	h	l	s	r	
B-1	LJ-50～70 LGJ-35～50	8.4～10.7	45	65	110	38	6.0	0.64
B-2	LJ-95～120 LGJ-70～95	11.4～14.0	58	75	130	45	7.5	1.23
B-3	LJ-150～185 LGJ-120～150	15.2～17.5	60	80	130	45	9.0	1.23
B-4	LG-240 LGJ-185～240	19.0～21.6	70	90	140	48	11.0	1.37

注：表中 b、h、l、s、r 表示的尺寸与图 2-17 同。

2.4.2 连接管（压接管）

连接管又称压接管、钳接管，是用来连接导线用的。

2.4.2.1 小截面铝连接管

小截面铝连接管，利用小压接钳，可压接截面积为 2.5mm^2、4mm^2、6mm^2 及 10mm^2 四种规格的单芯铝导线。铝连接管的截面有圆形和椭圆形两种，其形状如图2-18所示，各部分尺寸见表2-96。压接工艺尺寸如图 2-19 所示。

表 2-96　小截面铝连接管尺寸

套管类型	导线截面积 /mm²	铝线外径 /mm	铝套管尺寸/mm					压模数	压模深度 /mm
			d_1	d_2	D_1	D	L		
圆形（YL）	2.5	1.76	1.8	3.8	—	—	31	4	1.4
	4	2.24	2.3	4.7	—	—	31	4	2.1
	6	2.73	2.8	5.2	—	—	31	4	3.3
	10	3.55	3.6	6.2	—	—	31	4	4.1
椭圆形（QL）	2.5	1.76	1.8	3.8	3.6	5.6	31	4	3.0
	4	2.24	2.3	4.7	4.6	7	31	4	4.5
	6	2.73	2.8	5.2	5.6	8	31	4	4.8
	10	3.55	3.6	6.2	7.2	9.8	31	4	5.5

注：表中 d_1、d_2、D_1、D、L 表示的尺寸与图 2-18 同。

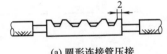

(a) 圆形连接管压接

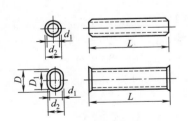

图 2-18　铝导线连接管形状

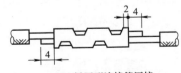

(b) 椭圆形连接管压接

图 2-19　单芯铝导线压接工艺尺寸

2.4.2.2 大截面铝连接管

大截面铝连接管，利用手提式油压钳，可压接截面积为 $16\sim$

240mm² 的多芯铝导线。铝连接管的截面有圆形和椭圆形两种，其形状如图 2-18 所示，各部分尺寸见表 2-97。压接工艺尺寸如图 2-20所示。

表 2-97 大截面铝连接管尺寸

套管类型	导线截面积/mm²	铝线外径/mm	铝套管尺寸/mm					压模数	压模深度/mm
			d_1	d_2	D_1	D	L		
圆形（YL）	16	5.1	5.2	10.0	—	—	62	4	5.4
	25	6.4	6.8	12.0	—	—	62	4	5.9
	35	7.5	7.7	14.0	—	—	62	4	7.0
	50	9.0	9.2	16.0	—	—	71	4	7.8
	70	10.7	11.0	18.0	—	—	77	4	8.9
	95	12.4	13.0	21.0	—	—	85	4	9.9
	120	14.0	14.5	22.5	—	—	95	4	10.8
	150	15.8	16.0	24.0	—	—	100	4	11.0
椭圆形（QL）	16	5.1	6.0	9.4	12.0	15.4	110	4	10.5
	25	6.4	7.2	10.6	14.0	17.4	120	4	12.5
	35	7.5	8.5	11.9	17.0	20.4	140	6	14.0
	50	9.0	10.0	13.4	20.0	23.4	190	8	16.5
	70	10.7	11.6	15.0	23.2	26.6	210	8	19.5
	95	12.4	13.4	17.4	26.8	30.8	280	10	23.0
	120	14.0	15.0	19.0	30.0	34.0	300	10	26.0
	150	15.8	17.0	21.0	34.0	38.0	320	10	30.0

注：表中 d_1、d_2、D_1、D、L 表示的尺寸与图 2-18 同。

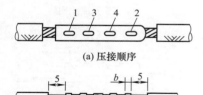

(a) 压接顺序

(b) 压接工艺尺寸

图 2-20 多芯铝导线压接顺序及工艺尺寸

图中尺寸 b：当导线截面积为 16～95mm² 时为 3mm；当导线截面积为 120～150mm² 时为 4mm；当导线截面积为 185～240mm² 时为 5mm。

2.4.3 接线鼻子

接线鼻子又称接线端子，是用来连接导线端头的，适用于截面积为 0.35～240mm² 的各种导线。

2.4.3.1　小截面接线鼻子

小截面接线鼻子，利用小压接钳，可压接截面积为 $0.35\sim25\text{mm}^2$ 的导线。小截面接线鼻子有 OT 型和 UT 型两种。其形状如图 2-21 所示。

(a) OT 型

(b) UT 型　(c) 导线与端子连接示意

图 2-21　OT 型和 UT 型接线鼻子

（1）OT 型接线鼻子的各部分尺寸及连接导线（见表 2-98）

表 2-98　OT 型接线鼻子各部分尺寸及连接导线

单位：mm

型号规格	插入导线截面积/mm²	紧固螺钉M	插片宽度	插片孔径	插套长度	插套内栓	总长
OT0.5-2		2	4.5	2.2			11.3
OT0.5-2.5		2.5	5.5	2.7			12.8
OT0.5-3	0.35~0.5	3	6	3.2	4	12	14
OT0.5-4		4	8	4.2			16
OT0.5-5		5	10	5.3			18
OT1-2		2	5	2.2			13
OT1-2.5		2.5	6	2.7			14
OT1-3		3	6	3.2			14
OT1-4	0.75~1	4	8	4.2	5	1.6	17
OT1-5		5	10	5.3			17
OT1-6		6	12	6.4			22
OT1-8		8	15	8.4			22.5
OT1.5-2		2	5.6	2.2			13.5
OT1.5-2.5		2.5	6	2.7			14
OT1.5-3		3	6	3.2			17
OT1.5-4	1.2~1.5	4	8	4.2	5	1.9	17
OT1.5-5		5	10	5.3			19
OT1.5-6		6	12	6.4			22
OT1.5-8		8	15	8.4			22.5
OT2.5-2		2	7	2.2			15.5
OT2.5-3		3	8	3.2			16
OT2.5-4	2~2.5	4	8	4.2	5	2.6	17
OT2.5-5		5	10	5.3			19
OT2.5-6		6	12	6.4			22
OT2.5-8		8	15	8.4			22.5

家装电工便携手册

型号规格	插入导线截面积 /mm²	紧固螺钉 M	插片		插套		总长
			宽度	孔径	长度	内栓	
OT4-4	3～4	4	10	4.2	6	3.2	19
OT4-5		5	10	5.3			20
OT4-6		6	12	6.4			23
OT4-8		8	15	8.4			26.5
OT4-10		10	18	10.5			31
OT6-4	5～6	4	12	4.2	7	4.2	21
OT6-5		5	12	5.3			22
OT6-6		6	12	6.4			24
OT6-8		8	15	8.4			27.5
OT6-10		10	18	10.5			32
OT10-4	8～10	4	12	4.2	8.5	5.2	23
OT10-5		5	14	5.3			25
OT10-6		6	14	6.4			27
OT10-8		8	16	8.4			30
OT10-10		10	18	10.5			34
OT10-12		12	23	13			39.5
OT16-5	16	5	14	5.3	10.5	6.9	27
OT16-6		6	18	6.4			31
OT16-8		8	18	8.4			33
OT16-10		10	20	10.5			37
OT16-12		12	23	13			41.5
OT25-6	20～25	6	16	6.4	12	8.3	33
OT25-8		8	22	8.4			37
OT25-10		10	22	10.5			40
OT25-12		12	24	13			44
OT25-14		14	26	15			47
OT35-6	25～35	6	20	6.4	14	9.4	36
OT35-8		8	22	8.4			39
OT35-10		10	23	10.5			42.5
OT35-12		12	25	13			46.5
OT35-14		14	27	15			49.5
OT35-16		16	30	17			54
QT50-8	50	8	24	8.4	14	11.5	40
QT50-10		10	25	10.5			43.5
QT50-12		12	26	13			47

续表

型号规格	插入导线截面积/mm²	紧固螺钉M	插片		插套		总长
			宽度	孔径	长度	内栓	
QT50-14	50	14	28	15	—	—	50
QT50-16		16	30	17	—	—	54
QT70-10	70	10	26	10.5	18	13	40
QT95-12	95	12	28	13	20	15	46
QT120-12	120	12	28	13	22	17	48
QT150-12	150	12	28	13	25	19	51
QT185-16	185	16	32	17	29	21	63
QT240-16	240	16	32	17	32	24	67

(2) UT 型接线鼻子的各部分尺寸及连接导线（见表2-99）

表 2-99　UT 型接线鼻子各部分尺寸及连接导线

单位：mm

型号规格	插入导线截面积/mm²	紧固螺钉M	插片		插套		总长
			宽度	孔径	长度	内栓	
UT0.5-2	0.35～0.5	2	4.5	2.1	4	12	11
UT0.5-2.5		2.5	5.5	2.6			12.4
UT0.5-3		3	6	3.1			13.5
UT0.5-4		4	8	4.1			15.4
UT0.5-5		5	10	5.1			17.2
UT1-2	0.75～1	2	5	2.1	5	1.6	12.8
UT1-2.5		2.5	6	2.6			13.7
UT1-3		3	6	3.1			14.5
UT1-4		4	8	4.1			16.4
UT1-5		5	10	5.1			18.2
UT1-6		6	12	6.2			21.1
UT1-8		8	15	8.2			24.1
UT1.5-2	1.2～1.5	2	5.6	2.1	5	1.9	13.2
UT1.5-2.5		2.5	6	2.6			13.7
UT1.5-3		3	6	3.1			13.7
UT1.5-4		4	8	4.1			16.4
UT1.5-5		5	10	5.1			18.2
UT1.5-6		6	12	6.2			21.1
UT1.5-8		8	15	8.2			24.1

型号 规格	插入导线 截面积 /mm²	紧固螺钉 M	插片		插套		总长
			宽度	孔径	长度	内栓	
UT2.5-3	2～2.5	3	8	3.1	5	2.6	15.7
UT2.5-4		4	8	4.1			16.4
UT2.5-5		5	10	5.1			18.2
UT2.5-6		6	12	6.2			21.1
UT2.5-8		8	15	8.2			24.1
UT4-4	3～4	4	10	4.1	6	3.2	18.5
UT4-5		5	10	5.1			19.2
UT4-6		6	12	6.2			22.1
UT4-8		8	15	8.2			25.1
UT4-10		10	18	10.2			29.3
UT6-4	5～6	4	12	4.1	7	4.2	20.6
UT6-5		5	12	5.1			21.3
UT6-6		6	12	6.2			23.1
UT6-8		8	15	8.2			26.1
UT6-10		10	18	10.2			30.3

2.4.3.2 大截面接线鼻子

大截面接线鼻子，利用油压钳，可压接截面积为 16～240mm² 的导线。

铜接线鼻子的型号有 DT-16～DT-240，铝接线鼻子的型号有 DL-16～DL-240，铜铝过渡接线鼻子的型号有 DTL-16～DTL-240。

铜（铝）接线鼻子和铜铝过渡接线鼻子的形状尺寸如图 2-22 所示。

（1）铜接线鼻子规格尺寸（见表 2-100）

表 2-100 铜接线鼻子规格尺寸

型号	结构尺寸/mm									
	D	d	L	L₁	L₂	L₃	B	A	φ	R
DT-16	9	5.5	70	50	10	30	14	2.5	6.5	9.0
DT-25	10	7.0	78	55	10	35	15	3	8.5	9.0
DT-35	12	8.0	78	55	12	35	15	3	8.5	10
DT-50	14	9.5	92	65	13	42	18	4	10.5	10
DT-70	16	11.5	92	65	15	42	21	4	10.5	12
DT-95	18	13.5	110	70	15	50	25	5	12.5	14

型号	结构尺寸/mm									
	D	d	L	L₁	L₂	L₃	B	A	φ	R
DT-120	21	15.0	110	70	16	50	28	5	12.5	16
DT-150	23	16.5	124	75	18	55	30	6	12.5	18
DT-185	25	18.5	124	75	18	55	34	6	17.0	19
DT-240	27	21.0	140	80	20	60	40	7	17.0	21

注：表中 D、d、L、$L_1 \sim L_3$、B、A、ϕ、R 代表的尺寸与图2-22（a）同。

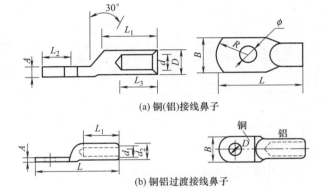

(a) 铜(铝)接线鼻子

(b) 铜铝过渡接线鼻子

图 2-22　接线鼻子的形状尺寸

（2）铝接线鼻子规格尺寸（见表2-101）

表 2-101　铝接线鼻子规格尺寸

型号	结构尺寸/mm									
	D	d	L	L₁	L₂	L₃	B	A	φ	R
DL-16	10	5.5	78	55	8	35	16	3.5	6.5	10
DL-25	12	7.0	78	55	10	35	19	4.0	6.5	11
DL-35	14	8.0	92	65	12	42	21	5.0	8.5	12
DL-50	16	9.5	92	65	12	42	23	5.5	8.5	13
DL-70	18	11.5	110	70	14	50	27	5.5	10.5	15
DL-95	21	13.5	110	70	15	50	30	6.8	10.5	18
DL-120	23	15.0	124	75	16	55	34	7.0	13.0	18
DL-150	25	16.5	124	75	17	55	36	7.5	13.0	20
DL-185	27	18.5	140	80	18	60	40	7.5	13.0	22
DL-240	31	21.0	140	80	20	60	45	8.5	17.0	25

注：表中 D、d、L、$L_1 \sim L_3$、B、A、ϕ、R 代表的尺寸与图2-22（a）同。

（3）铜铝过渡接线鼻子规格尺寸（见表2-102）

表2-102　DTL型铜铝过渡接线鼻子规格尺寸

型号	尺寸/mm							适用导线
	d_1	d_2	L_1	L	A	B	D	截面积/mm²
DTL-16	5.2	10	35	78	3.5	18	10	16
DTL-25	6.8	12	35	78	3.5	18	12	25
DTL-35	8.0	14	42	90	5	22	14	35
DTL-50	9.6	16	42	90	5	22	16	50
DTL-70	11.6	18	50	110	6	28	18	70
DTL-95	13.6	21	50	110	6	28	21	95
DTL-120	15.0	23	55	120	7	34	23	120
DTL-150	16.6	25	55	120	7	34	25	150
DTL-185	18.6	27	60	135	8	42	27	185
DTL-240	21.0	31	60	135	8	42	31	240

注：表中d_1、d_2、L_1、L、A、B、D代表的尺寸与图2-22（b）同。

2.4.4　压线帽

　　铜导线或铝导线的终端接头，均可以用压线帽连接。压线帽是一种专门用于导线终端接头的连接器件。压线帽的压线套管用镀银紫铜（用于铜导线连接）或铝合金（用于铝导线连接）制作；压线套管外的防护帽，用难燃的高强度树脂制作，用于绝缘。压线帽需与专用压接钳配合使用。

　　YMT型为铜导线压线帽，YML型为铝导线压线帽。

2.4.4.1　压线帽的型号规格

　　压线帽结构尺寸及接线如图2-23所示。压线帽型号规格见表2-103。

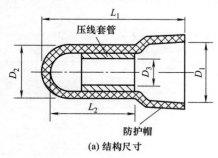

（a）结构尺寸

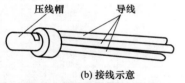

（b）接线示意

图2-23　压线帽结构尺寸及接线

表 2-103　压线帽型号规格

型号	色别	规格尺寸/mm				
		L_1	L_2	D_1	D_2	D_3
YMT-1	黄	19	13	8.5	6	2.9
YMT-2	白	21	15	9.5	7	3.5
YMT-3	红	25	18	11	9	4.6
YMT-4	奶白	26	18	12	10	5.5
YML-1	绿	25	18	11	9	4.6
YML-2	蓝	26	18	12	10	5.5

注：表中 L_1、L_2、D_1、D_2、D_3 代表的尺寸与图 2-23（a）同。

2.4.4.2　压接钳加压模块的选择

专用阻尼式手握型压接钳如图 2-24（a）所示，加压模块如图 2-24（b）、（c）所示。模块钳压限位压力如图 2-25 所示。

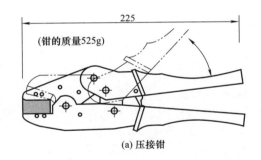

(a) 压接钳

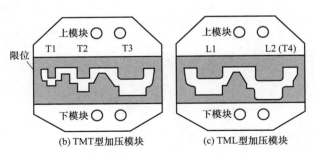

(b) TMT型加压模块　　　　(c) TML型加压模块

图 2-24　压接钳和加压模块

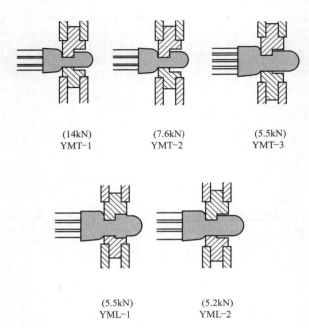

(14kN)　　　　　　(7.6kN)　　　　　　(5.5kN)
YMT-1　　　　　　YMT-2　　　　　　YMT-3

(5.5kN)　　　　　　(5.2kN)
YML-1　　　　　　YML-2

图 2-25　模块钳压限位压力

2.4.4.3　压线帽与连接导线的配用

压线帽与连接导线的配用见表 2-104。

表 2-104　压线帽与连接导线的配用

压线管内导线线芯组合方案	压线管内导线截面积/mm²						配用压线帽型号	线芯进入接管削线长度 L/mm	压线管内加压所需充实线芯总根数	组合方案实际工作线芯根数	利用管内工作线芯回折作填充线的根数
	BV 型				BLV 型						
	1.0	1.5	2.5	4.0	2.5	4.0					
	导线根数										
T2000	2	—	—	—	—	—	YMT-1	13	4	2	2
T4000	4	—	—	—	—	—			4	4	—
T3000	3	—	—	—	—	—			4	3	1
T1200	1	2	—	—	—	—			3	3	—
T6000	6	—	—	—	—	—	YMT-2	15	6	6	—
T0400	—	4	—	—	—	—			4	4	—
T3200	3	2	—	—	—	—			5	5	—
T1020	1	—	2	—	—	—			3	3	—
T2110	2	1	1	—	—	—			4	4	—

压线管内导线线芯组合方案	压线管内导线截面积/mm²						配用压线帽型号	线芯进入接管削线长度 L/mm	压线管内加压所需充实线芯总根数	组合方案实际工作线芯根数	利用管内工作线芯回折作填充线的根数
	BV 型				BLV 型						
	1.0	1.5	2.5	4.0	2.5	4.0					
	导线根数										
T0020	—	—	2	—	—	—	YMT-3	18	4	2	2
T0040	—	—	4	—	—	—			4	4	—
T0230	—	2	3	—	—	—			5	5	
T0420	—	4	2	—	—	—			6	6	
T1021	1	—	2	1	—	—			4	4	
T0202	—	2	—	2	—	—	YMT-3	18	4	4	
T8010	8	—	1	—	—	—			9	9	
T0002	—	—	3	2	—	—	YMT-4	18	5	5	
T0004	—	—	—	4	—	—			4	4	
L20	—	—	—	—	2	—	YML-1	18	4	2	2
L30	—	—	—	—	3	—			4	3	1
L40	—	—	—	—	4	—			4	4	
L32	—	—	—	—	3	2	YML-2	18	5	5	
L04	—	—	—	—	—	4			4	4	

2.4.5 导电膏

导电膏又称电力复合脂。导电膏是以矿物油、合成脂类油、硅油作基础油，经皂化、增稠，加入导电、抗氧、抗磨、防腐、抑弧等特殊添加剂，再经过研磨、分散、改性精制而成的软状膏体。导电膏具有耐高温、抗氧化、抗霉菌、耐潮湿、耐化学腐蚀，理化性能稳定，使用寿命长等特点。将其涂敷在高低压电气设备导电排及电缆接头接触面上，可降低接触电阻，防止腐蚀，完全可以代替紧固连接接触面的搪锡及镀银工艺，是一种能减少电耗的新型节电产品。

导电膏的型号很多，国产的有 DJG 型、DG1 型、919 型等。它们的性能基本相同，其技术数据见表 2-105。

表 2-105 导电膏技术数据

滴点温度/℃	针入度(150g,25℃)/(1/10mm)	体电阻率/Ω·m	长霉度	pH 值	凝固点/℃
150～250	130～230	$10^{-6} \sim 10^{-3}$	0 级	中性	$-20 \sim -30$

919 型导电膏有以下几种：JFG-1 紫色（铜-铜专用）、JFG-1G 茶色（铝-铝专用）、JFG-2 黄色（铜-铝专用）以及 JFG-1C（蓄电池组连接专用）等。

使用导电膏应注意以下事项。

① 先打磨、清洁、校平连接部位，然后在接触面上均匀地上导电膏。若用于开关及接触器、继电器的触头，导电膏涂层为 0.1～0.2mm；若用于两导体连接，则先预涂 0.05～0.1mm 厚一层导电膏，并用铜丝刷轻轻擦拭，然后擦净表面，重新涂敷 0.2mm 厚的导电膏，最后将接触面叠合，用螺栓固定。

② 对于小型继电器，一般不必涂敷导电膏，即使需要涂敷，也只涂极薄一层即可。否则触头容易粘住，或延长释放时间，使电路工作状态改变。

③ 在自然状态下导电膏的绝缘电阻很高，基本不导电，只有当外施一定的压力，使微细的导电颗粒挤压在一起时，才呈现导电性能。

2.4.6　电缆接头附件

① NTN 系列户内尼龙电缆终端盒外形尺寸如图 2-26 所示，其技术数据见表 2-106。

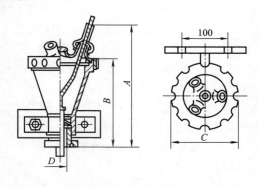

图 2-26　NTN 系列尼龙电缆终端盒外形尺寸

表 2-106　NTN 系列尼龙电缆终端盒技术数据及外形尺寸

型号	额定电压 U_0/U /kV	电缆芯数	电缆截面积 /mm²	外形尺寸/mm				质量 /kg
				A	B	C	D	
NTN-41			4～50	233	179	112	37.6	0.335
NTN-42	0.6/1	4	70～95	273	191	127	47.6	0.425
NTN-43			120～185	317	216	152	48.5	0.7
NTN-31	0.6/1 6/6	3	10～50 10～25	233	179	112	37.6	0.33
NTN-32	0.6/1 6/6 8.7/10	3	70～120 35～70 16～50	273	191	127	47.6	0.4
NTN-33	0.6/1 6/6 8.7/10	3	150～240 95～185 70～150	317	216	152	48.5	0.65
NTN-34	6/6 8.7/10	3	240 185～240	—	226	162	56	0.75

注：表中 A、B、C、D 代表的尺寸与图 2-26 同。

② NTH 系列聚丙烯户内电缆终端头的结构及外形尺寸如图 2-27所示，其技术数据见表 2-107。

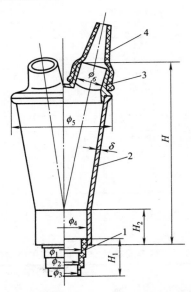

图 2-27　NTH 系列聚丙烯电缆终端头的结构及外形尺寸

1—进线套；2—壳体；3—上盖；4—出线套

③ 控制电缆头套。控制电缆头套是采用优质 PVC 制成的，用于控制电缆终端的封装。其型号、内径及适用电缆截面积见表 2-108。

表 2-107　聚丙烯电缆终端头适用电缆截面积及外形尺寸

型号	电缆芯数	适用电缆截面积/mm²			外形尺寸/mm								
		1kV	6kV	10kV	ϕ_1	ϕ_2	ϕ_3	ϕ_4	ϕ_5	ϕ_6	H_1	H_2	H
NTH-31	3	10～50	10～25	—	26	22	18	35	69	17	37	33	148
NTH-32		70～120	35～70	16～50	33	29	25	45	89	25	35		167
NTH-33		150～240	95～185	70～150	44	40	36	55	110	35	35		190
NTH-34		—	240	185～240	52	48	—	65	120	38	29		210
NTH-41	4	10～50	—	—	26	22	18	35	69	17	37	33	148
NTH-42		70～95	—	—	33	29	25	45	89	25	35		167
NTH-43		120～185	—	—	44	40	36	55	110	30	35		190

注：1. 每只外壳配一袋浇注剂，一袋环氧涂料（或一卷自粘带），外壳号数应与浇注剂号数相同。

2. δ 为外壳厚度（见图 2-27）。

3. 表中 ϕ_1～ϕ_6、H_1、H_2、H 代表的尺寸与图 2-27 同。

表 2-108　控制电缆头套的型号、内径及适用电缆截面积

型号	内径/mm	适用电缆截面积(根数×每根截面积)/mm²			
KT2-1	12	4×1.5	5×1.5	4×2.5	—
KT2-2	13	6×1.5	5×2.5	7×1.5	—
KT2-3	14	6×2.5	4×6	8×1.5	—
KT2-4	15	8×2.5	6×4	7×4	—
KT2-5	16.5	10×1.5	8×4	7×6	6×6
KT2-6	18	14×1.5	10×2.5	8×6	—
KT2-7	19.5	19×1.5	14×2.5	10×4	4×10
KT2-8	21	19×2.5	10×6	—	—
KT2-9	24	24×1.5	6×10	7×10	30×1.5
KT2-10	26	8×10	24×2.5	37×1.5	30×2.5

④ 塑料中间接线盒用于电缆中间接头的连接，其型号及适用电缆截面积见表 2-109。

表 2-109　塑料中间接线盒型号与适用电缆截面积

型号	适用电缆截面积/mm²	
	1kV	6～10kV
LSV-1	50 以下	—
LSV-2	70～120	—

型号	适用电缆截面积/mm²	
	1kV	6～10kV
LSV-3	150～240	—
LSV-4	—	50 以下
LSV-5	—	70～120
LSV-6	—	150～240

⑤ 塑料、橡胶、交联聚乙烯电缆终端头电气性能见表 2-110。

表 2-110 塑料、橡胶、交联聚乙烯电缆终端头电气性能

额定电压/kV	工频击穿电压/kV		工频闪络电压/kV		冲击闪络电压/kV	防潮密封性能
	瞬时	逐级	干	湿		
0.5	30	—	—	—	—	良好
6 绕包型	60	27	65	—	—	良好
6 分相屏蔽型	60kV 端头表面闪络	60kV 端头表面闪络	64	—	95	良好
10	90kV 端头表面闪络	99kV 端头表面闪络	98	69	104	良好

注：工频击穿电压的加压方式如下：6kV 绕包屏蔽电缆从 12kV 开始，每隔 4h 增加一级（3kV）；6kV、10kV 分相屏蔽电缆从 25kV 开始，每隔 0.5h 增加一级（5kV）。

2.5 绝缘材料和绝缘制品

2.5.1 绝缘材料

2.5.1.1 绝缘材料的耐热等级和极限温度

电机和电器用绝缘材料的耐热等级见表 2-111。

表 2-111 电机和电器用绝缘材料的耐热等级

耐热等级	极限温度/℃	耐热等级定义	相应的绝缘材料
Y	90	用经过试验证明，在 90℃极限温度下能长期使用的绝缘材料或其组合物所组成的绝缘结构	用未浸渍过的棉纱、丝及纸等材料或其组合物所组成的绝缘结构

耐热等级	极限温度/℃	耐热等级定义	相应的绝缘材料
A	105	用经过试验证明,在105℃极限温度下能长期使用的绝缘材料或其组合物所组成的绝缘结构	用浸渍过的或浸在液体电介质中的棉纱、丝及纸等材料或其组合物所组成的绝缘结构
E	120	用经过试验证明,在120℃极限温度下能长期使用的绝缘材料或其组合物所组成的绝缘结构	用合成有机薄膜、合成有机磁漆等材料或其组合物所组成的绝缘结构
B	130	用经过试验证明,在130℃极限温度下能长期使用的绝缘材料或其组合物所组成的绝缘结构	用合适的树脂黏合或浸渍、涂覆后的云母、玻璃纤维、石棉等,以及其他无机材料、合适的有机材料或其组合物所组成的绝缘结构
F	155	用经过试验证明,在155℃极限温度下能长期使用的绝缘材料或其组合物所组成的绝缘结构	用合适的树脂黏合或浸渍、涂覆后的云母、玻璃纤维、石棉等,以及其他无机材料、合适的有机材料或其组合物所组成的绝缘结构
H	180	用经过试验证明,在180℃极限温度下能长期使用的绝缘材料或其组合物所组成的绝缘结构	用合适的树脂(如硅有机树脂)黏合或浸渍、涂覆后的云母、玻璃纤维、石棉等材料或其组合物所组成的绝缘结构
C	>180	用经过试验证明,在超过180℃的温度下能长期使用的绝缘材料或其组合物所组成的绝缘结构	用合适的树脂黏合或浸渍、涂覆后的云母、玻璃纤维等,以及未经浸渍处理的云母、陶瓷、石英等材料或其组合物所组成的绝缘结构。C级绝缘的极限温度应根据不同的物理、机械、化学和电气性能来确定

2.5.1.2 常用绝缘材料的电性能

常用绝缘材料的电性能见表2-112。

表2-112 常用绝缘材料的电性能

名称	电阻率 ρ /Ω·mm	相对介电常数 ε_r
聚四氟乙烯	—	2
聚苯乙烯	10^{17}	3

名称	电阻率 ρ /$\Omega \cdot$ mm	相对介电常数 ε_r
环氧树脂	—	3.6
聚酰胺	—	5
酚醛塑料	10^{13}	3.6
酚醛树脂	—	8
硬质胶	—	2.5
胶质不碎玻璃	10^{14}	3.2
石蜡油	10^{17}	2.2
石油	—	2.2
变压器油(矿物性)	—	2.2
变压器油(植物性)	—	2.5
电容器油	$10^{15} \sim 10^{16}$	2.1～2.3
松节油	—	2.2
橄榄油	—	3
蓖麻籽油	—	4.7
云母板	—	5
石英	—	4.5
玻璃	10^{14}	5
云母	10^{16}	6
瓷	10^{13}	4.4
页岩	—	4
皂石	—	6
大理石	10^{9}	8
硬橡胶	10^{15}	4
软橡胶	—	2.5
人造琥珀	10^{17}	—
电力电缆绝缘	—	4.2
通信电缆绝缘	—	1.5
电缆填料	—	2.5
纸	—	2.3
刚纸(硬化纸板)	—	2.5
浸渍纸	—	5
油纸	—	4
胶纸板	—	4.5
层压纸板	—	4
真空	—	1
空气	10^{18}	1

续表

名称	电阻率 ρ /$\Omega \cdot mm$	相对介电常数 ε_r
水（蒸馏）	10^6	80
石蜡	10^{17}	2.2
马来树胶	—	4
虫胶	—	3.7

2.5.2 绝缘制品

2.5.2.1 绝缘层压板

（1）常用绝缘层压板的型号、特性和用途（见表2-113）

表 2-113 常用绝缘层压板型号、特性和用途

名称	型号	耐热等级	特性和用途
酚醛层压纸板	3020	E	电气性能较好、耐油性好,适于作电工设备中的绝缘结构件,并可在变压器油中使用
	3021	E	机械强度高,耐油性好,适于作电工设备中的绝缘结构件,并可在变压器油中使用
	3022	E	有较高的耐潮性,适于在高湿度条件下工作的电工设备中作绝缘结构件
	3023	E	介质损耗低,适于作无线电、电话和高频设备中的绝缘结构件
酚醛层压布板	3025	E	机械强度高,适于作电气设备中的绝缘结构件,并可在变压器油中使用
	3027	E	电气性能好,吸水性好,适于作高频无线电装置中的绝缘结构件
酚醛层压玻璃布板	3230	B	机械性能、耐水和耐热性比层压纸、布板好,但黏合强度低,适于作电气设备中的绝缘结构件,并可在变压器油中使用
苯胺酚醛层压玻璃布板	3231	B	电气性能和力学性能比酚醛玻璃布板好,黏合强度与棉布板相近,可代替棉布板用作电动机、电器中的绝缘结构件
环氧酚醛层压玻璃布板	3240	F	具有很高的机械强度,电气性能好,耐热性和耐水性较好,浸水后的电气性能较稳定,适于作要求高机械强度、高介电性能及耐水性好的电动机、电器的绝缘结构件,并可在变压器油中使用

名称	型号	耐热等级	特性和用途
有机硅环氧层压玻璃布板	3250	H	电气性能和耐热性好,机械强度较高,适于作高温和湿热地区 H 级电动机、电器的绝缘结构件

(2) 硬聚氯乙烯板

它具有优良的耐酸碱、耐油及电气绝缘性能,能在$-10\sim+50℃$环境内作耐腐蚀结构材料或绝缘材料。其技术数据见表 2-114。

表 2-114 硬聚氯乙烯板技术数据

厚度/mm	宽度/mm	长度/mm
2、2.5、3、3.5、4、4.5、5、5.5、6、6.5、7、7.5、8、8.5、10、12、13、14、15、16、17、20	$\geqslant 400$	$\geqslant 500$

2.5.2.2 绝缘胶带

绝缘导线之间连接后,需要用绝缘胶带包缠,以恢复导线原有的绝缘强度。

绝缘胶带主要有黑胶带、聚氯乙烯绝缘胶带、涤纶胶带、黄蜡带和塑料带等几种。各种绝缘胶带的用途及主要规格如下。

(1) 黑胶带

黑胶带又称黑胶布、绝缘胶布带,是电工最常用的绝缘胶带。它适用于交流电压 380V 及以下的电线、电缆绝缘层包缠。在$-10\sim+40℃$环境温度范围内使用,有一定的黏着性。黑胶带的规格(胶带宽)有 10mm、15mm、20mm、25mm 和 50mm 五种,常用的是 20mm 一种。

黑胶带应达到以下技术要求。

① 绝缘强度。在交流 50Hz、1000V 电压下持续 1min 不击穿。

② 不含对铜、铝导线起腐蚀作用的有害物质。如果使用后使铜芯变成蓝黑色,铝芯附有白色粉末状物质,则认为此黑胶带有质量问题,不能使用。

(2) 聚氯乙烯绝缘胶带

聚氯乙烯绝缘胶带又称塑料绝缘胶带,适用于交流电压 500V

及以下电线、电缆绝缘层包缠。在 -5～+60℃ 环境温度范围内使用。除了包缠电线、电缆接头外，还可用于密封保护层。它是在聚氯乙烯薄膜上涂敷胶浆，再卷后切断而成，其外形与黑胶带相似，只不过外皮是塑料而不是布。

塑料绝缘胶带的绝缘性能、黏着力及防水性能均比黑胶带好，并具有多种颜色，以便安装时作标记。缺点是使用时不易用手扯断，需用电工刀或剪刀切割。

（3）涤纶胶带

涤纶胶带又称涤纶绝缘胶带，与塑料绝缘胶带用途相同，但耐压强度、防水性能更好。它是在涤纶薄膜上涂敷胶浆卷切而成。其基材薄、强度高而透明，耐化学稳定性好，除了可包缠电线、电缆接头外，还可以胶扎物体、密封管子等。使用时需用剪刀或刀片在割处划割一道浅痕，然后一扯即断。

（4）黄蜡带

黄蜡带又称黄蜡布带，有平纹和斜纹两种，布面浸渍漆为油基漆。主要用于加强绝缘、导线接头的内层包缠，以及一般低压电机、电器的衬垫绝缘或线圈绝缘包扎。其绝缘强度高、耐化学稳定性好、防水性能好。其规格（带宽）有 15mm、20mm 和 25mm 几种，常用的是 20mm。带厚有 0.15～0.30mm 多种。黄蜡带没有黏性。

（5）聚氯乙烯绝缘带

聚氯乙烯绝缘带又称塑料带。主要作电气线路的绝缘保护、加强绝缘，或用于绑缚线路，便于分色，以利维护检修。其规格（带宽）有 10mm、15mm、20mm、40mm 和 50mm 等多种，常用的是 20mm 一种。带厚一般为 0.3～0.6mm，其耐压为 500V；最厚的为 1.6～2.0mm，其耐压可达 3000V。

2.6 电气装置件 ◀◀◀

电气装置件是指最高工作电压为交流 500V 室内或类似环境条件下使用的开关、插座、插头等。86 系列和 120 系列电气装置件是现代住宅照明电气安装的理想选择。86 系列为 86×86、86×146；120 系列为 120×100、125×75。以上数字均为最小面板尺寸（mm）。这两种系列的电气装置件的生产厂家很多，较有知名度的品牌有鸿雁牌、奇胜牌、华立牌、国伦牌、东升牌、公牛牌、TLC 牌、彩宇牌、利尔牌等。下面列举部分产品的规格及相关数据。

2.6.1 开关

2.6.1.1 86 系列照明开关

常用 86 系列开关名称、规格及相关数据见表 2-115。

表 2-115 常用 86 系列开关名称、规格及相关数据

名称	规格	外形图	外形尺寸/mm	备注
跷板式单控暗开关	250V 10A		86×86	安全系数大,亦能通过 15A 额定电流
跷板式双控暗开关				
跷板式双联单控暗开关			86×86	
跷板式双联双控暗开关				
跷板式双联单控、双控暗开关				
跷板式三联单控暗开关	250V 10A		86×86	安全系数大,亦能通过 15A 额定电流(设计成单元形式,可以进行各种组合,使用灵活)
跷板式三联双控暗开关				
跷板式三联单控、双控暗开关				
跷板式三联双控、单控暗开关				
带指示灯跷板式单控暗开关(Ⅰ型)	250V 10A		86×86	Ⅰ型开关通电时,指示灯灭,开关断开时指示灯亮,便于夜里及暗处使用
带指示灯跷板式单控暗开关(Ⅱ型)				
带指示灯跷板式双控暗开关				Ⅱ型开关通电时指示灯亮,指示有电

家装电工便携手册

名称	规格	外形图	外形尺寸/mm	备注
带指示灯跷板式双联单控暗开关（Ⅰ型） 带指示灯跷板式双联单控暗开关（Ⅱ型） 带指示灯跷板式双联双控暗开关 带指示灯跷板式双联单控、双控暗开关	250V 10A		86×86	Ⅰ型开关通电时指示灯灭，开关断开时指示灯亮，便于夜里和暗处使用 Ⅱ型开关通电时指示灯亮，指示有电
带指示灯跷板式三联单控暗开关 带指示灯跷板式三联双控暗开关 带指示灯跷板式三联单控、双控暗开关	250V 10A		86×86	开关通电时指示灯亮，指示有电（设计成单元形式，可视要求进行组合，具有灵活性）
防潮防溅式单控暗开关 防潮防溅式双控暗开关	250V 10A		86×86	有密封罩，适用于潮湿场所（浴室、厕所）及有雨水处（天井）
防潮防溅式双联单控暗开关 防潮防溅式双联双控暗开关 防潮防溅式双联单控、双控暗开关			86×86	
带指示灯防潮防溅式单控暗开关（Ⅰ型） 带指示灯防潮防溅式单控暗开关（Ⅱ型） 带指示灯防潮防溅式双控暗开关	250V 10A		86×86	具有防潮防溅功能，并带有指示灯（Ⅰ、Ⅱ型之区别，同带指示灯跷板式单控暗开关备注栏的内容）

名称	规格	外形图	外形尺寸/mm	备注
带指示灯防潮防溅式双联单控暗开关（Ⅰ型）	250V 10A		86×86	具有防潮防溅功能，并带有指示灯（Ⅰ、Ⅱ型之区别，同带指示灯跷板式单控暗开关备注栏的内容）
带指示灯防潮防溅式双联单控暗开关（Ⅱ型）				
带指示灯防潮防溅式双联双控暗开关				
带指示灯防潮防溅式双联单控、双控暗开关				
跷板式电铃开关	250V 0.3A		86×86	可作为门铃及传呼用
带指示灯跷板式电铃开关	250V 0.3A		86×86	能显示电铃是否通电
带指示灯防潮防溅跷板式电铃开关	250V 0.3A		86×86	适合于室外，有雨水处和夜间使用
拉线式暗开关	250V 0.6A		86×86	组合式结构，便于维修，使用寿命长，安全可靠
拉线式双联暗开关	250V 0.6A		86×86	
拉线式三联暗开关	250V 0.6A		86×86	

2.6.1.2 北京国伦 P86 系列照明开关

北京国伦 P86 系列照明开关的技术数据见表 2-116。

2.6.1.3 防爆照明开关

(1) GHG2722□□□V0 型防爆照明开关

该开关适用于含有爆炸性气体混合物属于Ⅱ类 C 级 T6 组及以下的场所，作为控制交流 50Hz 或 60Hz、电压至 220V 的照明回路用。

GHG2722□□□V0 型防爆照明开关技术数据见表 2-117。

表 2-116　北京国伦 P86 系列照明开关规格及相关数据

名称	型号	规格	示意图	面板尺寸 /mm	备注
电子延时开关	P86KY-Ⅰ	220V 15～100W 白炽灯		86× 86×12	延时时间 2min±30s
高层楼用 电子延时开关	P86KY-Ⅲ	220V 25～40W 白炽灯			延时时间 （1.5 ～ 4min）±30s,带应急备用电源接线端子
双音电子门铃	P86CHM	220V		86× 86×12	—
调光开关	P86KT100	220V 100W 白炽灯		86× 86×12	—
	P86KT500	220V 500W 白炽灯			
调速开关	P86KTS200	220V 200W	见调光开关	86× 86×12	—
声光控制 电子延时开关	P86KSGY	220V 100W	见双音电子门铃	86× 86×12	在黑暗环境中,声音达到一定响度时灯亮,经延时后自动关闭

续表

名称	型号	规格	示意图	面板尺寸/mm	备注
一位单极开关	P86K11-6	250V 6A		86×86×12	
一位双联开关	P86K12-6				
一位单极开关	P86K11-10	250V 10A			
一位双联开关	P86K12-10				
两位单极开关	P86K21-6	250V 6A		86×86×12	
两位双联开关	P86K22-6				
两位单极开关	P86K21-10	250V 10A			
两位双联开关	P86K22-10				
三位单极开关	P86K31-6	250V 6A		86×86×12	
三位双联开关	P86K32-6				
三位单极开关	P86K31-10	250V 10A			
三位双联开关	P86K32-10				
四位单极开关	P86K41-6	250V 6A		86×86×12	
四位双联开关	P86K42-6				
四位单极开关	P86K41-10	250V 10A			
四位双联开关	P86K42-10				
带指示灯一位单极开关	P86K11D6	250V 6A		86×86×12	指示灯寿命长达10000h以上。用户可接成显示方位形式:开关处在关断时,指示灯亮。可指示开关位置
带指示灯一位双联开关	P86K12D6				
带指示灯一位单极开关	P86K11D10	250V 10A			
带指示灯一位双联开关	P86K12D10				
带指示灯二位单极开关	P86K21D6	250V 6A		86×86×12	指示灯寿命长达10000h以上。用户可接成显示方位形式:开关处在关断时,指示灯亮。可指示开关位置
带指示灯二位双联开关	P86K22D6				
带指示灯二位单极开关	P86K21D10	250V 10A			
带指示灯二位双联开关	P86K22D10				

名称	型号	规格	示意图	面板尺寸/mm	备注
带指示灯三位单极开关	P86K31D6	250V 6A		86×86×12	—
带指示灯三位双联开关	P86K32D6				
带指示灯三位单极开关	P86K31D10	250V 10A			
带指示灯三位双联开关	P86K32D10				
防溅型一位单极开关	P86K11F10	250V 10A		86×86×12	开关上设置防溅罩,防溅罩为透明有弹性薄膜,可隔着薄膜按动开关。密封性能好,不怕水溅和潮气。适用于卫生间、厕所等处
防溅型一位双联开关	P86K12F10				
防溅型二位单极开关	P86K21F10	250V 10A		86×86×12	
防溅型二位双联开关	P86K22F10				
防溅型带指示灯一位单极开关	P86K11FD10	250V 10A		86×86×12	
防溅型带指示灯一位双联开关	P86K12FD10				
防溅型带指示灯双位单极开关	P86K21FD10	250V 10A		86×86×12	开关上设置防溅罩,防溅罩为透明有弹性薄膜,可隔着薄膜按动开关。密封性能好,不怕水溅和潮气。适用于卫生间、厕所等处
防溅型带指示灯双位双联开关	P86K22FD10				

家装电工便携手册

续表

名称	型号	规格	示意图	面板尺寸/mm	备注
明装电铃开关	P661	250V 3A		—	配 M3×30 自攻螺钉
电铃开关	P86KL1-6	250V 6A		86×86×12	—
带指示灯电铃开关	P86KL1D6	250V 6A		86×86×12	—
"请勿打扰"电铃开关	P86KQ6	250V 6A		86×86×12	—
P 型节能插拔钥匙开关	P86KJ10	250V 10A		86×86×12	—
节能开关钥匙牌	KJ 钥匙	—		—	—

家装电工
便携手册

名称	型号	规格	示意图	面板尺寸 /mm	备注
跷板式二次开关	86K11D2	220V 160W 日光灯或200W 白炽灯		86×86×7	平时与普通开关功能相同。瞬间停电后开关无论处于ON或OFF状态均被切断,从而避免了长明灯
拉线式二次开关	86K11D2L			86×86×7	
拉线式延时开关	86KY-1L	纯阻性负载		86×86×7	延时时间为2min±30s
灯座型拉线延时开关	146KYZ-1L			146×86×7	延时时间为2min±30s,出厂时不带灯座,由用户自配
调光开关	86KT500	220V 500W 白炽灯		86×86×7	—
	86KT100	220V 100W 白炽灯			
调速开关	86KTS200	220V 200W			
	86KTS100	220V 100W			
普通型一位单极开关	86K11-6	250V 6A		86×86×7	带指示灯开关:指示灯耗电极少,寿命长达10000h以上,用户可根据需要接成显示方位(开关断时指示灯亮,可辨清开关位置)、方便操作和指示电源(开关通时指示灯亮,能够识别线路是否有电,便于维修)
普通型一位双联开关	86K12-6				
普通型一位单极开关	86K11-10	250V 10A			
普通型一位双联开关	86K12-10				

322

续表

名称	型号	规格	示意图	面板尺寸 /mm	备注
带指示灯一位单极开关	86K11D6	250V 6A		86×86×7	带指示灯开关:指示灯耗电极少,寿命长达10000h 以上,用户可根据要求接成显示方位(开关断时指示灯亮,可辨清开关位置),方便操作和指示电源(开关通时指示灯亮,能够识别线路是否有电,便于维修)
带指示灯一位双联开关	86K12D6	250V 6A		86×86×7	
带指示灯一位单极开关	86K11D10	250V 10A		86×86×7	
带指示灯一位双联开关	86K12D10	250V 10A		86×86×7	
普通型两位单极开关	86K21-6	250V 6A		86×86×7	—
普通型两位双联开关	86K22-6	250V 6A		86×86×7	—
普通型两位单极开关	86K21-10	250V 10A		86×86×7	—
普通型两位双联开关	86K22-10	250V 10A		86×86×7	—
带指示灯两位单极开关	86K21D6	250V 6A		86×86×7	—
带指示灯两位双联开关	86K22D6	250V 6A		86×86×7	—
带指示灯两位单极开关	86K21D10	250V 10A		86×86×7	—
带指示灯两位双联开关	86K22D10	250V 10A		86×86×7	—
普通型三位单极开关	86K31-6	250V 6A			—
普通型三位双联开关	86K32-6	250V 6A			—
带指示灯三位单极开关	86K31D6	250V 6A			—
带指示灯三位双联开关	86K32D6	250V 6A			—

名称	型号	规格	示意图	面板尺寸/mm	备注
普通型四位单极开关	146K41-6	250V 6A		146×86×7	—
普通型四位双联开关	146K42-6				
普通型六位单极开关	146K61-6	250V 6A		146×86×7	—
普通型六位双联开关	146K62-6				
一位单极拉线式开关	86K11-6L	250V 6A		86×86×7	—
一位双联拉线式开关	86K12-6L				
二位单极拉线式开关	86K21-6L	250V 6A		86×86×7	—
二位双联拉线式开关	86K22-6L				
四位单极拉线式开关	146K41-6L	250V 6A		146×86×7	—
四位双联拉线式开关	146K42-6L				
双极开关	86K12T10	250V 10A		86×86×7	同时切断相线、零线
两极双联换向开关	86K14-10	250V 10A		86×86×7	与双联开关配合使用,可在多处控制同一负载

表 2-117　GHG2722□□□V0 型防爆照明开关技术数据

序号	型号	与结构无影响的代号	额定电压/V	额定电流/A	防爆标志	触头类型	电缆引入方法
1	GHG2722 100V0	00V0	220	16	Exed Ⅱ CT6		上方有 1 个 Pg16 的电缆引入装置,装置代号为 00

序号	型号	与结构无影响的代号	额定电压/V	额定电流/A	防爆标志	触头类型	电缆引入方法
2	GHG2722 200V0	00V0					上方有 1 个 Pg16 的电缆引入装置,装置代号为 00
3	GHG2722 500V0	00V0					
4	GHG2722 600V0	00V0					
5	GHG2722 120V0	20V0				同序号 1	上方有 1 个 Pg16 的密封栓塞(代号为 20),下方有 1 个 Pg20 的电缆引入装置
6	GHG2722 220V0	20V0	220	16	Exed Ⅱ CT6	同序号 2	
7	GHG2722 520V0	20V0				同序号 3	
8	GHG2722 620V0	20V0				同序号 4	
9	GHG2722 126V0	26V0				同序号 1	上方有 1 个 M20×1.5 的密封栓塞(代号为 26),下方有 1 个 M20×1.5 的电缆引入装置
10	GHG2722 226V0	26V0				同序号 2	
11	GHG2722 526V0	26V0				同序号 3	
12	GHG2722 626V0	26V0				同序号 4	

(2) SW-10□系列防爆照明开关的技术数据（见表 2-118）

表 2-118　SW-10□系列防爆照明开关技术数据

型号	额定电压/V	额定电流/A	防爆标志	防护等级	配线方式	电缆密封圈孔径/mm	钢管布线管径/mm	最多出线口数/个	质量/kg
SW-10W[①]	220	10	Exed Ⅱ CT6	IP54	钢管电缆	10～14	20	2	—
SW-10			Exed Ⅱ BT6	IP54		7～9 10.5～12.5	20	2	—

续表

型号	额定电压/V	额定电流/A	防爆标志	防护等级	配线方式	电缆密封圈孔径/mm	钢管布线管径/mm	最多出线口数/个	质量/kg
SWB-10			Exed Ⅱ BT6	—		7～9 10.5～12.5	20	2	—
SW-10			Exed Ⅱ BT6	—	钢管电缆	—	—	2	1.2
SW-10W①	220	10	Exed Ⅱ BT5	IP54		8～12	20	2	1.0
SW-10③			Exed Ⅱ BT6 Exed Ⅱ CT6	IP54 IP65②		16	20 或其他规格	3	0.99 ～ 1.1

① W 为户外型。
② 用户需要可做到该等级。
③ 有防腐型。

（3）BZS51-16□□□ 系列防爆照明开关的技术数据（见表 2-119）

表 2-119　BZS51-16□□□系列防爆照明开关技术数据

型号	额定电压/V	额定电流/A	防爆标志	防护等级	配线方式	电缆配线密封圈外径/mm	钢管布线管径/mm	质量/kg
BZS51-16D Ⅰ □								
BZS51-16S Ⅰ □	220	16	Exed Ⅱ CT6	IP65	钢管电缆	8～12	20	1.0
BZS51-16D Ⅱ □								
BZS51-16S Ⅱ □								

2.6.2　电源插座、插头

2.6.2.1　普通插座和 86 系列插座

常用普通插座和 86 系列插座规格及数据见表 2-120。

2.6.2.2　北京国伦 86 系列插座

北京国伦 P86 系列插座技术数据见表 2-121。

表 2-120　常用普通插座和 86 系列插座规格及数据

名称	规格	外形图	外形尺寸/mm	备注
普通 T 形二极明插座	50V,10A		$\phi 44 \times 26$	—
	50V,15A		—	
普通单相二极明插座	250V,10A		$\phi 42 \times 26$	
普通单相三极明插座	250V,6A		—	
	250V,10A		$\phi 54 \times 31$	
	250V,15A		—	
普通三相四极明插座	380V,15A		$76 \times 60 \times 36$	
	380V,25A		$90 \times 72 \times 45$	
普通三相四极明插座	380V,40A		—	—
普通带拉线开关的单相三极明插座	250V,10A		$45 \times 70 \times 31$	
普通插头三位插座	250V,5A		$38 \times 30 \times 38$	
普通单相二极扁圆两用暗插座	250V,10A		86×86	安装孔距60.3mm
普通双联单相二极扁圆两用暗插座	250V,10A		86×86	
普通单相二极暗插座	250V,10A		86×86	安装孔距60.3mm
普通双联单相二极暗插座	250V,10A		86×86	

名称	规格	外形图	外形尺寸/mm	备注
普通单相三极暗插座	250V,10A		86×86	安装孔距60.3mm
	250V,15A			
普通双联单相三极暗插座	250V,10A		86×86	安装孔距121mm
	250V,15A			
普通双联单相二极扁圆两用,单相三极暗插座	250V,10A		86×86	
普通三相四极暗插座	380V,15A		86×86	
	380V,25A			
安全式单相二极暗插座	250V,10A		86×86	安装孔距60.3mm
安全式双联单相二极暗插座	250V,10A		86×86	
安全式单相三极暗插座	250V,10A		86×86	
	250V,15A			
安全式双联单相三极暗插座	250V,10A		86×86	安装孔距121mm
	250V,15A			
安全式双联单相二极、单相三极暗插座	250V,10A		86×86	
安全式带开关单相三极暗插座	250V,10A		86×86	安装孔距60.3mm
	250V,15A			
防潮防溅型单相二极扁圆两用暗插座	250V,10A		86×86	有防溅密封盖罩,能用水冲洗,适用于有水淋工作场所。安装孔距60.3mm
防潮防溅型单相三极暗插座	250V,10A		86×86	
	250V,15A			

名称	规格	外形图	外形尺寸/mm	备注
带指示灯单相二极扁圆两用暗插座	250V,10A		86×86	
带指示灯单相二极暗插座	250V,10A		86×86	安装孔距60.3mm
带指示灯双联单相二极暗插座	250V,10A		86×86	
带指示灯单相三极暗插座	250V,10A 250V,15A		86×86	
带指示灯双联单相三极暗插座	250V,10A 250V,15A		86×146	安装孔距121mm
带指示灯双联单相二极、单相三极暗插座	250V,10A		86×146	
带指示灯安全式单相二极暗插座	250V,10A		86×86	
带指示灯安全式双联单相二极暗插座	250V,10A		86×86	安装孔距60.3mm
带指示灯安全式单相三极暗插座	250V,10A 250V,15A		86×86	
带指示灯安全式双联相三极暗插座	250V,10A 250V,15A		86×146	安装孔距121mm
带指示灯安全式双联单相二极、单相三极暗插座	250V,10A		86×146	

名称	规格	外形图	外形尺寸/mm	备注
带开关、带指示灯单相三极暗插座	250V,10A		86×86	安装孔距60.3mm
	250V,15A			
带开关、带指示灯安全式单相三极暗插座	250V,10A		86×86	
	250V,15A			
带熔芯单相二极扁圆两用暗插座	250V,10A		86×86	熔芯装在可卸下板上,安装孔距60.3mm
带熔芯单相三极暗插座	250V,10A		86×86	
	250V,15A			
带熔芯安全式单相二极暗插座	250V,10A		86×86	
带熔芯安全式单相三极暗插座	250V,10A		86×86	
	250V,15A			
防潮防溅可固定式单相二极暗插座	250A,10A		—	适用于医院理疗设备。安装孔距60.3mm
防潮防溅可固定式单相三极暗插座	250V,10A		—	
	250V,15A			
刮胡须刀暗装插座	250V,20A		86×146	适用于浴室、洗脸间供各种刮胡须刀使用,安装孔距60.3mm
	125V,20A			
暗装电话出线座	—		86×86	供电话机用,安装孔距60.3mm

名称	规格	外形图	外形尺寸/mm	备注
暗装共用电视调频天线插座	—		86×86	供电视机用,安装孔距60.3mm
暗装共用电视天线插座	—		86×86	供电视机用,安装孔距60.3mm
带开关单相二极扁圆两用暗插座	250A,10A		86×86	安装孔距60.3mm
带开关单相三极暗插座	250V,10A		86×86	
	250V,15A			

表 2-121　北京国伦 P86 系列插座技术数据

名称	型号	规格	示意图	面板尺寸/mm	备注
两极双用插座	P86Z12T10	250V 10A		86×86 ×12	—
带保护门两极双用插座	P86Z12AT10				带保护门插座,即在插孔内有一保护门,插头的两个足同时插入或三个足的接地极先插入插孔时才能打开保护门进行电连接。适用于安装在距地面1.8m之内的插座
二位两极双用插座	P86Z22T10	250V 10A		86×86 ×12	
带保护门二位两极双用插座	P86Z22AT10				
两极带接地插座	P86Z13-10	250V 10A		86×86 ×12	
带保护门两极带接地插座	P86Z13A10				
两极带接地插座	P86Z13-16	380V 16A			
带保护门两极带接地插座	P86Z13A16				

名称	型号	规格	示意图	面板尺寸/mm	备注
二位两极双用两极带接地插座	P86Z223-10	250V 10A		86×86 ×12	带保护门插座,即在插孔内有一保护门,插头的两个足同时插入或三个足的接地极先插入插孔时才能打开保护门进行电连接。适用于安装在距地面 1.8m 之内的插座
带保护门两极双用两极带接地插座	P86Z223A10				
三极带接地插座	P86Z14-16	380V 16A		86×86 ×12	
	P86Z14-25	380V 25A			
带开关两极双用插座	P86Z12KT10	250V 10A		86×86 ×12	开关与插座分体结构。可连接成开关控制该插座,也可以使开关控制别处用电器具
带开关、保护门两极双用插座	P86Z 12KAT10				
带开关两极带接地插座	P86Z13K10	250V 10A		86×86 ×12	
带开关、保护门两极带接地插座	P86Z13KA10				
带指示灯、开关两极双用插座	P86Z12 KTD10	250V 10A		86×86 ×12	指示灯可连接成方位指示灯或有无工作电流两种形式
带指示灯、开关、保护门两极双用插座	P86Z12 KTAD10				
带指示灯、开关两极带接地插座	P86Z13KD10	250V 10A		86×86 ×12	
带指示灯、开关、保护门两极带接地插座	P86Z13 KAD10				
防溅型两极双用插座	P86Z 12FT10	250V 10A		86×86 ×12	插头插入后,防溅盖可以盖上。适用于医院、厨房、卫生间等场所

名称	型号	规格	示意图	面板尺寸/mm	备注
防溅型两极带接地插座	P86Z13F10	250V 10A		86×86 ×12	插头插入后,防溅盖可以盖上。适用于医院、厨房、卫生间等场所
	P86Z13F16	250V 16A			
防溅型三相四极插座	P86Z14F16	380V 16A		86×86 ×12	
二位两极带接地插座	P146Z23-10	250V 10A		146× 86× 12	—
二位带保护门两极带接地插座	P146Z23A10				
二位两极带接地插座	P146Z23-16	250V 16A			
二位带保护门两极带接地插座	P146Z23A16				
两极双用加二位两极带接地插座	P146 Z323-10	250V 10A		146× 86× 12	—
带保护门两极双用加二位两极带接地插座	P146Z 323A10				
四位两极双用两极带接地插座	P146Z423-10	250V 10A		146× 86× 12	—
带保护门四位两极双用两极带接地插座	P146Z423A10				
两极双用两极带接地、三相四极插座	P146Z3234-10/16	250V 10A 380V 16A		146× 86× 12	
刮胡须刀插座	P146ZX22D	输入220V 输出110V、240V, 20V·A		146× 86× 12	内有隔离变压器及过载保护装置。安装方式为竖装

名称	型号	规格	示意图	面板尺寸/mm	备注
电视出线板（插座）	P86ZTV	TV 75Ω		86×86×12	配有输入阻抗 75Ω 的电视插座
电话出线板	P86ZDⅠ	—		86×86×12	Ⅰ—代表1位 Ⅱ—代表2位
双位电话出线板	P86ZDⅡ	—		86×86×12	—
四线型电话插座	P86ZDH	—		86×86×12	

　　北京国伦牌电气装置件，除生产采用弧形面板的 P86 系列产品外，还生产采用平面板的 86 系列和采用高级工程塑料面板的 SP86 系列产品。这些产品除面板不同外，其他部分均相同。

2.6.2.3　TSC 型轨道式电源插座

　　TSC 型轨道式电源插座主要应用于科研单位或需要多位插座集中组合安装的场所。

　　TSC-16 系列轨道式电源插座外形尺寸如图 2-28 所示，TSC-25

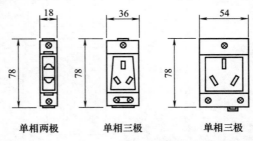

单相两极　　　　单相三极　　　　单相三极

图 2-28　TSC-16 系列轨道式电源插座外形尺寸

系列轨道式电源插座外形尺寸如图 2-29 所示；导轨各部尺寸及组装示意如图 2-30 所示。其主要技术数据见表 2-122。

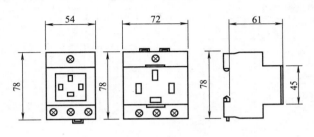

三相四极　　　三相四极

图 2-29　TSC-25 系列轨道式电源插座外形尺寸

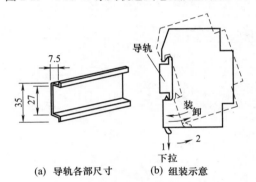

(a) 导轨各部尺寸　　(b) 组装示意

图 2-30　TSC 型电源插座导轨各部尺寸及组装示意

表 2-122　TSC 型轨道式电源插座主要技术数据

型号	规格	额定电流/A	电压/V	导线截面积/mm²	备　注
TSC-16	单相两极	10,16	250	16 以下	系列产品符合 GB 2099、IEC 884-1 标准，已获 CCEE 安全认证并由中保集团承保
	单相三极	10,16,25		16 以下	
TSC-25	单相三极	25	250/415	10 以下	
	三相四极	16,25		10 以下	

2.6.2.4　普通插头和 86 系列插头

常用普通插头和 86 系列插头规格及数据见表 2-123。

表 2-123　常用普通插头和 86 系列插头规格及数据

名称	规格	外形图	备注
普通式单相二极平插头	250V,10A		—
普通式单相二极立插头	250V,10A		
普通式单相三极平插头	250V,10A		
	250V,15A		
普通式单相三极立插头	250V,10A		
	250V,15A		
普通式三相四极平插头	380V,10A		
	380V,15A		
普通式三相四极平插头	380V,40A		
单相二极可固定式平插头	250V,10A		
单相三极可固定式平插头	250V,10A		—
单相三极可固定式平插头	250V,15A		
带熔芯单相二极平插头	250V,10A		
带熔芯单相三极平插头	250V,10A		插头内装熔芯
带熔芯单相三极平插头	250V,15A		

2.6.2.5 北京国伦系列插头

北京国伦系列插头技术数据见表 2-124。

表 2-124 北京国伦系列插头技术数据

名称	型号	规格	示意图	备注
立式单相两极插头	T2-10 Ⅱ	250V 10A		Ⅰ—平式 Ⅱ—立式
平式单相两极插头	T2-10 Ⅰ	250V 10A		—
防脱单相两极插头	T2G10	250V 10A		与可锁定插座配套使用,适用于医院、理发室等
平式两极带接地插头	T3-10	250V 10A		—
	T3-16	250V 16A		
	T3-20	250V 20A		
	T3-30	250V 30A		
防脱平式两极带接地插头	T3G10	250V 10A		与可锁定插座配套使用,适用于医院、理发室等
平式三相四极插头	T4-15	380V 15A		—
	T4-25	380V 25A		
两极带接地方脚带熔断器插头	T3R 13B	250V 13A		符合英国 BS 标准

2.6.3 灯座

灯座过去习惯叫作灯头，是安装灯泡用的。灯座种类很多，住宅常用的有插口式和螺口式两种。按结构类型，它们又可分为普通灯座（悬吊式）、平灯座、安全灯座、防雨灯座和带插座及带开关的灯座等。

常用灯座的规格及尺寸见表2-125。

表2-125　常用灯座的规格及尺寸

名称	规格	外形图	外形尺寸/mm
带开关悬吊式插口白炽灯座	250V,4A,C22		$\phi37\times65$
悬吊式插口白炽灯座	250V,4A,C22 50V,1A,C15		$\phi34\times48$ $\phi25\times40$
带开关悬吊式安全插口白炽灯座	250V,4A,C22		$\phi43\times75$
悬吊式安全插口白炽灯座			$\phi43\times65$
带开关 M10 管接式插口白炽灯座	250V,4A,C22		$\phi37\times70$
M10 管接式插口白炽灯座			$\phi35\times55$
平装式插口白炽灯座	250V,4A,C22		$\phi57\times41$
	50V,1A,C15		$\phi40\times35$
带开关悬吊式螺口白炽灯座	250V,4A,E27		$\phi40\times71$
悬吊式螺口白炽灯座			$\phi40\times56$

续表

名称	规格	外形图	外形尺寸/mm
带开关悬吊式安全螺口白炽灯座	250V,4A,E27		φ47×75
悬吊式安全螺口白炽灯座			φ47×65
带开关 M10 管接式螺口白炽灯座	250V,4A,E27		φ40×77
M10 管接式螺口白炽灯座			φ40×61
平装式螺口白炽灯座	250V,4A,E27		φ57×50
带拉线开关 M10 管接式螺口白炽灯座	250V,4A,E27		φ37×78
带拉线开关 M10 管接式插口白炽灯座	250V,4A,C22		φ37×78
灯罩卡子	—		φ66×18
瓷平装式螺口白炽灯座	250V,4A,E27		φ57×55
防雨悬吊式螺口白炽灯座	250V,4A,E27		φ40×53
插口双插座分火带开关白炽灯座	250V,4A,C22		60×45×38
插口双插座分火白炽灯座	250V,4A,C22		45×40×31
插口单插座分火带开关白炽灯座	250V,4A,C22		60×40×35
插口单插座分火白炽灯座	250V,4A,C22		45×36×31

2.7 低压电器

2.7.1 断路器

断路器又称自动空气开关，在电气线路中一般作总电源保护开关或分支线路、电动机等保护开关用。当负荷线路发生过载、短路及欠电压等故障时，它能自动切断电源，从而有效地保护线路及电气设备免受损坏或防止事故扩大。

常用的低压断路器，从结构类型分为框架式断路器（万能式）、塑料外壳式断路器（装置式）和模数化断路器等，从分断极数分为单极、二极、三极和四极。

2.7.1.1 DZ15、DZ20 和 DZ23 系列塑壳式断路器

（1）DZ15 系列断路器的技术数据（见表 2-126）

表 2-126 DZ15 系列断路器技术数据

型号	额定电压/V	壳架等级额定电流/A	极数	额定电流/A	380V 短路通断能力/kA	电寿命/次
DZ15-40/190	220		1	6、10、15、20、30、40	2.5(cosφ=0.7)	15000
DZ15-40/290		40	2			
DZ15-40/390	380		3			
DZ15-60/190	220		1	10、15、20、30、40、60	5(cosφ=0.5)	10000
DZ15-60/290	380	60	2			
DZ15-60/390			3			
DZ15-60/490	500		4			

（2）DZ20 系列断路器的技术数据（见表 2-127）

（3）DZ23 系列断路器技术数据（见表 2-128）

2.7.1.2 DZ5、DZ6、DZ12 和 DZ13 系列小型塑壳式断路器

① DZ5 系列断路器 具有过载、短路和欠电压保护功能，其技术数据见表 2-129。

表 2-127　DZ20 系列断路器的主要技术数据

型号	壳架等级额定电流 $I_{n.QF}$ /A	额定电流 I_n /A	极数	额定极限短路分断能力 AC 380V /kA	额定运行短路分断能力 AC 380V /kA	瞬时脱扣器整定电流 配电用	瞬时脱扣器整定电流 保护电动机用	电寿命/次	机械寿命/次
DZ20Y-100	100	16、20、32、40、50、63、80、100	2、3	18	14	$10I_n$（≤40A 时为 600A）	$12I_n$	4000	4000
DZ20J-100			2、3、4	35	18				
DZ20G-100			2、3	100	50				
DZ20H-100			2、3	35	18				
DZ20C-160	160	16、20、32、40、50、63、80、100、125、160	3	12	—	$10I_n$	—	2000	6000
DZ20Y-200	200	63、80、100、125、160、180、200、225	2、3	25	18	$5I_n$、$10I_n$	$8I_n$、$12I_n$	2000	6000
DZ20J-200			2、3、4	42	25				
DZ20G-200			2、3	100	50				
DZ20H-225			3	35	18				
DZ20C-250	250	100、125、160、180、200、225、250	3	15	—	$10I_n$	—	2000	6000
DZ20C-400	400	100、125、160、180、200、250、315、350、400	3	20	—	$10I_n$		1000	4000
DZ20Y-400		200（Y）、250、315、350、400	2、3	30	23	$10I_n$	$12I_n$		
DZ20J-400				50	25	$5I_n$	—		
DZ20G-400				100	50	$10I_n$			
DZ20C-630	630	250、315、350、400、500、630	3	20	—	$5I_n$、$10I_n$		1000	4000
DZ20Y-630			2、3	30	23				
DZ20J-630			2、3、4	50	25				
DZ20H-630			3	50	25				
DZ20Y-1250	1250	630、700、800、1000、1250	2、3	50	38	$4I_n$、$7I_n$	—	500	2500
DZ20J-1250				65	38				

　　注：1. 型号中设计序号后的字母表示额定极限短路分断能力级别：Y——一般型，J——较高型，G——最高型，C——经济型，H——高级型。

　　2. DZ20 系列断路器的额定工作电压为：AC380V，DC220V。

表 2-128　DZ23 系列断路器技术数据

壳架等级额定电流/A	额定电流 I_n /A	极数	额定电压 /V	额定短路通断能力/A	瞬时脱扣电流			电寿命 /次
					B 型	C 型	D 型	
40	0.5、1、2、3、4	1、2、3、4	单级：220/380 多极：380	6000	—	$(5\sim10)I_n$	$(10\sim20)I_n$	$I_n\leqslant25A$ 为 20000； $I_n>25A$ 为 4000
	6、10、16、25、32、40				$(3\sim5)I_n$			

表 2-129　DZ5 系列断路器技术数据

型号	额定电压 /V	额定电流 /A	脱扣器额定电流 /A				辅助触头	备注
DZ5-10	220	10	0.5、1、1.5、2、3、4、6、10				无，或一常开、一常闭	单极
DZ5-10F	220	10	0.5、1、1.5、2、3、4、6、10				一常开、一常闭	单极
DZ5-20	220 380	20	复式	电磁式	热脱扣	无脱扣	一常开、一常闭	脱扣级数 0.15、0.2、0.3、0.45、0.65、1、1.5、2、3、4.5、6.5、10、15、20
			0.15~6.5 10~20	0.15~6.5 10~20	0.15~20	—		
DZ5-2DL	380	20	1、1.5、2、3、4.5、6.5、10、15、20				一常开、一常闭	整定范围 0.65~1、1~1.5、1.5~2、2~3、3~4.5、4.5~6.5、6.5~10、10~15、15~20
DZ5-25	220 380	25	0.5、1、1.6、2.5、4、6、10、15、20、25				无	单极
DZ5B-50	220 380	50	2.5、4、6、10、15、20、25、30、40、50				无，或一常开、一常闭	单极
DZ5-50	380	50	10、15、20、25、30、40、50				无，或一常开、一常闭	或二常开、二常闭
DZ5-60/1	220	—	—				—	单极

型号	额定电压/V	额定电流/A	脱扣器额定电流/A	辅助触头	备注
DZ5-60/2	380	60	10、15、20、25、30、40、50、60	—	二极
DZ5-60/3	380	60			三极

② DZ6、DZ12、DZ13 系列照明用断路器　具有过载、短路保护功能。当脱扣电流为 $1.3I_{zd}$（I_{zd} 为脱扣器整定电流）时，1h 内动作；$2I_{zd}$ 时，4min 内动作；$6I_{zd}$ 时，瞬时动作。其技术数据见表 2-130。

表 2-130　DZ6、DZ12、DZ13 系列照明用断路器技术数据

型号	极数	额定电压/V	脱扣器额定电流/A	分断能力有效值/kA	电寿命/次	机械寿命/次
DZ6-60/1	1	240/415	6、10、15、20、25、30、40、50、60	3	6000	10000
DZ6-60/2	2					
DZ6-60/3	3		10、15、20、25、30、40、50、60			
DZ12-60/1 DZ13-60	1	120	6、10、15、20、25、30、40、50、60	5	6000	10000
		120/240		5		
		240/415		3		
DZ12-60/2	2	120/240	15、20、30、40、50、60	5		
		240		2.5		
		240/415		3		
DZ12-60/3	3	240	15、20、30、40、50、60	2.5		
		415		3		

注：DZ13-70 型断路器脱扣器最大额定电流为 70A。

2.7.1.3　TSM、TSN、S250S、S270 和 PX300 系列小型塑壳式断路器

TSM、TSN、S250S、S270 和 PX300 系列小型塑壳式断路器适用于交流 230/400V 及以下电路中，作为线路、照明和动力设备的过载和短路保护。

① TSM、TSN 系列断路器的技术数据见表 2-131。

表 2-131　TSM、TSN 系列断路器技术数据

型号	极数	额定电压/V	脱扣器额定电流/A	分断能力有效值/kA	端子连接导线截面积/mm²
TSM-60(C)	1、2	240	1、3、5、10、15、20、25、32、40、50、60	6	16 及以下
		240/415			
	2、3、4	415			
TSM-60(D)	1、2	240	1、3、5、10、15、20、25、32、40、50、60	4	16 及以下
		240/415			
	2、3、4	415			
TSM-100(C)(D)	1、2	240/415	63、80、100	10	35 及以下
	3、4	415			
TSN-32(C)	2	200～240	3、6、10、16、20、25、32	4	10 及以下

注：表中 C、D 分别表示瞬时脱扣电流为 C 型、D 型。

② S250S、S270 系列断路器的技术数据见表 2-132，过电流脱扣特性见表 2-133。

表 2-132　S250S、S270 系列断路器技术数据

系列号	极数	额定电流 I_n/A	额定短路分断能力/A	瞬时脱扣电流					机械寿命/次	电寿命/次
				B 型	C 型	D 型	K 型	Z 型		
S250S	1P、2P、3P、4P	1、1.6、2、3、4	6000	—	$(5\sim10)I_n$	—	—	—	20000	20000 ($I_n\leqslant32$A)
		6、8、10、16、20、25、32、40		$(3\sim5)I_n$		—	—	—		10000 ($I_n>32$A)
		50、63	4500							
S270	1P、2P、3P、4P、(1P+N)、(3P+N)	0.5、1、1.6、2、3、4	10000	—	$(5\sim10)I_n$	$(10\sim20)I_n$	$(8\sim12)I_n$	$(2\sim3)I_n$	20000	20000 ($I_n\leqslant32$A)
		6、8、10、16、20、25、32、40、50、63		$(3\sim5)I_n$						10000 ($I_n>32$A)

注：如果需要 S250S 系列也可带有中性极的。

③ PX300 系列断路器的技术数据见表 2-134。

表 2-133　过电流脱扣特性

序号	热脱扣器			电磁脱扣器			环境温度/℃
	特性类型	试验电流	脱扣时间	特性类型	试验电流	脱扣时间/s	
a	B、C、D	$1.13I_n$	$>1h$	B	$3I_n$ $5I_n$	>0.1 <0.1	30
b		$1.45I_n$①	$<1h$	C	$5I_n$ $10I_n$	>0.1 <0.1	
c		$2.55I_n$	$1s<t<60s(I_n\leqslant32A)$ $1s<t<120s(I_n>32A)$	D	$10I_n$ $20I_n$	>0.1 <0.1	
d	K、Z	$1.05I_n$	$>2h$	K	$8I_n$ $14I_n$	>0.2 <0.2	20
e		$1.2I_n$①	$<2h$	Z	$2I_n$ $3I_n$	>0.2 <0.2	

① 紧接着 a、d 项进行。

表 2-134　PX300 系列断路器技术数据

额定电流 I_n/A	极数	额定电压/V	频率/Hz	额定短路分断能力/A	瞬时脱扣电流	辅助触头 HM
6、10、16、20、25、32、40、50、63	1P、(1P+N)、2P、3P、(3P+N)	240/415	50、60	10000	B型$(3\sim10)I_n$ C型$(5\sim10)I_n$ D型$(10\sim20)I_n$	额定负载6A/230V2A/400V宽度 8.7mm

2.7.1.4　C45、DPN、NC100 和 K 系列小（微）型塑壳式断路器

　　C45、DPN、NC100 和 K 系列断路器适用于交流 230/400V 及以下电路中，作为线路、照明和动力设备的过载和短路保护，导轨式安装，属模数化断路器，适合在宾馆、公寓、住宅及工商企业的低压配电系统中使用。

　　① C45、DPN、NC100 系列断路器的技术数据见表 2-135。

　　C45、NC100 系列断路器的额定电流 I_n 分别是在环境温度 30℃、40℃时标定的。过负荷保护器为双金属片机构。当实际环境温度改变时，C45、NC100 系列断路器持续工作电流见表 2-136。

表 2-135　C45、DPN、NC100 系列断路器技术数据

型号	极数	额定电压/V	额定电流 I_n/A	额定短路分断能力/kA	瞬时脱扣电流	连接导线最大截面积/mm²	机电寿命/次	符合标准
C45N	1、2、3、4	240/415	1、3、6、10、16、20、25、32、40	6	C 型（5～10）I_n	25		IEC 898
			50、63	4.5				
C45AD			1、3、6、10、16、20、25、32、40	4.5	D 型（10～14）I_n	25	20000	
DPN	2（1P+N）	240	3、6、10、16、20	4.5	C 型（5～10）I_n	—		IEC 898
NC100H	1、2、3、4	240/415	50、63	10[①]	C 型（5～10）I_n	35		IEC 947-2
			80、100		D 型（10～14）I_n	50		
NC100LS	3、4		40、50、63	36[①]	D 型（10～14）I_n	35		

① 额定极限短路分断能力 I_{cu}。

表 2-136　C45、NC100 系列断路器在
不同环境温度时的持续工作电流

型号	额定电流/A	持续工作电流/A				
		20℃	30℃	40℃	50℃	60℃
C45N C45AD	1	1.0	1.0	0.9	0.9	0.8
	3	3.2	3.0	2.8	2.6	2.4
	6	6.3	6.0	5.6	5.3	4.9
	10	10.7	10.0	9.3	8.5	7.6
	16	17.0	16.0	15.0	14.0	13.0
	20	21.2	20.0	18.8	17.4	16.0
	25	26.5	25.0	23.2	21.5	19.7
	32	33.9	32.0	30.1	27.8	25.6
	40	42.8	40.0	36.8	33.6	30.0
C45N	50	54.0	50.0	46.0	41.0	36.0
	63	67.4	63.0	58.6	53.5	47.9
NC100H	50	57.5	54.0	50.0	45.5	41.0
	63	72.5	68.0	63.0	57.5	51.5
	80	92.0	86.0	80.0	73.5	66.0
	100	115	108.0	100.0	91.5	82.5

② K 系列断路器技术数据见表 2-137，不同环境温度下 K 系列断路器的额定电流修正值见表 2-138。多台断路器装入密封箱体内，箱内温度会升高，此时断路器的额定电流应在表 2-138 额定电流修正值的基础上再乘以系数 0.8。

表 2-137　K 系列微型断路器技术数据

型号	极数	额定电流 I_n/A	额定电压 /V	额定短路通断能力(GB 10963) /kA		瞬时脱扣电流		机械寿命 /次	电寿命 /次
				C 型	D 型	C 型	D 型		
K101	1P	0.5、1、2、3、4、5、6、10、16、20、25、32、40、50、60	220/380 240/415	6 (50A 及以上为 4.5)	4.5	$(5\sim 10)I_n$	$(10\sim 20)I_n$	10000	4000
K102	2P								
K103	3P								
K104	4P								

表 2-138　K 系列微型断路器不同环境温度下的额定电流修正值

I_n /A	额定电流修正值/A				
	20℃	30℃	40℃	50℃	60℃
0.5	0.54	0.5	0.46	0.43	0.41
1	1.06	1	0.94	0.88	0.83
2	2.14	2	1.86	1.74	1.62
3	3.21	3	2.80	2.61	2.43
4	4.27	4	3.74	3.48	3.22
5	5.35	5	4.66	4.32	4.0
6	6.42	6	5.58	5.19	4.8
10	10.7	10	9.3	8.6	7.9
16	17.1	16	14.9	13.8	12.8
20	21.5	20	18.5	17.1	15.7
25	26.8	25	23.2	21.4	19.6
32	34.4	32	29.6	27.2	25.0
40	43.0	40	37.0	33.8	30.4
50	54.0	50	45.8	41.4	36.8
60	64.8	60	55.2	50.0	44.0

2.7.2　漏电保护器

漏电保护器按保护功能和结构特征大致可分为以下几种。

漏电（保护）开关——具有漏电保护和手动通断电路功能，一般不具有过载和短路保护功能。

漏电断路器——具有漏电、过载和短路保护功能。

漏电继电器——只具备检测和判断功能，由继电器触点发出控制信号。

漏电保护插座——只具有漏电保护功能。

2.7.2.1　漏电保护开关

① DZL18-20 系列漏电开关　其脱扣器为电子式，部分产品还具有过载、过电压保护功能，技术数据见表 2-139。

② DZL43、FIN 系列漏电保护开关　其脱扣器为电磁式，技术数据见表 2-140。

表 2-139　DZL18-20 系列漏电保护开关技术数据

型号	额定电压/V	极数	额定电流/A	过电流脱扣器额定电流/A	额定漏电动作电流/mA	动作时间/s	额定短路通断能力/A	额定漏电通断能力/A	保护功能
DZL18-20/1	220	2	20	—	10、15、30	<0.1	500	500	漏电
DZL18-20/2				10、16、20					漏电、过负载
DZL18-20/3									漏电、过电压
DZL18-20/4				10、16、20					漏电、过负载、过电压

注：过电压动作值为（274±14）V。

表 2-140　DZL43、FIN 系列漏电保护开关技术数据

型号	极数	额定电压/V	额定电流/A	额定漏电动作电流 $I_{\Delta n}$ /mA	额定漏电不动作电流 $I_{\Delta n0}$	动作时间/s	额定短路通断能力/A	额定限制短路电流/A
DZL43-63 FIN25	2、3、4	单相 220、240 三相 380/415	25	30 100 300 500	$\frac{1}{2}I_{\Delta n}$	$I_{\Delta n} \leqslant 0.2$, $2I_{\Delta n} \leqslant 0.1$, $5I_{\Delta n} \leqslant 0.04$	500	3000
DZL43-63 FIN40			40				500	
DZL43-63 FIN63			63				1000	

③ DBK2 系列漏电保护开关 其脱扣器为电子式，部分产品还具有过电压保护功能。其技术数据见表 2-141。

表 2-141 DBK2 系列漏电保护开关技术数据

型号	额定电压/V	极数	壳架等级额定电流/A	额定电流/A	额定漏电动作电流 $I_{\Delta n}$ /mA	额定漏电不动作电流 $I_{\Delta n0}$	动作时间/s	额定短路通断能力/A	额定漏电通断能力/A	过电压动作值/V	保护功能
DBK2-20	220	2	20	10、16、20	30	$\frac{1}{2}I_{\Delta n}$	< 0.1	500	500	—	漏电
DBK2-20U										265、275、285	漏电、过电压

注：DBK2-20U 型漏电保护开关过电压动作值的误差范围分别为过电压动作值的±4%。

④ NFIN 系列漏电保护开关 其脱扣器为电磁式，可在外加装 HR 辅助开关。HR 辅助开关有动断、动合触点各 1 对（230V/6A）。其技术数据见表 2-142。

表 2-142 NFIN 系列漏电保护开关技术数据

极数	额定电压/V	额定频率/Hz	额定电流/A	额定漏电动作电流 $I_{\Delta n}$ /mA	额定漏电不动作电流 $I_{\Delta n0}$	动作时间/s	额定限制短路电流/A
2、4	240、415	50、60	16、25、40、63、80、100	30、100、300、500	$\frac{1}{2}I_{\Delta n}$	$I_{\Delta n}$，≤0.2 $2I_{\Delta n}$，≤0.1 $5I_{\Delta n}$，≤0.04	10000（带 gL 型 100A 后备熔断器）

注：也可提供 NFIN16/0.01/2 型漏电保护开关。

⑤ F360 系列漏电保护开关 其脱扣器为电磁式，技术数据见表 2-143。

表 2-143 F360 系列漏电保护开关技术数据

型号	极数	额定电压/V	频率/Hz	额定电流/A	额定漏电动作电流 $I_{\Delta n}$ /mA	漏电电流动作范围	动作时间/s	额定限制短路电流/A
F362	2	230、240	50、60	10、16、32、40、63、80	10、30、100、300	(0.5～1)$I_{\Delta n}$	$I_{\Delta n}$，≤0.1 $5I_{\Delta n}$，≤0.04	6000（带 gL 型 63A 后备熔断器）
F364	4	230、400、240、415		16、32、40、63	30、100、300			

2.7.2.2 漏电保护器

① DZL31 系列漏电保护器 其脱扣器为电子式，有的产品还带有过电压保护功能。其技术数据见表 2-144。

表 2-144 DZL31 系列漏电保护器技术数据

型号	额定电压/V	极数	额定电流/A	额定漏电动作电流 $I_{\Delta n}$/mA	额定漏电不动作电流	动作时间/s	额定短路通断能力/A	额定漏电通断能力/A	过电压动作值/V
DZL31-10	220	2	6、10、20、32	10、15、30	$\frac{1}{2}I_{\Delta n}$	<0.1	500	500	<285
DZL31-32							500	500	

② K 系列漏电保护器 其脱扣器为电子式，技术数据见表 2-145。

表 2-145 K 系列漏电保护器技术数据

型号	额定电压/V	极数	额定电流/A	额定漏电动作电流/mA	动作时间/s	额定短路通断能力/A
K202/001	220	2	10、16、20、25、32	30	<0.1	1000

③ C45NL、C45NGL 系列漏电保护器 该系列漏电保护器是专配 C45N 型断路器的漏电脱扣器。脱扣器有电磁式（C45NL）、电子式（C45NGL）两种类型。其技术数据见表 2-146。

表 2-146 C45NL-60、C45NGL-60 型漏电保护器技术数据

型号		极数和线数	额定电压/V	额定电流 I_n/A	额定漏电动作电流 $I_{\Delta n}$/mA				额定漏电不动作电流 $I_{\Delta n0}$	动作时间/s
电磁式	电子式				≤20A	≤40A	≤60A	≤100A		
—	C45NGL-60	1 极 2 线	220/380	≤20	30	—	—	—	$\frac{1}{2}I_{\Delta n}$	<0.1
C45NL-60		2 极 2 线			30	30①	100	100		
		3 极 3 线		≤40	—	30①	—	—		
		3 极 4 线		≤60	—	30	—	—		
C45NL-60		4 极 4 线		≤100	—	30①	100	100		

① 为电磁式的规格。

注：额定电流≤100A 的漏电保护器配 NC100H 型断路器。

④ VigiC45/C63/NC100 型漏电脱扣器 有电磁式和电子式两种类型，它作为断路器的专用附件，与 C45、NC100 系列断路器组成漏电断路器。其技术数据见表 2-147。

表 2-147 VigiC45/C63/NC100 型漏电脱扣器技术数据

型号	类型	极数	额定电压/V	额定电流/A	配用断路器		额定漏电动作电流 $I_{\Delta n}$/mA	动作时间/s
					型号	额定电流/A		
VigiC45-ELM	电磁式	2 3 4	220/380、240/415	40	C45N C45AD	≤40	30	≤0.2
VigiC63-ELM				63		≤63		
VigiC45-ELE	电子式			40	C45N	≤40		
VigiNC100-ELM	电磁式			100	NC100H NC100LS	≤100 ≤63	选择型①	

① 可与 100mA 及以下漏电保护器实现漏电动作的选择性保护。

⑤ E4EL 系列漏电保护器 其脱扣器为电磁式，技术数据见表 2-148。

表 2-148 E4EL 系列漏电保护器技术数据

型号	极数	额定电压/V	额定电流/A	额定漏电动作电流/mA
E4EL25/2/30J	2	230	25	30
E4EL40/2/30J			40	30
E4EL63/2/30J			63	30
E4EL25/2/100J			25	100
E4EL40/2/100J			40	100
E4EL25/4/30J	4	230/400	25	30
E4EL40/4/30J			40	30
E4EL63/4/30J			63	30
E4EL25/4/100J			25	100
E4EL40/4/100J			40	100

2.7.2.3 漏电断路器

① DZ10L 系列漏电断路器 其脱扣器为电子式，技术数据见表 2-149。

② DZ15L、DZ15LE、DZ15LD 系列漏电断路器其脱扣器有电磁式（DZ15L）、电子式（DZ15L$_D^E$）两种类型，技术数据见

表 2-150。

表 2-149 DZ10L 系列漏电断路器技术数据

型号	极数	壳架等级额定电流/A	额定电流 I_n/A	额定极限短路分断能力/A	额定漏电动作电流 $I_{\Delta n}$/mA	额定漏电不动作电流 $I_{\Delta n0}$	动作时间/s	额定漏电通断能力/A	过电流保护特性
DZ10L-100	3极 4极	100	80、100	7000	50、75、100、200	$\frac{1}{2}I_{\Delta n}$	<0.1	1500	1.1I_n时 2h 不动作, 1.45I_n时 1h 内动作, 10I_n时瞬时动作
DZ10L-250	3极 4线	250	250	10000	75、100、200		<0.2	3000	
DZ10L-100	3极、3极4线	100	15、20	3500	50、100	$\frac{1}{2}I_{\Delta n}$	<0.1	—	
			25、30、40、50	4700					
			60、80、100	7000					
DZ10L-250		250	140、170、200、250	17700				—	
DZ10L-250	3极4线	250	200、250		50/100/150	$\frac{1}{2}I_{\Delta n}$	<0.1	5000	

注：$I_{\Delta n}$ 用斜线隔开的数据（如 50/100/150）为分级可调。

表 2-150 DZ15L、DZ15L$_D^E$ 系列漏电断路器技术数据

型号	极数	壳架等级额定电流/A	额定电流/A	额定短路通断能力/kA	额定漏电动作电流 $I_{\Delta n}$/mA	额定漏电不动作电流	额定漏电通断能力/A	漏电动作时间/s
DZ15L-40	3极 4极	40	10、16、20、25、32、40	3	30、50、75、100	$\frac{1}{2}I_{\Delta n}$	1000	<0.2
DZ15LE-40								<0.1
DZ15L-63		63	10、16、20、25、32、40、50、63	4.5			1500	<0.2
DZ15LE-63								<0.1
DZ15LD-40	3极 4线	40	6、10、16、20、25、32、40	—	30		2000	<0.1

③ DZL29 系列漏电断路器 其脱扣器为电子式，技术数据见表 2-151。

表 2-151　DZL29 系列漏电断路器技术数据

型号	额定电压 U_n /V	极数	壳架等级额定电流 /A	额定电流 I_n /A	额定漏电动作电流 /mA	动作时间 /s	额定短路分断能力 /A	额定漏电通断能力 /A	过电压动作值	保护功能
DZL29-32/21	220	2	32	6、10、16、20、25、32	30、50、100	<0.1	1500	500	1.3U_n <0.1s	漏电
DZL29-32/22										漏电、过载、短路

④ E4EB 系列漏电断路器　其脱扣器为电磁式，技术数据见表 2-152。

表 2-152　E4EB 系列漏电断路器技术数据

型号	极数	额定电压 /V	额定电流 /A	额定短路分断能力 /kA	瞬时脱扣特性类型	额定漏电动作电流 $I_{\Delta n}$/mA	额定漏电不动作电流	动作时间（IEC 1008、1009）/ms		
								$I_{\Delta n}$	$2I_{\Delta n}$	$5I_{\Delta n}$
E4EB210/30M	2	240	10	6	B、C	30	$\frac{1}{2}I_{\Delta n}$	≤300	≤150	≤40
E4EB216/30M			16							
E4EB220/30M			20							
E4EB225/30M			25							
E4EB232/30M			32							

⑤ DZ47L 系列漏电脱扣器　它是专为 C45 系列断路器配套的电子式漏电脱扣器，其技术数据见表 2-153。

表 2-153　DZ47L 系列漏电脱扣器技术数据

极数和线数	额定电压 /V	额定电流/A	额定漏电动作电流/mA	动作时间/s
单极 2 线	220/380	6、10、16、20、25、32	30、50	<0.1
		40	50、75	
		50、63		
2 极 2 线		6、10、16、20、25、32	30、50	
		40、50、63	50、75	
2 极 3 线		6、10、16、20、25、32	30、50	
		40、50、63	50、75	
3 极 3 线		6、10、16、20、25、32	30、50	
		40、50、63	50、75	
3 极 4 线		6、10、16、20、25、32	30、50	
		40、50、63	50、75	
4 极 4 线		6、10、16、20、25、32	30、50	
		40、50、63	50、75	

⑥ DZ20L 系列漏电断路器　其脱扣器为电子式，技术数据见表 2-154。

⑦ DZL25 系列漏电断路器　其脱扣器为电子式，技术数据见表 2-155，漏电分断动作时间见表 2-156。

表 2-154　DZ20L 系列漏电断路器技术数据

型号	极数	壳架等级额定电流 I_{nm}/A	额定电流 I_n/A	额定极限通断能力/kA	额定漏电动作电流 $I_{\Delta n}$/mA	额定漏电不动作电流	额定漏电通断能力/kA	漏电动作时间/s	原断路器型号
DZ20L-100		100	16、20、32、40、50、63、80、100	18	30、50/100/200、200/300/500		4.5		DZ20Y-100
DZ20L-160		160	16、20、32、40、50、63、80、100、125、160	12	30、50/100/200、200/300/500		3		DZ20C-160
DZ20L-200	3 极、3 极 4 线	200	100、125、160、180、200、225	25	50/100/200、200/300/500	$\frac{1}{2}I_{\Delta n}$	6.5	快速型 <0.1，延时型 0.2	DZ20Y-200
DZ20L-250		250	100、125、160、180、200、225、250	15	50/100/200、200/300/500		4		DZ20C-250
DZ20L-400①		400	200、225、315、350、400	30	50/100/200、200/300/500		—		DZ20Y-400
DZ20L-400②		400	200、250、315、350、400	25	100、300、500、1000、100/300/500、300/500/1000、500/1000/2000		5	快速型 <0.1，延时型 0.2、0.4、0.8	—

① 遵义长征电器一厂产品。
② 北京新星盛电器有限公司产品。
注：$I_{\Delta n}$ 用斜线隔开的数据（如 50/100/200）为分级可调。

表 2-155 DZL25 系列漏电断路器技术数据

型号	壳架等级额定电流 I_{nm}/A	额定电流 I_n/A	额定漏电动作电流 $I_{\Delta n}$/mA	额定漏电不动作电流/mA	额定极限短路分断能力 I_{cu}/kA	额定运行短路分断能力 I_{cs}/kA	额定漏电接通分断能力 $I_{\Delta m}$/kA	漏电动作时间类型	连接导线最大截面积/mm²
DZL25-32	32	10、16、20、25、32	15、30、50	8、15、25	3	2	1	快速型	10
DZL25-63	63	25、32、40、50、63	30、50、100	15、25、50	5	3	1.5	快速型	25
DZL25-100	100	40、50、63、80、100	50、100、50/100/200	25、50、25/50/100	6	3	2	快速型延时型	35
DZL25-200	200	100、125、160、180、200	100、200、5/100/200、100/200/500	50、100、25/50/100、50/100/250	15	10	3	快速型延时型	95

注：1. $I_{\Delta n}$ 用斜线隔开的数据（如 50/100/200）为分级可调。

2. I_{nm} 为 63A 的中性极带触头，其他漏电断路器的中性极不带触头。

表 2-156 DZL25 系列漏电断路器漏电分断动作时间

分断时间类型	快速型		延时型		
漏电电流	$I_{\Delta n}$	0.25A 或 5$I_{\Delta n}$ 中较大者	规定延时	$I_{\Delta n}$	5$I_{\Delta n}$
分断时间/s	≤0.1	≤0.04	0.2 0.4	<0.4 <0.6	0.1~0.24 0.2~0.44

2.7.2.4 漏电继电器

① JD1 系列漏电继电器技术数据见表 2-157。

表 2-157 JD1 系列漏电继电器技术数据

型号	贯穿孔直径 D/mm	额定电压/V	额定频率/Hz	额定电流/A	额定漏电动作电流 $I_{\Delta n}$/mA	额定漏电不动作电流 $I_{\Delta m0}$	动作时间/s	输出触头容量/V·A
JD1-100	30	220/380	50、60	100	100、200	$\frac{1}{2}I_{\Delta n}$	$I_{\Delta n}$，≤0.1	1 组动合动断转换触头、交流 300
JD1-250	40			250	200、500		5$I_{\Delta n}$，≤0.04	

② JD3 系列漏电继电器技术数据见表 2-158。

③ LLJ 系列漏电继电器。该系列漏电继电器的漏电动作时间有普通快速型（F）、普通延时型（FS）、通用快速型（H）及通用延时型（HS）四种。

通用型漏电继电器有一对漏电预警输出动合触点，当有一定漏电电流（$0.3I_{\Delta n}$）而又未达到漏电动作电流时，预警触点闭合，可接通报警器。

LLJ 系列漏电继电器技术数据见表 2-159。

表 2-158　JD3 系列漏电继电器技术数据

型号	额定电压/V	零序电流互感器		额定漏电动作电流 $I_{\Delta n}$/mA	额定漏电不动作电流/mA	转换触头额定容量/V·A	漏电动作时间/s				
		额定电流/A	贯穿孔直径/mm				快速型		延时型		
							$I_{\Delta n}$	$5I_{\Delta n}$	额定延时时间	$I_{\Delta n}$	$5I_{\Delta n}$
JD3-40	220/380	200	40	50、100、200、300、500 分级可调	$\frac{1}{2}I_{\Delta n}$	220×3	≤0.2	≤0.04	0.4	<0.6	0.2～0.44
JD3-70		400	70						1	<1.2	0.5～1.04
JD3-100		800	100						2	<2.2	2～2.04

表 2-159　LLJ 系列漏电继电器技术数据

型号		零序电流互感器		额定漏电动作电流 $I_{\Delta n}$/mA	动作时间/s		额定漏电通断能力/kA	输出触头	预报警触头	辅助电源电压/V
快速型	延时型	额定电流/A	贯穿孔直径/mm		快速型	延时型				
LLJ-100F	LLJ-100FS	100	25	100 或按用户要求	≤0.1	0.2、0.4、0.8、1、1.5、2	—	1 动合，1 动断，220V、3A，380V、1.5A	—	220
LLJ-200F	LLJ-200FS	200	45							
LLJ-400F	LLJ-400FS	400	75							
LLJ-630F	LLJ-630FS	630	100							
LLJ-200F	LLJ-200FS	200	45	100	≤0.1	0.2、0.4、0.8、1、1.5、2	10			
LLJ-400F	LLJ-400FS	400	75	200			20			
LLJ-32H	LLJ-32HS	32	16	30、50、100、300、500 30/50/100 50/100/300 100/300/500	<0.1	0.2、0.4、0.8、1、1.5、2	4.5	2 组转换触头，220V、3A，380V、1.9A，660V、0.9A	1 动合，直流27V、2A	220、380
LLJ-60H	LLJ-60HS	60	25				4.5			
LLJ-100H	LLJ-100HS	100	32				10			
LLJ-200H	LLJ-200HS	200	40				10			

型号		零序电流互感器		额定漏电动作电流 $I_{\Delta n}$ /mA	动作时间/s		额定漏电通断能力/kA	输出触头	预报警触头	辅助电源电压/V
快速型	延时型	额定电流/A	贯穿孔直径/mm		快速型	延时型				
LLJ-250H	LLJ-250HS	250	50	100、300、500、1A			20	2组转换触头，220V、3A，380V、1.9A，660V、0.9A	1动合，直流27V、2A	220、380
LLJ-320H	LLJ-320HS	320	63	100/300/500、300/500/1A	<0.1	0.2、0.4、0.8、1、1.5、2	20			
LLJ-500H	LLJ-500HS	500	80				20			
LLJ-800H	LLJ-800HS	800	100	300、500、1A、3A 0.3/0.5/1A 0.5/1/3A			50			

2.7.2.5 漏电保护插座

漏电保护插座是由漏电保护开关和插座组装而成的，它主要用于移动式设备、家用电器等需要漏电保护的电源插座。其技术数据见表2-160。

表2-160 漏电保护插座技术数据

型号	名称	额定电压/V	额定电流/A	漏电开关型号 额定漏电动作电流/mA	插座数量			
					2极	3极	万用	计算机用
LDZ-10-2	标准型两位插座	单相220	10	$\dfrac{\text{DZL31-10}}{30}$	1	1	—	—
LDZ-10-6	标准型六位插座				3	3	—	—
LDZ-10-8	标准型八位插座				4	4	—	—
LDZ-10-2	多功能型两位插座				—	—	2	2
LDZ-10-6	多功能型六位插座				2	2	2	2
LDZ-10-8	多功能型八位插座				3	3	2	—
DBK2-2	漏电保护插座	单相220	10	$\dfrac{\text{DBK2}}{30}$	2	2	—	3
DBK2-6					—	3	—	
DBK2-8					8	8	—	

2.7.3 综合保护器和终端组合电器

2.7.3.1 YDB型住宅综合保护器

YDB型住宅综合保护器集漏电保护、过载预报警、过电压保护、欠电压保护、逻辑延时保护、避雷保护、防 380V 线电压混入保护等多种保护功能于一身，特别适用于小康住宅、别墅、宾馆客房等场所对电器及人身安全的保护。

　　YDB 型住宅综合保护器有五种规格，其主要保护功能和相应的技术数据见表 2-161。其中，YDB-Ⅲ、YDB-Ⅴ有两路输出，照明输出回路只有短路保护和 380V 线电压混入保护功能。

表 2-161　YDB 型综合保护器主要技术数据

技术数据	YDB-Ⅱ	YDB-Ⅲ	YDB-Ⅳ	YDB-Ⅴ	YDB-Ⅵ
额定电压/V	220				
额定频率/Hz	50				
额定电流/A	20	20	30	30	40
额定漏电动作电流/mA	30				
漏电动作时间/s	$\leqslant 0.1$				
漏电接通分断能力/A	600	600	900	900	1200
机械电气寿命/次	平均 10000				
额定过电压动作值/V	270～290				
额定欠电压动作值/V	160～170				
逻辑延时/min	5～8				
过载报警电流/A	$\geqslant 21$	$\geqslant 21$	$\geqslant 31.5$	$\geqslant 31.5$	$\geqslant 40$
过载报警时间/s	20～60				
安装方式	明装或装入户内配电箱			暗装	

2.7.3.2　PZ 系列终端组合电器

　　模数化终端组合电器，是将断路器、隔离开关、漏电保护器等多种模数化电器组合在一起，构成具有多种配电保护功能的组合化电器。其功能齐全、组合容易、安装方便、整齐美观，因此被广泛用于住宅、楼宇等的配电系统。目前应用较多的是 PZ20 系列和 PZ30 系列。PZ20J 型的回路数为 6、10、15、30；PZ20H 型的回路数为 6、10、15、30；PZ20S 型的回路数为 2、4、6、10、18；PZ30J 型的回路数为 15；PZ30S 型的回路数为 6、10、15 等。

(1) 型号含义

　　PZ 系列终端组合电器的型号含义为：

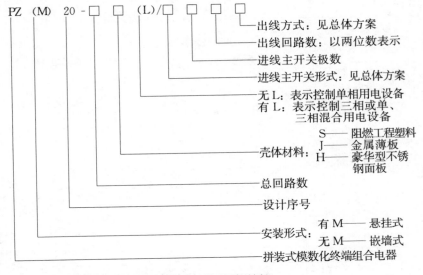

PZ (M) 20 - □ □ (L)/□ □ □ □

出线方式：见总体方案
出线回路数：以两位数表示
进线主开关极数
进线主开关形式：见总体方案
无 L：表示控制单相用电设备
有 L：表示控制三相或单、三相混合用电设备

S——阻燃工程塑料
J——金属薄板
壳体材料：H——豪华型不锈钢面板

总回路数
设计序号
安装形式：有 M——悬挂式 无 M——嵌墙式
拼装式模数化终端组合电器

（2）总体方案及主要电气元件技术数据

PZ20 系列终端组合电器总体方案如图 2-31 所示；主要元件技术数据见表 2-162。

表 2-162 PZ 系列终端组合电器主要元件技术数据

产品名称	主要技术参数							宽度尺寸□×18/mm
HL30 型隔离开关[①]	额定电流/A	16		32		63	100	1×18（单极）
	额定电压/V	240/415						
	通断能力	接通			分断			
		I/I_n	U/U_n	$\cos\varphi$	I_c/I_n	U_c/U_n	$\cos\varphi$	
		3	1.1	0.65	3	1.1	0.65	
	极数 P	1,2,3,4						
C45 系列断路器[②]	壳架电流/A	60						1×18（单极）
	脱扣器额定电流/A	5,10,15,20,25,32,45						
	额定电压/V	240/415						

产品名称	主要技术参数				宽度尺寸□×18/mm
C45系列断路器[②]	通断能力/A	3000			1×18（单极）
	电寿命/次	6000			
	极数 P	1,2,3			
C45N-2型断路器[②]	壳架电流/A	60			1×18（单极）
	脱扣器额定电流/A	3,5,10,15,20,25,32,40		50,60	
	额定电压/V	240/415			
	通断能力/A	6000		4000	
	电寿命/次	6000			
	极数 P	1,2,3,4			
PX-200C型断路器	壳架电流/A	63			1×18（单极）
	脱扣器额定电流/A	6,10,16,20,25,32,40		50,63	
	通断能力/A	6000		4000	
	电寿命/次	6000			
	额定电压/V	240		415	
	极数 P	1		1,2,3,4	
HG30型熔断器隔离器	额定电压/V	220		380	1×18
	额定电流/A	10	16	20	32
	配用RT14型熔体额定电流/A	2,4,6,10	6,10,16	2,4,6,10,16,20	25,32
	额定熔断短路电流/A	6000		20000	
	极数 P	1,2,3			

续表

产品名称	主要技术参数				宽度尺寸□×18/mm
C45L/C45NL型漏电断路器	额定电压/V	220			3×18
	脱扣器额定电流/A	5,10,15,20,25,32			
	额定漏电动作电流/mA	10,30,50,100			
	额定漏电动作时间/s	<0.1			
	漏电保护特性	$I_{\Delta n}$/mA	I_n/A	最大分断时间/s	
		≥30	任何值	$I_{\Delta n}$ / 2$I_{\Delta n}$ / 5$I_{\Delta n}$; 0.1 / 0.08 / 0.04	
	过电压保护特性	额定电压/V	过电压值/V	动作特性	
		220	1.1U_n	不动作	
			1.2U_n	0.1s 内动作	
	欠电压保护特性	额定电压/V	欠电压值/V	动作特性	
		220	0.85U_n	不动作	
			0.8U_n	0.2s 内动作	
			0.7U_n	0.1s 内动作	
	通断能力/A	3000/6000			
	极数 P	2			
FIN型漏电开关	额定电流/A	25	40	63	4×18
	额定漏电动作电流/mA	30,100,300,500			
	额定电压/V	220		380	
	极数 P	2		4	
	额定限制短路电流/A	3000			
	漏电动作时间/s	$I_{\Delta n}$ ≤0.25	2$I_{\Delta n}$ ≤0.18	5$I_{\Delta n}$ ≤0.045	

续表

产品名称	主要技术参数				宽度尺寸□×18/mm
DZL29型漏电断路器	额定电压/V	220V			一
	额定电流/A	6,10,16,20,25,32			
	额定漏电动作电流/mA	30,50,100			
	额定漏电动作时间/s	≤0.1			
	漏电保护特性	$I_{\Delta n}$/mA	I_n/A	最大分断时间/s	
				$I_{\Delta n}$　　$5I_{\Delta n}$	
		≥30	≥32	0.1　　0.04	
	过电压保护特性	过电压值/V	动作特性		
		$1.1U_n$	1h 内不动作		
		$1.3U_n$	0.1s 内动作		
		$1.35U_n$	0.08s 内动作		
	极数 P	2			
JZB30-60/100型插座	额定电压/V	240			2.5×18
	额定电流/A	6,10			
	结构形式	单相二极			
JZ30-60/100型插座	额定电压/V	240			2.5×18
	额定电流/A	6,10			
	结构形式	单相三极			

① HL30 型隔离开关原为 PK 型隔离开关。

② C45 及 C45N-2 型断路器系天津梅兰日兰公司生产，产品已取得国际电工合格认证。其标准工作环境温度为 40℃，过载保护以性能稳定的双金属片为主。当环境温度改变时，其额定电流值应相应地予以修正。

图 2-31 说明如下。

① 总回路数：以单极开关（宽度为 18mm 计），箱体内最大安装单元数。

② 主开关进线形式：A—HL30 型隔离开关；B—无主开关；

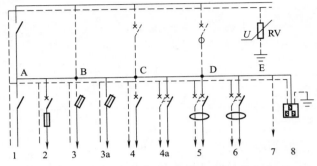

图 2-31　PZ20 系列终端组合电器总体方案

C—微型断路器；D—漏电保护开关；E—过电压保护器。

③ 分路出线方式：1—HL30 型隔离开关；2—HH30 型开关熔断器组；3—HG30 型熔断器隔离器；3a—HG30N 型熔断器隔离器；4—微型断路器；4a—带中线微型断路器；5—C45L 型漏电断路器；6—FIN 型漏电开关；7—混合型电器装置；8—JZ$_S^B$30 型插座。

④ 微型断路器型号有 C45，C45N-2，PX-200C；漏电保护开关型号有 C45L，DZL29，FIN；带中线小型断路器型号待定。

2.7.4　隔离开关和刀开关

2.7.4.1　HY122 型、TSH 型模数化隔离开关

HY122 型、TSH 型模数化隔离开关可方便地与模数化断路器、模数化熔断器配合，共同固定在安装轨道上。

HY122 型、TSH 型隔离开关技术数据见表 2-163。

表 2-163　HY122 型、TSH 型隔离开关技术数据

型号	极数	额定电压/V	额定电流/A	端子连接导线截面积/mm²
HY122	1、2、3、4	400	32	6 及以下
			63	16 及以下
TSH-32	1、2	250	32	6 及以下
	2、3、4	415		

续表

型号	极数	额定电压/V	额定电流/A	端子连接导线截面积/mm²
TSH-63	1、2	250	63	16 及以下
	2、3、4	415		
TSH-100	1、2	250	100	35 及以下
	2、3、4	415		

2.7.4.2 刀开关

（1）瓷底胶盖刀开关

瓷底胶盖刀开关又称开启式负荷开关，主要用作分支路的配电开关、照明回路控制开关，也可用于控制小容量电动机的不频繁启动和停止。其技术数据见表2-164。

（2）开关板用刀开关

开关板用刀开关主要用于配电柜及动力箱中。其中，带灭弧室的刀开关用于不频繁地接通和分断电路；不带灭弧室的刀开关仅作隔离开关用。其技术数据见表2-165。

表 2-164　瓷底胶盖刀开关技术数据

型号	额定电流/A	极数	额定电压/V	电动机容量/kW	熔体直径/mm
HK1	15	2	220	1.5	1.45～1.59
	30	2	220	3.0	2.3～2.52
	60	2	220	4.5	3.36～4.00
	15	3	380	2.2	1.45～1.59
	30	3	380	4.0	2.3～2.52
	60	3	380	5.5	3.36～4.00
HK2	10	2	250	1.1	0.25
	15	2	250	1.5	0.41
	30	2	250	3.0	0.56
	10	3	380	2.2	0.46
	15	3	380	4.0	0.71
	30	3	380	5.5	1.12

表 2-165　开关板用刀开关技术数据

型号	额定电压/V	额定电流/A	操作方式	极数	接线方式	灭弧室
HD11-100	交流	100	中央手柄式	1、2、3	板前平接线	无
HD11-200	380	200				
HD11-300	直流	300				
HD11-400	440	400				

型号	额定电压/V	额定电流/A	操作方式	极数	接线方式	灭弧室
HD11-600		600	中央 手柄式		板后平 接线	无
HD11-1000		1000				
HD11-1500		1500				
HD11B-200		200				
HD11B-400		400				
HD12-100		100	侧方正面 杠杆操作 机构式		板前平 接线	
HD12-200		200				
HD12-400		400				
HD12-600		600				
HD12-1000		1000				
HD12-1500		1500				
HD13-100	交流 380 直流 440	100	中央正面 杠杆操作 机构式	1、2、3	板前平 接线	无
HD13-200		200				
HD13-400		400				
HD13-600		600				
HD13-1000		1000				
HD13-1500		1500				
HD13B-200		200				
HD13B-400		400				
HD13B-600		600				
HD13B-1000		1000				
HD13B-1500		1500				
HD14-100		100	侧面手 柄式		板前平 接线	有或无
HD14-200		200				
HD14-400		400				
HD14-600		600				
HD14B-200		200				
HD14B-400		400				
HS11-100		100	中央 手柄式		板后平 接线	无
HS11-200		200				
HS11-400		400				
HS11-600		600				
HS11-1000		1000				
HS11-1500		1500				
HS12-100		100	侧方正 面杠杆式		板前平 接线	有
HS12-200		200				
HS12-400		400				
HS12-600		600				
HS12-1000		1000				

续表

型号	额定电压/V	额定电流/A	操作方式	极数	接线方式	灭弧室
HS13-100		100				
HS13-200		200				
HS13-400	交流	400				
HS13-600	380	600	中央正	1、2、3	板前平	有
HS13-1000	直流	1000	面杠杆式		接线	
HS13B-200	440	200				
HS13B-400		400				
HS13B-600		600				

（3）熔断器式刀开关

熔断器式刀开关又称刀熔开关，由刀开关和熔断器组合而成。它不但可在正常供电情况下不频繁地接通和分断电路，而且能对线路及用电设备作过载和短路保护。其技术数据见表 2-166。

表 2-166　熔断器式刀开关技术数据

型号	额定电压/V	额定发热电流/A	配熔断器电流[型号：RT□(NT)]/A	接通能力/A AC-23 380V AC-22 660V	分断能力/A AC-23 380V AC-22 660V		额定熔断短路电流/kA	机械寿命/次	电寿命/次
HR5-100/20			4～160					600	300
HR5-100/21		100		1000	800	300	50	（不换	（不换
HR5-100/30			NT00					熔体）	熔体）
HR5-100/31								3000	600
HR5-200/20			80～250					（更换	（更换
HR5-200/21		200		1600	1200	600	50	熔体）	熔体）
HR5-200/30			NT1						
HR5-200/31	380								
HR5-400/20	660		125～400					200	100
HR5-400/21		400		3200	2400	1200	50	（不换	（不换
HR5-400/30			NT2					熔体）	熔体）
HR5-400/31								1000	200
HR5-630/20			315～630					（更换	（更换
HR5-630/21		630		5040	3780	1890	50	熔体）	熔体）
HR5-630/30			NT3						
HR5-630/31									

2.7.5 熔断器

2.7.5.1 HH30 型、HG30 型模数化熔断器

HH30 型、HG30 型模数化熔断器可方便地与模数化隔离开关、模数化断路器、模数化漏电保护器（断路器）配合，共同固定在安装轨道上，构成模数化终端组合电器，用于住宅配电箱，起短路保护作用。

HH30 型、HG30 型熔断器技术数据见表 2-167。

表 2-167　HH30 型、HG30 型熔断器技术数据

型号	额定电压/V	额定壳架电流/A	额定熔断短路电流/kA
HH30	220	16	6
	380	32	20
HG30	220	16	6
	380	32	20

模数化熔断器配用 RT30 系列熔芯，其主要技术参数见表 2-168。

表 2-168　RT30 系列熔芯主要技术参数

额定电流/A	额定电压/V	额定耗散功率/W	尺寸(长×直径)/mm	额定分断能力/kA	约定时间和约定电流	
					不熔断电流	熔断电流
6	220	1	23×6.3	6	$I_{nf}=1.25I_e$ (1h内)	$I_f=1.6I_e$ (1h内)
10		1.3	23×8.5			
16		2.3	23×10.3			
20	380	2.6	31.5×8.5	20		
25		3.2	31.5×10.3			
32		3.2	38×10.3			
63		6.8	38×16.7			

2.7.5.2 瓷插式熔断器

瓷插式熔断器主要用于照明回路和小容量电动机的短路保护。RC1A 系列瓷插式熔断器技术数据见表 2-169。

2.7.5.3 螺旋式熔断器

螺旋式熔断器主要用于配电线路、照明回路和电气设备的短路及过载保护。用于过载保护时可靠性较差（凡熔断器都如此）。若线路对过载保护的要求较高，则宜与热继电器、过电流继电器等配合使用。

表 2-169　RC1A 系列瓷插式熔断器主要技术数据

熔断器额定电流/A	熔体额定电流/A	熔体材料	熔体直径或厚度/mm	极限分断能力/A	交流电路功率因数（cosφ）
5	1、2	软铅丝	0.52	250	0.8
	3、5		0.71		
10	2		0.52	500	
	4		0.82		
	6		1.08		
	10		1.25		
15	12、15		1.98		
30	20	铜丝	0.61	1500	0.7
	25		0.71		
	30		0.80		
60	40		0.92	3000	0.6
	50		1.07		
	60		1.20		
100	80		1.55		
	100		1.80		
200	120	变截面冲压铜片	0.2		
	150		0.4		
	200		0.6		

RL1、RL5、RL6、RL8 系列螺旋式熔断器的技术数据分别见表 2-170～表 2-173。

表 2-170　RL1 系列螺旋式熔断器技术数据

型号	额定电压/V	熔断体额定电流/A	极限分断电流/kA	cosφ	外形尺寸（宽×高×深）/mm
RL1-15	380	2、4、5、6、10、15	25	0.35	38×62×63
RL1-60		20、25、30、35、40、50、60	35	0.25	55×77×78
RL1-100		60、80、100	50	0.25	82×113×118

表 2-171   RL5 系列螺旋式熔断器技术数据

型号	额定电压/V	额定电流/A		额定分断能力/kA	外形尺寸（宽×高×深）/mm
		熔断体支持件	熔断体		
RL5-16/06	660	16	1、2、4、6、10、16	7	30×77×55
RL5-16/11	1140			5	35×103.8×60

表 2-172   RL6 系列螺旋式熔断器技术数据

型号	额定电压/V	额定电流/A		额定分断能力/kA	外形尺寸（宽×高×深）/mm
		熔断体支持件	熔断体		
RL6-25/2	500	25	2	50	43×80×66
RL6-25/4			4		
RL6-25/6			6		
RL6-25/10			10		
RL6-25/16			16		
RL6-25/20			20		
RL6-25/25			25		
RL6-63/35		63	35		54×82×89
RL6-63/50			50		
RL6-63/63			63		
RL6-100/80		100	80		75×115×121
RL6-100/100			100		

表 2-173   RL8 系列螺旋式熔断器技术数据

型号	额定电压/V	熔断体支持件额定电流/A	熔断体额定电流/A	支持件额定功耗/W	额定分断能力(有效值)		外形尺寸（宽×高×深）/mm
					I_1/kA	$\cos\varphi$	
RL8-16	380	16	2、4、6、10、16	2.2	50	0.1~0.2	26.9×66×72
RL8-16/Sa							
RL8-3P16							80.7×66×72
RL8-3P16/Sa							
RL8-63		63	20、25、35、50、63	5.5			26.9×66×72
RL8-63/Sa							
RL8-3P63			20、25、35、50、63				80.7×66×72
RL8-3P63/Sa							

2.7.5.4   有填料封闭管式熔断器

有填料封闭管式熔断器，其瓷管内装有促使电弧快速断开的石英砂，分断能力高，主要用于短路电流大的电路中，作短路及过载保护。管顶端有红色熔断指示器，当熔芯熔断时，红色指示器便跳起凸出。

　　RT0、RT14、RT15 和 RT16 系列有填料封闭管式熔断器的技术数据分别见表 2-174～表 2-177。

表 2-174　RT0 系列有填料封闭管式熔断器技术数据

型号	熔断体					底座		
	额定电流 /A	额定电压 /V	额定分断能力 /kA	质量 /kg	外形尺寸（宽×高×深）/mm	额定电流 /A	质量 /kg	外形尺寸（宽×高×深）/mm
RT0-100	30、40、50、60、80、100			0.32	125×52×40	100	0.54	180×73×55
RT0-200	80、100、120、150、200			0.43	135×58×46	200	0.88	200×85×60
RT0-400	150、200、250、300、350、400	380	50	0.59	145×66×55	400	1.3	220×95×70
RT0-600	350、400、450、500、550、600			0.87	165×77×66	600	2.55	260×118×80

表 2-175　RT14 系列有填料封闭管式圆筒帽形熔断器技术数据

型号	额定电压 /V	熔断体额定电流/A	额定分断能力 /kA	额定损耗功率 /W	外形尺寸/mm	质量 /kg
RT14-20		2、4、6、10、16、20		≤3	φ10×38	0.062
RT14-32	380	2、4、6、10、16、20、25、32	100	≤5	φ14×51	0.104
RT14-63		10、16、20、25、32、40、50、63		≤9.5	φ22×58	0.35

2.7.5.5　常用熔丝规格

　　瓷插式熔断器配用熔丝（保险丝）的成分及含量通常有三种：一种是铅（≥98%）、锑（0.3%～1.5%）合金丝，另一种是铅

表 2-176　RT15 系列有填料封闭管式螺

栓连接熔断器技术数据

型号	额定电压/V	额定电流/A	熔断体额定电流/A	耗散功率/W	额定分断能力(有效值)		外形尺寸(宽×高×深)/mm	质量/kg
					/kA	cosφ		
RT15-100/2100		100	40、50、63、80、100	10.5			37×37×138	0.17
RT15-200/2100	415	200	125、160、200	22	80	0.1～0.2	42×42×138	0.20
RT15-315/2315		315	250、315	32			61×61×138	0.35

表 2-177　RT16 系列有填料封闭管式刀

型触头熔断器技术数据

型号	额定电压/V	支持件额定电流/A	熔断体额定电流/A	耗散功率/W	额定分断能力(有效值)		外形尺寸(宽×高×深)/mm	质量/kg
					/kA	cosφ		
RT16（NT00）-100	500	100	4、6、10、16、20、25、32、35、40、50、63、80、100	12	120		30×85×120	0.44
	660				50			
RT16（NT0）-160	500	160	6、10、16、20、25、32、35、40、50、63、80、100、125、160	25	120		30×93×170	0.48
	660				50			
RT16（NT1）-250	500	250	80、100、125、160、200	32	120	0.1～0.2	58×96×200	1.38
	660				50			
	500		224、250		120			
RT16（NT2）-400)	500	400	125、160、200、225、250、300、315	45	120		60×112×225	1.76
	660				50			
	500		355、400		120			

（95％）、锡（5％）合金丝，第三种是铜丝。其规格见表 2-178。

表 2-178　常用熔丝（保险丝）的规格和应用范围

种类	直径/mm	额定电流/A	熔断电流/A
铅锑合金丝 （铅≥98％、锑 0.3％～1.5％）	0.08	0.25	0.5
	0.15	0.5	1.0
	0.20	0.75	1.5
	0.22	0.8	1.6
	0.25	0.9	1.8
	0.28	1	2.0
	0.29	1.05	2.1
	0.32	1.1	2.2
	0.35	1.25	2.5
	0.40	1.5	3.0
	0.46	1.85	3.7
	0.52	2	4.0
	0.54	2.25	4.5
	0.60	2.5	5.0
	0.71	3	6.0
	0.81	3.75	7.5
	0.98	5	10
	1.02	6	12
	1.25	7.5	15
	1.51	10	20
	1.67	11	22
	1.75	12	24
	1.98	15	30
	2.4	20	40
	2.78	25	50
	2.95	27.5	55
	3.14	30	60
	3.81	40	80
	4.12	45	90
	4.44	50	100
	4.91	60	120
	5.24	70	140
铅锡合金丝 （铅 95％、锡 5％）	0.508	2	3.0
	0.559	2.3	3.5
	0.61	2.6	4.0
	0.71	3.3	5.0
	0.813	4.1	6.0
	0.915	4.8	7.0

种类	直径/mm	额定电流/A	熔断电流/A
铅锡合金丝 (铅95%、锡5%)	1.22	7	10.0
	1.63	11	16.0
	1.83	13	19.0
	2.03	15	22.0
	2.34	18	27.0
	2.65	22	32.0
	2.95	26	37.0
	3.26	30	44.0
铜丝	0.23	4.3	8.6
	0.25	4.9	9.8
	0.27	5.5	11.0
	0.32	6.8	13.5
	0.37	8.6	17.0
	0.46	11	22.0
	0.56	15	30.0
	0.71	21	41.0
	0.74	22	43.0
	0.91	31	62.0
	1.02	37	73.0
	1.22	49	98.0
	1.42	63	125.0
	1.63	78	156.0
	1.83	96	191.0
	2.03	115	229.0

2.8 照明光源及灯具

2.8.1 LED灯与荧光灯

2.8.1.1 LED灯

LED灯，即半导体节能灯，是一种廉价的发光二极管（LED）

灯泡。这种灯的照明效率是传统钨丝灯泡的 12 倍，是荧光低能耗灯管的 3 倍。

LED 灯可以持续点燃 10 万小时，比节能灯的使用寿命长 10 倍，同时无频闪。由于灯泡内不含汞，所以在废物处理时不会破坏自然环境。

LED 灯也有发光角度小、光色过于刺眼等缺点。如要光色柔和，必须配以乳白色塑料灯罩（管）或导光板，但亮度会有所减小。

（1）常用 LED 荧光灯技术数据（见表 2-179）

表 2-179　常用 LED 荧光灯技术数据

型号	电源电压/V	LED颗粒	色温/K	光通量/lm	功率/W	外形尺寸/mm	光通量相当于传统荧光灯/W
T5DTB008-C	AC172	120	4000~	580	8	$\phi15\times547$	20
T5DTB012-C	~	180	6000	850	12	$\phi15\times847$	30
T5DTB015-C	264	240		1200	15	$\phi15\times1147$	40
T8DTB008-B	AC110	72	3200~	500	8	$\phi26\times589$	20
T8DTB012-B	~	108	6500	800	12	$\phi26\times847$	30
T8DTB015-B	220	144		1060	15	$\phi26\times1195$	40
T8DTB018-B		162		1200	18	$\phi26\times1195$	45
T10DTB008-A	AC110	144	3200~	600	8	$\phi30\times589$	20
T10DTB015-A	~ 220	280	6500	1200	15	$\phi30\times1195$	40
T10DTB008-D		72		520	8	$\phi30\times604$	25
T10DTB012-D	AC100	108	4000~	900	12	$\phi30\times908$	30
T10DTB015-D	~	144	6000	1050	15	$\phi26\times1213$	40
T10DTB018-D	220	162		1200	18	$\phi26\times1213$	45
T10DTB022-D		192		1350	22	$\phi30\times1513$	50
MTFT8-LED/16-12W		108	4000~	900	12	$\phi30\times604$	20
MTFT8-LED/120-18W	AC220	192	6000	1500	22	$\phi30\times1213$	50
MTFT8-LED/150-22W		240		1690	25	$\phi30\times1513$	60

注：德士达光电照明科技有限公司生产。

（2）常用 LED E27 灯泡技术数据（见表 2-180）

表 2-180　常用 LED E27 灯泡技术数据

型　号	LED 颗数	发光效果	灯泡颜色	功率/W	尺寸/mm	电压/V
LBB-B02-220V-E27-LED19-01 LBB-B02-110V-E27-LED19-01	19	变色	红、绿、蓝	2	$\phi58\times$ $H102$	220/110
LBB-B02-220V-E27-LED12-01 LBB-B02-110V-E27-LED12-01	12	单色	红、绿、蓝、黄	1		
LBB-B02-220V-E27-LED7-01 LBB-B02-110V-E27-LED7-01	7	单色	红、绿、蓝、黄	0.5		
LBB-B02-220V-E27-LED19-02 LBB-B02-110V-E27-LED19-02	19	变色	红、绿、蓝	2	$\phi58\times$ $H104$	220/110
LBB-B02-220V-E27-LED12-02 LBB-B02-110V-E27-LED12-02	12	单色	红、绿、蓝、黄	1		
LBB-B02-220V-E27-LED7-02 LBB-B02-110V-E27-LED7-02	7	单色	红、绿、蓝、黄	0.5		
LBB-B02-220V-E27-LED19-03 LBB-B02-110V-E27-LED19-03	19	变色	红、绿、蓝	2	$\phi58\times$ $H95$	220/110
LBB-B02-220V-E27-LED12-03 LBB-B02-110V-E27-LED12-03	12	单色	红、绿、蓝、黄	1		
LBB-B02-220V-E27-LED7-03 LBB-B02-110V-E27-LED7-03	7	单色	红、绿、蓝、黄	0.5		
LBB-B02-220V-E27-LED18-07 LBB-B02-110V-E27-LED18-07	18	变色	红、绿、蓝	2	$\phi100\times$ $H144$	220/110
LBB-B02-220V-E27-LED18-08 LBB-B02-110V-E27-LED18-08	18	变色	红、绿、蓝	2		
LB-E27-240V	1	单色、变色	红、绿、蓝、白	电流 7.5mA	$\phi50\times$ $H72.3$	220～240
LB-E27-120V	1	单色、变色	红、绿、蓝、白	电流 12.5mA		100～120

（3）常用 LED 灯技术数据（见表 2-181）

（4）LED 平板灯

LED 平板灯采用进口高档 SMD LED 3528、3014 贴片。高亮度，散热好。LED 通过高透光率的导光板后形成一种非常均匀的平面发光效果，光线明亮且柔和、舒适，不刺眼。采用高效恒流驱动器，能瞬间启动，无眩光，无噪声。输入电压：90～135V AC或175～265V AC、50～60Hz。是公办、商务、酒店、百货商店、医院及住宅的厨房、卫生间等室内高档照明的选择。

LED平板灯的技术数据见表2-182。

表2-181　常用LED灯技术数据

名称	型号	接口类型	色温(颜色)/K	功率	球泡规格	使用范围
球泡灯	SL-QP系列	E27 GU10	2700～3500 （暖白） 5000～6500 （正白） 7000～9000 （冷白） 红、绿、蓝、全彩	1×1W	G50/G60	酒店、商场、医院、展示柜、家庭装饰等各种室内场合，替代传统照明光源
				1×3W		
				3×1W		
				5×1W		
				6×1W	G80/G100	
天花灯	SL-TH-001	—		1×1W	—	
	SL-TH-002			1×3W	—	
	SL-TH-003			3×1W	—	
				—		
射灯	SL-SD系列	E14		1×1W	角度 25°～38°	
		E17		1×3W		
		E27		3×1W		
		GU10		3×1W		

注：LED发光效率100lm/W；使用电压110/220V；LED寿命50000h。深圳市桑莱特照明科技有限公司生产。

表2-182　LED平板灯技术数据

型号	LED颗数	颜色/色温	光通量/lm	功率/W	尺寸/mm	电源/V
3030	60	暖白 2700～3500K 正白 6000～7000K	1000～1200	8	300×300 ×17	AC100～240
3030	80		1200～1400	10		
3030	120		2000～2400	14		
3060	120		2000～2400	14	300×600 ×17	
3060	150		2200～2600	16		
3060	180		2800～3000	20		
3060	240		4100～4300	30	600×600 ×17	
3060	360		4800～5000	40		

注：嘉兴市秀洲区王店光博电器厂生产。

2.8.1.2 直管荧光灯

(1) 直管荧光灯技术数据（见表2-183）

表2-183 直管荧光灯技术数据

灯管型号	功率/W	工作电压/V	工作电流/A	启动电流/A	灯管压降/V	光通量/lm	平均寿命/h	主要尺寸/mm 直径	全长	管长	灯座型号
YZ4RR	4	35	0.11	0.17	35	70	700	16	150	134	G5
YZ6RR	6	55	0.14	0.18	55	160		16	226	210	
YZ8RR	8	60	0.15	0.20	65	250	1500		302	288	
YZ10RR	10	45	0.20	—	—	410		26	345	330	
YZ15RR	15	51	0.33	0.44	52	580	3000	38.5	451	437	
YZ20RR	20	57	0.37	0.50	60	930			604	389	
YZ30RR	30	81	0.405	0.56	89	1550	5000		909	894	
YZ40RR	40	103	0.45	0.60	108	2400			1215	1200	G13
YZ85RR	85	120±10	0.80	—	—	4250		40.5	1778	1763.8	
YZ125RR	125	149±15	0.94	—	—	6250	2000		2389.1	2374.9	
YZ100RR	100	—	1.50	1.80	90	5000		38	1215	1200	
YZ6RR	6	50	0.135			≥200		15	227	211	
YZ8RR	8	60	0.145			≥300		15	302	286	
YZ10RR 粗	10	50	0.25			≥410		25	345	330	
YZ12RR	12	91	0.16			≥580		18.5	500	484	
YZ15RR	15	56	0.3			≥665		25	451	436	

注：Y—荧光灯；Z—直管形。额定电压220V，启动电压≤190V。表中所列功率为灯管本身的耗电量，不包括镇流器耗电量。同型号不同厂家的灯管，参数有所不同。

(2) 镇流器技术数据（见表2-184）

表2-184 镇流器技术数据

配用灯管功率/W	电源电压/V	工作电压/V	工作电流/mA	启动电压/V	启动电流/mA	最大功率损耗/W	功率因数cosφ
6		203	140±5		180±10	4	0.34
8		200	150±10		190±10		0.38
15		202	330±30		440±10		0.33
20	220	196	350±30	215	460±10	8	0.36
30		180	360±30		560±10		0.50
40		165	410±30		650±10		0.53
100		185	1500±100		1800±10	20	0.37

（3）启辉器技术数据（见表 2-185）

表 2-185　启辉器技术数据

配用灯管功率/W	额定电压/V	正常启动		欠压启动		启辉电压/V	使用寿命/次
		电压/V	时间/s	电压/V	时间/s		
4～8	220	220	1～4	180	＜15	＞135	5000
15～20							
30～40							
100				200	2～5		

2.8.1.3　异形节能荧光灯

异形节能荧光灯，简称小功率节能灯，又称紧凑型节能荧光灯，是以三基色稀土荧光粉为发光材料，它能产生各种颜色的灯光，给装饰带来方便。它的光效是普通荧光灯的 2 倍，显色指数高于普通荧光灯。节能灯具品种繁多，从灯管形式上分有：H 型、双 H 型、双 U 型、三 U 型、D 型和 DL 型等几种。这类荧光灯的优点是高效、节能、长寿、轻量及安装方便。

（1）U 形和环形荧光灯技术数据（见表 2-186）

表 2-186　U 形和环形荧光灯技术数据

型号	外形	功率/W	外形尺寸/mm		额定参数			平均寿命/h
			长×宽	管径	工作电流/A	灯管压降/V	光通量/lm	
URR-30	U 形	30	417×96	38	0.35	89	1550	2000
URR-40		40	626×96		0.41	108	2200	
CRR-20	环形	20	207×207	32	0.35	60	930	
CRR-30		30	308×308		0.35	89	1350	
CRR-40		40	397×397		0.41	108	2200	
YU15RR	U 形	15	170×180	25±1.5	0.3	50	405	1000
YU30RR		30	415×180		0.36	108	1165	
YH20RR	环形	20	227×227		0.3	78	698	

（2）柱形、球形、Н形、U形节能荧光灯技术数据（见表2-187）

（3）T5系列荧光灯技术数据（见表2-188）

表2-187　柱形、球形、Н形、U形节能荧光灯技术数据

型号		电压/V	功率/W	电流/mA	光通量/lm	相当于白炽灯/W	质量/g	外形尺寸/mm 直径D	全长L
柱形灯	SE12	220/240	11	45/45	450	75	160	80	193
	SU14			155/155	470		500		
	SU145						450		
	SU141								
	SE16		13	60/60	600	80	160		180
	SU18			160/160			500		193
球形灯	SEB10	110/220/240	9	100/45/45	300	60	180	106	152
	SUB12			280/170/165			530	106	162
	SEB12		11	120/50/50	450	75	200	125	180
	SUB14	220/240		155/155			530	106	162
	SH16	110/220	5,7	—	220～750	—	400	73	101
	SH17E		9,11				65		92
Н、U形灯	SDE-10N	110/220/240	9	90/45/45	420	50	90	58	152
	SDE-10U		9						
	SDE-11H		10						170
	SDE-12N		11	110/55/45	550	60	95		165
	SDE-12U								
	SDE-14N		13	130/65/65	650	75	105		182
	SDE-14U								180
	SDE-14H						100		192
	SDE-20H		16	170/85/85	850	80	120		232
	YD9-2U	220	9	170	500	2×25	100	60	155
	YD18-2U		18	220	1000	100	150		230
	YD9-2H		9	170	500	2×25	100		155
	YD18-2H		18	220	1000	100	140		200
	YCD9-2U2H		9	170	500	2×25	100	55	165
	YCD18-2U2H		18	220	1000	100	130		250 220

表 2-188 T5 系列荧光灯技术数据

型号规格	功率 /W	额定电压 /V	灯电流 /A	灯电压 /V	光通量 /lm	平均寿命 /h	外形尺寸 (φ×L) /mm	灯头型号
YZ4RR YZ4RL YZ4RN	4		0.17	28	100 120 120		—	
YZ6RR YZ6RL YZ6RN	6		0.16	42	190 240 240			
YZ8RR YZ8RL YZ8RN	8	220	0.145	56	280 350 350	5000	—	G5
YZ13RR YZ13RL YZ13RN	13		0.165	105	590 740 740		—	
YZ32RR YZ32RL YZ32RN	32		0.19	210	2720 2850 3000			

(4) T8 系列三基色荧光灯技术数据（见表 2-189）

表 2-189　T8 系列三基色荧光灯技术数据

型号规格	额定功率 /W	光通量 /lm	显色指数 Ra	色温 /K	平均寿命 /h	外形尺寸 (φ×L)/mm
L18/760	18	1150	75	6000	16000	26×590
L18/860		1300				
L18/840		1350	85	4000		
L18/830				3000		
L18/827				2700		
L36/760	36	2850	75	6000		26×1200
L36/860		3250				
L36/840		3350	85	4000		
L36/830				3000		
L36/827				2700		

2.8.1.4　电子镇流器

电子镇流器式荧光灯，具有节能、不需启辉器、启动快、功率因数高、谐波含量低、无噪声、无频闪、天气冷及电压低

（＜160V）都能正常启动等优点。可在环境温度－15～＋60℃、相对湿度大于95％条件下正常启动和工作。

电子镇流器是一个将工频交流电压转换为20～30kHz高频交流电压的变换器。

生产电子镇流器的厂家很多，如北京松下、北京四通、北京七零一厂、上海三友、上海飞利浦、杭州鸿雁、扬州四通等。

(1) TISC系列电子镇流器技术数据（见表2-190）

表2-190 TISC系列电子镇流器技术数据

型号	额定功率/W	额定电压/V	额定电流/A	功率因数 cosφ	三次谐波含量/%	流明系数	预热启动时间/s	异常状态保护	工作电压范围/V	节电流/%
TISC-1204H	20		0.1	—	—					
TISC-1304H	30		0.15							
TISC-1404H	40		0.2	0.92	≤33					
TISC-1406H	40		0.2	0.96	总谐波含量＜25	0.95	0.4～1.5	有	150～250	20～30
TISC-2204H	2×20	220	0.2							
TISC-2304H	2×30		0.3	—	—					
TISC-2404H	2×40		0.4							

(2) BPEC-Ⅱ型及BPEC-Ⅳ型电子镇流器技术数据（见表2-191）

表2-191 BPEC-Ⅱ型及BPEC-Ⅳ型电子镇流器技术数据

型号	额定功率/W	额定电压/V	额定电流/A	功率因数 cosφ	三次谐波含量不大于/%	流明系数	预热启动时间/s	异常状态保护	工作电压范围/V	节电率/%
BPEC-Ⅱ-2140	40（≤44）		0.23	0.9	33（42）					
BPEC-Ⅳ-2240	80（≤88）	220	0.38	0.985	7（9）	0.95	0.4～1.5	有	150～250	20～30

（3）YZ 系列电子镇流器技术数据（见表 2-192）

表 2-192　YZ 系列电子镇流器技术数据

型号	额定功率/W	额定电压/V	额定电流/A	功率因数 cosφ	三次谐波含量不大于/%	流明系数	预热启动时间不小于/s	异常状态保护	工作电压范围/V	节电率/%	外壳材料
YZ-401EA	40			0.99	9						
YZ-401EB	40		0.2								
YZ-361EB	36		0.18								
YZ-301EB	30		0.15								
YZ-201EB	20		0.10								
YZ-181EB	18		0.09								铁质
YZ-402EB	80		0.39								
YZ-362EB	72		0.36								
YZ-302EB	60		0.30								
YZ-202EB	40		0.20								
YZ-182EB	36		0.18								
YZ-401EE	40	220	0.20	0.94	25	0.95	0.4	有	150～250	>20	
YZ-361EE	36		0.18								
YZ-30EE	30		0.15								
YZ-20EE	20		0.10								
YZ-18EE	18		0.09								
YZ-401EEL	40		0.20								
YZ-361EEL	36		0.18								
YZ-301EEL	30		0.15								塑料
YZ-201EEL	20		0.10								
YZ-181EEL	18		0.09								
YZ-401EES	40		0.20								
YZ-321EES	32		0.16								
YZ-221EES	22		0.11								

2.8.1.5　荧光灯用节能电感镇流器

电子镇流器技术参数的离散性决定了电子镇流器在批量生产时技术参数较难控制，而电感镇流器在结构上要简单得多。传统电感镇流器耗电量大，而新一代节能电感镇流器自身损耗仅为灯功率的 12% 左右。

普通电感镇流器、节能型电感镇流器与电子镇流器性能比较见表 2-193。

表 2-193　36W/40W 镇流器参数对比

类别	普通电感镇流器	节能电感镇流器	国产标准型电子镇流器	进口电子镇流器	国产 H 型电子镇流器
自身功耗/W	9	4～5.5	≤3.5	≤3.5	≤3.5
质量比	1	1.5	0.3～0.4	0.4～0.5	0.2～0.4
价格比	1	1.6	3～4	4～7	1.3～1.8
光效比	0.95～0.98	1.02～1.05	1.10	1.10	1.10
无机浪涌电流比	1.5	1.5	10～15	8～10	15～20
电磁干扰	无	无	在允许范围内	在允许范围内	有明显干扰、超标
电源电流谐波	≤10%	≤10%	10%～13%	8%～12%	25%～34%
抗电源瞬时过电压	无问题	无问题	能承受	能承受	基本不能承受
灯电流波峰化	1.58～1.62	1.50～1.55	1.40～1.60	1.40～1.50	1.90～2.10
成本回收年限/年	—	2.16	9.22	26.16	3.80

荧光灯配用节能型电感镇流器技术数据见表 2-194。

表 2-194　荧光灯配用节能型电感镇流器技术数据

型　　号	JF-2075M	JF-3075M	JF-4075M
配用灯功率/W	18/20	30	36/40
输入功率/W	23.6	33.6	44.2
输入电流/mA	352	342	430
输入启动电流/mA	500	550	650
功率因数 cosφ		0.9	
补偿电容/μF	3	3	4
外形尺寸/mm		41×31×195	
安装尺寸/mm		164	
质量/kg		0.83	
功率损耗/W	4.5	5	5
启动器型号		常用双金属型	

注：镇流器线圈允许的最高使用温度为 120℃，正常状态下的温升为 30K。

2.8.2　霓虹灯

霓虹灯多用于做装饰光源。霓虹灯灯管消耗的电流很小，一般为 18～30mA。霓虹灯的功率因数很低，为 0.2～0.47，需配备电容器进行补偿。各色气体霓虹灯规格性能见表 2-195。

表 2-195　各色气体霓虹灯规格性能

颜色	灯管外径 /mm	每米用电量 /W	每米需要电压 /V	每个变压器能带的灯管长度/m
红	15～16	11.5	1300	9.0
	12～13	14.0	1500	7.5
	9～10	17.5	2000	6.0
	7～7.5	23.5	2500	4.5
绿或蓝	15～16	8.4	1000	12.5
	12～13	9.5	1200	11.0
	9～10	11.0	1300	9.5
	7～7.5	14.0	1500	7.5
白或黄	15～16	21	2400	5
	12～13	26	3000	4

2.8.3　灯具

2.8.3.1　灯具的分类

常用灯具的分类见表 2-196。

表 2-196　常用灯具的分类

类型		定　义
按配光特性分	深照型	集中向下照射。在 0°～40°范围内光强较强,50°～90°范围内光强很弱
	余弦型	光强近于如下的关系式：$I_\alpha = I_0 \cos\alpha$。当 $\alpha = 0°$时光强最大
	均匀型	在下半球所有方向的光强近于相等
	广照型	在 50°～90°范围内光强较强,在 0°～40°范围内光强显著减弱
按结构特点分	开启型	光源(灯泡)与外界相通,罩子不闭合
	保护型	光源被透明罩包合起来,但内外的空气仍能流通
	密封型	光源被透明罩包合起来,内外空气不能流通
	防水型	光源被透明罩包合起来,结合处采用密封填料,可防水、防有害气体及灰尘侵入
	防爆型	光源被耐压透明罩包合起来,能保证在有爆炸危险的场所内使用安全

注：I_α—被照点光强，I_0—电光源发光强度，α—光线的方向与被照面法线间的夹角。

2.8.3.2 常用直管荧光灯的型号、结构及适用场所

常用直管荧光灯的型号、结构及适用场所见表2-197。现采用直管式LED灯，则功率为表中功率数值的0.4左右。

表2-197 常用直管荧光灯的型号、结构及适用场所

名称	型号	功率/W	结构	适用场所
露明式荧光灯	2Y13 3Y13 YG6-2 YG6-3	2×40 3×40 2×40 3×40	灯体由薄钢板制成，表面喷漆，吸顶安装	办公室、厂房、商场、食堂等，可单独使用，也可组成光带
保护荧光灯	DBY512 1/20×2 DBY512 1/30×2 DBY512 1/40×2 YG14-2	2×20 2×30 2×40 2×40	边框镀铬，半透明有机玻璃罩	地铁、车站等
通用荧光灯	YO1、YG2-1 2YO1、YG2-2 YO2 2YO2	40 2×40 30 2×30	外壳和上盖一次成型，分别喷白漆和浅蓝色漆，可吸顶或悬吊安装	一般厂房、教室、办公室、车间、住宅、商店、食堂等
嵌入式栅格荧光灯	DKY507 1/40 DKY507 1/40×2 DKY507 1/40×3 DKY507 1/40×4	40 2×40 3×40 4×40	钢板制灯体，表面喷漆，口圈镀铬，带铝电化抛光栅格，嵌入或吸顶安装	新型建筑及层高较低的场所
嵌入式荧光灯	2Y23 2Y23 3Y23-1 3Y23-1 YG17-1 YG17-2 YG17-3 YG17-4	2×40 2×30 3×40 3×30 40 2×40 3×40 4×40	内白，外灰色烤漆，薄钢板制成，反光罩为波形，灯体配磨砂玻璃罩	光线均匀无眩光现象，适用于大型餐厅、办公室、计算机房、发电厂和变电所主控制室以及制药、化工、仪表厂等大面积照明
暗槽荧光灯	2Y10-1	2×40	钢板制灯体，表面烤漆，镀铬装饰框，下部为塑料网栅格，嵌入安装	计算机房、办公室等
栅格荧光灯	4Y27 YG18 YG18	4×30 3×20 3×30	钢板制灯体，表面烤漆，下部白色烤漆，钢板制栅格及镀铬三角框，嵌入安装	有吊顶的楼道、走廊、餐厅等

2.8.3.3 常用吊灯的型号及适用场所

吊灯、壁灯、吸顶灯、筒灯、射灯等灯具，都属于建筑灯具，即用于建筑物内部照明或装饰照明的灯具。

吊灯型号全国不统一，北京地区为□□B□□/□型、□D□A型、GA型，上海地区为JDD型等。

常用的吊灯有吊链灯和吊杆灯，以吊杆灯为主。常用吊灯的型号及适用场所见表2-198。现采用LED灯泡，则功率为表中功率数值的1/4左右。

表 2-198 常用吊灯的型号及适用场所

名　称	型　　号	光源功率/W	适用场所
玉兰罩花灯	HBB201 5/60 HBB201 9/60	5×60 9×60	礼堂、门厅、餐厅作装饰照明
	11D38A 19D38A	11×100 19×100	较高级大型厅、堂等照明
	HBB203 3/60 HBB203 5/60 HBB203 7/60 HBB203 9/60	3×60 5×60 7×60 9×60	饭店、旅馆、餐厅、门厅等作装饰照明
橄榄罩花灯	HBB204 3/40 HBB204 5/40 HBB204 7/40 HBB204 9/40	3×40 5×40 7×40 9×40	饭店、旅馆、餐厅、门厅等作装饰照明
	3D08A 5D08A 7D08A 9D08A GA308 GA309 GA310	3×60 5×60 7×60 9×60 3×60 5×60 7×60	各种小型厅、堂照明
荷花罩花灯	HKB216 5/40 HKB216 6/40 HKB216 7/40	5×40 6×40 7×40	展览馆、宾馆、门厅、餐厅作装饰照明
斜橄榄罩花灯	HKB206 3/40 HKB206 5/40 HKB206 7/40 HKB206 9/40 3D08A-1	3×40 5×40 7×40 9×40 3×60	旅馆、饭店、门厅、餐厅作装饰照明

名　　称	型　　号	光源功率/W	适用场所
乌砂石榴吊灯	3D24 5D24、5D25、 7D24	3×60 5×60 7×60	小型厅、堂等作装饰照明
乌砂螺纹吊灯	4D14 5D14 6D14	4×60 5×60 6×60	小型会议室、客厅等作装饰照明
花篮吊灯	4D28 JDD171-3J	4×60 3×60	小型厅、堂等作装饰照明
裙形吊灯	3D18 5D18 7D18	3×60 5×60 7×60	小型厅、堂等作装饰照明
晨钟吊灯	3D20 5D20 7D20	3×60 5×60 7×60	小型厅、堂等作装饰照明
束腰吊灯	3D10A5 5D10A5 7D10A5 HBB226 3/60 HBB226 5/60 HBB226 7/60	3×60 5×60 7×60 3×60 5×60 7×60	会议室、客厅等作装饰照明
碗罩花灯	HKB227 3/60 HKB227 5/60	3×60 5×60	旅馆、饭店、休息厅、礼堂作饰照明
碗罩吊灯	3D10B 5D10B 7D10B	3×60 5×60 7×60	会议室、客厅等作装饰照明
伞形吊灯	D02A12	5×60	会议室、客厅等作装饰照明

2.8.3.4　常用壁灯的型号及适用场所

壁灯型号，北京地区为 B□□□□/□型、□B□A□型、GA型，上海地区为 J×B 型、CBD 型等。单灯的灯泡功率（白炽灯）一般为 40W、60W、100W 等。现采用 LED 灯，则灯泡功率为白炽灯的 1/4 左右。

常用壁灯的型号及适用场所见表 2-199。

表 2-199 常用壁灯的型号及适用场所

名　　称	型　　号	光源功率/W	适用场所
纱罩壁灯	2B27A 2B21A	2×60	宴会厅、会议室等室内照明
玉兰壁灯	BBB102 2/60 GA417	2×60	礼堂、俱乐部等墙壁作装饰照明
插口玉兰壁灯	B01A6 2B01A6 2B01A8 2B02A6	100 2×100 2×150 2×100	宴会厅、会议室、走廊及大门两侧等作辅助装饰照明
	JXB60-1 JXB60-2 JXB60-3	60 2×60 3×60	宴会厅、会议室、走廊及大门两侧等作辅助装饰照明
橄榄壁灯	BKB104 2/40 BKB103 1/40	2×40 40	礼堂、俱乐部的墙壁作装饰照明
	BKB105 2/40 GA413 B03A 2B03A	2×40 2×40 60 2×60	
鼓形壁灯	2B01F JXB67-1 JXB67-2	2×100 40 2×40	室内作辅助装饰照明,也可用于室外大门两侧及走廊作辅助装饰照明
花边杯壁灯	BKB110 2/40	2×40	礼堂、剧院的墙壁作装饰照明
杯形壁灯	BKB108 2/60	2×60	礼堂、剧院的墙壁作装饰照明
长杯壁灯	BKB112 2/60 BKB112 1/60 JXB96-1 JXB96-2	2×60 60 25 2×25	礼堂、剧院的墙壁作装饰照明
花瓶罩壁灯	2B36A B36A	2×15 15	宴会厅、会议室、走廊及一般家庭作辅助照明
菠萝壁灯	BBB113 2/40 BBB113 1/40 JXB105-1 JXB105-2 JXB105-3	2×40 40 60 2×60 3×60	旅馆、客房或家庭居室的墙壁作装饰照明

名　称	型　号	光源功率/W	适用场所
菱形壁灯	BBB118 2/40 JXB68-1 JXB68-2 JXB69-1 JXB70-2 JXB73-2	2×40 60 2×60 60 2×60 2×100	旅馆、住宅、客房的墙壁作装饰照明
伞形壁灯	B3BA JXB72	40 150	宾馆、会议室及一般家庭的照明
束腰罩壁灯	B10A JXB207-2	25 2×40	一般家庭及小会客室作辅助装饰照明
晨钟罩壁灯	B18A 2B18A	40 2×40	小厅堂、会议室等作辅助装饰照明,一般与晨钟罩吊灯配套使用
石榴罩壁灯	B19A 2B19A JXB173-1J	25 2×25 40	一般小型厅堂及会议室的照明,与石榴罩吊灯配套使用
裙形罩壁灯	2B16A B16A	2×60 60	小型会客厅、卧室等作装饰照明,一般与裙形罩吊灯配套使用
笙形壁灯	BBB120 2/60 GA411 JXB71-2 JXB71-3	2×60 2×60 2×60 3×60	旅馆、饭店、餐厅的墙壁作装饰照明
螺口筒壁灯	BMB122 1/60 BMB122 2/60	60 2×60	旅馆、饭店、卫生间的墙壁作装饰照明
镜箱壁灯	B07A 2B07A JXB124	60 2×60 2×40	卫生间的镜箱照明
浴室壁灯	B23A	60	高级卫生间作装饰照明
桃罩壁灯	BKB127 1/40 CBD5	40 40	旅馆、剧院、卫生间或化妆室的镜子照明
白桃壁灯	B30A	60	楼道、走廊等照明
切口圆球壁灯	BBB128 1/40 BBB128 1/60 JXB25 BBB129 2/40 BBB129 2/60 JXB24	40 60 40 2×40 2×60 2×40	办公楼、门厅、楼梯间的墙壁作装饰照明

续表

名　称	型　号	光源功率/W	适用场所
防水圆球壁灯	BMB148 1/40	40	旅馆、浴室、卫生间等照明
	B08A3	60	
	B08A4	100	
双管 8W 荧光壁灯	2B33A	2×8	小型厅堂、会议室及家庭照明
双圆罩荧光壁灯	BBY533 1/20	20	宾馆、饭店装饰照明
	BBY533 2/20	2×20	
圆筒壁灯	BBB131 2/40	2×40	办公楼、医院、走廊门厅、楼梯间等照明
	BBB131 2/40×2	4×40	
	BBB131 2/60×2	4×60	
	B06A6	100	大门两侧、门厅等照明，同时也可作厕所、浴室镜子的照明
	2B06A6	2×100	
	JXB65-1	40	
	JXB65-2	2×40	
	BBB134 1/40	40	旅馆、剧院、卫生间、化妆室镜子的照明
	CBD4-1	25	
	CBD4-2	2×25	

2.8.3.5　常用吸顶灯的型号及适用场所

吸顶灯型号，北京地区为□X□A□型、D□□□□/□型、GA 型，上海地区为 JXD 型等。单灯的灯泡功率（白炽灯）一般为 40W、60W、100W 等。现采用 LED 灯，则灯泡功率为白炽灯的 1/4 左右。

常用吸顶灯的型号及适用场所见表 2-200。

表 2-200　常用吸顶灯的型号及适用场所

名　称	型　号	光源功率/W	适用场所
圆及扁圆吸顶灯	DBB313d 1/40	40	走廊、楼梯间照明
	DBB313d 1/60	60	
	DBB313d 1/100	100	
	X03A5	60	门厅、走廊、雨篷等照明
	X03A6、X03A7	100	
扁圆吸顶灯	X03B5～X03B7	100	门厅、走廊等照明
	X03C5、X03C6	60	
	JXD5-1	60	
	JXD5-2	2×100	

名　称	型　号	光源功率/W	适用场所
浅半圆 吸顶灯	DBB316 1/60 DBB316 1/100 DBB316 1/150 DBB316 1/200	60 100 150 200	厅堂、门厅等照明,也可大面积照明
圆栅格 吸顶灯	X09B4 GA222	60 100	走廊或室内大面积组合照明
方栅格 吸顶灯	DKB321 1/100 GA209	100 2×60	厅、堂照明
防水圆球 吸顶灯	X04A4 X04A5 GA230	60 60 60	雨篷、浴室、厕所等照明
圆球吸顶灯	DBB312 1/60 DBB312 1/100	60 100	门厅、走廊等照明
矩形吸顶灯	DBB301 1/60 DBB301 1/100 JXD16D	60 100 2×100	门厅、走廊等照明
长方形 吸顶灯	X05A5 X05A8 GA227、GA226 JXD16S	60 100 60 2×60	各种场所,可单个使用,也可组合排列连续使用
方口方罩 吸顶灯	DBB303 1/60 DBB303 1/100 DBB303 1/100×2 GA225 GA224	60 100 2×100 60 2×60	会议室、大厅等照明
方形吸顶灯	X06A5 X06A7 JXD16 JXD16A	100 2×100 2×100 2×100	各种小型厅、堂等照明
多联方形 吸顶灯	2X07A5、2X07A7 4X07A5 3X07A5、3X07A7 6X07A5 8X07A7 12X07A7	2×100 4×100 3×100 6×100 8×100 12×100	大型厅、堂等照明

名　称	型　号	光源功率/W	适用场所
晶罩吸顶灯	DBB309 2/100 DBB309 4/100 DBB309 6/100	2×100 4×100 6×100	厅、堂等照明
嵌入筒形 吸顶灯	DBB326 1/40 DBB326 1/60	40 60	门厅组合照明
晶罩方 吸顶灯	DBB309a 1/60×2	2×60	厅、堂等照明

2.8.3.6　常用筒灯的型号及适用场所

筒灯多用于吊顶造型，适用于商场、舞厅、住宅的客厅等场所，常采用嵌入式。灯泡功率（白炽灯）一般为 40W、60W、100W 等。现采用 LED 灯，则灯泡功率为白炽灯的 1/4 左右。

常用筒灯的型号及结构见表 2-201。

表 2-201　常用筒灯的型号及结构

型号	光源功率/W	结　构
HZD101 HZD102 HZD103 HZD106A HZD106B HZD106C	60 60 40 40 40 60	钢安装支架，铝反光器，铝装饰圈
HZD120 HZD121 HZD122 HZD123	40 40 60 60	钢制灯体、铝装饰圈，HZD120、HZD121 型中间为黑色胶木圈，HZD122、HZD123 型中间为木头装饰圈，铝反射器
HZD210 HZD211 HZD212	60 60 40	钢安装支架，铝反射器，钢装饰圈
HZD213 HZD214 HZD215	60 60 60	钢制灯体，钢装饰圈，HZD214、HZD215 型有玻璃灯罩
HZD201 HZD202 HZD203 HZD204 HZD205	60 60 40 40 100	钢制灯体，铝反射器，无嵌入，整体吸顶安装

型号	光源功率/W	结　　构
HZD110	60	钢制筒体,中间为胶木圈,钢装饰圈
HZD107	40	钢制筒体,塑料灯罩
HZD104	40	钢安装支架,铝反射器,钢装饰圈
HZD112	40	
HZD206	60	钢制筒体,无铝反射器,吸顶安装
HZD207	60	
HZD208	60	不锈钢制筒体,铝反射器,吸顶安装
HZD220	60	钢制筒体,铝反射器,吸顶安装
MS327B	60	钢制筒体,无铝反射器,下边喷白漆
MS327C	60	钢制筒体,无铝反射器,下边电镀仿金
MS325C	60	钢制筒体,无铝反射器,牛眼口连灯泡可一起
MS323C	60	转,下边仿金电镀
MS304C	60	钢制筒体,无铝反射器,下边喷白漆,可装飞利
MS304B	60	浦冷光灯泡,也可装白炽灯泡。MS305 为钢制方
MS302B	60	筒体
MS305	60	
MS409	60	钢制筒体,无铝反射器,吸顶安装,筒体外表面喷漆,有黑白两色供选择
MS408	60	钢制筒体,无铝反射器,嵌入吊顶一部分,下挂一部分,黑色
MS410	60	钢制筒体,无铝反射器,嵌入吊顶一部分,下挂一部分,下边和下挂部分白色

2.8.3.7　常用射灯的型号及适用场所

射灯多用于吊顶造型。适用于大型宾馆、舞厅、商场、网吧、卡拉 OK 厅等装饰豪华的场所。单灯的灯泡功率（白炽灯）一般为 40W、60W 等。现采用 LED 灯,则灯泡功率为白炽灯的 1/4 左右。

常用射灯的型号及结构见表 2-202。

表 2-202　常用射灯的型号及结构

型号	光源功率/W	结　　构
MS116B	60	
MS117B	60	
MS118B	60	钢制筒体,无铝反射器
MS119B	60	
MS110B	60	
MS107	60	

型号	光源功率/W	结　　构
MS101	60	钢制筒体,无铝反射器,直接装乳白色反射白炽灯泡
MS307D	60	钢制筒体,无铝反射器,可装飞利浦冷光灯泡,也可装白炽灯泡
MS115B	60	
MS211	60	钢制筒体,无铝反射器,导轨灯
MS203D	60	
MS213A	60	钢制筒体,无铝反射器,导轨灯,装乳白色反射白炽灯泡
MS206B	60	钢制筒体,无铝反射器,导轨灯,导轨配套供应
MS208C	60	
MS216B	60	
MS217B	60	
MS219B	60	
MS220B	60	
MS309	60	钢制筒体,无铝反射器,可一个方向转动
MS310	60	
MS313	60	
MS314	60	
MS317	60	
MS318	60	
MS311	2×60	钢制筒体,无铝反射器,可两边转动
MS312	2×60	
MS319	2×60	
MS320	2×60	
MS315	2×60	钢制筒体,无铝反射器,可两边转动,筒口有边
MS316	2×60	

2.9　配电箱、电能表箱和接线箱

2.9.1　标准配电箱

2.9.1.1　标准动力配电箱

标准动力配电箱的型号含义如下:

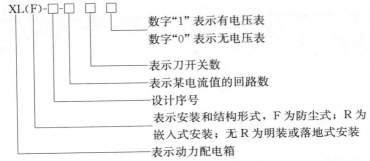

数字"1"表示有电压表
数字"0"表示无电压表
表示刀开关数
表示某电流值的回路数
设计序号
表示安装和结构形式；F 为防尘式；R 为
嵌入式安装；无 R 为明装或落地式安装
表示动力配电箱

常用的产品有 XL（F)-14、15，XL（R)-20、XL（R)-21 等型号。另外，还有 XLL2 型低压配电箱、XF-10 型动力配电箱、XLK 系列动力配电控制箱、XLW 系列动力配电箱、多米诺动力配电箱、BGL-1、BQM-1 型高层住宅配电柜等，品种繁多。

XL（F)-14、15 型动力配电箱外形如图 2-32 所示，其内部有刀开关、熔断器等。刀开关额定电流一般为 400A。XL（R)-20、XL（R)-21 型动力配电箱采用塑料外壳断路器。后者箱内还装有接触器、磁力启动器、热继电器等，箱门上装有操作按钮和指示灯，采取落地式靠墙安装，适于工厂车间、楼宇等低压用电设备配电。

图 2-32 XL（F)-14、15 型动力配电箱

① XL（F)-14 型动力配电箱技术数据见表 2-203。外形尺寸：高×宽×深为 1700×700（500）×350（mm)，括号内数据为 4 回路箱体宽度。

表 2-203 XL（F)-14 型动力配电箱技术数据

型 号	刀开关额定电流/A	回路数	回路数×该回路额定电流/A	质量/kg
XL(F)-14-2000	400	4	2×60+2×100	77
XL(F)-14-2020	400	4	2×60+2×200	80
XL(F)-14-0040	400	4	4×200	84
XL(F)-14-0202	400	4	2×100+2×400	85
XL(F)-14-0042	400	6	4×200+2×400	114

续表

型号	刀开关额定电流/A	回路数	回路数×该回路额定电流/A	质量/kg
XL(F)-14-6000	400	6	6×60	107
XL(F)-14-0060	400	6	6×200	119
XL(F)-14-0420	400	6	4×100+2×200	114
XL(F)-14-2220	400	6	2×60+2×100+2×200	113
XL(F)-14-0800	400	8	8×100	101
XL(F)-14-3500	400	8	3×60+5×100	105
XL(F)-14-5300	400	8	5×60+3×100	104
XL(F)-14-6200	400	8	6×60+2×100	103
XL(F)-14-6020	400	8	6×60+2×200	105
XL(F)-14-5030	400	8	5×60+3×200	108
XL(F)-14-0620	400	8	6×100+2×200	110
XL(F)-14-4220	400	8	4×60+4×200	110
XL(F)-14-8000	400	8	8×60	101

② XL（R)-20 型动力配电箱技术数据见表 2-204。

表 2-204　XL（R)-20 型动力配电箱技术数据

箱号	型号	断路器数量		外形尺寸/mm			主母线允许载流量/A	回路
		DX10-100型	DX10-250型	高	宽	深		
Ⅰ	XL(R)-20-1-1	—	1	600	400	233	250	1
Ⅱ	XL(R)-20-2-1	4	—	600	800	233	350	4
Ⅲ	XL(R)-20-3-1	8	—	800	800	233	350	8
	XL(R)-20-3-2	4	1	800	800	233	350	5
	XL(R)-20-3-3	2	2	800	800	233	350	4
Ⅳ	XL(R)-20-4-1	12	—	1000	800	233	350	12
	XL(R)-20-4-2	8	1	1000	800	233	350	9
	XL(R)-20-4-3	6	2	1000	800	233	350	8
	XL(R)-20-4-4	2	3	1000	800	233	350	5

2.9.1.2　标准照明配电箱

标准照明配电箱的型号含义如下：

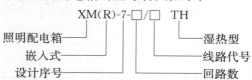

XM(R)-7-□/□　TH

照明配电箱————
嵌入式————
设计序号————
　　　　　————回路数
　　　　　————线路代号
　　　　　————湿热型

建筑物内照明常用的标准照明配电箱有 XM-4 型、XM（R）-7 型、XM-10 型等。其中，XM-4 型适用于交流 500V 及以下的三相四线制照明系统，内装有塑料外壳断路器；XM-10 型适用于交流 380V 及以下的三相四线制照明系统；XM（R）-7 型适用于交流 380/220V 及以下具有接地（接零）中性线的三相四线制系统。另外，还有 $X_R^X M$-3 型、XM（HR）$^{-04}_{05}$ 系列、XM（R）X 型、$X_R^X M$-□型、DXMR 型、SC、QES、SDB 系列等照明配电箱，以及 $X_R^X M$-1N 系列、DCX（R）系列组合式照明配电箱，品种繁多。

XM（R）-7 型照明配电箱的接线方式有 4 种，如图 2-33 所示。内装有进线转换开关和 RL1-15 型螺旋式熔断器，单相引出回路数有 2、3、4、6、9、12 路几种。实际使用中，若进线为单相电源，则将三根进线合并为一根即可。

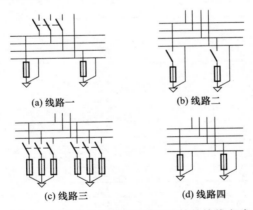

(a) 线路一　　　　　　(b) 线路二

(c) 线路三　　　　　　(d) 线路四

图 2-33　XM（R）-7 型照明配电箱的接线方式

图 2-33（a）为 XM（R）-7-12/1 型的接线方式，其单相引出 12 回路，每一回路熔断器额定电流为 15A，进线总开关的额定电流为 100A。图 2-33（b）为 XM（R）-7-9/2 型接线方式，其单相引出 9 回路，每一回路熔断器额定电流为 15A。配电箱外形尺寸高×宽×深为 640×530×170（mm）（各厂家略有差异）。

XM-7、XM（R）-7 系列照明配电箱的技术数据见表 2-205。

表 2-205　XM-7、XM（R)-7 系列照明配电箱技术参数

（额定电压 380/220V）

型号	额定电流 /A	外形尺寸/mm		
		高	宽	深
XM-7-3/0	15	340	320	140
XM-7-6/0	15	540	350	140
XM-7-9/0	15	640	530	140
XM-7-12/0	15	640	530	140
XM-7-3/1	25①	440	350	200
XM-7-6/1	60①	540	350	200
XM-7-9/1	100①	640	530	200
XM-7-12/1	100①	640	530	200
XM-7-3/0A	15	260	320	140
XM-7-6/0A	15	380	350	140
XM-7-9/0A	15	480	530	140
XM-7-12/0A	15	480	530	140
XM-7-2	25	340	430	170
XM-7-4	25	540	430	170
XM-7-6	25	640	530	170
XM(R)-7-3/0	15	340	320	138
XM(R)-7-6/0	15	540	350	138
XM(R)-7-9/0	15	640	530	138
XM(R)-7-12/0	15	640	530	138
XM(R)-7-3/1	25①	440	350	138
XM(R)-7-6/1	60①	540	350	138
XM(R)-7-9/1	100①	640	530	138
XM(R)-7-12/1	100①	640	530	138
XM(R)-7-3/0A	15	270	320	138
XM(R)-7-6/0A	15	380	350	138
XM(R)-7-9/0A	15	480	530	138
XM(R)-7-12/0A	15	480	530	138

　　① 为进线总电流，其余均为每路出线电流。该配电箱根据需要配有 HZ10 型组合开关、RL1-15 型熔断器。

2.9.2　DJ 系列配电箱

2.9.2.1　概述

　　DJ 系列配电箱有照明配电箱、动力配电箱、电能表箱和插座箱等多种类型，适用于宾馆、学校、医院、商场、工矿企业及住宅等

场所的动力、照明配电及线路过载和短路保护。其型号含义如下：

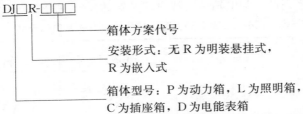

DJ 系列配电箱箱门为弹簧开启机构，可加锁；箱体采用钢板冲压成型、喷塑或烤漆；箱内一次线路、控制线路可根据用户需要制作。

配电箱箱面和箱内布置如图 2-34 所示。

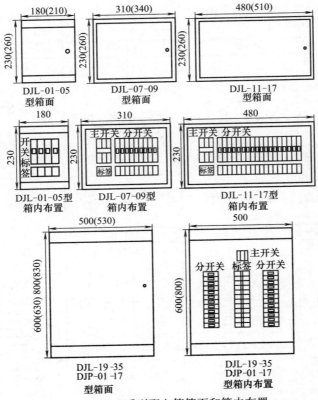

图 2-34　DJ 系列配电箱箱面和箱内布置

2.9.2.2 DJ 系列动力配电箱

DJ 系列动力配电箱的接线方式及箱体尺寸见表 2-206。

表 2-206　DJ 系列动力配电箱的接线方式及箱体尺寸

明装箱型号	DJP-01	DJP-03	DJP-05
暗装箱型号	DJPR-01	DJPR-03	DJPR-05
线路图			
箱体尺寸 (宽×高×深) /mm	500×600×160	500×600×160	500×600×160
明装箱型号	DJP-07	DJP-09	DJP-11
暗装箱型号	DJPR-07	DJPR-09	DJPR-11
线路图			
箱体尺寸 (宽×高×深) /mm	500×600×160	500×600×160	500×600×160
明装箱型号	DJP-13	DJP-15	DJP-17
暗装箱型号	DJPR-13	DJPR-15	DJPR-17
线路图			
箱体尺寸 (宽×高×深) /mm	600×800×180	600×800×180	600×800×180

2.9.2.3 DJ 系列照明配电箱

DJ 系列照明配电箱的接线方式及箱体尺寸见表 2-207。

表 2-207　DJ 系列照明配电箱的接线方式及箱体尺寸

明装箱型号	DJL-01	DJL-03	DJL-05
暗装箱型号	DJLR-01	DJLR-03	DJLR-05
线路图	$\overline{N}$　$\overline{PE}$	$\overline{N}$　$\overline{PE}$	X3　$\overline{N}$　$\overline{PE}$
箱体尺寸 (宽×高×深) /mm	180×240×120	180×240×120	180×240×120
明装箱型号	DJL-07	DJL-09	DJL-11
暗装箱型号	DJLR-07	DJLR-09	DJLR-11
线路图	X6　$\overline{N}$　$\overline{PE}$	X9　$\overline{N}$　$\overline{PE}$	X1 X6　$\overline{N}$　$\overline{PE}$
箱体尺寸 (宽×高×深) /mm	310×240×120	310×240×120	480×240×120
明装箱型号	DJL-13	DJL-15	DJL-17
暗装箱型号	DJLR-13	DJLR-15	DJLR-17
线路图	X15　$\overline{N}$　$\overline{PE}$	X1 X9　$\overline{N}$　$\overline{PE}$	X2 X9　$\overline{N}$　$\overline{PE}$
箱体尺寸 (宽×高×深) /mm	—	—	—

明装箱型号	DJL-19	DJL-21	DJL-23
暗装箱型号	DJLR-19	DJLR-21	DJLR-23
线路图			
箱体尺寸 (宽×高×深) /mm	500×600×160	500×600×160	500×600×160
明装箱型号	DJL-25	DJL-27	DJL-29
暗装箱型号	DJLR-25	DJLR-27	DJLR-29
线路图			
箱体尺寸 (宽×高×深) /mm	500×600×160	500×600×160	500×600×160
明装箱型号	DJL-31	DJL-33	DJL-35
暗装箱型号	DJLR-31	DJLR-33	DJLR-35
线路图			
箱体尺寸 (宽×高×深) /mm	500×600×160	500×800×180	500×800×180

2.9.2.4 DJ 系列电能表箱

DJ 系列电能表箱箱面布置如图 2-35 所示。

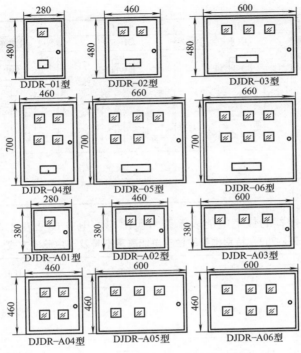

图 2-35 DJ 系列电能表箱箱面布置

DJ 系列电能表箱接线方式及箱体尺寸见表 2-208。

表 2-208 DJ 系列电能表箱的接线方式及箱体尺寸

明装箱型号	DJD-01	DJD-02	DJD-03
暗装箱型号	DJDR-01	DJDR-02	DJDR-03
线路图	kWh X1 $\overline{N}$ S231-B10 GS251-B16 GS251-B16 PE	kWh X2 $\overline{N}$ S231-B10 GS251-B16 GS251-B16 PE	kWh X3 $\overline{N}$ S231-B10 GS251-B16 GS251-B16 PE
箱体尺寸 (宽×高×深) /mm	280×480×160	460×480×160	600×480×160

明装箱型号	DJD-04	DJD-05	DJD-06
暗装箱型号	DJDR-04	DJDR-05	DJDR-06
线路图			
箱体尺寸 (宽×高×深) /mm	460×700×160	660×700×160	660×700×160

特别推荐的住宅电能表箱型号及出户配电方式见表2-209。

表2-209　特别推荐的住宅电能表箱型号及出户配电方式

暗装电能 表箱型号	DJDR-A01	DJDR-A02	DJDR-A03
箱体尺寸 (宽×高×深) /mm	280×380×160	460×380×160	600×380×160
线路图			
暗装配电 箱型号	DJLR-02	DJLR-02	DJLR-02
箱体尺寸 (宽×高×深) /mm	180×240×120	180×240×120	180×240×120
暗装电能 表箱型号	DJDR-A04	DJDR-A05	DJDR-A06
箱体尺寸 (宽×高×深) /mm	460×460×160	600×460×160	600×460×160

续表

线路图			
暗装配电箱型号	DJLR-02	DJLR-02	DJLR-02
箱体尺寸 (宽×高×深) /mm	180×240×120	180×240×120	180×240×120

2.9.2.5　插座箱

常用的插座箱有 DJ 系列、XGZ1 型插座箱和 XZ（R）系列组合电源插座箱等。DJ 系列插座箱的型号及接线方式见表 2-210。

表 2-210　DJ 系列插座箱型号及接线方式

明装箱型号	DJC-101	DJC-103	DJC-105
暗装箱型号	DJCR-101	DJCR-103	DJCR-105
线路图			
箱面排列图			
箱体尺寸 (宽×高×深) /mm	360×160×120	460×160×120	460×160×120
明装箱型号	DJC-107	DJC-109	DJC-111
暗装箱型号	DJCR-107	DJCR-109	DJCR-111
线路图			

家装电工便携手册

续表

箱面排列图			
箱体尺寸（宽×高×深）/mm	460×160×120	546×160×120	546×160×120
明装箱型号	DJC-113	DJC-115	DJC-117
暗装箱型号	DJCR-113	DJCR-115	DJCR-117
线路图			
箱面排列图			
箱体尺寸（宽×高×深）/mm	546×160×120	546×160×120	546×160×120
明装箱型号	DJC-119	DJC-121	DJC-123
暗装箱型号	DJCR-119	DJCR-121	DJCR-123
线路图			
箱面排列图			
箱体尺寸（宽×高×深）/mm	460×160×120	546×160×120	546×160×120
明装箱型号	DJC-201	DJC-203	DJC-205
暗装箱型号	DJCR-201	DJCR-203	DJCR-205
线路图			
箱面排列图			
箱体尺寸（宽×高×深）/mm	360×260×120	360×260×120	460×260×120

明装箱型号	DJC-207	DJC-209	DJC-211
暗装箱型号	DJCR-207	DJCR-209	DJCR-211
线路图			
箱面排列图			
箱体尺寸 (宽×高×深) /mm	460×260×120	460×260×120	460×260×120

2.9.3 XRM98 型和 PZ-30 型住宅配电箱及电能表箱

2.9.3.1 XRM98 型住宅配电箱

XRM98 小型嵌入式配电箱，可以与 XRB98 型电能表箱配套使用，能满足低档民居工程住宅供电及安全用电的需要，箱内电气配件具有过载、短路和漏电保护功能。其外形尺寸及箱内电器布置如图 2-36 所示。

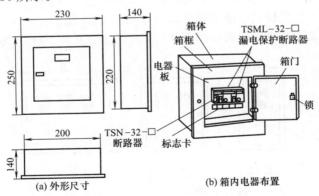

图 2-36 XRM98 型住宅配电箱

2.9.3.2 PZ-30 型住宅配电箱

PZ-30 型住宅配电箱又称 PZ-30 型低压开关箱，能满足中档民

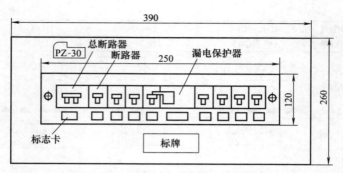

图 2-37　PZ-30-12 型住宅配电箱面盘

居工程住宅供电及安全用电的需要。图 2-37 所示为 PZ-30-12 型住宅配电箱面盘，该配电箱可供 5～6kW 家庭用。箱内安装有模数化断路器和漏电保护器或其他电器，具有过载、短路和漏电保护作用，是现代家庭普遍推荐使用的配电箱。

对于高档住宅，所采用的配电箱，只不过是这种配电箱的延伸，多一些分支断路器、增加总断路器及漏电保护器容量而已。

2.9.3.3　XRB98B 型和 XXB98A 型电能表箱

XRB98B 型嵌入式电能表箱的外形及箱体尺寸如图 2-38 所示；XXB98A 型悬挂式电能表箱外形尺寸如图 2-39 所示。

98 系列住宅电能表箱配用电器及配电接线见表 2-211、表 2-212。

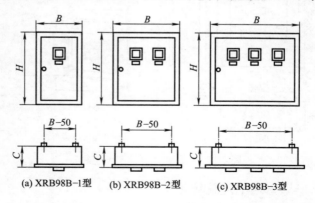

(a) XRB98B-1型　　(b) XRB98B-2型　　(c) XRB98B-3型

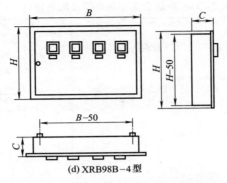

图 2-38　XRB98B 型嵌入式电能表箱外形及箱体尺寸

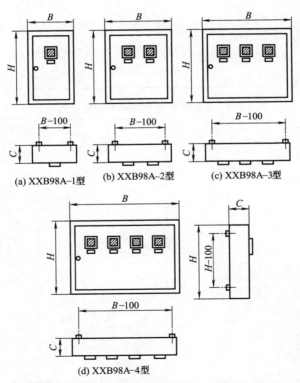

图 2-39　XXB98A 型悬挂式电能表箱外形及箱体尺寸

表 2-211　电能表箱配用电器及配电接线（一）

使用户数	一户(层箱)		二户(层箱)	
接线图				
电器型号规格	DD862-4（DDY102 磁卡）	TSH-32-□	DD862-4（DDY102 磁卡）	TSH-32-□
数量/个	1	1	2	2
安装方式	明装	暗装	明装	暗装
箱体型号	XXB98A-1	XRB98B-1	XXB98A-2	XRB98B-2
箱体规格（宽×高×深）/mm	300×430×145	300×430×145	430×470×145	430×470×145
订货编号	HB5021	HB5031	HB5022	HB5032

表 2-212　电能表箱配用电器及配电接线（二）

使用户数	三户(层箱)		四户(层箱)	
接线图				
电器型号规格	DD862-4（DDY102 磁卡）	TSH-32-□	DD862-4（DDY102 磁卡）	TSH-32-□
数量/个	3	3	4	4
安装方式	明装	暗装	明装	暗装
箱体型号	XXB98A-3	XRB98B-3	XXB98A-4	XRB98B-4
箱体规格（宽×高×深）/mm	580×470×145	580×470×145	730×470×145	730×470×145
订货编号	HB5023	HB5033	HB5024	HB5034

2.9.4 分线箱和接线箱

2.9.4.1 分线箱和分线盒

(1) 金属管布线用分线箱

干管分线箱用角钢支架倚墙安装做法如图 2-40 所示，分线箱及支架规格见表 2-213。

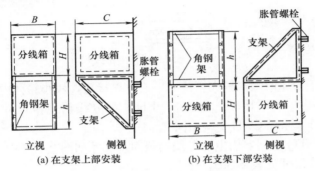

图 2-40 干管分线箱用角钢支架倚墙安装做法

表 2-213 分线箱及支架规格

箱体尺寸/mm				支架规格 /mm	概算质量 /kg	胀管螺栓直径 /mm
B	C	H	h			
1000	1000	1000	1000	∟40× 40×5	950	12
1000	300	500	800		400	9
600	1000	400	700		300	9
800	300	400	800		280	9
600	600	400	600	∟40× 40×3	170	6
500	800	400	550		180	6
500	500	500	500		100	6
400	400	500	400		70	6

注：1. 概算质量含导线体积的 20%～30%。

2. 分线箱尺寸为 400mm×500mm×400mm，可不用支架，直接装于墙上。

3. 表中箱体各部分尺寸 B、C、H、h 的含义同图 2-40。

(2) 通信用室内电话分线箱和分线盒

① 室内壁龛式分线箱外形及尺寸如图 2-41 所示，分线箱规格尺寸见表 2-214。分线箱内装有胶木接线条、穿线板和穿线环；安

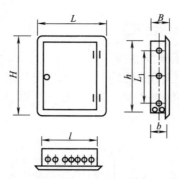

图 2-41 壁龛式分线箱外形及尺寸

装孔置于箱体两侧；较大箱体内可放电缆接头，较小箱体内一般不放电缆接头。MNFH-1 型和 MNFH-2 型分线箱规格尺寸分别与 NQFH-1 型和 NQFH-2 型相同。

② STO 系列室内电话分线箱箱面及尺寸如图 2-42 所示，分线箱型号、尺寸见表 2-215。

表 2-214　室内壁龛式分线箱规格尺寸　　单位：mm

型号及规格	电缆对数	外形尺寸			嵌入墙内尺寸			安装孔尺寸	
		H	L	B	h	l	b	孔数和孔径	孔距 L_1
10NQFH-1	10	380	305	137	300	225	127	$4 \times \phi 5$	140
20NQFH-1	10～50	600	480	137	500	380	127	$4 \times \phi 8.5$	300
30NQFH-1	10～50	700	550	167	600	450	157	$4 \times \phi 8.5$	450
50NQFH-1	50～150	920	720	167	800	600	157	$6 \times \phi 8.5$	500
10NQFH-2	10	310	270	107	220	180	97	$4 \times \phi 5$	100
20NQFH-2	20	450	270	107	360	180	97	$4 \times \phi 8.5$	240
30NQFH-2	30	590	340	107	500	250	97	$4 \times \phi 8.5$	300
50NQFH-2	40～50	600	400	107	500	300	97	$4 \times \phi 8.5$	300

注：表中各部分尺寸及其含义见图 2-41。

表 2-215　STO 系列分线箱尺寸

暗装箱型号	STO-10	STO-30	STO-50	STO-100
箱体尺寸（宽×高×深）/mm	$200 \times 280 \times 120$	$400 \times 650 \times 160$	$400 \times 650 \times 160$	$400 \times 650 \times 160$

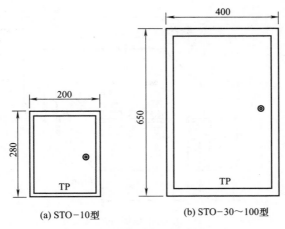

(a) STO-10型　　　　(b) STO-30～100型

图 2-42　电话分线箱箱面及尺寸

③ NF-1 型室内电话分线盒型号规格见表 2-216。

表 2-216　NF-1 型室内电话分线盒型号规格

型号	电缆对数	外形尺寸(长×宽×高)/mm
NF-1	5	185×182×67
NF-1	10	256×182×67
NF-1	20	410×182×67
NF-1	30	493×182×67
NF-1	50	564×314×67

2.9.4.2　接线箱

① 金属管布线干线管转角时中途接线箱　箱体外形及尺寸如图 2-43 所示，接线箱规格尺寸见表 2-217。

表 2-217　接线箱规格尺寸

箱体及有关尺寸/mm			钢板厚度/mm	补强框架角钢规格/mm
L	a	b		
400 及以下	>50	>7ϕ_m	1.5	不需框架
401～600	>50	>7ϕ_m	1.5	∟25×25×3
601～800	>50	>7ϕ_m	1.5	∟30×30×3
801～1000	>50	>7ϕ_m	1.5	∟40×40×3

注：表中 L、a、b 表示的尺寸与图 2-43 同；ϕ_m 为最粗电线管的管径。

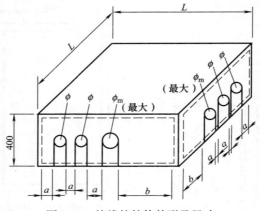

图 2-43 接线箱箱体外形及尺寸

② 高层建筑电缆电线 T 接箱 为了解决高层建筑配电竖井（小间）的电缆电线 T 接问题，专门开发了 DJT-97 型电缆电线 T 接箱。它可使高层建筑的配线施工更简单，供电更安全可靠，维修也更方便。

DJT-97 型电缆电线 T 接箱底板和箱面如图 2-44 所示。

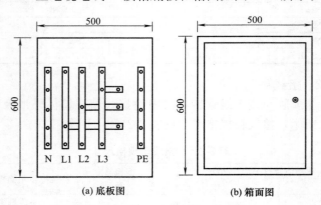

图 2-44 DJT-97 型电缆电线 T 接箱

2.9.4.3 等电位连接端子箱

在国标 GB 50096—2015《住宅设计规范》中，把总等电位连接和浴室内局部等电位连接作为一个电气安全基本要求专项加以规范。

等电位连接端子箱的生产厂家很多，如上海环耀实业有限公司、上海萃通成套设备有限公司等。上海环耀实业有限公司生产的 TD22 型等电位连接端子箱的规格尺寸见表 2-218。

表 2-218 TD22 型等电位连接端子箱的规格尺寸

型号	外形尺寸/mm			进出线端子数/路	备　注
	宽	高	深		
Ⅰ型 M	300	200	120	10	适用于进线处
Ⅰ型 R	320	220	120	10	适用于进线处
Ⅱ型 M	165	75	50	4	适用于卫生间
Ⅱ型 R	180	90	50	4	适用于卫生间

注：M 为明装；R 为暗装。

2.10 常用金属材料和非金属材料

2.10.1 钢材、铝材

2.10.1.1 角钢

(1) 热轧等边角钢技术数据（见表 2-219）

表 2-219 热轧等边角钢技术数据

型号	尺寸/mm		质量	型号	尺寸/mm		质量	型号	尺寸/mm		质量
	b	d	/(kg/m)		b	d	/(kg/m)		b	d	/(kg/m)
2	20	3	0.889	4	40	3	1.852	5.6	56	3	2.624
		4	1.145			4	2.422			4	3.446
						5	2.976			5	4.251
2.5	25	3	1.124	4.5	45	3	2.088			8	6.568
		4	1.459			4	2.736				
3	30	3	1.373			5	3.369	6.3	63	4	3.907
		4	1.786			6	3.985			5	4.822
3.6	36	3	1.656	5	50	3	2.332			6	5.721
		4	2.163			4	3.059			8	7.469
		5	2.654			5	3.770			10	9.151
						6	4.465				

型号	尺寸/mm		质量	型号	尺寸/mm		质量	型号	尺寸/mm		质量
	b	d	/(kg/m)		b	d	/(kg/m)		b	d	/(kg/m)
7	70	4	4.372	8	80	5	6.211				
		5	5.397			6	7.376	10	100	6	9.366
		6	6.406			7	8.525			7	10.830
		7	7.398			8	9.658			8	12.276
		8	8.373			10	11.874			10	15.120
7.5	75	5	5.818	9	90	6	8.350			12	17.898
		6	6.905			7	9.656			14	20.611
		7	7.976			8	10.946			16	23.257
		8	9.030			10	13.476				
		10	11.089			12	15.940				

注：b—边宽；d—边厚。

（2）热轧不等边角钢技术数据（见表2-220）

表 2-220　热轧不等边角钢技术数据

型号	尺寸/mm			质量	型号	尺寸/mm			质量
	B	b	d	/(kg/m)		B	b	d	/(kg/m)
2.5/1.6	25	16	3	0.912	7.5/5	75	50	5	4.808
			4	1.176				6	5.699
3.2/2	32	20	3	1.171				8	7.431
			4	1.522				10	9.098
4/2.5	40	25	3	1.484	8/5	80	50	5	5.005
			4	1.936				6	5.935
4.5/2.8	45	28	3	1.687				7	6.848
			4	2.203				8	7.745
5/3.2	50	32	3	1.908	9/5.6	90	56	5	5.661
			4	2.494				6	6.717
5.6/3.6	56	36	3	2.153				7	7.756
			4	2.818				8	8.779
			5	3.466					
6.3/4	63	40	4	3.185	10/6.3	100	63	6	7.550
			5	3.920				7	8.722
			6	4.638				8	9.878
			7	5.339				10	12.142
7/4.5	70	45	4	3.570	10/8	100	80	6	8.350
			5	4.403				7	9.656
			6	5.218				8	10.946
			7	6.011				10	13.476

注：B—长边宽度；b—短边宽度；d—边厚。

2.10.1.2　槽钢、工字钢

(1) 热轧普通槽钢技术数据（见表2-221）

表2-221　热轧普通槽钢技术数据

型号	尺寸/mm			质量 /(kg/m)	型号	尺寸/mm			质量 /(kg/m)
	h	b	d			h	b	d	
5	50	37	4.5	5.44	20	200	75	9.0	25.77
6.3	63	40	4.8	6.63	22a	220	77	7.0	24.99
8	80	43	5.0	8.04	22	220	79	9.0	28.45
10	100	48	5.3	10.00	25a	250	78	7.0	27.47
12.6	126	53	5.5	12.37	25b	250	80	9.0	31.39
14a	140	58	6.0	14.53	25c	250	82	11.0	35.32
14b	140	60	8.0	16.73	28a	280	82	7.5	31.42
16a	160	63	6.5	17.23	28b	280	84	9.5	35.81
16	160	65	8.5	19.74	28c	280	86	11.5	40.21
18a	180	68	7.0	20.17	32a	320	88	8.0	38.22
18	180	70	9.0	22.99	32b	320	90	10.0	43.25
20a	200	73	7.0	22.63	32c	320	92	12.0	48.28

注：h—高度；b—腿宽；d—腰厚。

(2) 热轧工字钢技术数据（见表2-222）

表2-222　热轧工字钢技术数据

型号	尺寸/mm			质量 /(kg/m)	型号	尺寸/mm			质量 /(kg/m)
	h	b	d			h	b	d	
10	100	68	4.5	11.2	30c	300	130	13	57.4
12	120	74	5	14	33a	330	130	9.5	53.4
14	140	80	5.5	16.9	33b	330	132	11.5	58.6
16	160	88	6	20.5	33c	330	134	13.5	63.8
18	180	94	6.5	24.1	36a	360	136	10	59.9
20a	200	100	7	27.9	36b	360	138	12	65.6
20b	200	102	9	31.1	36c	360	140	14	71.2
22a	220	110	7.5	33	40a	400	142	10.5	67.6
22b	220	112	9.5	36.4	40b	400	144	12.5	73.8
24a	240	116	8	37.4	40c	400	146	14.5	80.1
24b	240	118	10	41.2	45a	450	150	11.5	80.4
27a	270	122	8.5	42.8	45b	450	152	13.5	87.4
27b	270	124	10.5	47.1	45c	450	154	15.5	94.5
30a	300	126	9	48	50a	500	158	12	93.6
30b	300	128	11	52.7	50b	500	160	14	101

型号	尺寸/mm			质量	型号	尺寸/mm			质量
	h	b	d	/(kg/m)		h	b	d	/(kg/m)
50c	500	162	16	109	60a	600	176	13	118
55a	550	166	12.5	105	60b	600	178	15	128
55b	550	168	14.5	114	60c	600	180	17	137
55c	550	170	16.5	123					

注：h—高度；b—腿宽；d—腰厚。

2.10.1.3　圆钢、扁钢和板材

（1）热轧圆钢技术数据（见表2-223）

表 2-223　热轧圆钢技术数据

直径/mm	截面积/mm²	质量/(kg/m)	直径/mm	截面积/mm²	质量/(kg/m)
3	—	0.055	22	380.1	2.98
3.5	—	0.075	23	415.48	3.262
4	13	0.099	24	452.4	3.55
4.5	—	0.125	25	490.9	3.85
5	19.63	0.154	26	530.9	4.17
5.6	24.63	0.193	27	572.63	4.498
6	28.27	0.222	28	615.8	4.83
6.3	31.17	0.245	29	660.6	5.186
7	38.48	0.302	30	706.9	5.55
7.5	—	0.345	31	754.87	5.921
8	50.27	0.395	32	804.2	6.31
9	63.62	0.499	33	855.3	6.714
10	78.54	0.617	34	907.7	7.13
11	93.03	0.746	35	962.11	7.552
12	113.1	0.888	36	1018	7.99
13	132.7	1.04	37	1075.21	8.44
14	153.9	1.21	38	1134	8.9
15	176.7	1.39	39	1194.59	9.378
16	201.1	1.58	40	1257	9.87
17	227	1.78	42	1385	10.87
18	254.5	2.0	43	1452.2	11.4
19	283.5	2.23	44	1520.53	11.936
20	314.2	2.467	45	1590	12.48
21	346.4	2.72	48	1810	14.21

续表

直径 /mm	截面积 /mm²	质量 /(kg/m)	直径 /mm	截面积 /mm²	质量 /(kg/m)
50	1964	15.42	120	11310	88.78
53	2206	17.32	125	12272	96.33
54	2290.23	17.978	130	13273	104.2
55	2375.85	18.65	140	15394	120.84
56	2463	19.33	150	17672	138.72
58	2642.09	20.746	160	20106	157.83
60	2827	22.19	165	21382.44	167.9
63	3117	24.47	170	22698	178.18
65	3318	26.05	175	24052.8	188.8
70	3848	30.21	180	25447	199.76
72	4069.94	31.941	185	26881.71	211.01
75	4418	34.68	190	28353	222.57
80	5027	39.46	195	29868.63	234.44
85	5675	44.55	200	31416	246.62
90	6362	49.94	210	34636	271.89
95	7088	55.64	220	38013	298.4
100	7854	61.65	240	45239	355.13
105	8659	67.97	250	49088	385.34
110	9503	74.6	—	—	—

（2）热轧扁钢技术数据（见表 2-224）

表 2-224　热轧扁钢技术数据

宽度 /mm	厚度/mm										
	4	5	6	7	8	9	10	11	12	14	16
	质量/(kg/m)										
12	0.38	0.47	0.57	0.66	0.75	—	—	—	—	—	—
14	0.44	0.55	0.66	0.77	0.88	—	—	—	—	—	—
16	0.5	0.63	0.75	0.88	1	1.15	1.26	—	—	—	—
18	0.57	0.71	0.85	0.99	1.13	1.27	1.41	—	—	—	—
20	0.63	0.79	0.94	1.1	1.26	1.41	1.57	1.73	1.88	—	—
22	0.69	0.86	1.04	1.21	1.38	1.55	1.73	1.9	2.07	—	—
25	0.79	0.98	1.18	1.37	1.57	1.55	1.96	2.16	2.36	2.75	3.14
28	0.88	1.1	1.32	1.54	1.76	1.98	2.2	2.42	2.64	3.08	3.53
30	0.94	1.18	1.41	1.65	1.88	2.12	2.36	2.59	2.83	3.36	3.77
32	1.01	1.25	1.5	1.76	2.01	2.26	2.54	2.76	3.01	3.51	4.02

家装电工便携手册

宽度/mm	厚度/mm										
	4	5	6	7	8	9	10	11	12	14	16
	质量/(kg/m)										
36	1.13	1.41	1.69	1.97	2.26	2.51	2.82	3.11	3.39	3.95	4.52
40	1.26	1.57	1.88	2.2	2.51	2.83	3.14	3.45	3.77	4.4	5.02
45	1.41	1.77	2.12	2.47	2.83	3.18	3.53	3.89	4.24	4.95	5.65
50	1.57	1.96	2.36	2.75	3.14	3.53	3.93	4.32	4.71	5.5	6.28
56	1.76	2.2	2.64	3.08	3.52	3.95	4.39	4.83	5.27	6.15	7.03
60	1.88	2.36	2.83	3.3	3.77	4.24	4.71	5.18	5.65	6.59	7.54
63	1.98	2.47	2.97	3.46	3.95	4.45	4.94	5.44	5.93	6.92	7.91
65	2.04	2.55	3.06	3.57	4.08	4.59	5.1	5.61	6.12	7.14	8.16
70	2.2	2.75	3.3	3.85	4.4	4.95	5.5	6.04	6.59	7.69	8.79
75	2.36	2.94	3.53	4.12	4.71	5.3	5.89	6.48	7.07	8.24	9.42
80	2.51	3.14	3.77	4.4	5.02	5.65	6.28	6.91	7.54	8.79	10.05
85	2.67	3.34	4	4.67	5.34	6.01	6.67	7.34	8.01	9.34	10.68
90	2.83	3.53	4.24	4.95	5.65	6.36	7.07	7.77	8.48	9.89	11.3
95	2.98	3.73	4.47	5.22	5.97	6.71	7.46	8.2	8.95	10.44	11.93
100	3.14	3.93	4.71	5.5	6.28	7.07	7.85	8.64	9.42	10.99	12.56
105	3.3	4.12	4.95	5.77	6.59	7.42	8.24	9.07	9.89	11.54	13.19
110	3.45	4.32	5.18	6.04	6.91	7.77	8.64	9.5	10.36	12.09	13.82
120	3.77	4.71	5.65	6.59	7.54	8.48	9.42	10.36	11.3	13.19	15.07
125	3.93	4.91	5.89	6.67	7.85	8.83	9.81	10.79	11.78	13.74	15.7
130	4.08	5.1	6.12	7.14	8.16	9.18	10.21	11.23	12.25	14.29	16.33
140	4.4	5.5	6.59	7.69	8.79	9.89	10.99	12.09	13.19	15.39	17.58
150	4.71	5.89	7.07	8.24	9.42	10.6	11.78	12.95	14.13	16.49	18.84
160	5.02	6.28	7.54	8.79	10.05	11.3	12.56	13.82	15.07	17.58	20.1
170	5.34	6.67	8.01	9.34	10.68	12.01	13.35	14.68	16.01	18.68	21.35

宽度/mm	厚度/mm						
	18	20	22	25	28	30	32
	质量/(kg/m)						
30	4.24	4.71	—	—	—	—	—
32	4.52	5.02	—	—	—	—	—
36	5.09	5.65	—	—	—	—	—
40	5.65	6.28	6.91	7.85	8.79	—	—
45	6.36	7.07	7.77	8.83	9.89	10.6	11.3
50	7.07	7.85	8.64	9.81	10.99	11.78	12.56
56	7.91	8.79	9.67	10.99	12.31	13.19	14.07
60	8.48	9.42	10.36	11.78	13.19	14.13	15.07
63	8.9	9.69	10.88	12.36	13.85	14.34	15.82

宽度/mm	厚度/mm						
	18	20	22	25	28	30	32
	质量/(kg/m)						
65	9.19	10.21	11.23	12.76	14.29	15.31	16.33
70	9.89	10.99	12.09	13.74	15.39	16.49	17.58
75	10.6	11.78	12.95	14.72	16.49	17.66	18.84
80	11.3	12.56	13.82	15.7	17.58	18.84	20.09
85	12.01	13.35	14.68	16.68	18.68	20.02	21.35
90	12.72	14.13	15.54	17.66	19.78	21.2	22.61
95	13.42	14.92	16.41	18.84	20.88	22.37	23.86
100	14.13	15.7	17.27	19.63	21.98	23.55	25.12
105	14.84	16.49	18.18	20.61	23.08	24.73	26.37
110	15.54	17.27	19	21.59	24.18	25.91	27.63
120	16.96	18.84	20.72	23.55	26.38	28.26	30.14
125	17.66	19.63	21.5	24.53	27.48	29.44	31.4
130	18.87	20.41	22.45	25.51	28.57	30.62	32.65
140	19.78	21.98	24.18	27.48	30.77	32.97	35.17
150	21	23.55	25.91	29.44	32.97	35.33	37.68
160	22.61	25.12	27.63	31.4	35.17	37.63	40.19
170	24.02	26.09	29.36	33.36	37.37	40.04	42.7

宽度/mm	厚度/mm					
	36	40	45	50	56	60
	质量/(kg/m)					
45	12.72	—	—	—	—	—
50	14.13	—	—	—	—	—
56	15.82	—	—	—	—	—
60	16.95	18.8	21.2	—	—	—
63	17.8	19.78	22.25	—	—	—
65	18.37	20.41	22.96	—	—	—
70	19.78	21.98	24.73	—	—	—
75	21.19	23.55	26.49	—	—	—
80	22.61	25.12	28.26	31.4	35.17	—
85	24.02	26.69	30.03	33.36	37.36	40.04
90	25.43	28.26	31.79	35.33	39.56	42.30
95	26.85	29.83	33.56	37.29	41.76	44.75
100	28.26	31.4	35.33	39.25	43.96	47.1
105	29.67	32.97	37.07	41.21	46.16	49.46
110	31.09	34.54	38.86	43.18	48.35	51.81

宽度	厚度/mm					
/mm	36	40	45	50	56	60
	质量/(kg/m)					
120	33.91	37.68	42.39	47.1	52.75	56.52
125	35.32	39.35	44.16	49.06	54.95	58.88
130	36.73	40.82	45.92	51.03	57.14	61.23
140	39.56	43.96	49.46	54.95	61.54	65.94
150	42.39	47.1	52.99	58.88	65.94	70.65
160	45.22	50.24	56.52	62.8	70.33	75.36
170	48.04	53.38	60.05	66.73	75.73	80.07

（3）热轧钢板技术数据（见表2-225）

表2-225　热轧钢板技术数据

厚度	普通钢板	镀锌钢板	厚度	普通钢板	镀锌钢板
/mm	质量/(kg/m²)		/mm	质量/(kg/m²)	
0.5	3.93	3.93	3	23.55	—
0.55	4.32	—	3.2	25.12	—
0.57	—	4.47	3.25	26	—
0.6	4.71	4.71	3.5	27.48	—
0.63	—	4.95	3.75	30	—
0.65	5.1	—	4	31.4	—
0.7	5.5	5.5	4.5	35.33	—
0.75	5.88	5.88	5	39.25	—
0.8	6.28	—	6	47.1	—
0.82	—	6.44	7	54.95	—
0.88	—	6.91	8	62.8	—
0.9	7.2	—	9	70.65	—
1	7.85	7.85	10	78.5	—
1.1	8.8	—	11	86.35	—
1.2	9.42	9.42	12	94.2	—
1.25	9.81	9.81	13	102	—
1.3	10.2	—	14	109.9	—
1.4	10.99	—	15	117.7	—
1.5	11.79	11.76	16	125.6	—
1.7	13.35	—	17	133.5	—
1.75	13.74	—	18	141.3	—
2	15.7	—	19	149.2	—
2.25	17.66	—	20	157	—
2.5	19.63	—	22	169.25	—
2.75	22	—	25	172.7	—

（4）铝及铝合金板技术数据（见表 2-226）

表 2-226　铝及铝合金板技术数据

厚度/mm	宽度/mm	质量/(kg/m²)	厚度/mm	宽度/mm	质量/(kg/m²)
0.3 0.4	400~1200	0.855 1.14	1.8 2.0	400~2400	5.130 5.700
0.5	400~1500	1.425	2.3 2.5		6.555 7.125
0.6 0.7	400~1600	1.710 1.995	3.0 3.5		8.550 9.975
0.8 0.9	400~1800	2.280 2.565	4.0 5.0 6.0 7.0 8.0 9.0 10.0	400~2400	11.400 14.250 17.100 19.950 22.800 25.650 28.50
1.0	400~2000	2.850			
1.2	400~2000	3.420			
1.5	400~2200	4.275			

2.10.2　电工常用非金属材料

2.10.2.1　工业用硫化橡胶板

工业用硫化橡胶板规格及用途见表 2-227。

表 2-227　工业用硫化橡胶板规格及用途

	耐油性能	A 类	不耐油	B 类	中等耐油	C 类	耐油
橡胶板性能分类及代号	耐热性能/℃	Hr1	100	Hr2	125	Hr3	150
	耐低温性能/℃	Tb1		—20		Tb2	—40
	抗拉强度/MPa	1 型≥3,2 型≥4,3 型≥5,4 型≥7, 5 型≥10,6 型≥14,7 型≥17					
	拉断伸长率/%	1 级≥100,2 级≥150,3 级≥200,4 级≥250,5 级≥300, 6 级≥350,7 级≥400,8 级≥500,9 级≥600					
	国际橡胶硬度（IRHD）	H3:30,H4:40,H5:50,H6:60,H7:70,H8:80					
公称尺寸/mm	厚度	0.5,1.0,1.5,2,2.5,3,4,5,6,10,12,14,16,18, 20,22,25,30,40,50					
	宽度	500~2000					
用途		可用来制作橡胶垫圈、密封衬垫、缓冲件及铺设地板、工作台。还可根据需求制成光面的或带花纹、布纹及夹织物的橡胶板					

注：1. 如果橡胶板按 Ar—耐热空气老化性能分类，则有 Ar1（70℃×72h）、Ar2（100℃×72h）。老化后，其抗拉强度分别降低 25%、20%；拉断伸长率分别降低 35%、50%。B 类和 C 类橡胶板必须符合 Ar2 要求，如不能满足要求，由供需双方商定。
　　2. 橡胶板的公称长度、表面花纹、颜色，均由供需双方商定。

2.10.2.2 石棉制品

① 石棉纸（鸡毛纸） 石棉纸的规格及用途见表 2-228。石棉纸的击穿电压见表 2-229。

表 2-228 石棉纸的规格及用途

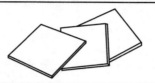

品 种		热绝缘鸡毛纸				电绝缘鸡毛纸			
尺寸	宽度/mm	卷状	500	单张	1000	卷状	500	单张	1000
	厚度/mm	0.2,0.3,0.5,0.8,1.0				Ⅰ号	0.2,0.3,0.4,0.6		
						Ⅱ号	0.2,0.3,0.4,0.5		
	卷筒纸直径/in	≤0.5				≤0.5			
密度≤/(g/cm³)		1.1		1.2		Ⅰ号	1.1	Ⅱ号	1.1
用途		用于电机转子铝浇铸工艺及作电气罩壳或其他隔热保温材料				作大电机磁极线圈匝间绝缘材料		用作电器开关、仪表等隔弧绝缘材料	

表 2-229 石棉纸的击穿电压

厚度/mm	0.2	0.3	0.4	0.6
击穿电压(Ⅰ号/Ⅱ号)/V	1200/500	1400/500	1700/1000	2000/1000

② 石棉板 石棉板规格及用途见表 2-230。

表 2-230 石棉板规格及用途

厚度	/mm	1.6,3.2,4.8,6.4,8.0,9.6,11.2,12.7,14.3,15.9
宽度		1000
长度		1000,2000
密度/(g/cm³)		≤1.3
用途		主要用作锅炉、烟囱、铁路客车、轮船机房内外墙壁中间及建筑工程的隔热、隔声、保温、防火衬垫材料。也可作蒸汽管子、动力机械等连接部位的密封垫圈及电器的绝缘材料

③ 石棉橡胶板 普通石棉橡胶板规格及用途见表 2-231。

表 2-231 普通石棉橡胶板规格及用途

| 牌号 | 尺寸/mm | | | 密度 /(g/cm³) | 适用范围 | | 用 途 |
	厚度	宽度	长度		温度 /℃	压力 /MPa	
XB450 (紫色)	0.5,1.0, 1.5,2.0, 2.5,3.0	500 620 1200 1260 1500	500 620 1260	1.6～2.0	≤450	≤6	用于温度为 450℃、压力为 6MPa 以下的水及水蒸气等介质为主的设备、管道法兰连接处作密封衬垫材料
XB350 (红色)	0.8,1.0, 1.5,2.0, 2.5,3.0, 3.5,4.0, 4.5,5.0, 5.5,6.0		1000 1260 1350 1500 4000		≤350	≤4	
XB200 (灰色)					≤200	≤1.5	

2.10.2.3 密封材料

密封材料规格及用途见表 2-232。

表 2-232 密封材料规格及用途

| 品种 | 不定型密封材料 | | | | 定型密封材料 | | |
	硅酮结构密封膏 (GB 16776—1997、JC/T 7882—2001)	硅酮建筑密封膏 (GB/T 14683—93)	聚硫建筑密封膏 (JC/T 483—92)	聚氨酯建筑密封膏 (JC/T 482—92)	丙烯酸密封膏 (JC/T 484—92)	橡胶止水带 (HG/T 228—92)	遇水膨胀橡胶止水带 (GB 50108—2001)
用途	适用于玻璃幕墙的粘接和密封	适用于建筑非结构部位的密封，如门窗、管根缝隙等，用于高档建筑。使用温度－40～90℃	适用于中空玻璃及铝、钢窗接缝，如储水池等。一般用于中、高档建筑	适用于地面和地下混凝土、石材的接缝、排水管道接缝等。用于一般、中档建筑接缝密封防水	适用于室内小尺寸混凝土、石膏形板接缝的密封	适用于变形缝、施工缝的密封	适用于后浇带、桩基主筋与混凝土之间的缝隙密封

2.10.2.4 隔热材料

矿物棉织品隔热材料的规格及用途见表 2-233。

表 2-233 矿物棉织品隔热材料的规格及用途

品种		密度 /(kg/m³)	尺寸/mm			用　途
			长	宽	厚	
玻璃棉 (GB/T 13350—92)	板	24、32、40、48、64	1200	600	15、25、40、50	墙体、屋面及空调风管等
	带	≥25	1820	605	25	
	毯	≥24	1000、1200、5500	600	25、40、50、75、100	大口径热力管道、顶棚
	毡	≥10	1000、1200、2800、5500、11000			
	管壳	≥45	1000	内径：22～325	20、25、30、40、50	热力管道
岩棉 (GB/T 11835—89)	板	80、100、120、150、160	910、110	500、630、700、800	30、40、50、60、70	墙体、屋面
	带	80、100、150	2400	910	30、40、50、60	
	毡	60、80、100、120	910	630、910	50、60、70	热力管道、顶棚
	管壳	≤200	600、910、1000	内径：22～325	30、40、50、60、70	热力管道
矿渣棉 (GB/T 11835—89)	棉	—				制矿棉板等

2.11 测试仪表和电动工具 ‹‹‹

2.11.1 常用测试仪表

2.11.1.1 钳形表

钳形表是一种在不断开电路的情况下，可随时测量电路中电流的携带式电工仪表。有的钳形表还可用来测量电压。

常用钳形表技术数据见表 2-234。

表 2-234 常用钳形表技术数据

名称	型号	仪表系列	准确度等级	测量范围
钳形交流电流电压表	MG4	整流系	2.5	0～10～30～100～300～1000A 0～150～300～600V
钳形交直流电流表	MG20	电磁系	5.0	0～100A 0～200A 0～300A 0～400A 0～500A 0～600A
钳形交直流电流表	MG21	电磁系	5.0	0～750A 0～1000A 0～1500A
钳形交流电流电压表	MG24	整流系	2.5	0～5～25～50A 0～300～600V 0～5～50～250A 0～300～600V
钳形交流电流电压表	MG26	整流系	2.5	0～5～50～250A 0～300～600V
袖珍钳形多用表	MG27	整流系	2.5 5.0	交流电流:0～10～50～250A 交流电压:0～300～600V 直流电阻:0～300Ω
钳形多用表	MG28	整流系	5.0	交流电流:0～5～25～50～100～250～500A 交流电压:0～50～250～500V 直流电流:0～0.5～10～100mA 直流电压:0～50～250～500V 直流电阻:0～1～10～100kΩ
袖珍钳形交流电表	MG30	整流系	2.5	0～5～25～50A 0～300～600V 0～50～125～250A 0～300～600V
袖珍式钳形表	MG31	整流系	5.0	交流电流:0～5～25～50A 交流电压:0～450V 直流电阻:0～50kΩ 交流电流:0～50～125～250A 交流电压:0～450V 直流电阻:0～50kΩ

名称	型号	仪表系列	准确度等级	测 量 范 围
袖珍式钳形表	MG33	整流系	5.0	交流电流:0～5～50A 0～25～100A 0～50～250A 交流电压:0～150～300～600V 直流电阻:0～300Ω
钳形交流电流表	T301	整流系	2.5	0～10～25～50～100～250A 0～10～25～100～300～600A 0～10～30～100～300～1000A
钳形交流电流电压表	T302	整流系	2.5	0～10～50～250～1000A 0～300～600V

2.11.1.2 绝缘电阻表

绝缘电阻表又称兆欧表、摇表或绝缘电阻测试仪，是用来测量供电线路及电气设备绝缘电阻的一种携带式电工仪表。

常用绝缘电阻表的技术数据见表 2-235。

表 2-235　常用绝缘电阻表的技术数据

型　号	准确度等级	额定电压/V	测量范围/MΩ
ZC-7	1.0	100	0～200
	1.0	250	0～500
	1.0	500	1～500
	1.0	1000	2～2000
	1.5	2500	5～5000
ZC11-1	1.0	100	0～500
ZC11-2	1.0	250	0～1000
ZC11-3	1.0	500	0～2000
ZC11-4	1.0	1000	0～5000
ZC11-5	1.5	2500	0～10000
ZC11-6	1.0	100	0～20
ZC11-7	1.0	250	0～50
ZC11-8	1.0	500	0～1000
ZC11-9	1.0	50	0～2000
ZC11-10	1.5	250	0～2500
ZC25-1	1.0	100	0～100
ZC25-2	1.0	250	0～250
ZC25-3	1.0	500	0～500
ZC25-4	1.0	1000	0～1000

型　　号	准确度等级	额定电压/V	测量范围/MΩ
ZC40-1	1.0	50	0～100
ZC40-2	1.0	100	0～200
ZC40-3	1.0	250	0～500
ZC40-4	1.0	500	0～1000
ZC40-5	1.0	1000	0～2000
ZC40-6	1.5	2500	0～5000
ZC30-1	1.5	2500	0～20000
ZC30-2	1.5	5000	0～50000
ZC44-1	1.5	50	0～50
ZC44-2	1.5	100	0～100
ZC44-3	1.5	250	0～250
ZC44-4	1.5	500	0～500

注：1. 表中准确度等级是以标度尺长度百分数表示的。

2. 表中 ZC30 和 ZC40 系列为晶体管绝缘电阻表。

2.11.1.3　接地电阻测量仪

接地电阻测量仪又称接地摇表，是专门用来测量各种电气设备的接地电阻和防雷接地装置的接地电阻的。

接地电阻测量仪种类很多，有电桥型、流比计型、电位计型和晶体管型等。常用的有 ZC-8、ZC-29 等型号。它们均为手摇式，使用时不需要外加电池。

ZC-8 型接地电阻测量仪技术数据见表 2-236。

表 2-236　ZC-8 型接地电阻测量仪技术数据

测量范围	刻度分值	准　确　度
0～1～10～100Ω 0～10～100～1000Ω	0～1Ω 最小分格 0.01Ω 0～10Ω 最小分格 0.1Ω 0～100Ω 最小分格 1Ω 0～1000Ω 最小分格 10Ω	在额定值的 30% 以下时误差为额定值的 ±1.5%；在额定值的30% 至额定值时，仪表误差为指示值的±5%

2.11.1.4　万用表

万用表是一种多量限、多用途的电工仪表，可测量电阻、交流电压、直流电压、直流电流等，有些万用表还可测量交流电流、电感、电容、音频电平和晶体管放大倍数等。

（1）常用万用表技术数据（见表 2-237）

表 2-237　常用万用表技术数据

型号	测量项目及测量范围		灵敏度	基本误差/%
MF30	直流电流	$0\sim50\sim500\mu A$，$0\sim5\sim50\sim$ 500mA	—	±2.5
	直流电压	$0\sim1\sim5\sim25V$	20kΩ/V	±2.5
		$0\sim100\sim500V$	5kΩ/V	
	交流电压	$0\sim10\sim100\sim500V$	5kΩ/V	±4
	电阻	中心值：25Ω、250Ω，2.5kΩ、25kΩ、250kΩ	—	±2.5
		倍数：$R\times1$、$\times10$、$\times100$、$\times1k$、$\times10k$	—	
		范围：$0\sim4\sim40\sim400k\Omega$，$0\sim4\sim40M\Omega$	—	
	电平	$-10\sim+56dB$	—	—
MF18	直流电流	$0\sim60\mu A$，$0\sim1.5\sim7.5\sim15\sim75\sim300\sim1500mA$	—	±1
	直流电压	$0\sim150mV$，$0\sim1.5\sim7.5\sim15\sim75\sim300\sim600V$	20kΩ/V	±1
	交流电流	$0\sim1.5\sim7.5\sim15\sim75\sim300\sim1500mA$	—	±1.5
	交流电压	$0\sim7.5\sim15V$	0.133kΩ/V	±1.5
		$0\sim75\sim300\sim600V$	2kΩ/V	
	电阻	中心值：12kΩ、120kΩ 1kΩ、2kΩ、12kΩ、120kΩ	—	±1
		倍数：$R\times1$、$\times10$、$\times100$、$\times1k$、$\times10k$	—	
		范围：$0\sim2\sim200k\Omega$，$0\sim2\sim20M\Omega$	—	
MF14	直流电流	$0\sim1\sim2.5\sim10\sim25\sim100\sim250mA$，$0\sim1\sim5A$	—	±1.5
	直流电压	$0\sim2.5\sim10\sim25\sim100\sim250\sim500\sim1000V$	1kΩ/V	±1.5
	交流电流	$0\sim2.5\sim10\sim25\sim100\sim250mA$，$0\sim1\sim5A$	—	±2.5
	交流电压	$0\sim2.5V$	0.1kΩ/V	±2.5
		$0\sim10\sim25\sim100\sim250\sim500\sim1000V$	0.4kΩ/V	

续表

型号	测量项目及测量范围		灵敏度	基本误差/%
MF14	电阻	中心值:75Ω,750Ω,7.5kΩ,75kΩ	—	±1.5
		倍数:$R\times1$、$\times10$、$\times100$、$\times1$k		
		范围:0~10~100kΩ,0~1~10MΩ		
500 (500-F)	直流电压	0~2.5~10~50~250~500V	20kΩ/V	—
		2500V	4kΩ/V	
	交流电压	0~10~50~250~500V	4kΩ/V	—
		2500V	4kΩ/V	
	直流电流	0~50μA,0~1~10~100~500mA	—	±2.5
	电阻	0~2~20~200kΩ,0~2~20MΩ	—	±2.5
U-101	直流电流	0~100μA,0~1~10~100~1000mA	—	±2.5
	直流电压	0~0.25~2.5~10~50~250~500~1500V	10kΩ/V	±2.5
	交流电压	0~10~50~250~500~1000V	4kΩ/V	±4.0
	电阻	中心值:75Ω,750Ω,7.5kΩ,75kΩ	—	±2.5
		倍数:$R\times1$、$\times10$、$\times100$、$\times1$k		
		范围:0~10~100kΩ,0~1~10MΩ		
	电平	-10~+22~+36~+50~+56~+62dB	用×10挡	—
	电容量	0.001~0.3pF		
	电感量	20~1000H		
	晶体管直流放大倍数	0~100		

(2)常用数字式万用表(见表2-238和表2-239)

表2-238 DT-860型数字式万用表技术数据

测量种类	量程	准 确 度	分辨力	备注
直流电压	200mV 2V 20V 200V	±0.5%读数±1字	0.1mV 1mV 10mV 100mV	输入阻抗10MΩ
	1000V	±1.0%读数±2字	1V	

家装电工便携手册

测量种类	量程	准 确 度	分辨力	备注
交流电压	200mV 2V 20V 200V	±1.0%读数±2字	0.1mV 1mV 10mV 100mV	输入阻抗 10MΩ
	750V	±2.0%读数±5字	1V	
直流电流	2mA 20mA 200mA	±0.5%读数±1字	0.1μA 1μA 10μA	电压降 200mV
	10A	±2.0%读数±2字	1mA	
交流电流	2mA 20mA 200mA	±1.0%读数±2字	0.1μA 1μA 10μA	电压降 200mV
	10A	±2.0%读数±5字	1mA	
电阻	200Ω 2kΩ 20kΩ 200kΩ 2MΩ 20MΩ	±0.5%读数±2字	0.1Ω 1Ω 10Ω 100Ω 1kΩ 10kΩ	测试电压 <0.7V
h_{FE}	0～1000	—	1	$I_b=10μA$ $U_{ce}=2.8V$

表 2-239　DT-890 型数字式万用表技术数据

测量种类	量程	准 确 度	分辨力	备注
直流电压	200mV 2V 20V 200V	±0.5%读数±1字	0.1mV 1mV 10mV 0.1V	输入阻抗 10MΩ
	1000V	±0.8%读数±2字	1V	
直流电流	200μA 2mA 20mA	±0.8%读数±1字	0.1μA 1μA 10μA	—
	200mA	±1.2%读数±1字	0.1mA	
	10A	±2%读数±5字	10mA	

续表

测量种类	量程	准 确 度	分辨力	备注
交流电压 40～200Hz	200mV	±1.2%读数±3字	0.1mV	输入阻抗 10MΩ
	2V 20V 200V	±0.8%读数±3字	1mV 10mV 100mV	
	700V	±1.2%读数±3字	1V	
交流电流 40～200Hz	2mA 20mA	±1.0%读数±3字	1μA 10μA	—
	200mA	±1.8%读数±3字	100μA	
	10A	±3%读数±7字	10mA	
电容	2000pF 20nF 200nF 2μF 20μF	±2.5%读数±3字	1pF 10pF 100pF 1nF 10nF	—
电阻	200Ω	±0.8%读数±3字	0.1Ω	开路电压： <700mV
	2kΩ 20kΩ 200kΩ 2MΩ	±0.8%读数±1字	1Ω 10Ω 100Ω 1kΩ	
	20MΩ	±1%读数±2字	10kΩ	

2.11.2 电动工具

2.11.2.1 手电钻

手电钻是装修装饰施工中应用非常广泛的一种小型机具，属锤钻类电动机具。手电钻具有体积小、结构紧凑、输出功率大、转速快、噪声低、重量轻、效率高、维修方便等特点。手电钻主要用于金属、塑料、木材、砖等材料的钻孔、扩孔。如果配上专用工作头，可完成打磨、抛光、拆装螺钉等工作。手电钻的外形如图2-45所示。

图 2-45 手电钻

常用手电钻有 J1Z 系列和回J1Z 系列（回表示双绝缘型）、J3Z 系列。

J1Z 系列单相手电钻技术数据见表 2-240，回J1Z 系列单相手电钻技术数据见表 2-241；J3Z 系列三相手电钻技术数据见表 2-242。

表 2-240　J1Z 系列单相手电钻技术数据

型号	最大钻孔直径(在普通钢铁上)/mm	适用电源	额定电压/V	额定电流/A	额定功率/W		钻轴转速/(r/min)		钻轴额定转矩/N·m	负载持续率/%	外形尺寸/mm			质量(不包括电源线和插头)/kg	钻夹头形式
					输入	输出	额定	空载			长	宽	高		
J1Z-6	6	单相50Hz交流或直流	36	5.6	190	90	720	1400	0.9	40	225	65	150	1.8	
			110	1.85			850		0.9	40	225	62	150	1.8	
				0.91	190		850	1400	0.9	40	225	62	150	1.8	
			220	1.14	250	120	1200	2000	0.9	40	226	57	144	1.5	
				1.4	—	150	1300	—	0.9	40	235	80	142	1.25①	
				1	—	110	—	1700	0.9	100	220	70	160	1.7	
J1Z-10	10		36	7.3	250	—	450	900	2.4	40	350	170	125	3.6	三爪钻夹头
			110	2.5			510		2.4	40					
			220	1.2			510								
			220	1.7	340	175	750	1150	2.4	40	350	90	160	2.5①	
J1Z-13	13		36	11	380	240	330	600	4.2	40	335	100	370	4.35	
			110	3.7			390		4.5		335	100	370	4.35	
			220	1.8	380	—	390	600	4.5	100	335	100	370	4.35	
				2	—	200		850	4.5	100	360	90②	120	3.5	
				2.4	490	246	600	900	4	40	330	100	295	3.2	
J1Z-19	19		110	7.2	730	400	330	530	13	60	355	115	445	7.5	2号莫氏锥套
			220	3.6	730	400	330	530	13	60	355	115	445	7.5	
				3.6	—	450	400	530	12	60	355	115	440	6.5	
J1Z-23	23		220	5.1	1030	620	300	530	20	60	355	115	445	7.5	

① 不包括钻夹头在内。

② 不包括辅助手柄在内。

2.11.2.2　冲击电钻

冲击电钻是一机同时具备钻孔和锤击功能的电动机具。它可以同时作手电钻和小型电锤使用，体积比普通手电钻大，比一般电锤小，使用方便，在装修装饰工程中应用非常广泛。作业时，冲击电钻一方面靠冲击凿冲，一方面靠钻头钻入。这样可以减少和避免因作业物中掺有硬物而卡钻头。另外，冲击电钻中都装有离合器，可

表 2-241 □J1Z 系列单相手电钻技术数据

型号	最大钻孔直径(在普通钢铁上)/mm	适用电源	额定电压/V	额定电流/A	额定功率/W 输入	额定功率/W 输出	钻轴转速/(r/min) 额定	钻轴转速/(r/min) 空载	钻轴额定转矩/N·m	负载持续率/%	外形尺寸/mm 长	外形尺寸/mm 宽	外形尺寸/mm 高	质量(不包括电源线和插头)/kg	钻夹头形式
□J1Z2-4	4		220	1.2	250	120	2200	3600	0.4	100	260	70	160	1.4	
□J1ZZ-4			220	1.2	250	—	2200	—	0.4	100	265	60	68	1.06	
□J1Z-6	6		220	1.0	—	—	1200	—	—	40	193①	—	158	1.6	
				1.2	240	122	1200	2000	0.9	40	245	65	156	1.33	
				1.2	250	140	1200		0.9	100	240	65	135	1.34	
□J1Z2-6			36	6.7	240	120	1200	1900	0.9	100	200	62	140	1.25	
			110	2.2											
			220	1.1											
			220	1.2	250	120	1200	2000	0.9	100	260	70	160	1.4	
□J1ZZ-6		单相50Hz交流或直流	220	1.2	250	—	1200		0.9	100	265	60	68	1.06	
□J1Z-10	10		220	1.81	—	210	700	—	2.4	40	325	90②	122	2.2①	三爪钻夹头
			220	2.1	430	—	700	—	2.5	100	370	82	126	2.9	
□J1Z2-10			36	9.6	320	170	700	1150	2.4	100	215	67②	160	2.1	
			110	3.2											
			220	1.6											
□J1ZH2-10			220	2.1	430	250	700	1160	2.5	100	380	200	120	3	
			220	2.1	430	230	720	—	2.5	100	373	82②	197	3.1	
□J1Z-13	13		220	2.15	—	250	500	—	4.5	40	325	90②	122	2.5①	
				2.4	500	235	600	1050	4	40	345	110	297	2.95	
				2.1	430	—	500	—	4.5	100	370	82②	126	2.9	
□J1ZH2-13			220	2.1	430	250	500	830	4.5	100	390	200	120	3.3	
						230	500	900	4.5	100	373	82	197	3.1	
						275	500	850	4.5	100	320	82	190	3.2	
□J1Z2-16	16		220	4	810	500	400 500	800	7.5	100	345	106	410	5.7	2号莫氏锥套
				4.1										6.2	
□J1Z2-19	19		220	4	810	500	330	550	13	100	345	106	410	5.7	
				4.1										6.2	
□J1Z2-23	23		220	4	810	500	250	420	17	100	345	106	410	5.7	
				4.1										6.2	

① 不包括钻头在内。

② 不包括辅助手柄在内。

表 2-242　J3Z 系列三相手电钻技术数据

型号	最大钻孔直径(在普通钢铁上)/mm	适用电源	额定电压/V	额定电流/A	额定功率/W		钻轴额定转速/(r/min)	钻轴额定转矩/N·m	最大转矩/额定转矩	负载持续率/%	外形尺寸/mm			质量(不包括电源线和插头)/kg	钻夹头形式
					输入	输出					长	宽	高		
J3Z-13	13		380	0.86	—	270	530	5	3	连续	340	115	400	6.8	三爪钻夹头
J3Z-19	19		380	1.18	—	400	290	13	3	60	315	125	445	8.2	2号莫氏锥套
J3Z-23	23	三相50Hz	380	1.50	—	500	235	20	3	60	346	125	445	9.8	2号莫氏锥套
J3Z-32	32		380	2.4	—	900	190	46	2.5	60	610	150	650	19	3号莫氏锥套
			380	2.8	1600	800	190	32	2.5	60	570	140	654	17	
J3Z-38	38		380	2.8	1600	870	160	46.5	2.5	60	600	140	654	17	4号莫氏锥套
J3Z-49	49		380	3.52	—	1400	120	113	2.5	60	675	150	650	24	4号莫氏锥套
			380	3.3	1800	890	120	59.5	2.5	60	600	140	654	17	

以在机具超负荷或钻头被卡时自动打滑，从而防止电动机因过载而烧毁。

冲击电钻主要用在混凝土构件、预制板、瓷面砖、砖墙等建筑构件上钻孔、打洞。还可以在金属材料上钻孔。冲击电钻的钻孔直径一般在 20mm 以下。

冲击电钻的外形如图 2-46 所示。

常用的冲击钻有 ZJJ 系列、J1ZC 系列和 □Z1J 系列（双绝缘型）等。

冲击电钻有直柄的硬质合金（碳化钨合金）钻头和四坑钻头两种，如图 2-47 所示。常用的硬质合金钻头的常用规格有 3、6、8、10、12、14、16、18、20（mm）等；四坑钻头的常用规格有 5、6、8、10、12、14、16、18、20、22、24、25（mm）等，使用时根据实际需要选择。

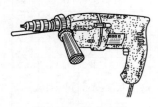

图 2-46　冲击电钻

□Z1J 系列单相双绝缘型冲击电钻的技术数据见表 2-243。

(a) 硬质合金(碳化钨合金)

(b) 四坑钻头

图 2-47 冲击电钻钻头

表 2-243 □Z1J 系列冲击电钻技术数据

型号	最大成孔直径/mm		安装金属膨胀螺栓最大尺寸/mm	额定电压/V	输入功率/W	额定冲击频率/min^{-1}	额定转矩/N·m	质量/kg
	钢	砖石						
□Z1J-10	6	10	M6	～220	280	18000	1.02	1.8
□Z1J-12	8	12	M8	～220	350	11250	2.3	2.8
□Z1J-16	10	16	M10	～220	400	12000	2.9	2.5
□Z1J-20	13	20	M14	～220	570	8400	4.56	4.0

2.11.2.3 电锤和电动锤钻

(1) 电锤

电锤作为钻孔工具之一，其功能与冲击电钻相似，但具有以下特点：功率大，加工能力强，钻孔直径通常为 12～50mm，可选择不同工具头进行多种作业，操作简便，成孔精度高。另外，电锤一般具有过载保护装置（离合器），它可在机具超负荷或钻头被卡时自动打滑，而不致使电动机烧毁。

电锤的外形如图 2-48 所示。

电锤的典型产品有龙牌 Z1C-SD 系列、奇功牌 Z1C 系列和 □Z1C 系列（双绝缘型）等几种。其技术数据分别见表 2-244～表 2-246。

图 2-48 电锤

表 2-244 龙牌 Z1C-SD 系列电锤主要技术数据

型 号		Z1C-SD42-16	Z1C-SD43-22	Z1C-SD41-26	Z1C-SD42-22
最大钻孔直径/mm	混凝土	16	22	26	22
	金属	9	13	15	—
	木材	22	30	35	—
额定电压/V		～220；～110			
额定频率/Hz		50；60			
额定功率/W		420	520	620	500
额定转速/(r/min)		520	500	420	380
冲击频率/(次/min)		2700	2500	2920	2850
质量/kg		3.2	5	5.4	5.2
外形尺寸/mm		330×94×200	350×100×221	375×100×235	400×942×245

表 2-245 奇功牌 Z1C 系列电锤主要技术数据

型 号		Z1C-03-22	Z1C-01-26
最大钻孔直径/mm	混凝土	22	26
	金属	13	—
	木材	30	—
额定电压/V		～220	
额定频率/Hz		50；60	
额定功率/W		520	620
额定转速/(r/min)		500	420
冲击频率/(次/min)		2750	2920
质量/kg		5	5.4
外形尺寸/mm		352×100×221	352×100×281

表 2-246 □Z1C 系列电锤主要技术数据

型号	最大成孔直径/mm	安装金属膨胀螺栓最大尺寸/mm	额定电压/V	输入功率/W	额定冲击频率/min⁻¹	钻削率/(cm³/min)	质量/kg
□Z1C-16	16	M10	～220	480	3000	≥15	4.0
□Z1C-18	18	M12	～220	500	3680	≥18	2.5
□Z1C-22	22	M16	～220	520	2850	≥24	5.3
□Z1C-26	26	M20	～220	560	3000	≥30	6.5
□Z1C-38	38	M32	～220	780	3200	≥50	6.6

电锤钻头有碳化钨水泥钻头、碳化钨十字钻头、尖凿、平凿、沟凿等。

碳化钨水泥钻头，如图 2-49（a）所示。主要用于各种强度等级的混凝土钻孔，用得最普遍的规格为 $\phi5\sim38mm$。

碳化钨十字钻头，如图 2-49（b）所示。主要用于各种砖材和稍低强度等级混凝土的钻孔，它的加工孔径较大，所以需要机具的功率也大，通常规格为 $\phi30\sim80mm$。

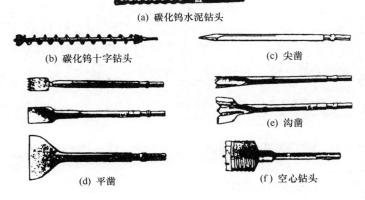

(a) 碳化钨水泥钻头

(b) 碳化钨十字钻头

(c) 尖凿

(e) 沟凿

(d) 平凿

(f) 空心钻头

图 2-49　钻头

尖凿，如图 2-49（c）所示。通常用于破碎。

平凿，如图 2-49（d）所示。用于打毛。

沟凿，如图 2-49（e）所示。用于开槽作业。

空心钻头，如图 2-49（f）所示。此种钻头用得较少，它可以用来钻大孔，其规格为 $\phi40\sim125mm$。

(2) 电动锤钻

电动锤钻的主轴具有两种运转状态，第一种是冲击带旋转，第二种是单一旋转。在第一种状态下，配用电锤钻头，可对混凝土、岩石、砖墙等进行钻孔、开槽、打毛等作业。在第二种状态下，装上钻夹头连接杆及钻夹头，再配用麻花钻头或机用木工钻头，即如同电钻一样，可对金属、塑料、木材等进行钻孔作业。

电动锤钻的外形如图 2-50 所示。

图 2-50　电动锤钻

电动锤钻的技术数据见表 2-247。

表 2-247　电动锤钻技术数据

规格 /mm	钻孔能力/mm			转速 /(r/min)	每分钟 冲击次数	输入功率 /W	输出功率 /W	质量 /kg
	混凝土	钢	木材					
20①	20	13	30	0～900	0～4000	520	260	2.6
26①	26	13	—	0～550	0～3050	600	300	3.5
38	38	13	—	380	3000	800	480	5.5
16	16	10	—	0～900	0～3500	420		3
20①	20	13	—	0～900	0～3500	460		3.1
22①	22	13	—	0～1000	0～4200	500		2.6
25①	25	13	—	0～800	0～3150	520		4.4

① 表示带有电子调速开关。

注：1. 采用单相串励电机驱动，电源电压为 220V，频率为 50Hz，软电缆长度为 2.5m。

2. 规格为 25mm 及 38mm 的锤钻可配用 50～90mm 空心钻，用于在混凝土上钻大口径孔。

3. 表中上下两栏为不同厂家产品。

2.11.3　射钉器及其附件

2.11.3.1　射钉器

射钉器又称射钉枪。它是利用火药燃烧产生的推动力将射钉直接钉入混凝土、砖墙、岩体或钢板中，以便固定吊（支）架、配电箱、大型吊灯安装板、桥架、卡子等装饰物。

射钉枪的品种很多，用于建筑安装和装修装饰用的射钉枪有 SDQ603 型、SDQ301 型、SDQ306 型、SDQ307 型、ZG213 型、ZG103 型等几种。ZG211 型水下射钉枪可在 150m 深的水下进行操作，能将射钉紧固于 25mm 厚的钢板和高强度混凝土中，可用于水下照明电气安装，以固定灯具、线管、电缆等。

射钉器的外形如图 2-51 所示，其内部结构如图 2-52 所示。

(a) SDQ603型　　　　　(b) SDQ307型

图 2-51　射钉器

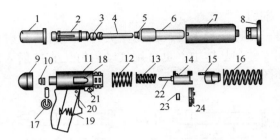

图 2-52 射钉器的内部结构

1—隔热套；2—活塞筒；3—活塞环；4—活塞杆；5—制动环；6—枪管；7—外套；
8—防护罩；9—尾盖；10—击针螺母；11—射钉器本体；12—击针座簧；13—击针簧；
14—击针座；15—弹膛体；16—回簧；17—换送弹器卡子；18—送弹孔；19—扳机；
20—销子；21—卡铁；22—击针；23—安全螺钉；24—送弹器

2.11.3.2 射钉弹

射钉弹装在射钉器中，用作发射射钉的动力。其外形如图2-53
所示。

(a) 收花射钉弹　　　　(b) 收口射钉弹　　　　(c) 缩颈射钉弹
　　(代号H)　　　　　　　(代号K)　　　　　　　(代号J)

图 2-53 射钉弹

射钉弹的类型代号及尺寸见表 2-248。

表 2-248 射钉弹的类型代号及尺寸

类型代号	H、K	J	H	K	H	K
体部直径 d/mm	5.6	5.6	6.3	6.3	6.8	10
全长 L /mm	11，16	16(S5)，25	10(S4$_2$)，12(S4)，14，16(S4$_3$)，19	12，14，16，19，25	11(S1)，18(S3)	18 (S2)
射钉弹上色标	灰	棕	绿	黄	红	黑
射钉弹威力等级	低	低中	中	中高	高	最高

注：1. 括号内代号是旧标准（WJ 1672—86）和企业规定的代号。

2. 射钉弹的规格用类型代号、体部直径、全长和色标表示，例：J5.6×16 红（旧
规格为 S5 红）。

2.11.3.3 射钉

射钉是一种特殊紧固件，需与（火药）射钉器和射钉弹配合，射入被紧固零件和基体中（也可用气动射钉枪直接射入）。射钉的外形尺寸如图 2-54 所示。

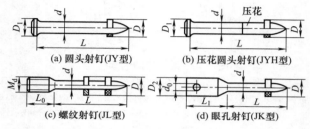

(a) 圆头射钉(JY型)　(b) 压花圆头射钉(JYH型)
(c) 螺纹射钉(JL型)　(d) 眼孔射钉(JK型)

图 2-54　射钉的外形尺寸

普通射钉为钉杆一端带有钉头的射钉，适用于混凝土基体；压花射钉为钉杆一端上带有压花的射钉，适用于钢板基体；螺纹射钉为钉杆上带有螺纹的射钉，可在其外螺纹钉头上旋入其他带内螺纹的零件；眼孔射钉为钉杆或附件上带有孔眼的射钉，可在其孔中系吊其他物体。

常用射钉的品种和规格见表 2-249。

表 2-249　常用射钉的品种和规格　　单位：mm

射钉代号	直　径					长　度			垫圈 D	
	钉杆 d	钉头 D_1	螺纹 M_d	柱头 D	眼孔 d_0	钉杆 L	螺纹 L_0	柱头 L_1	塑料	金属
圆头射钉(JY)和压花圆头射钉(JYH)										
JY (YD)	3.7 4.5	8 8	—	—	—	19,22,27,32,37,42, 47,52,57,62,72	—	—	8	
JYH (HYD)	3.7	8	—	—	—	13,16,19,22,27,32, 37,42,47,52,57,62	—	—	8	
大头射钉(JD)和压花大头射钉(JDH)										
JD (DD)	4.5	10	—	—	—	27,32,37,42,47,52,57, 62,72,82,92,102,117	—	—	10	
JDH (HDD)	4.5	10	—	—	—	19,22,27,32,37,42, 47,52,57,62	—	—	10	

射钉代号	直径					长度			垫圈 D	
	钉杆 d	钉头 D_1	螺纹 M_d	柱头 D	眼孔 d_0	钉杆 L	螺纹 L_0	柱头 L_1	塑料	金属
螺纹射钉(JL)和压花螺纹射钉(JLH)										
JL① (M)	3.5	—	4			22,27,32,37,42,52, 62,72,82	15,25	—	12	12
	3.7	—	6			22,27,32,37,42,52	10,15,20	—	12	12
	4.5		8			27,32,42,52	15,20,25 30,35		8	
	5.2		10						10	
	7.0		12			42,52	20,30,40	—	12	—
JLH (HM)	3.7		6			13	10,20		12	
	4.5		8			16	15,25		8	
	5.2		10			16	25,30		10	
	7.0		12			22	30		12	
眼孔射钉(JK)										
JK (KD)	4.5	—		7	3.0	32,37,42	—	20, 25, 30	8	
	5.2			9	4.5				10	

① JL 型射钉，带塑料和金属垫圈各一个。

注：1. JD 型射钉外形与 JY 型相似。

2. 括号内的代号，是旧标准（WJ 1673—86）中规定的相应代号，供参考。

2.11.3.4　射钉器与射钉、射钉弹的配合

射钉枪的枪管和活塞必须配套使用，也必须要与射钉、射钉弹配套使用。SDQ603 型射钉器与射钉、射钉弹的配合见表 2-250。

SDQ603 型射钉器主要附件及用途见表 2-251。

表 2-250　SDQ603 型射钉器与配合射钉、射钉弹型号

射钉器		射钉型号	射钉弹型号	备　注
枪管直径 /mm	活塞杆直径及编号			
8	8	YD　HYD M8　HM8 K35　DD87S8 PD　HPD	H	
10	10	DD　HDD H10　HM10 KD45		

续表

射钉器		射钉型号	射钉弹型号	备　注
枪管直径/mm	活塞杆直径及编号			
12	8-6-10	M6-11HM6-11	H	8-6-10 表示活塞杆直径为 8mm,内孔直径为 6mm,内孔深度为 10mm。其余类推
	12-6-20	M6-20HM6-20		
	1-4-15	M4-15		

表 2-251　SDQ603 型射钉器主要附件及用途

附件名称	用　途
ϕ8mm 枪管	打钉头或垫圈直径为 8mm 的射钉
ϕ8mm 活塞	
ϕ8mm 枪管	打钉头或垫圈直径为 10mm 的射钉
ϕ10mm 活塞	
ϕ12mm 枪管(另购)	打垫圈直径为 12mm 的射钉及 QD 钉
ϕ12mm 活塞杆	
压铁保护罩	能防止混凝土和砖砌体表面崩落,并使拉力增大 25%
磁性罩(另购)	固定 D23、D36 附加垫圈
加强活塞筒(另购)	增大威力用,可用于使用 H 黑色弹威力尚显不足的地方

2.11.4　往复锯、型材切割机和手持式电剪刀

2.11.4.1　往复锯

往复锯又称马刀锯、电动刀锯。它是一种电动锯割工具,用于锯割金属、木材、合成材料、管材等。采用此工具,可大大减轻劳动强度,提高工作效率,现场作业使用灵活、方便。

往复锯的外形如图 2-55 所示。

图 2-55　往复锯

J1F 系列往复锯技术数据见表 2-252。

表 2-252　J1F 系列往复锯技术数据

型号	规格/mm	额定输出功率≥/W	工作轴每分钟往复次数≥	往复行程/mm	锯割范围/mm 管材外径	锯割范围/mm 钢板厚度	质量/kg
J1F-26	26	260	550	26	115	12	3.2
J1F-30	30	360	600	30	115	12	3.6

注：1. 锯割 5mm 厚度钢板的速度为 0.15m/min。
　　2. 采用单相串励电机驱动，电源电压为 220V，频率为 50Hz，软电缆长度为 2.5m。
　　3. 额定输出功率指电动机的额定输出功率。

2.11.4.2　型材切割机

　　型材切割机是一种可移动式电动切割工具。它利用纤维增强薄片砂轮对圆形或异型钢管、铸铁管、圆钢、角钢、槽钢、扁钢、不锈钢、合金钢等型材进行切割。切割角度的转动范围为 0°～45°。

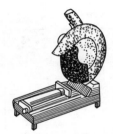

图 2-56　型材切割机

　　型材切割机的外形如图 2-56 所示。

　　常用型材切割机技术数据见表 2-253。

表 2-253　型材切割机技术数据

型号		J1GP-300	J3GZ-400	J3GX-400	J1G-400	J1GX-400
额定电压/V		220～	380,3～	380,3～	220～	220～
输出功率/W		1450	2200	2200	2200	2200
频率/Hz		50/60	50	50	50	50
主轴空载转速/(r/min)		3800	2880	2880	2900	2900
砂轮片规格/mm		$\phi300\times3\times\phi25$	$\phi400\times3\times\phi32$	$\phi400\times3\times\phi32$	$\phi400\times3\times\phi25.4$	$\phi400\times3\times\phi25.4$
砂轮片安全线速度/(m/s)		80	80	80	80	80
可转夹钳的可转角		0°～45°	0°～45°	0°～45°	0°～45°	0°～45°
切割能力/mm	钢管	$\phi100\times6$	$\phi135\times6$	$\phi135\times6$	$\phi135\times6$	$\phi135\times6$
	角钢	80×10	100×10	100×10	100×10	100×6
	槽钢	—	120×53	120×53	120×53	120×53
	圆钢	$\phi30$	$\phi50$	$\phi50$	$\phi50$	$\phi50$
质量/kg		17	80	80	100	100

　　注：J1GP-300 型采用单相串励式电动机驱动，表中的功率是电动机的额定输入功率。

2.11.4.3 手持式电剪刀

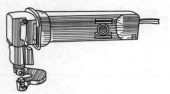

图 2-57 手持式电剪刀

手持式电剪刀是以上下刀片的剪切来剪裁金属板材的电动工具，尤其适用于修剪工件边角，切边平整。

手持式电剪刀的外形如图 2-57所示。

J1J 系列手持式电剪刀技术数据见表 2-254。

表 2-254　J1J 系列手持式电剪刀技术数据

型号	规格/mm	额定输出功率/W	刀杆额定每分钟往复次数	剪切进给速度/(m/min)	剪切余料宽度/mm
J1J-1.6	1.6	≥120	≥2000	2～2.5	45
J1J-2	2	≥140	≥1100	2～2.5	
J1J-2.5	2.5	≥180	≥800	1.5～2	40
J1J-3.2	3.2	≥250	≥650	1～1.5	35
J1J-4.5	4.5	≥540	≥400	0.5～1	30

注：1. 规格是指电剪刀剪切抗拉强度为 390MPa 热轧钢板的最大厚度。
　　2. 采用单相串励电机驱动，电源电压为 220V，频率为 50Hz，软电缆长度为 2.5m。

2.11.5　电动角向磨光机

电动角向磨光机是手提式电动切割、修磨、抛光工具，主要用于切割不锈钢、合金钢、普通碳素钢的型材、管材，也可以用于修磨工件的飞边、毛刺、焊缝等。如果换上专用砂轮，可切割砖、石、瓷砖、石棉皱纹板等建筑材料；换上圆盘钢丝刷、砂盘，可用于除锈、砂光金属表面；换上抛轮，可抛光各种材料的表面。

□S1MJ 系列单相角向磨光机技术数据见表 2-255。

表 2-255　□S1MJ 系列单相角向磨光机技术数据

型号	砂轮外径×厚度×孔径/mm	额定电压/V	输入功率/W	额定转矩/N·m	额定转速/(r/min)	最高空载转速/(r/min)	质量/kg
□S1MJ-100	φ100×5×φ16	～220	370	0.38	≥5700	≤15000	1.9
□S1MJ-125	φ125×5×φ22	～220	530	0.63	≥5700	≤12500	3

型号	砂轮外径×厚度×孔径/mm	额定电压/V	输入功率/W	额定转矩/N·m	额定转速/(r/min)	最高空载转速/(r/min)	质量/kg
□S1MJ-150	φ150×5×φ22	～220	800	0.80	≥4000	≤10000	4.5
□S1MJ-180	φ180×5×φ22	～220	1700	2.50	≥4100	≤8500	6.5
□S1MJ-230	φ230×5×φ22	～220	1700	3.55	≥3100	≤6600	8.0

S3MJ 型三相角向磨光机技术数据见表 2-256。

表 2-256　S3MJ 型三相角向磨光机技术数据

型号	砂轮外径×厚度×孔径/mm	额定电压/V	输出功率/W	额定频率/Hz	额定转速/(r/min)	最高空载转速/(r/min)	质量/kg
S3MJ-100	φ100×5×φ16	交流42	300	200	10000	12000	2.0

2.11.6　电动旋具和自攻旋具

2.11.6.1　电动旋具

电动旋具又称电动螺丝刀、电动改锥。它适用于装拆带一字槽或十字槽的机器螺钉、木螺钉和自攻螺钉。

图 2-58　电动旋具

电动旋具的外形如图 2-58 所示。

P1L-6 型电动旋具技术数据见表 2-257。

表 2-257　P1L-6 型电动旋具技术数据

型号	规格/mm	适用范围		输出功率/W	拧紧力矩/N·m	质量/kg
		机器螺钉	木螺钉、自攻螺钉			
		/mm				
P1L-6	M6	M4～M6	≤4	>85	2.45～8.5	2

注：1. 规格是指适用机器螺钉最大公称尺寸。

2. 木螺钉适用范围指在一般杂木中拧紧木螺钉的最大公称直径。

3. 采用单相串励电机驱动，电源电压为 220V，频率为 50Hz，软电缆长度为 2.5m。

2.11.6.2　电动自攻旋具

电动自攻旋具用于装拆十字槽自攻螺钉。它带有螺钉旋入深度

图 2-59　电动自攻旋具

调节装置，当螺钉旋入到预定深度时，离合器能自动脱开而不传递扭矩。另外，它还带有螺钉自动定位装置，能使螺钉可靠地吸附在旋具的头上，使用时不会产生螺钉脱落现象。

电动自攻旋具的外形如图 2-59 所示。

电动自攻旋具技术数据见表 2-258。

表 2-258　电动自攻旋具技术数据

型号	规格 /mm	适用自攻 螺钉范围	输出功率 /W	负载转速 /(r/min)	质量 /kg
P1U-5	5	ST3～ST5	≥140	≥1600	1.8
P1U-6	6	ST4～ST6	≥200	≥1500	

注：采用单相串励电机驱动，电源电压为 220V，频率为 50Hz，软电缆长度为 2.5m。

2.11.7　气动打钉枪

气动打钉枪由移动式空气压缩机提供压缩空气，可用于木材、塑料、皮革、装饰板等材料的打钉、拼装等作业，是建筑装潢必用的工具。它所配用的钉子有直钉和 U 形钉两类。打钉速度可达 100 枚/min 以上。

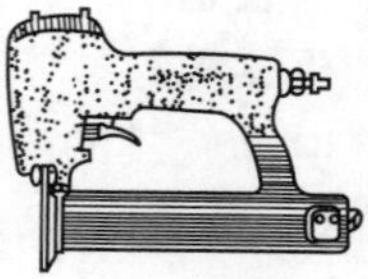

气动打钉枪的外形如图 2-60 所示。

图 2-60　气动打钉枪

气动打钉枪技术数据见表 2-259。

表 2-259　气动打钉枪技术数据

(1)直钉打钉枪						
型号	钉子 形式	钉子规格/mm		钉槽 容量 /枚	工作 气压 /MPa	质量 /kg
		截面尺寸	长度			
AT-3095	直钉	2.87～ 3.3/mm²	50～90	—	0.5～0.7	3.85
AT-309031/45	螺旋钉	φ3.1	22,25,32, 38,45	120	0.5～0.8	3.2

续表

(1)直钉打钉枪						
型号	钉子形式	钉子规格/mm		钉槽容量/枚	工作气压/MPa	质量/kg
		截面尺寸	长度			
AT-308025/64T	直钉	$\phi2.55$①	16,25,32,38,45,50	—	0.5～0.8	2.7
		$\phi2.55$	25,32,38,45,50,57,64			
AT-307016/64A	直钉	1.6×1.4	32,38,45,50,57,64		0.5～0.8	2.75
AT-3020T50	直钉	1.6×1.4	20,25,32,38,45,50	100	0.4～0.7	2.3
AT-3010F30	直钉	1.25×1.0	10,15,20,25,30	100	0.35～0.7	1.15

(2)U形钉打钉枪						
规格	钉子规格/mm			钉槽容量/枚	工作气压/MPa	质量/kg
	截面尺寸	跨度	长度			
16/951	1.6×1.4	12.25	32,35,38,45,50.8	150	0.5～0.8	2.55
2438B(s)	1.6×1.4	25.4	19,22,25,32,38	140	0.5～0.8	2.76
90/40	1.25×1	5.8	16,19,22,25,28,32,38,40	100	0.4～0.7	2.3
422J	1.2×0.58	5.1	10,13,16,19,22	100	0.35～0.7	1.15
413J	1.2×0.58	5.1	6,8,10,13	100	0.35～0.7	0.96
1022J	1.2×0.58	11.2	10,13,16,19,22	100	0.35～0.7	1.15
1013J	1.2×0.58	11.2	6,8,10,13	100	0.35～0.7	0.92

① 钉子为水泥钢钉。

参 考 文 献

[1] 方大千. 装修装饰电工常用公式与数据手册. 北京：金盾出版社，2007.

[2] 方大千. 装修装饰常用电工器材手册. 北京：金盾出版社，2007.

[3] 方大千，占建华等. 建筑电气安装 500 问. 北京：化学工业出版社，2016.

[4] 方大千，柯伟等. 家庭电气装修 350 问. 北京：化学工业出版社，2016.

[5] 《工厂常用电气设备手册》编写组. 工厂常用电气设备手册. 北京：中国电力出版社，2003.